U0209831

中藜藜麦联合研究中心资助
中国农业科学院科技创新工程杂粮营养与功能创新团队资助
对发展中国家科技援助项目（KY201402023）资助
现代农业创新工程（F17R02）资助

藜麦研究进展和可持续生产

Quinoa: Improvement and Sustainable Production

〔美〕K. 墨菲 J. 马坦吉翰 著

任贵兴 赵 钢 等 译

科学出版社

北 京

图字：01-2015-7178

内 容 简 介

本书对全球藜麦研究进展和可持续生产进行了概述。全书分为 12 章：第 1 章藜麦面临的挑战；第 2 章智利藜麦的起源、驯化、分化和种植；第 3 章藜麦的生物学特性和在南美的栽培技术；第 4 章藜麦在玻利维亚南部高原地区不同时期的产量变化；第 5 章藜麦害虫及利用天敌和藜麦代谢产物的生物防治；第 6 章安第斯山地区藜麦育种、种质收集、原生境保护及育种目标与方法；第 7 章藜麦的细胞遗传学、基因组结构和生物多样性；第 8 章玻利维亚藜麦种质资源的迁地保护；第 9 章非洲藜麦育种历史和发展；第 10 章美国藜麦的育种、研究和生产；第 11 章藜麦的营养价值；第 12 章藜麦的市场发展及玻利维亚藜麦种植户状况。

本书适合高校、科研、企业及行业协会等研究和决策管理人员阅读。

图书在版编目（CIP）数据

藜麦研究进展和可持续生产/（美）K. 墨菲（Kevin Murphy），（美）J. 马坦吉翰（Janet Matanguihan）著；任贵兴等译. —北京：科学出版社, 2018.3
书名原文：Quinoa: Improvement and Sustainable Production
ISBN 978-7-03-056531-0

Ⅰ. ①藜… Ⅱ. ①K… ②J… ③任… Ⅲ. ①麦类作物–栽培技术 Ⅳ.①S512.9

中国版本图书馆 CIP 数据核字(2018)第 028078 号

责任编辑：李秀伟 白 雪 / 责任校对：郑金红
责任印制：肖 兴 / 封面设计：刘新新

科学出版社 出版
北京东黄城根北街 16 号
邮政编码：100717
http://www.sciencep.com

中国科学院印刷厂 印刷
科学出版社发行 各地新华书店经销
*
2018 年 3 月第 一 版 开本：720×1000 1/16
2018 年 3 月第一次印刷 印张：16 3/4
字数：337 000

定价：128.00 元

(如有印装质量问题，我社负责调换)

译者序

藜麦（*Chenopodium quinoa*）是原产于南美洲的一种粮食作物，具有非常高的营养价值，同时还具有耐寒、耐旱、耐贫瘠、耐盐碱等生理特性，对促进农业生态系统的可持续发展具有十分重要的意义。20 世纪以来，藜麦的引种试种范围从北美和欧洲扩大到亚洲和非洲，全球掀起了一股藜麦热潮。

自 2013 年“国际藜麦年”以后，我国藜麦产业发展迅速，2017 年种植面积已达 13.5 万亩[①]，中小规模的藜麦企业已逾 100 家。然而，由于我国藜麦研究起步较晚，在种质资源收集引进、品种选育、栽培技术研究、基因组研究、营养价值开发利用等方面的水平有待进一步提高。在我国农业“调结构，转方式”的大背景下，发展集营养、生态和经济价值于一体的藜麦，对于促进我国农业种植业结构调整具有十分重要的意义。

美国华盛顿州立大学的 Kevin Murphy 博士从 2010 年开始在美国试种藜麦，在藜麦栽培、育种、病虫害防控、加工利用等方面积累了丰富的研究和生产经验。2013 年，该校组织世界藜麦研究论坛，邀请了全球藜麦知名专家分享藜麦研究经验，共商藜麦产业发展大计。随后，组织相关专家编写了 *Quinoa: Improvement and Sustainable Production* 一书。该书对藜麦原产国和主要非原产国在藜麦种质资源保存、育种技术、栽培技术、病虫害防治技术、细胞遗传学、基因组结构、营养价值、市场发展等方面进行了较全面的介绍。该书的编译出版，可为我国藜麦基础研究和产业发展提供指导，相关技术方法可为研究人员提供参考，有利于推动我国藜麦研究水平进一步提高和产业可持续发展。

在本书即将出版之际，感谢杨修仕博士、秦培友博士、么杨博士、白雪博士、万燕博士、薛鹏博士，博士研究生郭慧敏、桑伟、孙晓燕、胡一波等为本书翻译付出的辛勤劳动。感谢李进才教授、杨修仕和郭慧敏为本书校对所做的大量工作。同时，感谢中国作物学会藜麦分会给予的大力支持。

任贵兴

2018 年春于北京

① 1 亩≈666.67m^2。

原书前言

2010年，我们在美国华盛顿州的3个主要气候区开展藜麦多点试验，期间萌生了编写此书的想法。在美国有机农业研究基金会及华盛顿州关心藜麦产业发展的农场主的慷慨资助下，我们开始了藜麦种植和评价工作。

当年，我们在华盛顿州北部地区对从不同地方收集的44个藜麦品种进行了试种，最后只有12个品种结籽成熟。在接下来5年里，我们又遇到了许多问题，如穗容易发芽和生霉，光周期钝感，夏季高温少雨、缺雨或缺乏人工灌溉而导致的花粉失活，以及蚜虫和盲蝽危害等。

我们很快认识到，要在美国太平洋西北部地区成功种植藜麦，需要不同领域具有丰富专业知识的骨干专家，具有卓越远见勇于开拓的创新型农场主，以及经销商、加工厂和消费者的共同努力。从2010年只有一个普通员工、一个本科实习生和三个农民开始，目前华盛顿州立大学的藜麦研究团队已经拥有 10 名员工和10个研究生，他们在藜麦育种、农业生产、社会学、昆虫学和食品科学领域各有所长。本书致力于对世界藜麦的最新研究进展进行概述，以期让刚从事藜麦研究的研究者了解藜麦的基因组学与育种，了解全球藜麦的农学研究、生产和市场。

2013年8月，华盛顿州立大学举办了世界藜麦研究论坛。来自24个国家的160名研究人员会聚华盛顿普尔曼，在紧张活泼的3天会议期间，与会人员进行了发人深省的讨论、藜麦种植考察、墙报展示，并在畅饮藜麦伏特加酒后对相关社会问题进行探索。在本次会议上，与会专家分享知识，提出问题，分析发展困难，并探讨了藜麦产业的发展思路。

本书大部分章节的作者都出席了这次大会，这次会议也给相关作者提供了一个稳定的公共交流平台。参与本书编写且出席这次大会的专家有：Didier Bazile、Juan Antonio González、Luz Gomez-Pando、Rick Jellen、Moses Maliro、Enrique Martínez（未出席）、Jeff Maughan、Sergio Núñez de Arco、Adam Peterson、Wilfredo Rojas、Geyang Wu、Janet Matanguihan 和 Kevin Murphy 等。

本次大会进行主题发言的有丹麦哥本哈根大学的著名藜麦专家 Sven-Erik Jacobsen、联合国粮食及农业组织的 Tania Santivanez、美国科罗拉多白山农场资深藜麦种植和研究专家 John McCamant。同时，出席大会的专家还有阿根廷布宜诺斯艾利斯大学的 Daniel Bertero、美国华盛顿州立大学的 Morgan Gardner、美国俄勒冈 Wild Garden Seeds 公司的 Frank Morton、巴基斯坦费萨尔巴德农业大学的 Hassan Munir，以及诸多墙报的展示者。此外，5 位首次来到美国的玻利维亚藜麦种植户也参加了本次大会，在针对关于社会和政治因素影响藜麦种植的讨论中，他们意味深长的观点激起了与会者的共鸣，也成为本次大会的一大亮点。

本书包含了这次大会的诸多演讲和讨论，以期让读者对日新月异的全球藜麦研究有基本了解。第 1 章，González 等对作为印加作物之一，起源于秘鲁和玻利维亚，但现在面临着全球挑战的藜麦，进行了总体概述。第 2 章，Martínez 等从智利的角度对藜麦的起源、驯化、分化和种植等进行了介绍。

第 3 章，Garcia 等对南美主要种植区域的不同农艺型和生态型藜麦的栽培技术进行了概述，内容包括藜麦植物学和分类学、生态学和植物地理学，并涉及不同气候、土壤和栽培条件等，为世界各国非传统藜麦种植区域提供了可借鉴的实用生产技术。第 4 章，Rambal 等结合气候和土地利用规划的经验教训对玻利维亚南部高原地区不同时期的藜麦产量变化进行介绍。第 5 章，Valoy 等对采用天敌和化学物质防治藜麦害虫生物的前景进行了探讨，并延续第 3 章中有关藜麦农业生态的论题，对该领域的报道进行了综述，为读者在藜麦虫害生态防治方面开展新的研究提供了借鉴。

第 6 章，秘鲁植物育种专家 Gomez-Pando 介绍了安第斯山地区藜麦育种的历史和现状，内容包括藜麦种植户对藜麦种子颜色、休眠期、种子大小和种皮厚度的选择，藜麦的耐盐和抗旱特性，以及藜麦对多种复杂微环境的适应性。同时，重点介绍了在 20 世纪 60 年代兴起的现代藜麦育种、藜麦种质资源收集和原生境保护，以及当代藜麦育种家的育种目标和育种方法。

第 7 章，Matanguihan 等对藜麦的细胞遗传学、基因组结构和生物多样性进行了探讨，介绍了藜麦的近缘属植物，就基于 DNA 可促进和加快藜麦外源基因导入的分子遗传学工具和连锁图谱进行了概述。本章对藜麦表型和基因型的多样性研究进行了综述，提出藜麦的遗传变异性呈现空间结构和分布。基因分化与地理生态之间的一致性表明，安第斯山南部地区的藜麦可能正处于相似的基因分化进程，人类活动和种质资源交换无疑都对藜麦的基因结构变化产生了显著影响。

第 8 章，Rojas 和 Pinto 对玻利维亚藜麦种质资源的迁地保护进行了介绍，从玻利维亚收集保存的藜麦种质资源在世界各国中最具多样性，其多样性也反映了藜麦在玻利维亚的习俗、消费和生产中的文化特性，本章还对藜麦的起源和多样性中心、地理分布及种质资源迁地管理和保存的努力方向等进行了深入探讨。

第 9 章和第 10 章，对非洲和北美两个非传统藜麦产地的种植情况进行介绍。Maliro 和 Guwela 在第 9 章就藜麦在加强非洲地区食品安全和缓解营养不良中的积极作用进行了探讨，并对非洲藜麦的育种目标及马拉维和肯尼亚的藜麦试种进行了概述，提出了非洲藜麦研究面临的挑战和未来发展的方向，并强调藜麦在饮食中的可接受程度是制约非洲藜麦产业发展的关键。Peterson 和 Murphy 在第 10 章介绍了藜麦作为一种作物被引入美国约 30 年以来，在育种、研究和生产上取得的重要进展，着重介绍了华盛顿州立大学的藜麦研究近况。

第 11 章，Wu 对藜麦的营养价值进行了介绍。藜麦突出的营养价值是其吸引全世界目光的主要原因。最后，第 12 章，Núñez de Arco 采用不同于前面各章科研写作的形式，以市场从业人员的身份对藜麦市场的发展进行了概述，特别是对玻利维亚约 35 000 个小型藜麦种植户中部分农户的生活进行了特写描述，他们对目前日益发展、供需波动的藜麦市场有着自己的行销哲学。

本书反映了藜麦在全球市场中愈加凸显的重要性。参与本书编写的专家来自南美、欧洲、非洲和北美各地，这也体现出藜麦从其原产地到世界其他新产地的推广。很荣幸能与来自不同国家的专家共同编写本书，尽管有的国家已经开展了数个世纪的藜麦种植，有的国家刚开始种植藜麦。非常感激这些作者分享他们的知识，并在本书编纂过程中给予诸多协助。我们由衷希望本书能够给从事藜麦改良和可持续发展的种植户、学生、研究人员及大学和研究所的专家们提供参考。

Kevin M. Murphy
Janet B. Matanguihan

贡献者名单

Sergio Núñez de Arco
Andean Naturals, Inc.,
Foster City, CA, USA

Didier Bazile
UPR47, GREEN, Centre de Coopération Internationale en Recherche Agronomique pour le Développement
Campus International de Baillarguet
Montpellier France

Carmen Del Castillo
Faculty of Agronomy
Universidad Mayor de San Andres
La Paz, Bolivia

Bruno Condori
Consultative Group on International Agricultural Research – International Potato Center, La Paz, Bolivia

Sayed S.S. Eisa
Agricultural Botany Department, Faculty of Agriculture, Ain Shams University, Cairo, Egypt

Francisco F. Fuentes
Facultad de Agronomía e Ingeniería Forestal, Pontificia Universidad Católica de Chile, Casilla 306–22, Santiago, Chile

Magali Garcia
Faculty of Agronomy,
Universidad Mayor de San Andres
La Paz, Bolivia

Juan Antonio González
Instituto de Ecologia – Area de Botánica
Fundación Miguel Lillo Tucumán
Tucumán, Argentina

Veronica Guwela
International Crops Research Institute for the Semi-Arid Tropics, Lilongwe, Malawi

Sayed Abd Elmonim Sayed Hussin
Agricultural Botany Department, Faculty of Agriculture, Ain Shams University
Cairo, Egypt

Eric N. Jellen
Plant and Wildlife Sciences
Brigham Young University
Provo, UT, USA

Bozena Kolano
Department of Plant Anatomy and Cytology
University of Silesia, Poland

Moses F.A. Maliro
Department of Crop and Soil Sciences, Bunda College Campus, Lilongwe University of Agriculture and Natural Resources
Lilongwe, Malawi

Enrique A. Martínez
Centro de Estudios Avanzados en Zonas Áridas
La Serena and Facultad de Ciencias del Mar
Universidad Católica del Norte
Coquimbo, Chile

Janet B. Matanguihan
Department of Crop and Soil Sciences
Washington State University
Pullman, WA, USA

Peter J. Maughan
Plant and Wildlife Sciences
Brigham Young University
Provo, UT, USA

Florent Mouillot
IRD, UMR 5175 CEFE
Montpellier, France

Kevin M. Murphy
Department of Crop and Soil Sciences
Washington State University
Pullman, WA, USA

Luz Gomez-Pando
Universidad Nacional Agraria La Molina
Agronomy Faculty
Lima, Peru

Adam J. Peterson
Department of Crop and Soil Sciences
Washington State University
Pullman, WA, USA

Milton Pinto
PROINPA Foundation
538 Americo Vespucio St., P.O. Box 1078,
La Paz, Bolivia

Griselda Podazza
Instituto de Ecología, Fundación Miguel Lillo
Tucumán, Argentina

Fernando Eduardo Prado
Facultad de Ciencias Naturales e IML
Fisiología Vegetal
Tucumán, Argentina

Serge Rambal
CNRS, UMR 5175 CEFE
Montpellier, France
Departamento de Biologia
Universidade Federal de Lavras
Lavras, MG, Brazil

Jean-Pierre Ratte
CNRS, UMR 5175 CEFE
Montpellier, France

Carmen Reguilón
Instituto de Entomología, Fundación Miguel
Lillo Tucumán, Argentina

Wilfredo Rojas
PROINPA Foundation
Av. Elias Meneces km 4
El Paso, Cochabamba, Bolivia

Mariana Valoy
Instituto de Ecología, Fundación Miguel Lillo
Tucumán, Argentina

Thierry Winkel
IRD, UMR 5175 CEFE
Montpellier, France

Geyang Wu
School of Food Science
Washington State University
Pullman, WA, USA

目　　录

第 1 章 藜麦——应对全球农业变化的印加作物

Juan Antonio González[1], Sayed S. S. Eisa[2], Sayed A. E. S. Hussin[2], and Fernando Eduardo Prado[3]

[1] *Instituto de Ecologia-Area de Botánica, Fundación Miguel Lillo, Tucumán, Argentina*
[2] *Agricultural Botany Department, Faculty of Agriclture, Ain Shams University (ASU), Cairo, Egypt*
[3] *Facultad de Ciencias Naturales e IML, Fisiología Vegetal, Miguel Lillo 205, 4000 Tucumán, Argentina*

1.1 引　　言

环境变化伴随人类历史的演变时有发生。在过去的十年间，生态环境的剧烈变化对人类生活的影响较大，尤其是通过影响农作物的产量和品质制约着粮食供给。全球人口的快速增长导致对土地需求增长，因此加速了环境的破坏和恶化（Alexandratos，2005；IPCC，2007）。温室气体排放是人类活动导致的最大的环境变化（Wallington et al.，2004；Montzka et al.，2011）。

温室气体通过吸收红外辐射释放能量导致全球变暖（温室效应）。科学家普遍认为，全球气温微小程度的升高都将导致气候的显著变化，影响云量、降水量、风场类型、风暴的频率和强度，以及季节长短等（Solomon et al.，2009），这些变化进而可能导致自然资源的匮乏和粮食产量的锐减。

全球变暖对农作物生产的影响目前还未完全明确，但已有证据表明农作物产量降低是主要影响之一（Parry et al.，2005），另外一个不可忽视的后果是农作物病害的增长，尤其是因湿度增加而导致的真菌性和细菌性病害（Chakraborty et al.，2000；Hunter，2001）。全球大多数农作物已经适应了长期以来较为稳定的气候条件，而未来持续的气候变化将导致不少农作物大幅减产甚至灭绝。

因此，非常有必要寻找一种替代性的或者培育一种新的可适应气候变化的作物，那些可适应不同海拔的物种，或者在山区有近千年种植历史的物种应被纳入可选择范围。山区植物，尤其是对海拔适应性强的物种，在适应未来气候变化中可发挥重要作用，因为这些植物在适应不同海拔环境的过程中产生了丰富的基因适应性。

藜麦（*Chenopodium quinoa* Willd）是原产于南美洲安第斯高原的一种粮食作物，未来或许可以成为全世界许多地区优秀的替代作物。藜麦在安第斯山已有

5000～7000 年的种植历史，从海平面的智利西北部地区到海拔 4000 m 的玻利维亚高原地区均有种植（Fuente et al.，2009）。由于藜麦的海拔适应性强，已被作为新的或替代性作物成功引入高海拔地区种植，在美国、加拿大、欧洲（Johnson and Ward，1993；Jacobsen，1997）、摩洛哥（Jellen et al.，2005）和印度（Bhargava et al.，2006，2007）等地均有种植。

1.2 藜麦栽培简史

考古研究表明，早在西班牙第一次占领南美洲时，藜麦就已作为粮食食用，迄今已有几千年历史。Uhle（1919）在秘鲁阿亚库乔发现藜麦，表明约公元前 5000 年藜麦已被当地人驯化种植。Nuńez（1974）发现，至少在公元前 3000 年，藜麦就已经在智利北部开始种植。许多史料和考古研究均表明，藜麦已被哥伦比亚、厄瓜多尔、秘鲁、玻利维亚、智利和阿根廷西北部的原住民种植食用了数个世纪。

在哥伦布发现新大陆前，藜麦种子是印加人民的一种主食，被印加人称为“粮食之母”，并被认为是太阳神“因蒂”赐予的礼物。印加人认为藜麦是一种神圣的植物，在宗教庆典上印加人会用藜麦与黄金喷泉一起来供奉太阳神“因蒂”，印加国王会用一根黄金工具播下每年的第一把藜麦，在秘鲁库斯科的古印加人将播下的藜麦尊为城市的先知。

第一个提到藜麦的西班牙征服者是 Pedro de Valdivia，他在 1551 年向西班牙国王卡洛斯一世报告了智利康塞普西翁周边区域的作物种植情况，特别提到“……玉米、马铃薯和藜麦……”（Tapia，2009）。另外有一种说法，Inca Garcilaso 在其《印加王室评述》一书中提到藜麦是印加王国的第一作物，该书于 1609 年在葡萄牙里斯本出版（de la Vega，1966）。Inca Garcilaso 在书中提到西班牙曾试图引入藜麦，但藜麦种子无法存活。另外，还有一些学者对藜麦在厄瓜多尔的帕斯托和基多（Cieza de León，1560）、玻利维亚的科拉瓜（Ulloa Mogollón，1586）、智利的奇洛埃岛（Cortés Hogea，1586）、阿根廷的西北部和科尔多瓦省（de Sotelo，1583）等地的种植进行过报道。

在 16 世纪西班牙占领南美洲时期，西班牙人对藜麦不以为然，认为是印第安人的粮食，并毁坏了藜麦田，禁止这种“非基督”式作物的生产和消费。在西班牙的统治和禁令下，印加人不得不忍受着巨大痛苦不再种植藜麦，转而种植玉米。据 Tapia（2009）报道，在被西班牙占领后，藜麦在 aynokas（公有土地）地区由安第斯人保留种植了数个世纪。这一地区的藜麦种植也为藜麦种质资源的原位保存提供了条件（Tapia，2009）。现在藜麦已在安第斯山区域外的 50 多个国家进行种植，笼罩藜麦长达 4 个多世纪的“不确定性阴云”正在逐步消失，藜麦的发展前景令人期待（National Research Council，1989）。

1.3　藜麦籽粒的营养价值

有关藜麦籽粒化学组分的报道有很多（González et al.，1989；Ando et al.，2002；Repo-Carrasco et al.，2003；Abugoch，2009），内容涉及各种营养组分，包括蛋白质组分鉴定（Brinegar and Goundan，1993；Hevia et al.，2001）、脂肪酸组成（Wood et al.，1993；Ando et al.，2002）、矿质元素（Koziol，1992；Konishi et al.，2004；Prado et al.，2010），以及营养价值（Prakash et al.，1993；Ranhotra et al.，1993；Ruales and Nair，1992）。

藜麦籽粒中的脂肪含量高于常见谷物（Repo-Carrasco-Valencia，2011），主要存在于胚芽之中。藜麦籽粒的脂肪中富含不饱和脂肪酸（亚油酸和亚麻酸）及油酸，与人体营养相关的不饱和脂肪酸含量高于大多数谷物（Alvarez-Jubete et al.，2009）。根据 FAO（联合国粮食及农业组织）推荐的人体营养脂肪和脂肪酸标准（FAO/WHO，2010），婴儿食品中应含有 3%～4.5%的亚油酸（LA）和 0.4%～0.6%的亚麻酸（ALA），LA/ALA（*n*-6/*n*-3）在 5～11.2。藜麦脂肪中的 LA/ALA 为 6.2（Alvarez-Jubete et al.，2009），符合 FAO/WHO（2010）的推荐值。而高 *n*-6/*n*-3 的饮食会促进多种变性疾病发生，如心血管疾病、癌症、骨质疏松症、炎症和自身免疫性疾病等（Simopoulos，2001）。

藜麦籽粒中的主要碳水化合物是淀粉，并含有少量蔗糖、葡萄糖和果糖等可溶性糖（González et al.，1989）。藜麦淀粉主要位于外胚乳，通常包括较小的单颗粒和由数百个单颗粒组成的复合颗粒（Prado et al.，1996）。单淀粉颗粒呈多边形，直径 1.0～2.5 μm，复合淀粉颗粒是椭圆形，直径为 6.4～32 μm（Atwell et al.，1983）。藜麦淀粉在相对较低的温度下（57～71℃），富含支链淀粉和明胶。由于支链淀粉含量高，藜麦淀粉具有很好的冻融稳定性（Ahamed et al.，1996）。

与常见的谷物相比，藜麦可提供丰富的 γ-生育酚（维生素 E），其含量可达 5 mg/100 g（干基）（Ruales and Nair，1993），γ-生育酚具有抗心血管疾病和抗炎症等生理活性（Jiang et al.，2001）。藜麦还富含维生素 B_2、维生素 B_1，特别是含有维生素 C，其他大多数谷物中均不含维生素 C（Koziol，1992；Ruales and Nair，1993；Repo-Carrasco et al.，2003）。

最近的研究表明，藜麦籽粒中富含叶酸（Schoenlechner et al.，2010），含量高达 132.7 mg/100 g（干基），约是小麦的 10 倍。藜麦麸皮中的叶酸含量高于藜麦粉中的含量（Repo-Carrasco-Valencia，2011）。

此外，藜麦籽粒中不含过敏原，如常见的谷物中所含的谷蛋白或醇溶谷蛋白或酶（蛋白酶和淀粉酶）抑制剂（Zuidmeer et al.，2008），以及大豆的胰蛋白酶和糜蛋白酶抑制剂（Galvez Ranilla et al.，2009）。

尽管藜麦含有丰富的营养成分，但有些藜麦品种的种皮中含有皂苷，皂苷是一种植物次生代谢产物，具有抗营养作用，在保护种子免受鸟类、昆虫等捕食者侵害方面起到积极作用（Solíz-Guerrero et al.，2002）。皂苷主要分布在种子外层，是三萜糖苷的混合物，包括齐墩果酸、长春藤皂苷元、美商陆酸、苯甲酸及降三萜等衍生物，它们在C3和C28处分别连有羟基和羧酸酯基（Kuljanabhagavad et al.，2008）。目前已在藜麦籽粒中至少检测出16种皂苷，有报道称皂苷对冷血动物有毒害作用，在南美被用作鱼毒（Zhu et al.，2002）。皂苷的不利生理作用是因为其对小肠细胞的溶膜作用及溶血活性（Woldemichael and Wink，2001）。此外，皂苷能与铁复合形成络合物，降低铁的吸收率。

除以上不利影响外，皂苷具有很多生理功能，如降低血清胆固醇水平、消炎、抗肿瘤和抗氧化活性，并能促进药物吸收。皂苷还具有杀虫、作为抗生素、抗病毒和抗真菌功能（Kuljanabhagavad and Wink，2009）。此外，皂苷可作为免疫佐剂，增强抗体的抗原特异性和黏膜应答（Estrada et al.，1998）。

不同基因型的藜麦中皂苷含量有较大差异，甜藜麦的皂苷含量范围为0.2～0.4 g/kg DM，苦藜麦的皂苷含量为4.7～11.3 g/kg DM。因此，皂苷含量较低的甜藜麦是主要育种对象。但是，交叉授粉给甜藜麦种子的选育增加了一定难度（Mastebroek et al.，2000）。含皂苷的组织来源于母体，种子中皂苷含量反映了其母体植株的基因型（Ward，2001）。Gandarillas（1979）研究认为，皂苷含量是由单一位点的两个等位基因控制的，苦等位基因（高皂素）为显性，甜等位基因（低皂苷）为隐性。研究人员还发现，藜麦籽粒的皂苷含量呈连续性变化，很可能是多基因控制的数量遗传性状（Galwey et al.，1990；Jacobsen et al.，1996）。

藜麦在食用前必须除去种皮中的皂苷，除皂苷方法主要有两种，水洗或研磨脱皮。这两种方法在去除皂苷方面没有差异（Ridout et al.，1991），研磨脱皮虽然可减少水资源浪费，但在脱皮同时也会损失一些营养（Repo-Carrasco-Valenc，2011）。

高品质的蛋白质是藜麦最突出的营养特性，没有麸质，氨基酸配比均衡，含有甲硫氨酸、苏氨酸、赖氨酸和色氨酸等在大多数谷物中为限制性氨基酸的必需氨基酸（Gorinstein et al.，2002）。在玻利维亚品种Sajama的种子中还发现有较高含量的色氨酸（Comai et al.，2007）。蛋白质的质量是由它的生物价（BV）来衡量的，即通过氮摄取和氮排泄来衡量蛋白质的利用程度。一般认为鸡蛋（93.7%）和牛奶（84.5%）的生物价最高（Friedman，1996）。藜麦种子的蛋白质生物价为83%，高于鱼（76%）、牛肉（74.3%）、大豆（72.8%）、小麦（64%）、稻（64%）和玉米（60%）的蛋白质生物价（Abugoch，2009）。

根据FAO/WHO（1990）营养要求，藜麦蛋白质含有符合10～12岁儿童营养需求的适量苯丙氨酸、酪氨酸、组氨酸、异亮氨酸、苏氨酸和缬氨酸；因此，藜麦可在无其他蛋白质供应条件下满足人类的必需氨基酸需求，这一营养特性使藜麦成为优质膳食蛋白质的重要来源。藜麦也是世界上很多山区居民的重要替代作物，在这些地区优质食品有限，藜麦能够满足其他作物无法满足的营养需求，尤其是对于儿童。

藜麦种子的营养组成取决于基因型和环境。含氮化合物，即蛋白质和氨基酸的代谢，受环境条件的影响很大（Triboi et al.，2003）。最近一项生理生态学研究发现，在玻利维亚高原地区和阿根廷西北部地区的 10 个藜麦品种中，6 个品种（Amilda、Kancolla、Chucapaka、Ratuqui、Robura 及 Sayaña）在低海拔环境生长时的蛋白质含量高于高海拔环境，其他 4 个品种（CICA、Kamiri、Sajama 和 Samaranti）则表现相反（表 1.1）。同样，藜麦皂苷的含量和组成也受环境影响，如干旱和盐碱胁迫影响藜麦皂苷的含量。事实上，农业生态条件会影响作物的生理代谢，土壤类型、气候条件对作物生长都有重要影响，在商业育种中应该充分考虑这些因素。

表 1.1　不同生长条件下（Patacamaya，海拔 3600 m 和 Encalilla，海拔 2000 m）藜麦蛋白质的含量

品种	Patacamaya（g/100 g DW）	Encalilla（g/100 g DW）	差异（%）
Amilda	11.41	12.5	8.7
Kancolla	14.44	15.17	4.8
Chucapaka	11.67	14.34	18.6
CICA	15.46	13.46	–14.9
Kamiri	13.98	13.12	–6.6
Ratuqui	10.38	15.53	33.2
Robura	9.62	10.43	7.8
Sajama	12	9.15	–31.1
Samaranti	12.26	9.34	–31.3
Sayaña	11.36	13.85	18.0

藜麦籽粒营养丰富，适应性强，被认为是在世界许多地区有发展前景的替代作物（González et al.，1989，2012；Dini et al.，2005；Comai et al.，2007；Thanapornpoonpong et al.，2008）。也许正是因为考虑到这些特性，藜麦被 FAO 列为 21 世纪世界粮食安全和人类营养最有前途的作物之一（FAO，2006）。美国国家航空航天局（NASA）也将藜麦应用于受控生态生命支持系统（CELSS），以改善宇航员长时间太空旅行造成的蛋白质摄入量不足（Schlick and Bubenheim，1993）。

1.4 藜麦的植物和遗传特性

藜麦为一年生苋科植物，是南美安第斯地区——哥伦比亚（2°N）到智利中部（40°S）的重要作物（Risi and Galwey，1984；Jacobsen，2003）。藜麦不仅纬度分布广，而且也有广泛的垂直分布，在海平面、中山部地区（海拔2000～3000 m）和高山部地区（海拔3000 m以上）均可种植。

根据纬度和海拔分布，Tapia（2009）将藜麦分为5种生态型：①Valley型，晚熟，株高150 cm以上，种植在海拔2000～3000 m地区；②Altiplano型，耐严霜和干旱，种植于秘鲁与玻利维亚交界处提提喀喀湖附近；③Salar型，耐盐碱，种植于玻利维亚高原的平原地区，如乌尤尼和科伊帕萨；④Sea level型，通常植株较矮（100 cm 左右），有少数茎和谷粒，产于智利南部；⑤Subtropical型，谷粒白色或黄色，产于玻利维亚的安第斯山谷。

皇家藜麦是国际市场最认可的藜麦品种，为苦藜麦，只产于玻利维亚，尤其是欧鲁罗和波托西地区，以及乌尤尼和科伊帕萨的盐滩。土壤的微气候状况和理化特性为这种藜麦的生产提供适宜的生态环境（Rojas et al.，2010）。

藜麦的生理形态特征表明其品种或生态型存在多样性（del Castillo et al.，2007）。因此，商业型藜麦存在较多的遗传多样性，主要表现在植株颜色、花序、花型和种子的多样性，蛋白质、皂苷和β-花青苷含量，以及叶中草酸钙簇晶等方面也具有遗传多样性。这些极端变异性可能反映出藜麦对不同生态条件的广泛适应性，如土壤、降雨、养分、温度、海拔、干旱、盐度和紫外辐射等生态条件。

藜麦是一年生双子叶草本植物，通常为直立，植株高度100～300 cm，因环境条件和遗传型不同而异。叶片通常分裂，覆盖有绒毛和粉状物，多为不光滑，有时插在木质茎上。植株分枝情况因种类和种植密度不同而异，茎为绿色、红色或紫色。花序生于植株顶部或茎部叶腋处，花无柄，为两性花、雌性花或雄性不育花，雄蕊的花药基部着生有短细丝。藜麦果实被花被包裹，为不裂瘦果。种子通常有些扁平，直径1～2.6 mm，250～500粒/g。藜麦种子颜色多样，有白色、黄色、红色、紫色、棕色、黑色或其他颜色。种子中胚重量占60%，胚分布在胚乳周围形成环状。主根上着生有大量侧根，侧根形成密集网状，根系可伸入到与株高相同的土壤深处（National Research Council，1989）。

藜麦的营养生长期即光照敏感期为120～240天。有些品种生长期为110～120天，如智利的CO-407，但有些品种生长期超过200天，如CICA。另外，解剖学和碳同位素分析研究认为，藜麦为C_3植物（Gonzalez et al.，2011）。如表1.2所示，10个品种藜麦叶片中的$\delta^{13}C$值为–27.3～–25.2，主要C_3植物的$\delta^{13}C$值范围为–35～–20（Ehleringer and Osmond，1989）。

表 1.2　10 个品种藜麦叶片中碳同位素组成（$\delta^{13}C$）

品种	$\delta^{13}C$
Amilda	–25.6
Chucapaka	–26.3
CICA	–26.6
Kancolla	–27.3
Kamiri	–26.7
Ratuqui	–26.4
Sayaña	–26.3
Robura	–25.7
Sajama	–25.2
Samaranti	–25.6

藜麦为四倍体植物（$2n=4x=36$），很多质量性状表现出双染色体遗传（Simmonds，1971；Risi and Galwey，1989；Ward，2001；Maughan et al.，2004）。*Chenopodium hircinum* 和 *Chenopodium berlandieri* 物种与藜麦栽培种相近，其染色体基数（$2n=2x=18$）与栽培种相同（Fuentes et al.，2009）。

藜麦品种包括驯化品种和野生种（subsp. *milleanum* 或 *melanospermum*）（Wilson，1981，1988）。驯化种和野生种种群在同一区域分布，均为自花授粉繁殖系统，叶片和籽粒的大小及颜色变异范围也相同（del Castillo et al.，2007）。在藜麦栽培中存在驯化种和野生种，意味着在藜麦的各分布区域野生种与驯化种共存。因此，两者间容易发生自然杂交（Fuentes et al.，2009）。在提提喀喀湖附近，在库斯科和波波湖之间的驯化种藜麦有较大变异，有研究者认为这里是藜麦最初被驯化的地方（Heiser and Nelson，1974）。在该区域主要的藜麦品种有秘鲁和萨哈马的 Kancolla、Cheweca、Witulla、Tahuaco、Camacani、Yocara、Wilacayuni、Blanca de Juli、Amarilla de Maranganí、Pacus、Rosada de Junín、Blanca de Junín、Hualhuas、Huancayo、Mantaro、uacariz、Huacataz、Acostambo、Blanca Ayacuchana 及 Nariño，玻利维亚的 Real Blanca、Chucapaca、Kamiri、Huaranga、Pasancalla、Pandela、Tupiza. Jachapucu、WilaCoymini、Kellu、Uthusaya、Chullpi、Kaslali 及 Chillpi（Hernández Bermejo and León，1994）。在整个安第斯地区，多个基因库冷藏室保存的藜麦品种有 2500 种以上。

1.5　藜麦和环境胁迫——干旱与盐碱

土壤盐渍化是影响作物产量的一个主要环境问题，尤其是在资源有限的边缘地区（Munns and Tester，2008；Rengasamy，2010；Munns，2011；Hussi et al.，

2013)。人类对土壤和水等自然资源的集约利用，水资源匮乏和土壤管理不善导致的土壤高度蒸散以及灌溉系统效率低下，不可避免地加速了土壤的次生盐化，致使可生产区域减小（Munns，2005；Hussin et al.，2013）。世界上约 20%的耕地面积以及一半灌溉土地受到盐分影响（FAO，2008）。现在，2.3 亿 hm^2 的灌溉土地中，有 0.45 亿 hm^2（19.5%）受到盐分影响，15 亿 hm^2 的干旱工业用地中，有 0.32 亿 hm^2 由于人类生产活动不同程度地受到盐分影响（Munns and Tester，2008），全球每年因灌溉土地的盐渍化问题，收入损失约有 0.12 亿美元（Ghassemi，1995）。

在这种情况下，要提高传统农作物在盐碱地和边缘地区的产量，从基因改良方面增强其抗盐性是一个可以考虑的课题（Flowers，2004），虽然有发展希望，但其结果目前并不乐观。还有一种方法就是利用天然盐生植物进行作物生产，即“盐生经济作物”，因为它们已经具备一定的耐盐能力（Lieth et al.，1999）。盐生作物作为经济作物，可持续利用将有利于促进食品、饲料、燃料、木材、纤维和化学品的生产发展，并能改善很多国家的环境问题，如沙丘稳定、荒漠化防治、生物降解和 CO_2 隔离等（Geissler et al.，2010；Hussin et al.，2013）。因此，对像藜麦这样天然耐盐耐旱植物品种的鉴定筛选，受到越来越多的学者关注。

藜麦是一种小宗作物，如果不是作为一种作物，可以种植在更极端的环境中（Oacobsen et al.，2003）。事实上，从海平面到海拔 4000 m 均可种植藜麦，甚至可以在玻利维亚高原海拔 4200 m 的极限高度生长。藜麦对不同的农业生态区有良好适应性，既能适应干热气候，又能适应 40%～88%的不同相对湿度，还能适应 –4～38℃的环境温度。藜麦可以在营养缺乏的边际土地生长，可适应从酸到碱的不同 pH 范围（Boero et al.，1999），还可以耐受土壤贫瘠（Sanchez et al.，2003）。对于恶劣霜冻（Halloy and González，1993；Jacobsen et al.，2005，2007）、长期干旱（Vacher，1998；Jacobsen et al.，2009）、盐（González and Prado，1992；Prado et al.，2000；Rosa et al.，2009；Ruffino et al.，2010；Hariadi et al.，2011）及较强的太阳辐射（Palenque et al.，1997；Sircelj et al.，2002；Hilal et al.，2004；González et al.，2009）等均有一定耐受性。

对土壤水分缺乏的耐受性或抗性，表明藜麦对水分具有高度利用率，即使在降雨量为 100～200 mm 的情况下仍有较高产量（Garcia et al.，2003，2007；Bertero et al.，2004）。藜麦在其生长初期可抵抗 3 个月的干旱，这段时期茎和根会纤维化，当降雨来临则会恢复其生理活性（National Research Council，1989）。有些品种可以在类似于海水（40 dS/m）或更高的盐浓度下生长，远高于任何已知作物物种的耐受阈（Hariadi et al.，2011；Razzaghi et al.，2011）。

耐盐性是一个复杂特性，与形态、生理、生化和分子机制等多方面相互关联，这些机制都与盐度对植物生长的主要制约因素（渗透作用、气体交换、离子毒性和营养失衡）相关联，能够通过协调控制缓减细胞高渗压和离子失衡（Koyro，2006；Flowers and Colmer，2008；Geissler et al.，2009）。土壤盐度对植物生长的不利影响主要是土壤水势较低导致的渗透效应。标准状况下纯水的水势被定义为零（Munns，2002；Koyro et al.，2012）。土壤水势较低，会干扰植物从土壤中吸收水分，导致增长减速，使植物产生类似水分胁迫导致的生理生化变化（Larcher，2001；Schulze et al.，2002；Munns，2005）。为耐受渗透胁迫，耐盐植物会发生气孔关闭应答以限制蒸腾失水。但这不可避免地会导致表观光合速率降低，主要是由于羧化反应的 CO_2 利用受限（光合作用的气孔限制）（Huchzermeyer and Koyro，2005；Flexas et al.，2007；Dasgupta et al.，2011；Benzarti et al.，2012），从而导致植物生长和产量也会受到限制（D'Souza and Devaraj，2010；Gorai et al.，2011；Tarchoune et al.，2012；Yan et al.，2013）。

研究表明，藜麦的耐旱性和耐盐性取决于其营养阶段（Bosque Sanchez et al.，2003；Garcia et al.，2003；Jacobsen et al.，2003）。在子叶阶段，藜麦对土壤高盐分的适应性与代谢调节有关，用 Sajama 品种的藜麦苗进行研究发现，其耐盐性是由于盐诱导改变了碳水化合物代谢，渗透压积累，进而改善了离子的吸收和渗透调节（Rosa et al.，2009；2010）。而在早期阶段，与结构和生理适应性也有关，藜麦植株会形成深而致密的根系统，减少叶面积，甚至叶片脱落，利用囊泡腺体（盐囊）抵抗干旱的不良影响，即使是水分严重缺乏、气孔关闭的情况下小型和厚壁细胞能够不降低膨压而适应水分缺失（Jensen et al.，2000；Adolf et al.，2013）。

虽然藜麦属于高度耐盐物种（Oacobsen，2003；Hariadi et al.，2011；Razzaghi et al.，2011；Eisa et al.，2012；Adolf et al.，2013），但不同藜麦品种对盐分胁迫表现出不同的发芽率和生长应答。对盐条件下 200 多种藜麦种质进行测试发现，不同品种藜麦对盐度的反应存在差异，Adolf 等（2012）也发现在萌芽阶段及之后的营养生长阶段存在差异。此外，在发芽期的耐盐性不一定与后期发育阶段的耐受程度相关。Eisa 等（2012）发现，秘鲁藜麦品种 Hualhuas 的生长受到低水平盐度（20%海水盐度）轻微刺激，盐诱导的生长刺激同样发生在品种 CICA（图 1.1）。

与非盐胁迫条件下生长的对照植物相比，CICA 的鲜重显著增长了 85%，这一增长主要是增加了芽的鲜重而不是根的鲜重（图 1.1）。盐诱导的生长刺激，在秘鲁和玻利维亚的其他藜麦品种中也有过报道（Wilson et al.，2002；Koyro and Eisa，2008；Hariadi et al.，2011）。此外，生长在盐浓度为 11dS/m 条件下的安第斯杂交品种与生长在盐浓度为 3 dS/m 条件下的对照植株相比，叶面积和干重均有增加。

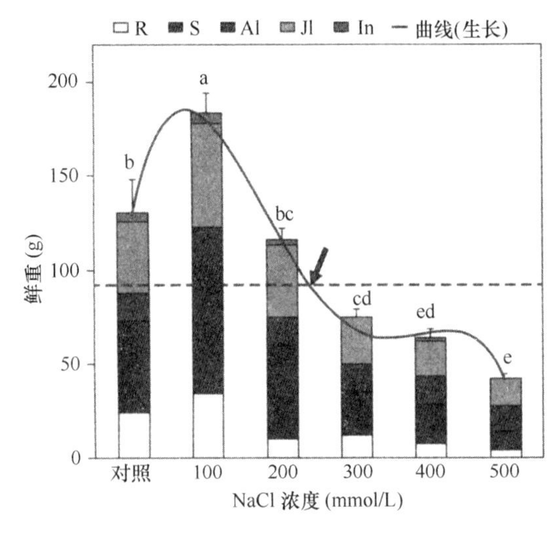

图 1.1 CICA 藜麦各器官在不同浓度 NaCl 处理下的生长应答（以鲜重计）

虚线表示 C_{50} 值，R. 根；S. 茎；Al. 成熟叶；Jl. 幼态叶；In. 花序

如图 1.1 所示，CICA 品种的盐耐受值达到 200 mmol/L $NaCl_2$，C_{50} 略高于 40%海水盐度处理。盐耐受值是指最先导致最大预期产量显著下降的盐浓度（Shannon and Grieve，1999），耐盐性阈值是导致最大预期产量显著减少的最低盐水平（Shannon and Grieve，1999），而 C_{50} 是导致在最大预期产率减少 50%时的水分盐度。超过阈值水平的盐度（超过最适条件）严重抑制许多藜麦品种植株生长（Hariadi et al.，2011；Eisa et al.，2012）。如图 1.1 所示，在海水盐度水平下（500 mmol/L NaCl），CICA 的植株鲜重与对照相比显著减少（约 66%）。这种盐分胁迫条件下植株鲜重降低的现象，可能是由于新叶萌发和小叶片生长被抑制，以及一些营养障碍症状。

有意思的是这种在盐胁迫条件下植物鲜重的显著增长，即使在海水盐度水平仍可持续（图 1.1）。由此看来，CICA 是高度耐盐的高产品种，即使在海水盐度水平也能生长。盐胁迫会导致很多植物物种光合作用的降低（Sudhir and Murthy 2004）。然而，许多盐生植物物种在盐度升高条件下光合作用会增大（Anderson et al.，2012），这取决于物种耐盐性的水平和（或）基因型。

不同亲本来源的藜麦品种也表现出不同的光合作用反应。Adolf 等（2012）研究发现，在盐碱条件下生长的两个藜麦品种，在光合作用 CO_2 吸收和气孔导度方面存在显著差异。原产于玻利维亚撒拉族地区的品种 Utusaya，保持了较高的气孔导度，与未处理的对照植物相比，净 CO_2 同化率仅减少了 25%。而丹麦培育的品种 Titicaca，气孔导度大幅下降，CO_2 同化率减少了 67%。有趣的是，在非盐条件下，品种 Utusaya 气孔导度和光合速率降低，而在品种 Titicaca 中并未降低。因此可以假定，在盐水环境中，品种 Utusaya 具有遗传改良的渗透压调节机构，可以抵消盐的不利渗透作用，也就不需要降低蒸腾失水（Adolf et al., 2013）。

在增加盐分水平的情况下，CICA（低耐盐型）和 Hualhuas（高耐盐型）藜麦品种植株也有类似现象发生。随着水盐度的上升，CICA 植株的净光合速率（P_N）显著地稳步下降，海水盐度水平下其 P_N 降低至对照值的 1.5%（表 1.3），与盐胁迫对多种耐盐物种光合作用的影响结果一致（Ashraf, 1999; Bayuelo-Jiménez et al., 2003; Qiu et al., 2003; Koyro, 2006）。然而，Eisa 等（2012）研究发现，盐度升高对 Hualhuas 的光合活性影响较小，仅降低至海水盐度水平时的 72%。此外，CICA 和 Hualhuas 的光合反应符合 Kao 等（2006）及 Moradi 和 Ismail（2007）的假设，即盐分对耐盐能力相对较强的藜麦品种的净光合速率的抑制程度较小。

表 1.3　水分盐度对藜麦（*C. quinoa* cv. CICA）净光合速率（P_N）、蒸腾速率（E）、气孔导度（C_s）、胞间 CO_2 浓度与空气中 CO_2 浓度的比值（C_i/C_a）以及光合水分利用效率（PWUE）的影响

处理	P_N[μmol/(m²·s)]	E[mmol/(m²·s)]	C_s[mmol H_2O/(m²·s)]	C_i/C_a	PWUE(%)
对照	$16.615^a±1.011$	$2.733^a±0.234$	$0.164^a±0.018$	$0.491^a±0.022$	$0.625^a±0.019$
100mmol/L	$12.310^b±0.122$	$2.417^a±0.045$	$0.140^b±0.003$	$0.588^b±0.006$	$0.510^{bc}±0.006$
200mmol/L	$10.907^c±0.119$	$1.998^b±0.019$	$0.111^c±0.002$	$0.550^b±0.010$	$0.546^b±0.007$
300mmol/L	$8.088^d±0.398$	$1.232^c±0.148$	$0.064^d±0.008$	$0.577^b±0.018$	$0.446^c±0.034$
400mmol/L	$1.105^e±0.240$	$0.357^d±0.032$	$0.017^e±0.002$	$0.747^c±0.029$	$0.256^d±0.034$
500mmol/L	$0.237^e±0.048$	$0.280^d±0.009$	$0.012^e±0.000$	$0.882^e±0.015$	$0.171^e±0.018$

注：同一列字母相同表示邓肯检验在 $P≤0.05$ 水平无显著性差异，每个平均值为 3 次重复

另外一方面，在 CICA 的 P_N 降低同时，气孔导度（C_S）也逐渐降低，这表明盐度可能通过加速气孔关闭影响 CICA 的光合作用。P_N 和 C_S 之间的正相关关系已在多个藜麦品种中被发现，如 *C. quinoa* 和 Hualhaus cultivar（Eisa et al., 2012），*Atriplexprostrata*（Wang et al., 1997），*Atriplexnummularia* 和 *Atriplexhastata*（Dunn and Neales, 1993），*Atriplexcentralasiatica*（Qiu et al., 2003），以及 *Avicennia marina*（Ball and Farquhar, 1984）。

Moradi 和 Ismail（2007）及 Centritto 等（2003）研究认为，减小气孔导度是减少叶片蒸腾失水的一种主要方式，并被认为是植物耐盐具有的适应功能。在 CICA 植株中，盐诱导的气孔导度减小强烈抑制了蒸腾速率（E），在最高盐度处理时蒸腾速率也为最小值（表 1.3），这有助于其保持水分，维持水分平衡。事实上，E 较低是植株应对高盐度的一个附加适应机制，因为它可以减少盐渗入到叶片，将盐度维持在亚毒性水平，延长叶片寿命（Everard et al., 1994; Koyro, 2006）。

CO_2/H_2O 气体交换的协同调控，是盐胁迫条件下植物生长和物质合成的关键（Romero-Aranda et al., 2001; Lu et al., 2002; Gulzar et al., 2003, 2005）。Eisa

等（2012）发现，在盐诱导下，Hualhuas 植株蒸腾速率的降低程度大于光合速率的降低程度，光合水分利用效率（PWUE）提高。而 CICA 植株，则是盐诱导下光合速率的降低程度大于蒸腾速率的降低程度，PWUE 降低（表 1.3）。Naidoo 和 Mundree（1993）及 Koyro（2000）认为，PWUE 增高是植物长期生存的一种重要适应能力，可能也成为适应盐胁迫环境的一大优势，这也许正是 Hualhuas 比 CICA 的耐盐性相对较高的原因。有趣的是，CICA 在盐诱导下，P_N 的降低与 C_S 的降低正相关，但与细胞间 CO_2 的浓度（C_i）不相关（表 1.3），表明 C_i 不是盐诱导下 CICA 光合作用下降的限制因素。

盐胁迫的植物，特别是在严重胁迫条件下，光合作用的非气孔抑制在其他几种作物物种中也有报道，如陆地棉和菜豆（Brugnoli and Lauteri，1991）、水稻（Dionisio-Sese and Tobita，2000）、向日葵（Steduto et al.，2000）和甜菜（Dadkhah，2011）等。光合能力的这种抑制，可能是由于一个耦合因子的活性被抑制（Tezara et al.，2008），降低了羧化效率（Wise et al.，1992；Jia and Gray，2004），降低了光合作用关键酶的量和（或）活性，如 Rubisco（Parry et al.，2002），1,5-二磷酸核酮糖再生减少（Giménez et al.，1992；Gunasekera and Berkowitz，1993），以及光合色素含量减少（Seemann and Critchley，1985；Hajar et al.，1996；Koyro，2006）。

盐胁迫和干旱也可以通过干扰叶绿体内的光化学反应来削弱光合作用。此外盐胁迫或干旱胁迫诱导气孔关闭将间接导致胞间 CO_2 浓度的限制，进而增加对光化学损伤的敏感性，因为二氧化碳同化率降低致使 PSII 光能过剩。这种效果似乎有物种特异性，如盐胁迫对高粱（二色高粱）植株的光化学活性有很强的干扰，而逐渐形成的干旱对豇豆植株的 PSII 活性影响很小。此外，有研究表明，气孔关闭降低叶片中 CO_2/O_2 值，并抑制二氧化碳固定，从而会增加电子氧的泄漏量，导致活性氧自由基产生增多。因此，在盐胁迫处理下的植物，低速率的 CO_2 同化作用又可导致氧胁迫。

有研究发现，盐诱导情况下，盐度较高时藜麦植株的叶片多肉化，叶绿素含量减少。藜麦作为一个耐盐物种，在盐胁迫下叶片气孔关闭使得光反应中心产生附加清除机制，或者过剩的能量用于进行离子的消除或螯合，这样可能会使光合系统的电子流减少（表观量子效率减小）。此外，叶片表面的致密囊状毛层形成一个强有力的光反射层（图 1.2），该光反射层会保护光系统免受还原破坏和被光所抑制。

盐胁迫的增加会使光饱和点（L_S）逐渐减小，如图 1.3 中的 CICA，相当于光合能力降低，部分原因可能是盐诱导的单位面积叶绿素浓度降低，进而 CO_2 补偿点（L_C）降低。此外，随着盐胁迫程度提高，暗呼吸（D_r）速率显著降低，如表 1.4 所示在 500 mmol/L $NaCl_2$ 时最低。盐诱导的植株呼吸速率下降，可能是由于对照植株快速生长所维持的呼吸速率，高于盐胁迫下植株缓慢生长所需要的呼吸速率（Koyro and Huchzermeyer，1999）。

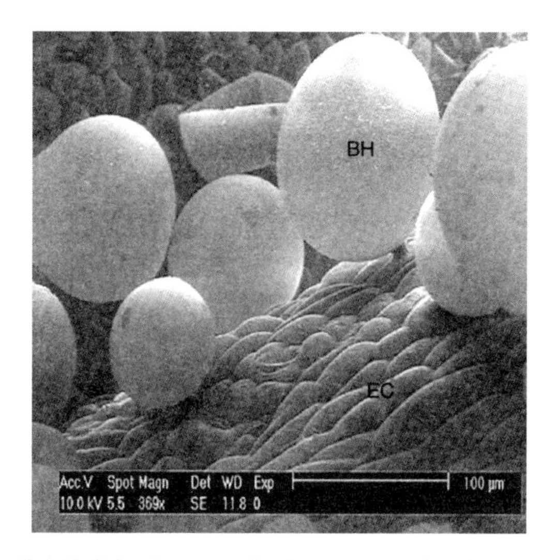

图 1.2　藜麦幼叶表面 SEM 显微图展示了不同生长阶段的囊毛状况

BH. 囊毛；EC. 表皮细胞

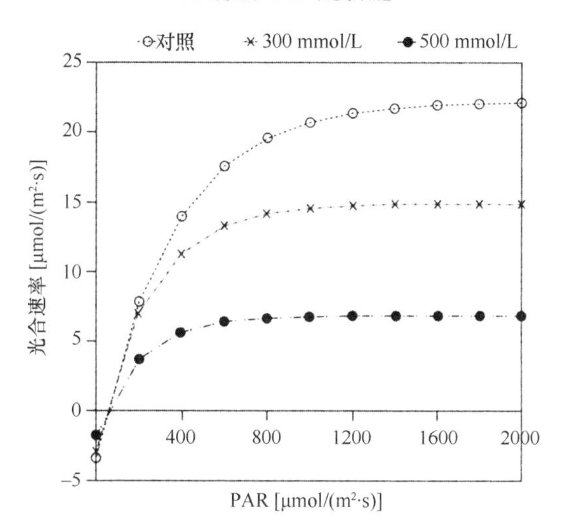

图 1.3　不同盐浓度下藜麦（*C. quinoa* cv. CICA）的光响应曲线

表 1.4　不同盐浓度对藜麦（*C. quinoa* cv. CICA）植株光合效率（Φ_C）、暗呼吸（D_r）、光补偿点（L_C）、光饱和点（L_s）的影响

处理	Φ_C(μmol CO_2/μmol Quantum)	D_r [μmol/(m^2·s)]	L_C [μmol/(m^2·s)]	L_s [μmol/(m^2·s)]
对照	0.062	−3.343	49.945	872.297
300mmol/L	0.052	−2.627	46.172	652.115
500mmol/L	0.034	−1.756	45.722	506.239

注：计算应用 SigmaPlot 软件完成

1.6 结　论

由于淡水资源逐渐减少，可用耕地因盐碱化迅速减少，食品生产和市场发展需要有新的方向。虽然基因工程能提高作物的耐盐性和抗旱性，但目前研究仍处于初级阶段，实现这一目标需要较长时间和巨大资源投入。由此看来，耐盐性高、抗旱性强和营养品质高的藜麦，有望成为21世纪维持世界人口高速增长的理想新作物之一。

参考文献

Abugoch LE. 2009. Quinoa (*Chenopodium quinoa* Willd.): composition, chemistry, nutritional and functional properties. Adv Food Nutr Res 58:1–31.

Adolf VI, Shabala S, Andersen MN, Razzaghi F, Jacobsen SE. 2012. Varietal differences of quinoa's tolerance to saline conditions. Plant Soil 357:117–129.

Adolf VI, Jacobsen SE, Shabala S. 2013. Salt tolerance mechanisms in quinoa (*Chenopodium quinoa* Willd.). Environ Exp Bot 92:43–54.

Agarie S, Shimoda T, Shimizu Y, Baumann K, Sunagawa H, Kondo A, Ueno O, Nakahara T, Nose A, Cushman JC. 2007. Salt tolerance, salt accumulation, and ionic homeostasis in an epidermal bladder-cell-less mutant of the common ice plant *Mesembryanthemum crystallinum*. J Exp Bot 58:1957–1967.

Ahamed N, Singhal R, Kulkarni P, Pal M. 1996. Physicochemical and functional properties of *Chenopodium quinoa* starch. Carbohydr Polym 3:99–103.

Alexandratos N. 2005. Countries with rapid population growth and resource constraints: issues of food, agriculture, and development. Popul Dev Rev 31:237–258.

Alvarez-Jubete L, Arendt EK, Gallagher E. 2009. Nutritive value and chemical composition of pseudocereals as gluten-free ingredients. Int J Food Sci Nutr 60:240–257.

Andersone U, Samsone I, Ievinsh G. 2012. Protection of photosynthesis in coastal salt marsh plants *Aster tripolium* and *Hydrocotyle vulgaris* in conditions of increased soil salinity. Environ Exp Biol 10:89–97.

Ando H, Chen YC, Tang HJ, Shimizu M, Watanabe K, Mitsunaga T. 2002. Food components in fractions of quinoa seed. Food Sci Tech Res 8:80–84.

Ashraf M.1999. Interactive effect of salt (NaCl) and nitrogen form on growth, water relations and photosynthetic capacity of sunflower (*Helianthus annuus* L.). Ann Appl Biol 135:509–513.

Atwell W, Patrick B, Johnson L, Glass R. 1983. Characterization of quinoa starch. Cereal Chem 60:9–11.

Ball MC, Farquhar GD. 1984. Photosynthetic and stomatal responses of the grey mangrove *Avicennia marina* to transient salinity conditions. Plant Physiol 74:7–11.

Bayuelo-Jiménez JS, Debouck GD, Lynch JP. 2003. Growth, gas exchange, water relations, and ion composition of *Phaseolus* species grown under saline conditions. Field Crop Res 80:207–222.

Benzarti M, Rejeb KB, Debez A, Messedi D, Abdelly C. 2012. Photosynthetic activity and leaf antioxidative responses of *Atriplex portulacoides* subjected to extreme salinity. Acta Physiol Plant 34:1679–1688.

Bertero HD, De la Vega AJ, Correa G, Jacobsen SE, Mujica A. 2004. Genotype and genotype-by-environment interaction effects for grain yield and grain size of quinoa (*Chenopodium quinoa* Willd.) as revealed by pattern analysis of multi-environment trials. Field Crop Res 89:299–318.

Bhargava A, Shukla S, Ohri D. 2006. *Chenopodium quinoa* - an Indian perspective. Ind Crop Prod 23:73–87.

Bhargava A, Shukla S, Ohri D. 2007. Genetic variability and interrelationship among various morphological and quality traits in quinoa (*Chenopodium quinoa* Willd.). Field Crop Res 101:104–116.

Boero C, González JA, Prado FE. 1999. Germination in different varieties of quinoa (*Chenopodium quinoa* Willd.) under different conditions of salinity and pH (In Spanish). Primer Taller Internacional sobre Quinua. Recursos Genéticos y Sistemas de producción. Lima, Perú. Roma: FAO. Available from: www.rlc.fao.org/prior/segalim/prodalim/prodveg/cdrom/contenido/libro05/cap2.htm 103k.

Bosque Sanchez H, Lemeur R, Van Damme P, Jacobsen SE. 2003. Ecophysiological analysis of drought and salinity stress in quinoa (*Chenopodium quinoa* Willd.). Food Rev Int 19:111–119.

Brinegar C, Goundan S. 1993. Isolation and characterization of chenopodin, the 11S seed storage protein of quinoa (*Chenopodium quinoa*). J Agric Food Chem 41:182–185.

Brock J, Aboling S, Stelzer R, Esch E, Papenbrock J. 2007. Genetic variation among different populations of *Aster tripolium* grown on naturally and anthropogenic salt-contaminated habitats: implications for conservation strategies. J Plant Res 120:99–112.

Brugnoli E, Lauteri M. 1991. Effects of salinity on stomatal conductance, photosynthetic capacity, and carbon isotope discrimination of salt tolerant (*Gossypium hirsutum* L.) and salt-sensitive (*Phaseolus vulgaris* L.) C3 non-halophytes. Plant Physiol 95:628–635.

del Castillo C, Winkel T, Mahy G, Bizoux JP. 2007. Genetic structure of quinoa (*Chenopodium quinoa* Willd.) from the Bolivian altiplano as revealed by RAPD markers. Genet Res Crop Evol 54:897–905.

Centritto M, Loreto F, Chartzoulakis K. 2003. The use of low CO_2 to estimate diffusional and non-diffusional limitations of photosynthetic capacity of salt stressed olive saplings. Plant Cell Environ 26:585–594.

Chakraborty S, Tiedemann AV, Teng PS. 2000. Climate change: potential impact on plant diseases. Environ Poll 108:317–326.

Comai S, Bertazzo A, Bailoni L, Zancato M, Costa CVL, Allegri G. 2007. The content of proteic and nonproteic (free and protein-bound) tryptophan in quinoa and cereal flours. Food Chem 100:1350–1355.

Cortés Hogea, 1558. 2009. In: Tapia M, editor. La quinua. Historia, distribución geográfica actual, producción y usos. Revista Ambienta 99:104–119.

D'Souza MR, Devaraj VR. 2010. Biochemical responses of hyacinth bean (*Lablab purpureus* L.) to salinity stress. Acta Physiol Plant 32:341–353.

Dadkhah A. 2011. Effect of salinity on growth and leaf photosynthesis of two sugar beet (*Beta vulgaris* L.) cultivars. J Agr Sci Tech 13:1001–1012.

Dasgupta N, Nandy P, Das S. 2011. Photosynthesis and antioxidative enzyme activities in five Indian mangroves with respect to their adaptability. Acta Physiol Plant 33:803–810.

Dini I, Tenore GC, Dini A. 2005. Nutritional and antinutritional composition of Kancolla seeds: an interesting and underexploited andine food plant. Food Chem 92:125–132.

Dionisio-Sese ML, Tobita S. 2000. Effects of salinity on sodium content and photosynthetic responses of rice seedlings differing in salt tolerance. J Plant Physiol 157:54–58.

Dunn GM, Neales TF. 1993. Are the effects of salinity on growth and leaf gas-exchange related. Photosynthetica 29:33–42.

Ehleringer JR, Osmond CB. 1989. Stable isotopes. In: Pearcy RW, Ehleringer JR, Rundel PW, editors. Plant physiological ecology. Field methods and instrumentation. UK: Chapman and Hall Ltd. pp. 281–300.

Eisa S, Hussin S, Geissler N, Koyro HW. 2012. Effect of NaCl salinity on water relations, photosynthesis and chemical composition of quinoa (*Chenopodium quinoa* Willd.) as a potential cash crop halophyte. Aust J Crop Sci 6:357–368.

Estrada A, Li B, Laarveld B. 1998. Adjuvant action of *Chenopodium quinoa* saponins on the induction of antibody responses to intragastric and intranasal administered antigens in mice. Comp Immunol Microb 21:225–236.

Everard JD, Gucci R, Kann SC, Flore JA, Loescher WH. 1994. Gas exchange and carbon partitioning in the leaves of celery (*Apium graveolens* L.) at various levels of root zone salinity. Plant Physiol 106:281–292.

Flexas J, Diaz-Espejo A, Galme's J, Kaldenhoff H, Medrano A, Ribas-Carbo M. 2007. Rapid variations of mesophyll conductance in response to changes in CO_2 concentration around leaves. Plant Cell Environ 30:1284–1298.

Flowers TJ. 2004. Improving crop salt tolerance. J Exp Bot 55:307–319.

Flowers TJ, Colmer TD. 2008. Salinity tolerance in halophytes. New Phytol 179:945–963.

Food and Agriculture Organization. 2006. Rural land sustainable management (in Spanish). FAO/Japan Regional Projects in Latin America 1988–2006. Tokyo, Japan.

Food and Agriculture Organization. 2008. Land and plant nutrition management service. Available from: www.fao.org/ag/agl/agll/spush.

[FAO/WHO] Food and Agriculture Organization/World Health Organization of United Nations. 1990. Protein quality evaluation. Rome, Italy: Report of a Joint FAO/WHO Expert Consultation.

[FAO/WHO] Food and Agriculture Organization/World Health Organization of United Nations. 2010. Fats and fatty acids in human nutrition: report of an expert consultation. Rome, Italy: Food and Nutrition Paper 91.

Foyer C, Noctor G. 2000. Tansley review 112. Oxygen processing in photosynthesis: regulation and signaling. New Phytol 146: 359–388.

Freitas H, Breckle SW. 1992. Importance of bladder hairs for salt tolerance of field-grown Atriplex species from a Portuguese salt marsh. Flora 187:283–297.

Friedman M. 1996. Nutritional value of proteins from different food sources. A review. J Agric Food Chem 44:6–29.

Fuentes FF, Maughan PJ, Jellen EN. 2009. Diversidad genética y recursos genéticos para el mejoramiento de la quinoa (*Chenopodium quinoa* Willd). Rev Geogr Valpso 42:20–33.

Galvez Ranilla L, Apostolidis E, Genovese MI, Lajolo FM, Shetty K. 2009. Evaluation of indigenous grains from the Peruvian Andean region for antidiabetes and antihypertension potential using in vitro methods. J Med Food 12:704–713.

Galwey NW, Leakey CLA, Price KR, Fenwick GR. 1990. Chemical composition and nutritional characteristics of quinoa (*Chenopodium quinoa* Willd.). Food Sci Nutr 42:245–261.

Gandarillas H. 1979. Genética y origen. In: Tapia ME, editor. Quinua y Kaniwa. Cultivos Andinos. Serie Libros y Materiales Educativos, vol. 49. Bogotá, Colombia: Instituto Interamericano de Ciencias Agrícolas. pp. 45–64.

Garcia M, Raes D, Jacobsen SE. 2003. Evapotranspiration analysis and irrigation requirements of quinoa (*Chenopodium quinoa*) in the Bolivian highlands. Agric Water Manag 60:119–134.

Garcia M, Raes D, Jacobsen SE, Michel T. 2007. Agroclimatic contraints for rainfed agriculture in the Bolivian Altiplano. J Arid Environ 71:109–121.

Geissler N, Hussin S, Koyro HW. 2009. Interactive effects of NaCl salinity, elevated atmospheric CO_2 concentration on growth, photosynthesis, water relations and chemical composition of the potential cash crop halophyte *Aster tripolium* L. Environ Exp Bot 65:220–231.

Geissler N, Hussin S, Koyro HW. 2010. Elevated atmospheric CO_2 concentration enhances salinity tolerance in *Aster tripolium* L. Planta 231:583–594.

Ghassemi F, Jakeman AJ, Nix HA. 1995. Salinisation of land and water resources: human causes, extent, management and case studies. Wallingford, England: CAB International. p. 544.

Giménez C, Mitchell VJ, Lawlor DW. 1992. Regulation of photosynthesis rate of two sunflower hybrids under water stress. Plant Physiol 98:516–524.

Gómez-Caravaca AM, Iafelice G, Lavini A, Pulvento C, Caboni MF, Marconi E. 2012. Phenolic compounds and saponins in quinoa samples (*Chenopodium quinoa* Willd.) grown under different saline and nonsaline irrigation regimens. J Agric Food Chem 60:4620–4627.

González JA, Prado FE. 1992. Germination in relation to salinity and temperature in *Chenopodium quinoa* Willd. Agrochimica 36:101–107.

González JA, Roldán A, Gallardo M, Escudero T, Prado FE. 1989. Quantitative determinations of chemical compounds with nutritional value from Inca crops: *Chenopodium quinoa* ("quinoa"). Plant Foods Hum Nutr 39:331–337.

González JA, Gallardo M, Hilal M, Rosa M, Prado FE. 2009a. Physiological responses of quinoa (*Chenopodium quinoa*) to drought and waterlogging stresses: dry matter partitioning. Bot Stud 50:35–42.

González JA, Rosa M, Parrado MF, Hilal M, Prado FE. 2009b. Morphological and physiological responses of two varieties of a highland species (*Chenopodium quinoa* Willd.) growing under near-ambient and strongly reduced solar UV-B in a lowland location. J Photochem Photobiol B 96:144–151.

González JA, Bruno M, Valoy M, Prado FE. 2011. Genotypic variation of gas exchange parameters and leaf stable carbon and nitrogen isotopes in ten quinoa cultivars grown under drought. J Agron Crop Sci 197:81–93.

González JA, Konishi Y, Bruno M, Valoy M, Prado FE. 2012. Interrelationships among seed yield, total protein and amino acid composition of ten quinoa (*Chenopodium quinoa*) cultivars from two different agroecological regions. J Sci Food Agric 92:1222–1229.

Gorai M, Ennajeh M, Khemira H, Neffati M. 2011. Influence of NaCl-salinity on growth, photosynthesis, water relations and solute accumulation in *Phragmites australis*. Acta Physiol Plant 33:963–971.

Gorinstein S, Pawelzik E, Delgado-Licon E, Haruenkit R, Weisz M, Trakhtenberg S. 2002. Characterisation of pseudocereal and cereal proteins by protein and amino acid analyses. J Sci Food Agric 82:886–891.

Gulzar S, Khan MA, Ungar IA. 2003. Salt tolerance of a coastal salt marsh grass. Comm Soil Sci Plant Anal 34:2595–2605.

Gulzar S, Khan MA, Ungar IA, Liu X. 2005. Influence of salinity on growth and osmotic relations of *Sporobolus ioclados*. Pak J Bot 37:119–129.

Gunasekera D, Berkowitz GA. 1993. Use of transgenic plants with Rubisco antisense DNA to evaluate the rate limitation of photosynthesis under water stress. Plant Physiol 103: 629–635.

Hajar AS, Zidan MA, Al-Zahrani HS. 1996. Effect of salinity stress on the germination, growth and some physiological activities of black cumin (*Nigella sativa* L.). Arab Gulf J Sci Res 14:445–454.

Halloy S, González JA. 1993. An inverse relation between frost survival and atmospheric pressure. Arct Alp Res 25:117–123.

Hariadi Y, Marandon K, Tian Y, Jacobsen SE, Shabala S. 2011. Ionic and osmotic relations in 10 quinoa (*Chenopodium quinoa* Willd.) plants grown at various salinity levels. J Exp Bot 62:185–193.

Heiser CB, Nelson CD. 1974. On the origin of cultivated Chenopods (*Chenopodium*). Genetics 78:503–505.

Hernández Bermejo JE, León J. 1994. Neglected crops: 1492 from a different perspective. FAO Plant Production and Protection Series. No. 26. p. 341.

Hevia F, Wilckens R, Berti M, Badilla R. 2001. Caracteristicas del almidón y contenido de proteína de quinoa (*Chenopodium quinoa* W.) cultivada bajo diferentes niveles de nitrógeno en Chillán. Agro Sur 29:42–50.

Hilal M, Parrado MF, Rosa M, Gallardo M, Massa EM, González JA, Prado FE. 2004. Epidermal lignin deposition in quinoa cotyledons in response to UV-B radiation. Photochem Photobiol 79:205–210.

Huchzermeyer B, Koyro HW. 2005. Salt and drought stress effects on photosynthesis. In: Pessarakli M, editor. Handbook of photosynthesis. 2nd edition. Florida: CRC Press, Taylor and Francis Publishing Company. pp. 751–777.

Hunter, M.D. 2001. Effects of elevated atmospheric carbon dioxide on insect-plant interactions. Agr Forest Entomol 3: 153–159.

Hura T, Hura K, Grzesiak M, Rzepka A. 2007. Effect of long term drought stress on leaf gas exchange and fluorescence parameters in C3 and C4 plants. Acta Physiol Plant 29:103–113.

Hussin S, Geissler N, Koyro HW. 2013. Effect of NaCl salinity on *Atriplex nummularia* (L.) with special emphasis on carbon and nitrogen metabolism. Acta Physiol Plant 35:1025–1038.

Intergovernmental Panel on Climate Change. 2007. Climate Change 2007. Mitigation of Climate Change. In: Metz B, Davidson OR, Bosch PR, Dave R, Meyer LA, editors. Contribution of working group III to the fourth assessment report of the Intergovernmental Panel on Climate Change. Cambridge, MA: Cambridge University Press. p. 851.

Jacobsen SE. 1997. Adaptation of quinoa (*Chenopodium quinoa*) to Northern European agriculture: studies on developmental pattern. Euphytica 96:41–48.

Jacobsen SE. 2003. The worldwide potential of quinoa (*Chenopodium quinoa* Willd.). Food Rev Int 19:167–177.

Jacobsen SE, Hill J, Stolen O. 1996. Stability of quantitative traits in quinoa (*Chenopodium quinoa* Willd). Theo Appl Gen 93:110–116.

Jacobsen SE, Mujica A, Jensen CR. 2003. The resistance of quinoa (*Chenopodium quinoa* Willd.) to adverse abiotic factors. Food Rev Int 19:99–109.

Jacobsen SE, Monteros C, Christiansen JL, Bravo LA, Corcuera LJ, Mujica A. 2005. Plant responses of quinoa (*Chenopodium quinoa* Willd.) to frost at various phenological stages. Eur J Agron 22:131–139.

Jacobsen SE, Monteros C, Corcuera LJ, Bravo LA, Christiansen JL, Mujica A. 2007. Frost resistance mechanisms in quinoa (*Chenopodium quinoa* Willd.). Eur J Agron 26:471–475.

Jacobsen SE, Liu F, Jensen CR. 2009. Does root-sourced ABA play a role for regulation of stomata under drought in quinoa (*Chenopodium quinoa* Willd.). Sci Hort 122:281–287.

Jellen EN, Benlhabib O, Maughan PJ, Stevens MR, Sederberg MDM, Bonifacio A, Coleman CE, Fairbanks DJ, Jacobsen SE. 2005. Introduction of the Andean crop quinoa in Morocco. Soil and water management interaction on crop yields. The ASA-CSSA-SSSA International Annual Meetings, Salt Lake City, UT.

Jensen CR, Jacobsen SE, Andersen MN, Núñez N, Andersen SD, Rasmussen L, Mogensen VO. 2000. Leaf gas exchange and water relation characteristics of field quinoa (*Chenopodium quinoa* Willd.) during soil drying. Eur J Agron 13:11–25.

Jia YS, Gray VM. 2004. Interrelationship between nitrogen supply and photosynthetic parameters in *Vicia faba* L. Photosynthetica 41:605–610.

Jiang Q, Christen S, Shigenaga MK, Ames BN. 2001. γ-Tocopherol, the major form of vitamin E in the US diet, deserves more attention. Am J Clin Nutr 74:714–722.

Johnson DL, Ward SM. 1993. Quinoa. In: Janick J, Simon JE, editors. New Crops. New York, NY: Wiley. pp. 219–221.

Kao WY, Tsai TT, Tsai HC, Shih CN. 2006. Response of three glycine species to salt stress. Environ Exp Bot 56:120–125.

Konishi Y, Hirano S, Tsuboi H, Wada M. 2004. Distribution of minerals in quinoa (*Chenopodium quinoa* Willd) seeds. Biosci Biotechnol Biochem 68:231–234.

Koyro HW. 2000. Effect of high NaCl-salinity on plant growth, leaf morphology, and ion composition in leaf tissues of *Beta vulgaris* ssp. *maritima*. J Appl Bot-Angew Bot 74:67–73.

Koyro HW. 2006. Effect of salinity on growth, photosynthesis, water relations and solute composition of the potential cash crop halophyte *Plantago coronopus* (L.). Environ Exp Bot 56:136–146.

Koyro HW, Eisa SS. 2008. Effect of salinity on composition, viability and germination of seeds of *Chenopodium quinoa* Willd. Plant Soil 302:79–90.

Koyro HW, Huchzermeyer B. 1999. Salt and drought stress effects on metabolic regulation in maize. In: Pessarakli M, editor. Handbook of plant and crop stress. 2nd edition. New York, NY: Marcel Dekker Inc. pp. 843–878.

Koyro HW, Ahmad P, Nicole G. 2012. Abiotic stress responses in plants: an overview. In: Ahmad P, Prasad MNV, editors. Environmental adaptations and stress tolerance of plants in the era of climate change. New York, NY: Springer Science + Business Media. pp. 1–28.

Koziol MJ. 1992. Chemical composition and nutritional evaluation of quinoa. J Food Compos Anal 5:35–68.

Kuljanabhagavad T, Wink M. 2009. Biological activities and chemistry of saponins from *Chenopodium quinoa* Willd. Phytochem Rev 8:473–490.

Kuljanabhagavad T, Thongphasuk P, Chamulitrat W, Wink M. 2008. Triterpene saponins from *Chenopodium quinoa* Willd. Phytochem 69:1919–1926.

Larcher W. 2001. Physiological plant ecology: ecophysiology and stress physiology of functional. Heidelberg, Germany: Springer-Verlag. p. 513.

Läuchli A, Grattan SR. 2007. Plant growth and development under salinity stress. In: Jenks MA, Hasegawa PA, Jain SM, editors. Advances in molecular-breeding towards salinity and drought tolerance. Heidelberg, Germany: Springer-Verlag. p.1-31.

Cieza de León, 1560. 2009. In: Tapia M, editor. La quinua. Historia, distribución geográfica actual, producción y usos. Revista Ambienta 99:104–119.

Lieth H, Moschenko M, Lohmann M, Koyro HW, Hamdy A. 1999. Halophyte uses in different climates I. Ecological and ecophysiological studies. Progress in biometeorology. Volume 13. Leiden, The Netherlands: Backhuys Publishers. p. 258.

Lu C, Qiu N, Lu Q, Wang B, Luang T. 2002. Does salt stress lead to increased susceptibility of photosystem II to photoinhibition and changes in photosynthetic pigment composition in halophyte *Suaeda salsa* grown outdoors? Plant Sci163:1063–1068.

Mastebroek H, Limburg H, Gilles T, Marvin H. 2000. Occurrence of sapogenins in leaves and seeds of quinoa (*Chenopodium quinoa* Willd). J Sci Food Agric 80:152–156.

Maughan J, Bonifacio A, Jellen E, Stevens M, Coleman C, Ricks M, Mason S, Jarvis D, Gardunia B, Fairbanks D. 2004. A genetic linkage map of quinoa (*Chenopodium quinoa*) based on AFLP, RAPD, and SSR markers. Theor Appl Genet 109:1188–1195.

Montzka SA, Dlugokencky EJ, Butler JH. 2011. Non-CO_2 greenhouse gases and climate change. Nature 476:43–50.

Moradi F, Ismail AM. 2007. Responses of photosynthesis, chlorophyll fluorescence and ROS-scavenging systems to salt stress during seedling and reproductive stages in rice. Ann Bot 99:1161–1173.

Munns R. 2002. Comparative physiology of salt and water stress. Plant Cell Environ 25:239–250.

Munns R. 2005. Genes and salt tolerance: bringing them together. New Phytol 167: 645–663.

Munns R. 2011. Plant adaptations to salt and water stress: differences and commonalities. Adv Bot Res 57:1–32.

Munns R, Tester M. 2008. Mechanisms of salinity tolerance. Ann Rev Plant Biol 59: 51–681.

Naidoo G, Mundree SG. 1993. Relationship between morphological and physiological responses to water logging and salinity in *Sporobolus virginicus* (L). Kunth Oecologia 93:360–366.

National Research Council. 1989. Lost crops of the Incas: little known plants of the Andes with promise for worldwide cultivation. Washington, DC: National Academy Press. p. 415.

Netondo GW, Onyango JC, Beck E. 2004. Sorghum and salinity: II. Gas exchange and chlorophyll fluorescence of sorghum under salt stress. Crop Sci 44:806–811.

Nuñez LA. 1974. La agricultura prehistorica en los Andes Meridionales. Universidad del Norte, Editorial Orbe. Santiago de hile, Chile. p. 197.

Orsini F, Accorsi M, Gianquinto G, Dinelli G, Antognoni F, Carrasco KBR, Martinez EA, Alnayef M, Marotti I, Bosi S, Biondi S. 2011. Beyond the ionic and osmotic response to salinity in *Chenopodium quinoa*: functional elements of successful halophytism. Funct Plant Biol 38:818–831.

Palenque ER, Andrade M, González JA, Forno R, Lairana V, Prado FE, Salcedo JC, Urcullo S. 1997. Effect of UVB radiation on quinoa (*Chenopodium quinoa* Willd.). Rev Bol Fis 3:120–128.

Parry MA, Andralojc PJ, Khan S, Lea P, Keys AJ. 2002. Rubisco activity: effects of drought stress. Ann Bot 89:833–839.

Parry M, Rosenzweig C, Livermore M. 2005. Climate change, global food supply and risk of hunger. Philos Trans R Soc Lond B Biol Sci 360:2125–2138.

Prado FE, Gallardo M, González JA. 1996. Presence of saponin-bodies in pericarp cells of *Chenopodium quinoa* Willd. (quinoa). Biocell 20:261–266.

Prado FE, Boero C, Gallardo M, González JA. 2000. Effect of NaCl on growth germination and soluble sugars content in *Chenopodium quinoa* Willd. seeds. Bot Bull Acad Sinica 41:19–26.

Prado FE, Fernández-Turiel JL, Bruno M, Valoy M, Rosa M, González JA. 2010. Mineral content of seeds from quinoa varieties in Amaicha del Valle (Tucumán, Argentina). Biocell 34(2):157

Prakash D, Nath P, Pal M. 1993. Composition, variation of nutritional contents in leaves, seed protein, fat and fatty acid profile of Chenopodium species. J Sci Food Agric 62:203–205.

Pulvento C, Riccardi M, Lavini A, d'Andria R, Iafelice G, Marconi E. 2010. Field trial evaluation of two *Chenopodium quinoa* genotypes grown under rain-fed conditions in a typical Mediterranean environment in South Italy. J Agron Crop Sci 196:407–411.

Qiu QS, Barkla BJ, Vera-Estrella R, Zhu JK, Schumaker KS. 2003. Na+/H+ exchange activity in the plasma membrane of Arabidopsis. Plant Physiol 132:1041–1052.

Ranhotra GS, Gelroth JA, Glaser BK, Lorenz KJ, Johnson DL. 1993. Composition and protein nutritional quality of quinoa. Cereal Chem 70:303–305.

Razzaghi F, Ahmadi SH, Adolf VI, Jensen CR, Jacobsen SE, Andersen MN. 2011. Water relations and transpiration of quinoa (*Chenopodium quinoa* Willd.) under salinity and soil drying. J Agron Crop Sci 197:348–360.

Rengasamy P. 2010. Soil processes affecting crop production in salt-affected soils. Funct Plant Biol 37:613–620.

Repo-Carrasco R, Espinoza C, Jacobsen SE. 2003. Nutritional value and use of the Andean crops quinoa (*Chenopodium quinoa*) and Kañiwa (*Chenopodium pallidicaule*). Food Rev

Intern 19:179–189.

Repo-Carrasco-Valencia RAM. 2011. Andean indigenous food crops: nutritional value and bioactive compounds. Ph.D. Thesis, University of Turku, Turku, Finland. p. 176.

Ridout CL, Price KR, DuPont MS, Parker ML, Fenwick GR. 1991. Quinoa saponins-analysis and preliminary investigations into the effects of reduction by processing. J Sci Food Agric 54:165–176.

Risi J, Galwey NW. 1984. The chenopodium grains of the Andes: Inca crops for modern agriculture. Adv Appl Bot 10:145–216.

Risi J, Galwey NW. 1989. The pattern of genetic diversity in the Andean grain crop quinoa (*Chenopodium* (*quinoa* Willd.). I. Associations between characteristics. Euphytica 41: 147–162.

Rojas W, Soto JL, Pinto M, Jäger M, Padulosi S. 2010. Granos Andinos. Avances, logros y experiencias desarrolladas en quinua, cañahua y amaranto en Bolivia. Roma, Italia: Bioversity International. p. 178.

Romero-Aranda R, Soria T, Cuartero J. 2001. Tomato plant-water uptake and plant-water relationships under saline growth conditions. Plant Sci 160:265–272.

Rosa M, Hilal M, González JA, Prado FE. 2009. Low-temperature effect on enzyme activities involved in sucrose-starch partitioning in salt-stressed and salt-acclimated cotyledons of quinoa (*Chenopodium quinoa* Willd.) seedlings. Plant Physiol Biochem 47:300–307.

Rozema J, Schat H. 2013. Salt tolerance of halophytes, research questions reviewed in the perspective of saline agriculture. Environ Exp Bot 92:83–95.

Ruales J, Nair BM. 1992. Nutritional quality of the protein in quinoa (*Chenopodium quinoa*, Willd.) seeds. Plant Foods Hum Nutr 42:1–11.

Ruales J, Nair BM. 1993. Content of fat, vitamins and minerals in quinoa (*Chenopodium quinoa* Willd.) seeds. Food Chem 48:131–136.

Ruffino AMC, Rosa M, Hilal M, González JA, Prado FE. 2010. The role of cotyledon metabolism in the establishment of quinoa (*Chenopodium quinoa*) seedlings growing under salinity. Plant Soil 326:213–224.

Sanchez HB, Lemeur R, Van Damme P, Jacobsen SE. 2003. Ecophysiological analysis of drought and salinity stress of quinoa (*Chenopodium quinoa* Willd.). Food Rev Intern 19:111–119.

Schlick D, Bubnehiem DL. 1993. Quinoa: an emerging "new" crop with potential for CELSS. Ames Research Center, Technical Paper 3422. Moffett Field California: National Aeronautics and Space Administration.

Schoenlechner R, Wendner M, Siebenhandl-Ehn S, Berghofer E. 2010. Pseudocereals as alternative sources for high folate content in staple foods. J Cereal Sci 52:475–479.

Schulze DH, Polumuri SK, Gille T, Ruknudin A. 2002. Functional regulation of alternatively spliced Na^+/Ca^{2+} exchanger (NCX1) isoforms. Ann NY Acad Sci 976:187–196.

Seemann JR, Critchley C. 1985. Effects of salt stress on the growth, ion content, stomatal behavior and photosynthetic capacity of salt-sensitive species, *Phaseolus vulgaris* L. Planta 164:151–162.

Shannon MC, Grieve CM. 1999. Tolerance of vegetable crops to salinity. Sci Hort 78:5–38.

Silva EN, Ribeiro RV, Ferreira-Silva SL, Viégas RA, Silveira JAG. 2010. Comparative effects of salinity and water stress on photosynthesis, water relations and growth of *Jatropha curcas* plants. J Arid Environ 74:1130–1137.

Simmonds NW. 1971. The breeding system of *Chenopodium quinoa*. I Male sterility Heredity 27:73–82.

Simopoulos AP. 2001. Evolutionary aspects of diet, the omega-6/omega-3 ratio and genetic variation: nutritional implications for chronic diseases. Biomed Pharmacother 60:502–507.

Sircelj MR, Rosa MD, Parrado MF, González JA, Hilal M, Prado FE. 2002. Ultrastructural and metabolic changes induced by UV-B radiation in cotyledons of quinoa (*Chenopodium quinoa* Willd.). Biocell 26:180.

Soliz-Guerrero JB, Jasso de Rodriguez D, Rodríguez-García R, Angulo-Sánchez JL, Méndez-Padilla G. 2002. Quinoa saponins: concentration and composition analysis. In: Janick J, Whipkey A, editors. Trends in new crops and new uses. Alexandria: ASHS Press. pp.110-114.

Solomon S, Plattner GK, Knott R, Friedlingstein P. 2009. Irreversible climate change due to carbon dioxide emissions. Proc Natl Acad Sci U S A 106:1704–1709.

de Sotelo, 1583. 2009. In: Tapia M, editor. La quinua. Historia, distribución geográfica actual, producción y usos. Revista Ambienta 99:104–119.

Souza RP, Machado EC, Silva JAB, Lagoa AMMA, Silveira JAG. 2004. Photosynthetic gas exchange, chlorophyll fluorescence and some associated metabolic changes in cowpea (*Vigna unguiculata*) during water stress and recovery. Environ Exp Bot 51:45–56.

Steduto P, Albrizio R, Giorio P, Sorrentino G. 2000. Gas-exchange response and stomatal and non-stomatal limitations to carbon assimilation of sunflower under salinity. Environ Exp Bot 44:243–255.

Sudhir P, Murthy SDS. 2004. Effects of salt stress on basic processes of photosynthesis. Photosynthetica 42:481–486.

Tapia M. 2009. La quinua. Historia, distribución geográfica actual, producción y usos. Revista Ambienta 99:104–119.

Tarchoune I, Degl'Innocenti E, Kaddour R, Guidi L, Lachaal M, Navari-Izzo F, Ouerghi Z. 2012. Effects of NaCl or Na_2SO_4 salinity on plant growth, ion content and photosynthetic activity in *Ocimum basilicum* L. Acta Physiol Plant 34:607–615.

Tezara W, Marín O, Rengifo E, Martínez D, Herrera A. 2005. Photosynthesis and photoinhibition in two xerophytic shrubs during drought. Photosynthetica 43:37–45.

Tezara W, Driscoll S, Lawlor DW. 2008. Partitioning of photosynthetic electron flow between CO_2 assimilation and O_2 reduction in sunflower plants under water deficit. Photosynthetica 46:127–134.

Thanapornpoonpong SN, Vearasilp S, Pawelzik E, Gorinstein S. 2008. Influence of various nitrogen applications on protein and amino acid profiles of amaranth and quinoa. J Agric Food Chem 56:11464–11470.

Triboi E, Martre P, Triboi-Blondel AM. 2003. Environmentally-induced changes in protein composition in developing grains of wheat are related to changes in total protein content. J Exp Bot 54:1731–1742.

Uhle M. 1919 La arqueología de Arica y Tacna. Boletín de la Sociedad Ecuatoriana de Estudios Históricos Americanos III (7–8):1–48.

Ulloa Mogollón J. 1586. Relación de la provincial de los Collaguas para la discripción de las Indias que su majestad manda hacer. En: Jimenez de la Espada M, editor. Relaciones geográficas de las Indias. Vol 1. Madrid, España.

Vacher JJ. 1998. Response of two main Andean crops, quinoa

(*Chenopodium quinoa* Wild.) and papa amarga (*Solanum juzepczukii* B.) to drought on the Bolivian altiplano: significance of local adaptation. Agric Ecosyst Environ 68:99–108.

de la Vega G. 1966. El Inca. Royal commentaries of the Incas and general history of Peru. Austin: University of Texas Press.

Wallington TJ, Srinivasan J, Nielsen OJ, Highwood EJ. 2004. Greenhouse gases and global warming. In: Sabljic A, editor. Environmental and ecological chemistry. Encyclopedia of life support systems (EOLSS). Oxford, England: EOLSS Publishers. p. 27.

Wang LW, Showalter AM, Ungar IA. 1997. Effect of growth, ion content and cell wall chemistry in *Atriplex prostrata* (Chenopodiaceae). Am J Bot 84:1247–1255.

Ward SM. 2001. A recessive allele inhibiting saponin synthesis in two lines of Bolivian quinoa (*Chenopodium quinoa* Willd.). J Hered 92:83–86.

Wilson HD. 1981. Genetic variation among South American populations of tetraploid *Chenopodium* sect. *chenopodium* subsect. *cellulata*. Syst Bot 6:380–398.

Wilson HD. 1988. Quinoa biosystematics II: free living populations. Econ Bot 42:478–494.

Wilson C, Read JJ, Abo-Kassem E. 2002. Effect of mixed-salt salinity on growth and ion relations of a quinoa and a wheat variety. J Plant Nutr 25:2689–2704.

Wise RR, Frederick JR, Alm DM, Kramer DM, Hesketh JD, Crofts AR, Ort DR. 1992. Investigation of the limitations to photosynthesis induced by leaf water deficit in field-grown sunflower (*Helianthus annuus* L.). Plant Cell Environ 15: 755–756.

Woldemichael GM, Wink M. 2001 Identification and biological activities of triterpenoid saponins from *Chenopodium quinoa*. J Agric Food Chem 49:2327–2332.

Wood SG, Lawson LD, Fairbanks DJ, Robison LR, Andersen WR. 1993. Seed lipid content and fatty acid composition of three quinoa cultivars. J Food Compos Anal 6:41–44.

Yan K, Shao H, Shao C, Chen P, Zhao S, Brestic M, Chen X. 2013.Physiological adaptive mechanisms of plants grown in saline soil and implications for sustainable saline agriculture in coastal zone. Acta Physiol Plant DOI: 10.1007/s11738-013-1325-7.

Zhu N, Sheng S, Sang S, Jhoo JW, Bai N, Karwe M, Rosen R, Ho CT. 2002. Triterpene saponins from debittered quinoa (*Chenopodium quinoa*) seeds. J Agric Food Chem 50:865–867.

Zuidmeer L, Goldhahn K, Rona RJ, Gislason D, Madsen C, Summers C, Sodergren E, Dahlstrom J, Lindner T, Sigurdardottir ST, et al. 2008. The prevalence of plant food allergies: a systematic review. J Allergy Clin Immunol 121:1210–1218.

第 2 章　藜麦史——特别参考智利背景下的起源、驯化、多样性及栽培

Enrique A. Martínez[1], Francisco F. Fuentes[2], and Didier Bazile[3]

[1] *Centro de Estudios Avanzados en Zonas Árids, La Serena and Facuitad de Ciencias del Mar, Universidad Católica del Norte, Coquimbo, Chile*

[2] *Facuitad de Agronomía e Ingeniería Forestal, Pontificia Univeresidad Católica de Chile, Casilla 306-22, Santiago, Chile*

[3] *UPR47, GREEN, CIRAD (Centre de Coopération Internationale en Recherche Agrnonmique pour le Développement), TA C-47/F, Campus International de Baillarguet, 34398 Montpellier Cedex 5 France*

2.1　藜麦起源于安第斯山中部

1797 年德国植物学家和药剂师 Carl Ludwig Willdenow，首次描述了四倍体藜麦。藜麦原产于南美洲安第斯山，有 8000 年的种植历史。据研究假定藜麦的近缘祖先是分布于北美的 *Chenopodium berlandieri* var. *nuttalliae*，或者种植于南半球的复杂物种，包括 *Chenopodium pallidicaule* Aellen（Kañawa）、*Chenopodium petioiare* Kunth 和 *Chenopodium carnasoium* Moq.，以及四倍体物种 *Chenopodium hircinum* Schard 或 *Chenopodium quinoa* var. *meianospermum*。这些所有物种都来自安第斯山（Wilson and Heiser，1979；Heiser and Nelson，1974；Mujica and Jacobsen，2000；Fuentes et al.，2009a）。

藜麦在北美的种植区域，自哥伦比亚 2°N 到智利 47°S，从中安第斯山高海拔 4000 m 区域至南纬海平面。藜麦对特定地理区域的适应，产生了 5 个与多样性亚中心相关的主要生态区域，它们在分枝形态和对降水量（年降水量 2000 mm 至 150 mm 的强干旱区）的适应性不同。这些生态区包括①安第斯山脉峡谷藜麦区（哥伦比亚，厄瓜多尔和秘鲁）；②高原藜麦区（秘鲁，玻利维亚）；③央葛斯地区藜麦区（玻利维亚亚热带雨林）；④Salares 盐滩藜麦区（玻利维亚，智利北部和阿根廷）；⑤海岸藜麦区，从低地至海平面（智利中南部）。Fuentes 等（2012）认为藜麦的传播扩张起始于提提喀喀湖，且有分子标记所揭示的遗传数据所支持。

藜麦的驯化过程包括驯化综合特征的所有因素，如籽粒变大，同时产量增加，分枝减少和花序变大，种子休眠期缩短，以及果实自动开裂和种子脱落减少。藜

麦的地方品种已经适应不同土壤、气候和特定日长（春季和秋季日长随着纬度变化而不同）的变化。

2.2　早期传播至智利的南纬区域

在智利藜麦最初主要种植于 5 个生态区中的两个，萨拉雷斯盐滩藜麦区和海岸藜麦区。萨拉雷斯生态区分布于智利北部海拔 3000 m 的塔拉帕卡（Tarapacá）和安托法加斯塔（Antofagasta）（18°S～25°S）（图 2.1）。在这些区域，高原原住民（Aymara 和 Quechua）传统上是在盐碱地种植藜麦，在南半球夏天从 12 月到翌年 2 月的降水量仅为 100～200 mm（Lanino，2006）。这些生态型与玻利维亚藜麦品种（萨拉雷斯生态型）相近，很可能是由于 Aymara 和 Quechua 在现在的智利和玻利维亚边界同时种植这些品种。另外，这也是从玻利维亚地区到安托法加斯塔区域引进藜麦遗传资源的一个证据，目前研究的大部分智利藜麦的显著形态特征仍是萨拉雷斯盐滩藜麦型。

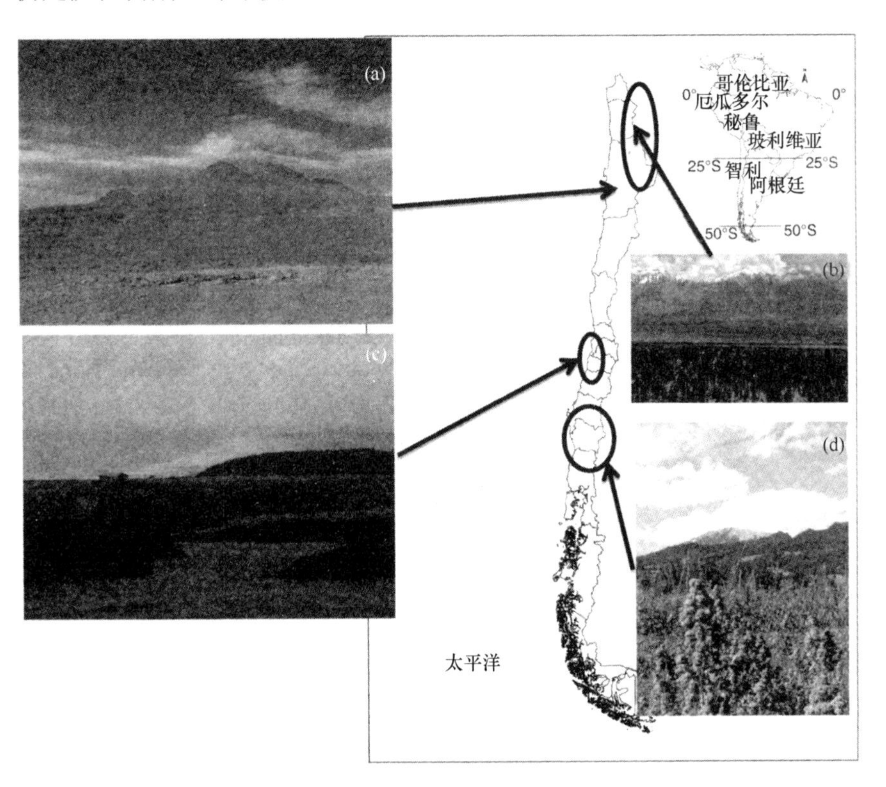

图 2.1　在南美洲智利（右上角）狭长的阿塔卡玛沙漠（a）将该国与秘鲁和玻利维亚南部隔开，藜麦种植在东部 Altiplano 高地（b）海拔 4000 m（盐滩生态型）及中部（c）和南部（d）海拔 1000 m 的平川及或山前地区（海岸生态型）

在智利中部（图 2.1）甚至在更南纬（43°S）地区（O'higgins 到 Lakes'行政区），栽培的藜麦是不同的海岸型地方品种。藜麦种植区为雨养区，海拔在海平面和 1000 m 高海拔之间。与萨拉雷斯藜麦种植在智利北部的极端干旱条件相比，一个明显的不同是在南半球冬季（6～8 月），智利中南部的年降水量在 500～2000 mm 波动，降水量从 34°S 到 40°S 不断增加。

智利的萨拉雷斯盐滩藜麦和海岸藜麦，在海拔分布、耐旱性、耐盐碱性及日照敏感性方面有明显差异（Bertero et al.，1999；Bertero，2001），这两种生态型的遗传背景也显著不同。有趣的是，即使在南部沿海藜麦区，遗传背景也具有多样性（Fuentes et al.，2012）。

在智利国家植物新品种系统中，仅产生和记录了一个杂交种，该杂交种 La Regalona 已被大量繁殖用于高产、光适应性育种，它能在日长接近赤道及纬度 40°（S 或 N）的区域生长（Fuentes et al.，2012）。

藜麦在智利的扩张模式暗示藜麦经历了一个微进化历程，与高遗传多样性吻合，可能是古代先民选择了能适应不同及更大农业生态梯度的藜麦类型（Fuentes et al.，2012）。藜麦在智利的进化适应过程至少发生在 3000 年前，最近通过历史文献知道藜麦始于智利中部的圣地亚哥山区（Planella et al.，2011）。智利全国各地均有种子交易，包括北部的古代先民（Aymara、Quechua、Atacamenos 或 Licanantay、Coyas、Diaguitas）、中部的 Picunches 和 Pehuenches 和南部的 Mapuches 和 Huilliches，虽然他们具有不同语言，甚至南部的人还给藜麦取了另外一个名称 *dawue*（Sapúlveda et al.，2003）。

2.3 智利干旱区藜麦灭绝后的再引入

400 年前，西班牙殖民统治圣地亚哥（Santiago）和科金博（Coquimbo）（分别在 33°S 和 30°S）后，藜麦在这两个区域的种植很快消失，最近科学家正在努力将藜麦重新引入科金博干旱区。2003 年，一个新的研究中心 Centro de Estudios Avanzados en Zonas Áridas（CEAZA），开始在智利北部开展了相应的研究活动，其中一个研究内容是气候变化、自然和人为活动、栽培农田及海水之间的相互影响。29°S～32°S 地区为具有明显季节性的地中海-沙漠-半沙漠气候，降雨发生在冬季，每年有 8～10 个月的干旱期（Novoa and López，2001）。现有天气信息表明，在过去一个世纪拉塞雷纳（La Serena，30°S）的年降水量减少了 100 mm（50%）。与这些地区一样全球降水量也大幅减少（http：//www.ipcc.ch/pub/tpbiodiv_s.pdf），同时地球温度升高了 0.6 ℃（http：//www.ipcc.ch/pub/un/ipccwg1s.pdf）。

科金博是地中海气候和阿塔卡玛沙漠的过渡区，其主要的横向（东-西）峡谷

[艾尔基谷（Elqui）、利马里谷（Limari）和峭帕谷（Choapa）] 的降水量从北到南增多，艾尔基谷的年降水量为 60 mm，峭帕谷的年降水量为 300 mm（Flavier et al.，2009）。由于小麦等产量低，农民种植谷物的收入少，为了增加收入，有的农民开始经营产品出口的果园，并开始应用滴灌技术（Jorquera，2001）。尽管 3000 年前科金博干旱区就已经开始种植藜麦（Planella et al.，2011），但是该地区被西班牙占领后，征服者引进小麦和欧洲作物后，藜麦就迅速消失。拉塞雷纳是继圣地亚哥之后在智利发现藜麦的第二个城市，但城市附近的农民甚至已经忘记了藜麦这一词汇。藜麦的社会记忆丧失导致藜麦在智利近乎灭绝，据农业统计智利全国种植藜麦的农民不超过 300 人（INE，2007）。

实际上，所有藜麦原始种子已经在科金博消失。当这个事实得到公认后，CEAZA 开始从其他区域的藜麦种植田、安第斯山高地种植藜麦的农民及南纬海平面（34°S～40°S）地区收集藜麦种子。最初集中收集对干旱地区有适应性的藜麦种子，特别是确定藜麦是否能够在更干旱地区种植，同时确定由于干旱趋势增加导致小麦无法种植时，藜麦是否能够替代小麦进行种植。

研究结果表明，来自智利中南部的种子春播，比安第斯山高地的种子具有更高产量（Martínez et al.，2007，2009b）。随后的结果显示，在人工灌溉实验条件下，即使极端低灌溉环境藜麦也能够结实（Martínez et al.，2009a）。这些实验表明，藜麦能够在极端低灌溉条件下（相当于 50 mm 的降水量）正常生长和结实，但需要在生长周期的关键点（生长、开花和灌浆）进行灌溉。然而，对于仅依靠降雨进行藜麦种植的农民，即使在生长期的关键阶段仍然不能保证灌溉。尽管年降水量有 100 mm，但是有许多年份降水量集中在数天之内，如 2012 年 90%的降水仅发生在秋季。因此，试验结果仅可以在人工灌溉条件下，预测智利干旱地区藜麦的经济效益和产量。然而，对于其他南部和多降水地区，藜麦无疑是未来良好的仅需降水就可生产的粮食作物。

联合国粮食及农业组织宣布 2013 年为国际藜麦年，并将其作为消除饥饿和贫困作物之一，其中一个原因是藜麦对非生物逆境的抗性。藜麦能够抵抗土壤霜冻和灌溉水盐分，这也是推动藜麦发展的原因。在对智利干旱地区的藜麦引种研究表明，萌发的藜麦种子对盐分具有良好的抗性，藜麦在盐分响应胁迫时遗传机制被触发，盐在植物组织中被排除，或者细胞内液泡能够适应高浓度的盐分。另外两项研究发现，智利中部的藜麦和安第斯山的藜麦，是对盐害高抗性的地方品种。然而，Delatorre-Herrera 和 Pinto（2009）的研究表明来自更南部的（39°S）地方品种对盐的抗性较弱。

FAO 呼吁促进藜麦种植和消费的另外一个原因是其营养价值，藜麦种子含有 20 种氨基酸和 2 倍于其他许多谷物的蛋白质含量，加上矿物质、维生素、优质的油分和抗氧化剂，以及优良的淀粉，藜麦种子具有较高的营养和食用价值

（Galwey，1992；Schlick and Bubenheim，1996；Vega-Gálves et al.，2010）。所有这些营养属性，在智利的三大早期种植区的地方品种中被确认（Miranda et al.，2011，2012a，2012b）。在智利藜麦中也发现了对母乳有重要作用的异黄酮，异黄酮很可能来自种皮皂素，参与抗菌活性（Miranda et al.，2013）。

2.4 结 束 语

藜麦的原始祖先可能起源于北美，但与藜麦栽培和消费一起发展的藜麦加工和文化却源于南美。在古代，藜麦在南美南方种植，但是目前玻利维亚高原到最南纬度地区、智利低地和阿根廷藜麦农业传统已经消失。长纬向的梯度暗示，藜麦适应新土地、新气候和长日照至少经历了 3000 年。有趣的是，藜麦的营养特性和抗逆性没有改变。在智利干旱地区再引进藜麦的研究已经表明，某些藜麦地方品种可以结实，甚至是在几乎没有灌溉的情况下，但在生长周期的关键点需要水分。目前，有一批藜麦地方品种可以适应地球上新的地区，抗逆的藜麦可以种植在边缘地区或大多数传统作物无法生长的严酷环境。另外，藜麦种子营养丰富，可以满足日益增长的世界人口对高品质食物的需求。

参 考 文 献

Bertero HD. 2001. Effects of photoperiod, temperature and radiation on the rate of leaf appearance in quinoa (*Chenopodium quinoa* Willd.) under field conditions. Ann Bot 87:495–502.

Bertero HD, King RW, Hall AJ. 1999. Modelling photoperiod and temperature responses of flowering in quinoa (*Chenopodium quinoa* Willd.). Field Crops Res 63:19–34.

Delatorre-Herrera J, Pinto M. 2009. Importance of ionic and osmotic components of salt stress on the germination of four quinua (*Chenopodium quinoa* Willd.) selections. Chilean J Agr Res 69:477–485.

Favier V, Falvey M, Rabatel A, Praderio E, López D. 2009. Interpreting discrepancies between discharge and precipitation in high-altitude area of Chile's Norte chico region (26–32 S). Water Res Res 45:W02424 10.1029/2008WR006802.

Fuentes FF, Espinoza PA, Von Baer I, Jellen EN, Maughan PJ. 2009a. Determinación de relaciones genéticas entre *Chenopodium quinoa* Willd. del sur de Chile y parientes silvestres del género *Chenopodium*. Anales del XVII Congreso Nacional de Biología del Perú, Tacna, Perú, p. 45.

Fuentes FF, Martínez EA, Hinrichsen PV, Jellen EN, Maughan PJ. 2009b. Assessment of genetic diversity patterns in Chilean quinoa (*Chenopodium quinoa* Willd.) germplasm using multiplex fluorescent microsatellite markers. Conserv Genet 10:369–377.

Fuentes FF, Bazile D, Bhargava A, Martínez EA. 2012. Implications of farmers' seed exchanges for on-farm conservation of quinoa, as revealed by its genetic diversity in Chile. J Agric Sci 150:702–716.

Galwey NW. 1992. The potential of quinoa as a multi-purpose crop for agricultural diversification: a review. Ind Crops Prod 1:101–106.

Heiser CB, Nelson CD. 1974. On the origin of cultivated Chenopods (*Chenopodium*). Genetics 78:503–505.

INE-Instituto Nacional de Estadísticas. 2007. VII Censo Nacional Agropecuario y Forestal (Internet) (cited June 24, 2013). Available at: http://www.ine.cl/canales/base_datos/otras_bases_datos.php.

Jorquera C. 2001. Evolución Agropecuaria de la Región de Coquimbo: Análisis contextual para la conservación de la vegetación nativa. Squeo FA, Arancio G, Gutierrez JR. Libro rojo de la flora de la región de Coquimbo, y de los sitios prioritarios para su conservación. La Serena, Chile: Ediciones Universidad de La Serena. 386.

Lanino M. 2006. Características climáticas de ancovinto durante 2005 a 2006. Iquique, Chile: Boletín Tecnico FIA-UNAP-CODECITE. 1–3.

Lutz M, Martínez EA, Martínez A. 2013. Daidzein and genistein contents in seeds of quinoa (*Chenopodium quinoa* Willd) from local ecotypes grown in arid Chile. Ind Crops Prod 49:117–121.

Martínez EA, Delatorre J, Von Baer I. 2007. Quínoa: las potencialidades de un cultivo sub-utilizado en Chile. Tierra Adentro (INIA) 75:24–27.

Martínez EA, Veas E, Jorquera C, San Martín R, Jara P. 2009a. Re-introduction of *Chenopodium quinoa* Willd. into arid Chile: cultivation of two lowland races under extremely low irrigation. J Agron Crop Sci 195:1–10.

Martínez EA, Jorquera-Jaramillo C, Veas E, Chía E. 2009b. El futuro de la quínoa en la región árida de Coquimbo: lecciones y escenarios a partir de una investigación sobre su biodiversidad en chile para la acción con agricultores locales. Revista de Geografía de Valparaíso 42:95–111.

Miranda M, Bazile D, Fuentes FF, Vega-Gálvez A, Uribe E, Quispe I, Lemus R, Martínez EA. 2011. Quinoa crop biodiversity in Chile: an ancient plant cultivated with sustainable agricultural practices and producing grains of outstanding and diverse nutritional values. In: 6th International CIGR Technical Symposium – Section 6: "Towards a Sustainable Food Chain" Food Process, Bioprocessing and Food Quality Management, Nantes, France.

Miranda M, Vega-Gálvez A, Quispe-Fuentes I, Rodríguez MJ, Maureira H, Martínez EA. 2012a. Nutritional aspects of six quinoa (*Chenopodium quinoa* Willd.) ecotypes from three geographical areas of Chile. Chilean J Agric Res 72:175–181.

Miranda M, Vega-Gálvez A, Martinez EA, López J, Rodríguez MJ, Henríquez K, Fuentes FF. 2012b. Genetic diversity and comparison of physicochemical and nutritional characteristics of six quinoa (*Chenopodium quinoa* Willd.) genotypes cultivated in Chile. Food Sci Tech 32:835–843.

Miranda M, Vega-Gálvez A, Jorquera E, López J, Martínez EA. 2013. Antioxidant and antimicrobial activity of quinoa seeds (*Chenopodium quinoa* Willd.) from three geographical zones of Chile. Méndez-Vilas A. Worldwide research efforts in the fight against microbial pathogens: from basic research to technological development. Boca Raton, FL: Brown Walker Press. 83–86.

Mujica A, Jacobsen SE. 2000. Agrobiodiversidad de las aynokas de quinua (*Chenopodium quinoa* Willd.) y la seguridad alimentaria. Seminario Agrobiodiversidad en la Región Andina y Amazónica, pp. 151–156.

Novoa JE, López D. 2001. IV Región: El escenario geográfico físico. En Libro rojo de la flora nativa y de los sitios prioritarios para su conservación: región de Coquimbo. Squeo FA, Arancio G, Gutierrez JR, Libro rojo de la flora de la región de Coquimbo, y de los sitios prioritarios para su conservación. La Serena, Chile: Ediciones Universidad de La Serena. 13–28.

Orsini F, Accorsi M, Gianquinto G, Dinelli G, Antognoni F, Ruiz-Carrasco KB, Martínez EA, Alnayef M, Marotti I, Bosi S, Biondi S. 2011. Beyond the ionic and osmotic response to salinity in *Chenopodium quinoa*: functional elements of successful halophytism. Funct Plant Biol 38:818–831.

Planella MT, Scherson R, McRostie V. 2011. Sitio El Plomo y nuevos registros de cultígenos iniciales en cazadores del Arcaico IV en alto Maipo, Chile central. Chungara, Revista de Antropología Chilena 43:189–202.

Ruiz-Carrasco KB, Antognoni F, Coulibaly AK, Lizardi S, Covarrubias A, Martínez EA, Molina-Montenegro MA, Biondi S, Zurita-Silva A. 2011. Variation in salinity tolerance of four lowland genotypes of quinoa (*Chenopodium quinoa* Willd.) as assessed by growth, physiological traits, and sodium transporter gene expression. Plant Physiol Biochem 49:1333–1341.

Schlick G, Bubenheim DL. 1996. Quinoa: candidate crop for NASA's Controlled Ecological Life Support Systems. Janick J. Progress in new crops. Arlington, TX: ASHS Press. 632–640.

Sepúlveda J, Thomet M, Palazuelos P, Mujica MA. 2003. La Kinwa Mapuche, recuperación de un cultivo para la alimentación. Chile: CET-Sur, Fundación para la Innovación Agraria, Ministerio de Agricultura.

Vega-Gálvez, A., M. Miranda, J. Vergara, E. Uribe, L. Puente, E. A. Martínez. 2010. Nutrition facts and functional potential of quinoa (*Chenopodium quinoa* Willd.), an ancient Andean grain: a review. J Sci Food Agr 90:2541–2547.

Von Baer I, Bazile D, Martínez EA. 2009. Cuarenta años de mejoramiento de la quínoa (*Chenopodium quinoa* Willd.) en la Araucanía: origen de "La Regalona-B". Revista Geográfica de Valparaíso 42:34–44.

Wilson HW, Heiser CB. 1979. The origin and evolutionary relationships of 'huauzontle' (*Chenopodium nuttalliae* Safford), domesticated chenopod of Mexico. Am J Bot 66:198–206.

第3章 藜麦在南美洲的农业生态和农艺栽培

Magali Garcia[1], Bruno Condori[2], and Carmen Del Castillo[1]

[1] *Faculty of Agronomy, Universidad Mayor de San Andres, La Paz, Bolivia*
[2] *Consultative Group on International Agricultural Research-International Potato Center, La Paz, Bolivia*

3.1 引　言

联合国粮食及农业组织已经将藜麦确定为应对全球营养不良的潜力作物。具有特殊营养价值和生理特性的藜麦，是一种尚未被充分利用的具有巨大潜力的作物。

藜麦种子较小，具有培育优良品种的一些固有特性，尤其是具有丰富的基因多样性，藜麦有超过6000个品种，以及很多在早熟、粒色和粒型方面具有优良特性的野生种。藜麦还具有较大的遗传可变性和可塑性，对生物和非生物逆境具有抗性，在农业不发达地区对不利土壤和气候条件具有适应性。更为重要的是，相对于其投入，藜麦的产出十分可观，可广泛种植于从赤道到高纬度、海平面到海拔4000 m高原的多种环境之中，甚至可以在高盐土壤中生长。

鉴于藜麦的品质和必需氨基酸数量，可以认为它是一种对于人类非常理想的食品。与其他作物不同，藜麦的籽粒可以在自然条件下储存，以供几个月后或者食物缺乏的时候食用，这一特性也提高了其食品营养价值。藜麦在文化领域和营养领域的多用途性，使其成为南美洲的重要作物。藜麦与马铃薯一样，是当地居民固定的食物。由于藜麦品质好、营养价值高，在南美洲高海拔地区种植的作物中具有十分重要的地位。

1532年，西班牙人征服印加帝国时，藜麦、马铃薯和玉米都是南美安第斯山区的常见作物，当时藜麦的栽培区域就已经超过了印加人的统治区（Galwey，1993；Cusack，1984；Risi and Galwey，1984）。在印加帝国被殖民统治之后，藜麦的种植面积逐年减少，被西班牙征服者喜欢的作物所取代。藜麦并没有像马铃薯和玉米这些在新大陆发现的作物一样，被居住在南美洲和欧洲的欧洲人所接受，直到20世纪后半叶，他们对藜麦才产生了兴趣。主要是由于全球范围内的粮食安全危机，迫切需要寻找一种替代作物，藜麦营养配比好和具有遗传多样性，使其成为一种具有发展潜力的理想作物。

3.2　安第斯地区的驯化

玻利维亚和秘鲁安第斯地区的土著居民种植藜麦已经超过 7000 年（Garcia，2003），藜麦有很多名字，如 Quechua 称为“母亲谷物”，或者广为人知的“印加水稻”和“印加小麦”等。奇布查人称藜麦为“suba”，玻利维亚人称为“jupha”，阿塔卡玛沙漠（现在在智利境内）的居民叫它“dahue”，在厄瓜多尔被称为“quimian”（Pular Vidal，1954）。据 Tapia（1979）记载，“quinua”和“quinoa”在玻利维亚、秘鲁、厄瓜多尔、阿根廷和智利均被广泛使用。

虽然藜麦“印加人谷物”或“印加水稻”的名字广为人知，但是进化方面的证据却发现这名字其实是误导，因为安第斯地区的藜麦驯化要早于印加人的出现（Heisser and Nelson，1974；Jacobsen，2003），通过移民和贸易发展，藜麦传到了整个安第斯地区。在印加人之前，当地居民利用灌溉、堆肥、轮耕和构筑梯田等方式进行集约化农业生产，以保持山区土壤肥力增加农业产量（尤其是提提喀喀湖流域附近）。当印加人在库斯科建立王国时（1100～1533 年），他们很快认识到藜麦的优良农艺特性和营养品质，称它为“chisiya 妈妈”或“母亲谷物”，并将其引入宗教活动。

在印加军队作战行军中，藜麦是重要粮食，随着印加帝国的扩张，藜麦也逐步从智利传播到哥伦比亚。藜麦种子大小的变化，以及颜色从黑色演变成黄色、粉色以及白色等，这一演变清楚地表明古安第斯农民已经成功培育了藜麦。Willdenow 在 1778 年最早对藜麦的植物学特性进行了描述。藜麦被认为是以玻利维亚和秘鲁安第斯为中心的南美洲特有植物（Cardenas，1944），地理分布虽然较广，但主要局限于安第斯地区，在安第斯地区能找到栽培型和野生型的多种藜麦生态类型，藜麦在社会、文化和经济方面的重要性也逐渐被安第斯地区居民发现（Gandarillas，1979b）。

Banifacio（2011）、del Castillo 等（2008）以及联合国粮食及农业组织，根据藜麦生长地区的农业生态类型将其划分为四大类群，即溪谷型、高海拔平原型、盐沼型和海滨型。这些生态类型具有不同的植物学特征、农艺特性和适应性。藜麦从野生类型逐渐被驯化为现在的品种可能花费了几十年的时间，但是在安第斯当地的部落中，野生型藜麦仍然在被利用（Mujica et al.，2001a）。

虽然在西班牙殖民统治印加帝国时期，藜麦的产量显著下降，但自 20 世纪后半叶开始，藜麦又重新受到欢迎，并至今被广泛消费。藜麦被驯化的地区并不适宜农业发展，在安第斯以及更高海拔地区，经常需要面对极端恶劣的气候和土壤条件。降水缺乏、高强度蒸发和土壤持水性差所导致的土壤干旱是主要问题。而且，植株还要经受极强太阳辐射和巨大日温差，在干旱季节，农民经常需要应对产量减少所造成的口粮和饲料短缺（Garcia et al.，2003；Jensen et al.，2000）。在秘鲁南部和玻利维亚，藜麦生长会被霜冻和高盐（尤其是玻利维亚南部的高盐戈壁）严重抑制（Jacobsen et al.，2003）。

藜麦和其他一些充满生命力的农作物在安第斯严酷多变的环境中得到了驯化，这些作物具备了很强的环境耐受性，尤其是高山和荒漠地区的干旱和霜冻（Jacobsen et al.，2003，2003b；Bertero et al.，2004）、高盐土壤（Koyro and Eisa，2008；Rosa et al.，2009；Ruffino et al.，2010；Jacobsen and Mujica，2003；Hariadi et al.，2011；Bosque，1998）、较大日温差和其他非生物与生物逆境（Jensen et al.，2000；Garcia et al.，2003，2007）。安第斯地区的这些作物，几千年来已经生产了很多高营养价值的产品，并被当地居民利用（Gonzalez et al.，1989，2009，2010；Grau，1997；Gross et al.，1989；Hermann and Heller，1997；Repo-Carrasco et al.，2003；Jacobsen and Mujica，2003）。

3.3 植物学和分类学特征

藜麦为双子叶植物，不像其他单子叶谷物那样含有麸质。藜麦的种内变异很大，使得它可以在许多农业耕作条件下生长。

据藜麦的生理效率，将其归类为 C_3 植物，安第斯藜麦（图 3.1）株高 0.5～2 m，种子直径 2 mm，根系分枝能力强，在干旱沙地根系半径有时可达到 1.8 m。

(a)

(b)

(c)

图 3.1 （a）～（c）农田中不同种类的藜麦展现出不同的花序颜色和花序类型（毗邻提提喀喀湖南部和西部的 Omasuyos 省）（Del Castillo and Winkel，IRD-CLIFA，2002～2008）（彩图请扫描封底二维码）

藜麦具有许多不同的基因型，有的茎有分枝，有的茎没有分枝，藜麦具有高效抵御冰雹、霜冻和干旱的机制。

绝大多数的表型变异与品种和农业气候条件有关，藜麦的叶片在同一植株中具有几种形态，在不同品种间的叶片形状和颜色也有差异，叶片两面都有气孔，幼嫩叶片正面常被草酸钙覆盖。

藜麦花穗具有典型花序结构，包括中心花轴、二级花序和三级花序。花穗具有松散和紧凑两种类型，花为不完全花，可进行自花授粉或异花授粉，雌雄同花和单性花都存在，不同品种间的异花授粉率在 0%～80%变化。花期不同是藜麦的特点之一，花期一般持续 12～15 天，单个花一般只能持续开放 5～7 天，每天的开放时间一般在上午 10 点至下午 2 点。

藜麦果实呈粒型，而且在收获时含水率通常为 15%左右，果实（双子叶、外种皮和胚乳）包裹在花被中（变态叶），这些花被在收获后都要去除。一般来讲，大而白色的甜藜麦种子在国际市场较受欢迎，但是近来，有色种子在国外市场也受到关注（Geerts et al.，2008b）。

最早，藜麦被划归为藜科（Cronquist，1981），但进化方面的研究将藜属和苋属归入苋科（被子植物系统发育组，2003），藜麦现在是藜亚科的一个属，就像其他被驯化的藜亚科植物一样属于喜马拉雅藜亚科谷物的一个属（Partap and Kapoor，1985a，1985b），和藜麦同为苋科的还有甜菜、红甜菜、莙达菜和菠菜等。藜麦属还包括南美洲的野生藜麦、苍白茎藜及墨西哥和南美洲的一些蔬菜及药用植物土荆芥等（FAO，2011）。

3.4　藜麦的遗传基础和遗传研究

安第斯地区是藜麦的中心，尤其是玻利维亚和秘鲁的安第斯地区（Bonifacio，2003），考虑到遗传变异，藜麦可以被认为是一种以提提喀喀湖为中心的单中心起源物种（Mujica et al.，2001a）。与野生型相比，栽培种的藜麦花更密集，株高和籽粒更大，色素含量也更高（Mujica et al.，2001a）。古时人们按照藜麦的用途及对生物和非生物的抗性选择基因型，通过几十年的时间，这些基因型已经发展为现在的生态类型（表 3.1 和图 3.2），但传统的野生型仍然被保留下来，用于治疗疾病和应对自然灾害（Geerts et al.，2008b）。

表 3.1　不同生态型藜麦的名称和主要特性

生态型	主要特性
Chullpi	煲汤
Pasankalla	烘烤
Coytos	观花
Reales	粮食
Utusaya	高盐条件下表现良好
Witullas 和 Achachinos	在寒冷和霜冻条件下表现良好

续表

生态型	主要特性
Kcancollas	在干旱条件下表现良好
Quellus（呈黄色）	高产
Chewecas	水涝条件下表现良好
Ayaras	高营养价值
Ratuquis	生育期较短

资料来源：Mujica et al.，2001a

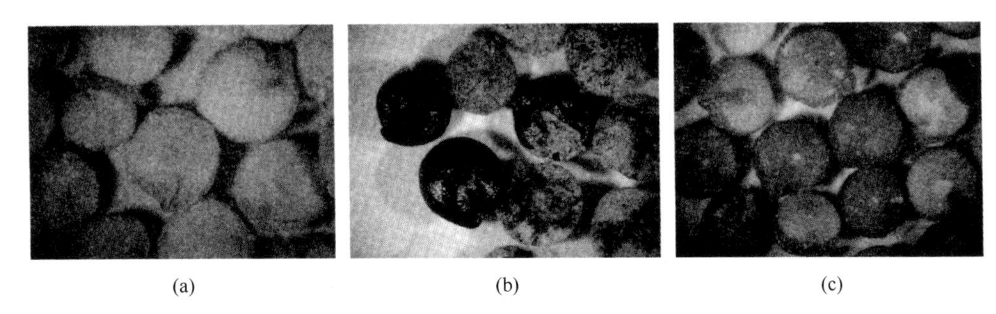

(a) (b) (c)

图 3.2 （a）～（c）藜麦籽粒颜色的特写（Det Castillo and Winkel，IRD-CLIFA，2002～2008）

野生藜麦植株广泛分布于南美洲的安第斯地区，这些野生品种具有很多有价值的基因，利用这些基因可以增加作物对气候的适应性，从而可以保持较高的产量。一些野生藜麦群体被鉴定为对病虫害、霜冻和干旱具有耐受性和抗性，同时它们也具有良好的营养品质性状，提高了其商用价值（Rojas et al.，2008；del Castillo et al.，2007）。

目前，藜麦的许多遗传变异被保存在种质资源库中（PROINPA Foundation，2003a），如玻利维亚的藜麦种质库，该种质库由玻利维亚国家农业和林业科学研究院（INIAF）管理。还有一些其他的藜麦种质资源库，如de la Papa国际中心（CIP）、植物遗传和植物研究院（IPK，德国），美国农业部（USDA），以及La Paz的检验检疫局的农业部门。

据报道，2010年玻利维亚种质中心共保存有包括野生种在内的3121份种质，随着种质资源收集工作的推进，这个数目还在增加。在秘鲁Illpa实验站的种质资源库有536份藜麦种质，拉莫利纳大学有2000份种质（Bravo and Catacora，2010），在厄瓜多尔国家农业科学院有608份种质（Peralta，2009）。

相对于玻利维亚盐沼地区南部的藜麦生态类型，一般北部和中部地区的生态类型籽粒较小（PROINPA Foundation，2003d）。藜麦的遗传多样性通常也在玻利维亚“Aynokas”的农业耕作体系中保存（Mujica et al.，2001c）。Aynokas是一种由公共区域组成的农业生产组织，这种农业组织可以实行必要的作物轮作，用来保证农业和生态的可持续发展（Aguilar and Jacobsen，2003）。

然而，由于市场压力，Altiplano 的几个农业体系已经开始更多地种植商用藜麦品种，甚至与其他作物混种，降低了当地品种的使用（Geerts et al.，2008b）。根据农业生态环境的巨大差异和安第斯地区藜麦的广泛分布，大致可以划分为 3 个生态类型：溪谷生态型种子较小，植株较高，对白粉病具有抗性；提提喀喀湖附近的生态类型种子较小，对白粉病表现为中抗，皂苷含量较低；南部 Altiplano 的生态类型皂苷含量较高，种子较大，不抗白粉病。这些生态类型的名称和特性见表 3.1。

藜麦是异源四倍体，具有 36 条染色体，藜属植物的单倍体数为 9（Mujica et al.，2001a）。有许多对藜麦花的生物学研究，如自交和异交的比例，为藜麦的杂交、选择及遗传改良提供了很多便利。藜麦的育种目标主要是高产、高蛋白质含量和低皂苷含量，同时也要保持或提高藜麦对生物和非生物的抗性，如抗白粉病和干旱。

3.5　生态及地理特性

藜麦主要种植于智利、秘鲁和玻利维亚高原，在沿海地区和高山峡谷中也有分布，其地理分布从哥伦比亚南部（5°N）到智利和阿根廷的安第斯山脉第十区域（43°S），海拔分布从海平面到海拔 4000 m 高原。玻利维亚高原是世界最大的藜麦生产区，其栽培面积超过 100 000 hm^2，玻利维亚南部靠近盐滩地区也有较大面积。秘鲁是世界第二大藜麦生产国，种植面积大约 55 000 hm^2，主要种植于南部地区，年产超过 41 000 t。在厄瓜多尔，有 1700 hm^2 藜麦种植在卡尔奇、因巴布拉、皮钦查、科托帕希、钦博拉索、洛哈、拉塔昆加、安巴托和昆卡等地区。在哥伦比亚，大约有 700 hm^2 藜麦种植在纳里尼奥南部和萨普耶斯市。智利北部和阿根廷高原地区的藜麦种植面积一直在增加。

在南美地区，不同藜麦品种分布在相应的生态地理区域。例如，最有名的品种 Real（PROINPA Foundation，2003a）在玻利维亚高原南部安第斯山地区栽培面积最大，该品种的抗旱和抗冻性强，该地区的年降水量从极端干旱的南部到干旱的 intersalar 区域降水量为 150～340 mm（Geerts et al.，2006b），当地农户生活主要依靠藜麦生产（Laguna，2000）。Real 品种的籽粒大、呈白色，深受市场欢迎。然而，Real 品种开花需要高纬度的光照时长和太阳辐射强度，在其他纬度和海拔地区都无法成功种植。在玻利维亚高原北部地区，适应当地环境的品种大多是小和中等籽粒的藜麦（PROINPA Foundation，2002），但这些品种不能在玻利维亚的盐滩地种植。总之，当地品种的产量不高，但是抗逆性强，越靠近其起源中心营养品质也越好。

作物的生育期大多在120～240天，主要取决于品种和生产地区的环境条件。一般而言，在寒冷地区种植的品种具有较长的生育期，生育期短的品种多种植在峡谷和低洼地。Sanchez（2012）用1℃作为作物基准温度，发现玻利维亚高原的热时间为1500热量单位，而且从北部到南部基本一致。除了这项研究外，没有更多关于作物完成其生育期所需热量的研究报道。特别需要指出的是，在高原地区，气候变化的影响正在缩短作物的生育期。除了气候因素影响外，目前并没有研究单位选育和推广早熟藜麦品种。

根据Espindola（1980，1992）和Mujiaca等（2001b）的研究，藜麦的主要物候期和形态解剖学特征如表3.2所示。

表3.2　藜麦的生理期

N	物候期	特征	开始时间（自播种后计算天数）
0	发芽	种子膨胀和破壳	3～5
1	子叶生长	植株长出	3～10
2	两叶期	营养生长开始；快速长根	10～20
3	五叶期	早期营养生长；对杂草敏感	35～45
4	十三叶期	主根分叉	45～50
5	前花期（花芽生长）	紧凑或松散的花芽生长	55～70
6	花期	花从花序自上而下开放；对冰雹、干旱和疾病敏感时期	90～130
7	灌浆早期（液体）	种子具有良好的延展性和较高的湿度（水分含量50%；对冰雹、干旱和疾病敏感时期）	100～130
8	灌浆后期（糊体）	不同品种的种子显现出不同颜色，种子更加干燥（水分含量25%）	130～160
9	生理成熟期	种子更加坚硬，也更加干燥（水分含量15%）	160～180

资料来源：更改自Espindola，1992；Mujica et al.，2001b

3.6　南美地区的栽培和农艺措施

一般而言，南美地区的藜麦生产区域主要分为南部高原区，阿尔蒂普拉诺高原中部和北部，以及厄瓜多尔和哥伦比亚的峡谷地区。阿尔蒂普拉诺高原中部和北部，也包括玻利维亚北部高原和秘鲁普诺地区，阿尔蒂普拉诺高原南部是所谓intersala区域的农业气候类型（Geerts et al.，2006b）。

在阿尔蒂普拉诺高原南部，藜麦是主要栽培作物，在下一茬耕作前，土地会被闲置1～3个种植季节，甚至更长。在其他高原地区，藜麦主要是与马铃薯和豆类轮作（Mujica et al.，2001b）。在厄瓜多尔和哥伦比亚的安第斯山脉河谷，燕麦常与玉米和马铃薯轮作（Peralta，2009）。在种植一季马铃薯后的土壤营养条件，特别利于后续藜麦种植（Mujica et al.，2001b）。

传统的耕作包括施入一些有机肥，如羊和美洲驼的粪便，这些粪便在播种、第一次除草、间苗和开花时施入。据报道，细菌与藜麦根系之间有互作关系，有利于藜麦最大限度地利用养分（Mujica，1994）。

3.7　藜 麦 生 产

3.7.1　土壤条件

尽管排灌良好的土壤适合作物生长，但是从沙地到黏性土壤藜麦都能生长。藜麦可以忍受较广泛的土壤 pH（Mujica et al.，2001b），从酸性土壤（pH 4.5，如秘鲁的卡哈马卡地区）到碱性土壤（pH 9，如玻利维亚缺盐地区），中性 pH 土壤最适宜藜麦生长。藜麦植株的氮和钙含量高，磷含量中等，钾含量少（Mujica，2001a）。

藜麦是一种兼性盐生作物，可以在极端盐环境下生长，如在土壤的电导率高达 52 dS/m 时，也能生长（Jacobsen et al.，2001）。在高原盐滩，植物组织通过积累盐离子调节叶片水势，使植株可以在盐胁迫下保持细胞膨压和蒸腾作用。所以，藜麦或许可以在盐碱地改良上发挥重要作用（Jacobsen et al.，2003）。Gonzalez 和 Prado（1992）研究发现，土壤盐分增加会导致藜麦发芽延迟，但在高盐分条件下种子还能保持休眠和活力，对土壤盐分胁迫的耐受性和敏感性主要取决于品种（Schabes and Sigstad，2005）。

3.8　气候的影响

3.8.1　抗旱性

藜麦具有表型可塑性和抗逆性，特别适应安第斯山脉地区的干旱气候（Mujica et al.，2001b）。在安第斯阿尔蒂普拉诺高原，雨季较短，干旱常在雨季结束和开始前发生。阿尔蒂普拉诺高原地区的降雨时期被干旱期分隔，所以干旱也会在生长季节发生（Garreaud et al.，2003；Garcia et al.，2007）。生长季节内和季节间的干旱都会影响作物产量，尤其是当干旱发生在开花期等重要生长时期影响更大（Fox and Rockstrom，2000）。

一般认为，藜麦是一种在干旱胁迫下能收获籽粒的优良作物（Garcia et al.，2003）。尽管藜麦是 C_3 作物，但藜麦具有较高的水分利用效率，藜麦抗旱的机制主要包括逃旱、耐旱和避旱（Jensen et al.，2000），这些抗旱机制也可能有助于藜麦忍受或避开其他非生物胁迫，如冻害。然而，当干旱发生在敏感时期，如出苗、开花和乳熟期，产量也会显著降低。

逃旱是通过生长周期延长以应答早期营养生长阶段的干旱，或者通过早熟应答生长后期的干旱胁迫（Jacobsen and Mujica，1999；Garcia，2003；Greets et al.，2006a），早熟是安第斯山干旱频发地区作物生长初期或末期逃避干旱的重要机制（Jacobsen et al.，2003）。

藜麦耐旱主要通过溶质实现植株组织弹性和低渗透势。与棉花一样，脯氨酸也是调节藜麦渗透平衡的主要物质，在膨大的组织中，脯氨酸被迅速氧化，而在干旱胁迫下脯氨酸的氧化会被抑制，Aguilar 等（2003）发现脯氨酸含量最高的品种来源于极端干旱和昼夜温差大的生态地理位置。

藜麦的避旱机制有高的根茎比（Bosque et al.，2003；Sanchez et al.，2003）、叶片脱落导致的叶面积减少、调节气孔行为和含草酸钙特殊囊泡，还具有在严重失水时阻止细胞膨胀的小而厚的壁细胞（Jensen et al.，2000）。含草酸钙囊泡是藜麦所特有的一种抗旱机制，草酸钙晶体具吸湿性，在减轻干旱胁迫上可能有两种功能，一是增加反射率，减少了阳光对叶片直接照射，二是气孔保卫细胞湿润降低蒸腾损失（Mujica，2001a）。花序内的花蕾开花不同步，也是降低干旱和其他非生物逆境风险的一种机制。

尽管藜麦的抗旱机制较多，但是水分胁迫经常会造成减产（Bilbao et al.，2006；Bosque et al.，2003），除非干旱发生在成功出苗后的早期生长阶段，只引起土壤板结而对藜麦生长几乎无影响（Huiza，1994；Bosque et al.，2000；Garcia，2003；Geerts et al.，2006a）。

3.8.2 温度和光周期

藜麦适宜生长的温度为 15～20℃，但也可以在 10～25℃环境下生长，极端高温会导致花败育（Jacobsen，2003）。除干旱外，冻害也是在阿尔蒂普拉诺高原地区影响作物生长的主要限制因子（Carrasco et al.，1997；Hijmans，1999；Francois et al.，1999），冻害导致减产是因为细胞被破坏，甚至植株死亡（图 3.3）。藜麦是少数能忍受一定程度冻害的作物，并且还取决于冻害持续时间、品种、冻害发生时的生育期、相对湿度和土壤微环境（如山坡比峡谷受冻害的风险低）。

Jacobsen 等（2005）研究了不同冻害持续时间和强度对不同藜麦品种不同生育期的影响，发现藜麦在花芽形成期对冻害最为敏感，在营养生长阶段不太敏感（Bois et al.，2006）。开花期–4℃低温持续 4 h 会导致籽粒减少 66%，营养生长时期的藜麦在–8℃低温持续 2～4 h 也会明显受害。

(a)　(b)

图 3.3　（a）、（b）结霜对藜麦的损害（–5℃，藜麦播种后 60 天）

Jacobsen 等（2007）研究发现，藜麦在冻害胁迫下的主要存活机制是其含有过冷液体避免了结冰，温度低于凝固点但仍不凝固或结晶的液体被称为过冷液体。藜麦植株体内含有高浓度的可溶性糖，可能会降低凝固和平均致死温度。脯氨酸和可溶性糖（如蔗糖）含量，就是作物抗冻性的鉴定指标。

藜麦也可以忍受较强的辐射强度，从海平面的照射到高纬度的强照射藜麦都可忍受。根据光周期敏感性，藜麦可以分为短日型、长日型和不敏感型（Bertero，2003）。Bertero（2001，2003）和 Bertero（1999a，1999b，2000）进行了大量南美地区藜麦发育时期光周期和温度敏感性的研究，从哥伦比亚到智利南部的品种，都是短日照植物。光周期对种子繁殖各个阶段的影响都很大（Bertero，2003），某一发育阶段的水分胁迫会影响后续生育期的持续时间（Garcia，2003），同样某一发育阶段的光照持续时间也会影响后续生长期，这被称为延迟反应（Bertero，2003）。平均入射辐射会影响燕麦叶片间距，而且入射辐射越高叶片间距越大。但是，光周期敏感和叶片间距大的品种对辐射不敏感（Bertero，2001）。

温度敏感性高的藜麦品种来源于寒冷和干旱地区，而来源于温暖和潮湿地区的品种温度敏感性较低（Bertero，2000），这也部分解释了为何高原地区的品种受全球变暖的影响更大。高原地区的品种对生育后期的干旱和冻害十分敏感，当光照时间减少时预示着不利环境即将来临，籽粒灌浆速度就会变快。

3.8.3　冰雹

冰雹，有时是雪，在藜麦生长季节较少发生，或者只发生在安第斯山地区某些区域，但仍然会对藜麦造成损失，特别是发生在花芽已经形成时（图 3.4）。和其他非生物逆境胁迫一样，不同品种对冰雹的耐受性不同。

图 3.4 冰雹对藜麦的损害（Del Castillo Winkel，IRD-CLIFA，2002～2008）

3.9 栽　培

在安第斯山地区及一些赤道地区，藜麦播种时间存在差异，栽培主要是在南半球的夏季（9 月～翌年 5 月）。不同生态环境对应的生产技术不一样，在南部盐滩地区，传统耕作方式包括 3～5 月整地，以储存栽培后期的降雨和冬季的降雪为翌年耕作所用。田间耕作（耕地、旋地、耙地和平地）的强度主要取决于休耕年份、土壤质地和可使用的拖拉机。

在玻利维亚和秘鲁的阿尔蒂普拉诺高原北部，整地是在前一茬作物收获后，或者是在第一次降雨后播种前的时间内完成。在厄瓜多尔和哥伦比亚，栽培季节是在雨季来临后的 11 月到翌年 2 月。

3.9.1 播种

藜麦的播种方式有传统的人工播种、半自动播种和自动播种，整地和播种可以完全靠人工或者拖拉机完成（图 3.5）。但是，机械化会造成土壤的过度侵蚀和养分流失，这种情况在南部高原尤为严重。

安第斯山地区的藜麦播种时间一般是每年的 9～11 月，但是也有少数靠近赤道的地方，播种日期要推迟至翌年 2 月，播种日期的差异是品种的生育期长短及当地气候环境所决定的，还要考虑土壤湿度。播种是藜麦种植过程中最重要的一个环节，因为幼苗的出土情况，会影响到植株密度和最终产量。播种是藜麦种植

(a)

(b)

图 3.5　（a）在薄土层上进行大间距的传统藜麦种植方式；（b）机械化种植区（Winkel 2013 @ IRD）

成功与否的关键，需要一定的经验。藜麦的播种日期主要由栽培地点、品种、土壤湿度等因素决定，播种方式采用人工播种还是机械播种也是一个重要影响因素。另外，播种的深度也需考虑，播得太浅，种子有受到干旱和太阳晒伤的风险，但播得太深，种子的发芽出土会受到抑制。

在玻利维亚南部高原的盐滩，主要采取人工播种方式，也就是用一种在当地被称为“taquiza”的工具每隔一米挖一穴，挖穴深度以见到湿土壤为准。将几粒种子放入穴中，然后立即盖厚度为 4～10 cm 的土。播种量一般是 8～15 kg/hm^2，品质优良的种子，播种量可以适当减少。

过去玻利维亚南部盐滩的藜麦生产，如前所述主要是采用人工生产方式，这种生产体系使藜麦产量与美洲驼饲养有很强的关联性，美洲驼的粪便能够增加藜麦产量。现在，虽然藜麦的生产方式在向机械化发展，但由于藜麦的需求量大大增加，农业生产边界大幅扩增，更多的荒地被开垦，导致自然植被被严重破坏，增加了生态环境恶化风险。

在玻利维亚北部阿尔蒂普拉诺高原和秘鲁南部，藜麦的播种主要是采用条播，沟或者畦的距离一般是 0.4～0.8 m。此外，比较少见的是育苗移栽（安第斯山谷内）或者是撒播，其中移栽能够避免后期严重的杂草危害。在安第斯山谷的厄瓜多尔和哥伦比亚地区，传统的种植方式包括在干旱条件下与马铃薯轮种，或者与玉米套种。这种种植方式不需要进行太多的整地和施肥，因为前一茬作物留下来的少量有机肥足够藜麦生长。这种种植方式的播种量一般是 15～20 kg/hm^2，不管藜麦种植在哪个区域，农民总是希望减少风险。

3.9.2　施肥

藜麦种植的一大问题是，很多藜麦种植区的居民认为藜麦是当地土产作物，并不需要太多额外投入。虽然动物粪便可以改善藜麦田的土壤肥力，但大田施肥方式并不是当地农民的首选。

关于藜麦施肥措施的研究目前还较少，Schulte anf'm Erley（2005）报道，藜麦对氮肥反应敏感，当施氮肥量达到 120 kgN/hm^2 时，产量可达 3.5 t/hm^2，而且氮利用效率没有受到明显影响。增施氮肥对收获指数的影响虽不大，但藜麦籽粒的氮含量却大大提高。

Murillo（1995）研究发现，在玻利维亚，当在播种时施氮肥 80 kg/hm^2，不施钾肥和磷肥，藜麦的产量和品质都有显著提高，而且在降水不足时，灌溉能促进藜麦对氮的吸收。Berti 等（1997）报道，在智利海平面型藜麦施氮肥 0～225 kg N/hm^2 时，产量随着施氮肥量的增加而提高，当施肥达到 225 kg N/hm^2 时，获得最高产量 3555 kg/ hm^2；施氮肥量与藜麦产量趋于线性方程，当施氮肥量超过 225 kg N/hm^2 时，氮肥利用效率开始有所下降，且收获指数也随着使用大量的氮肥而显著下降。在智利科学家的其他研究中显示，施氮肥和滴灌技术联合使用时，藜麦产量可达 5 t/hm^2（de la Torre-Herrera，2003）。

为了确保藜麦的养分供应，种植者必须尽力保持土壤的养分平衡（Miranda，2012）。由于藜麦收获必然造成土壤养分流失，所以必须要做到使养分流失最小化，使植株对施入养分的利用效率最大化。一般来说，产量越高品质越好，土壤的养分流失越大，为了藜麦可持续生产，施肥措施显得尤为重要。藜麦以其高蛋白质含量而闻名，这就说明藜麦对土壤中氮的需求多，如果没有施肥，土壤中氮和其他养分的流失非常迅速，会使本来就很贫瘠的土壤快速退化。

由于藜麦的主要市场定位一直是有机食品，因此，大多数关于藜麦施肥措施的研究都集中在如何施肥和应用有机肥上（如粪肥）。施有机肥尤其是粪肥的时间或者施肥量不合适，都对土壤特性没有好处，而且还可能有不良影响，尤其是短期内影响更大。一般农民向田间施用的粪肥实际量为 4～10 t/hm^2，少量施用粪肥会增加劳动量，但对土壤改良的作用很小，因此农民往往放弃使用粪肥。要产生显著效果，粪肥的施用量必须更高，需要达到 20～30 t/hm^2，这样才能保证在藜麦收获后土壤肥力恢复（Miranda，2012）。充分保证水分和养分平衡，以及在一些关键时期的水分含量，是施用粪肥提高土壤肥力的关键。

如果单独施用有机肥，施肥时间也非常重要。播种时施用粪肥对藜麦产量的影响几乎可以忽略，因为粪肥的氮元素在施肥后 50～60 天才开始缓慢释放。尤其是在安第斯山脉的高原地区，稀薄的空气和低温会进一步抑制有机物的降解及肥力释放。施用粪肥最好的时间是在播种前的两个月或者 45 天。Miranda 等（2012）报道，使用堆肥，可以减少粪肥分解时间，从而会加速粪肥对作物产生作用。

在安第斯山脉北部地区，藜麦一般是在收获马铃薯之后开始播种，这时土壤中的有机物和养分含量正好适合藜麦生长。有时，粪肥的缓慢分解和马铃薯种植过程中施加的养分残留，能够基本上满足藜麦的养分需求，在藜麦生长过程中，施加少量追肥即可。

当藜麦与谷类作物进行轮作时，如在海岸线与玉米或小麦轮作，在山区与大麦或燕麦轮作，非常有必要施加至少 3 t/hm^2 有机肥。平均来说，养分的施用量要满足 80-40-00 配方，相当于 174 kg/hm^2 的 46%的尿素，88 kg/hm^2 的 46%的三钙化合物，但是不需要施加钾肥，因为在南美和安第斯山脉地区钾含量很高，土壤中有丰富的钾循环。

在海边，土壤养分非常缺乏，因为有机物含量很低，而且土壤沙化非常显著。推荐施肥配方为 240-200-80，即 523 kg/hm^2 的 46%的尿素、423 kg/hm^2 的过磷酸钙、46%的三钙化合物和 134 kg 的 60%的氯化钾。另外，如果方便的话，施加一些粪肥、堆肥和其他有机肥，也有非常好的效果。

3.9.3　栽培措施

藜麦的种植过程中锄草 1～2 次，但是需要经常覆土，特别是在安第斯山谷中。一般锄草是在第一个物候期，覆土主要是针对条播种植，在孕穗前期施肥时也需要覆土。如果营养生长太旺盛，也需要覆土，这样可以防止藜麦倒伏。修剪对于藜麦也很重要，可以避免植株之间竞争。如果是条播，株间距离必须保持在 10 cm 以上。

早期（播种 30 天后）杂草对藜麦植株的影响很大，因为它们会和藜麦竞争贫瘠土壤中有限的养分（de barros Santos et al.，2003；Bhargava et al.，2006），之后的杂草需要在开花前除去。不推荐使用化学除草剂，因为会破坏生物群落，而且对有机藜麦种植来说，化学除草剂是完全被禁止的。

3.9.4　水分需求及灌溉

藜麦在很大程度上因其抗旱能力强而闻名（Jensen et al.，2000；Geerts et al.，2008a），藜麦传统的种植仅仅依靠自然降水，在半干旱和极度干旱的地区也是如此。然而，这种高度干旱的逆境条件往往导致产量降低，因为藜麦会牺牲产量来适应环境，得以生存。Geerts 等（2008a，2008b）研究了灌溉对藜麦产量的影响，发现亏缺灌溉（DI）在许多试验点都表现出能够大幅提高产量。在智利一些干旱地区重新引进种植藜麦，DI 已被应用到实际生产中（Martinez et al.，2009）。另外，藜麦在充足灌溉条件下生长不良，一方面可能是因为藜麦具有与其他作物不一样的特性，另一方面是由于潮湿环境下霜霉病发病率高，藜麦不能很好响应充足灌溉条件。

通过对藜麦不同时期对水分需求的分析，可获得藜麦最优产值时的需水量（Garcia et al.，2003）。对藜麦需水量进行分析，也可明确藜麦在哪个生长阶段能更有效地利用水分而提高产量。为了能够在作物最敏感阶段进行集中灌溉，同时获得最大水分利用效率（WUE），科学家利用亏缺灌溉（DI）法进行研究。试验结果有显著差异，在不考虑种植地点的影响下，中等及以上产区的藜麦对水分最敏感的时期是灌浆期和开花期。此外，如图 3.6 所示，维持藜麦开花期前后的水分蒸发平衡，灌溉重点放在花期后，对获得最大水分利用效率有积极影响。因此，一般建议在雨季开始时和在藜麦开花及种子灌浆期气候干燥时进行灌溉。

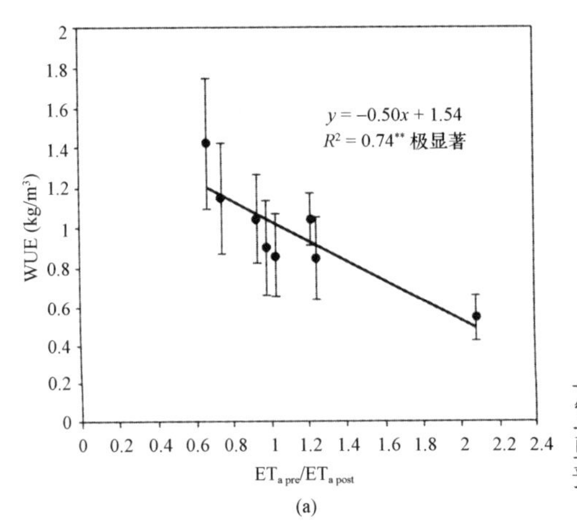

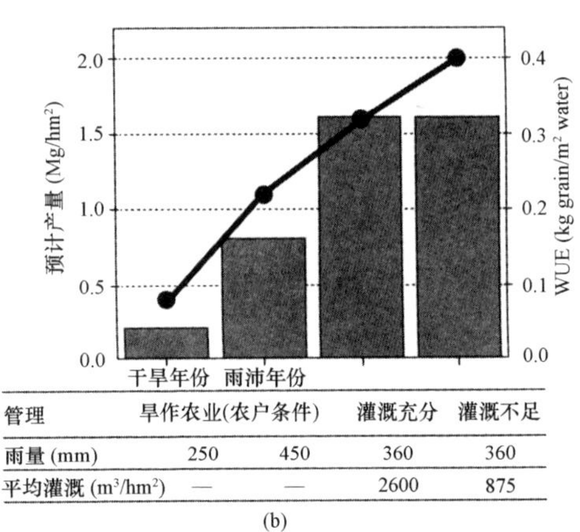

图 3.6 （a）水分利用效率（WUE）与藜麦花期前后水蒸发量比值（$ET_{a\ pre}/ET_{a\ post}$）之间的关系，（b）水分利用效率与产量及灌溉（充分和不足）的关系（Source：Geerts et al.，2008b）

因此，一般建议在雨季开始时及在藜麦开花及种子灌浆期气候干燥时进行灌溉。

3.9.5 生物威胁

尽管藜麦可以耐受极端种植环境，但是鸟类、昆虫和啮齿类动物的侵食，以及细菌、衣原体和病毒引起的疾病，都会导致藜麦大幅减产（Danielsen et al.，2003；Rasmussen et al.，2003）。藜麦种植密度、杂草疯长、相对湿度、土壤营养状况及土地轮作情况等都与疾病和虫灾发生有关（Nieto et al.，1998；Mujia et al.，2001b；Gracia et al.，2001；Danielse et al.，2003）。对藜麦进行抗病抗虫防护很重要，有必要建立一个藜麦综合防治体系（IBM）。出口公司、组织及研究人员，强调对寄主抗性及害虫种群在连续种植期迁移的研究，但目前尚缺乏对此领域的研究。下面介绍出现在安第斯山脉的少数几种主要虫害和病害。

霜霉病（*Peronospora farinosa* Fr.）是一种由真菌引起的病害，在藜麦中比较常见（Danielsen et al.，2003；Butron et al.，2006）。为防止这种病毒蔓延，当地推广服务中心鼓励农民使用健康的、经过认证的种子（Mujica et al.，2001b），早期应用杀菌剂或天然补救措施都会有效控制霜霉病的影响。Danielsen 和 Munk（2004）报道，对藜麦种植区的光谱反射率测量，可以作为预测霜霉病引起产量损失的方法。藜麦霜霉病发生最严重的时期是花期，即播种后 60 天左右（Kumar et al.，2006）。Sinani 等（2006）研究了相对湿度与霉病发生率之间的关系。对一些种质库的研究，旨在发现抗霉病的藜麦品种（Gamarra et al.，2001）。尽管抗病性多依赖于种质多样性，Danielsen 等在 2001 年报道，高抗性藜麦品种种植的收获损失率为 33%，而易感染品种的收获损失率可达 100%。

蛾“ticonas”是一种比较严重的虫害，发生在整个种植周期，是一个复杂种群，至少有 4 个属。蛾幼虫危害非常大，每株藜麦仅一只幼虫便可造成严重损害（PROINPA Foundation，2003b）。在玻利维亚高原的中部和南部，鳞翅类害虫 *Eurysacca melanocamta* Meyrick（K'cona K'cona）非常具有破坏性，特别是在幼虫阶段（Avalos and Saravia，2006），这种害虫可以周年存活，因为它可能有几个宿主（PROINPA Foundation，2003c）。对所有害虫和致病微生物，有必要在其生殖阶段恰当时期使用杀虫剂（不论化学单体还是有机混合物）。

除了害虫和真菌，鸟类和啮齿动物的侵食是一个新兴问题，也是引起藜麦减产的主要原因。尽管 Bhargava 等（2006）报道，藜麦由于皂苷的保护（可能是皂苷含量很高的品种），鸟类和啮齿类动物引起的减产较小。然而，据我们的野外试验和其他研究者的报告估计，这些动物造成的产量损失可能高达 60%（Rasmussen et al.，2003）。另外，一些研究者通过在小范围内对鸟类和啮齿类动物进行喂食试验，来估算这个领域广义上的产量损失。

3.9.6　收获和收获后

南美洲安第斯山脉的藜麦收获时间从 2 月持续到 5 月，其中 4 月是收获主要时期，收获时间取决于品种、土壤类型、湿度和温度等几个因素，掌握好收获时间至关重要。通常叶片变黄色还是变红色，取决于品种，圆锥花序的种子清晰可见时，表明藜麦籽粒已经生理成熟（Aroin，2005）。另外一种检测藜麦是否能够收获的方法是弹击植株圆锥花序顶端，如果种子开始脱落，就可以准备收获。

藜麦收获的主要方法是拔出植株并把它们堆积到空场上晾干（图 3.7）。这种

(a)

(b)

(c)

图 3.7　两个月人工收获藜麦；（a）、（b）拔出植株并在空场堆放干燥；（c）植株堆积在地面上晾干（Del Castillo and Winkel，IRD-CLIFA，2002～2008）

收获方法的一个缺点是将根从土壤中移除，不是留在土壤中作为有机质，这会降低土壤肥力，另一个缺点是在谷物脱粒过程中容易混进土壤中的沙石。

同样也可以进行人工收割，收割时用镰刀在距地 10～15 cm 高处割断植株，把根留在地中有利于土壤养分保持。植株收割要选在种子能保留在圆锥花序上的合适时间进行，如果过度成熟种子会自动脱落。这种收获方法的局限性在于不能很好地在沙性土壤上进行，因为沙地缺少足够机械强度，不适宜采用这种收割方法。另外，割断粗壮的藜麦茎很费力，所以农民通常会选用拔出植株的收获方法。

当藜麦整齐成行种植时，使用收割机进行半自动化收割比较容易。一个明显的优势是，使用收割机收获速度快，并且被绞碎的藜麦茎叶重新混入到土壤中（Aroni，2005）。与半自动化收割方法相比，前两种收获方法不但耗时耗力，收获过程中也会造成产量损失，这种半自动的收割方式为联合收割机。

一般农场每公顷的实际产量为 500～1000 kg，在种植环境适宜地区也可以达到每公顷 5000 kg。充沛降水和适宜温度不会同时出现在安第斯山脉的不同种植区，因此实际产量和预期产量存在差异。每公顷可产生 5～10 t 麸皮，这些麸皮可作为副产物添加到饲料中。

藜麦同一植株上的花序不能同时开花和成熟，收获时间可能要有 45 天，这是一种自然保护机制，确保即使在不良气候区域内也能形成种子延续物种。藜麦在进一步干燥后便可进行脱粒，脱粒可以参考藜麦脱粒操作手册（Salas，2003）。自然和机械通风可以除去杂质和灰尘，通风也通常用来降低籽粒水分含量，以达到销售要求（相对水分含量小于 10%），特别是在籽粒相对水分含量过高的时候。

在食用藜麦前要进行清洗，因为通过淋洗或者浸泡可以除去皂苷，皂苷是存在于种皮中用来抵御昆虫和动物进食的一种苦味成分。在清洗水中加入化学物质（如氢氧化钠）可以有效溶解皂苷，但是这种方法没有被广泛使用。根据皂苷含量高低，可以把不同藜麦品种分为苦藜（藜麦皂苷含量高）和甜藜（藜麦皂苷含量低），皂苷含量高低会影响藜麦的处理成本。另外，藜麦籽粒的水分含量、颜色及谷粒大小会导致不同的商业用途，如直接作为粮食食用还是做成面粉。

采收后的不当行为是造成南美洲安第斯山脉低产（损失率高达 40%），以及出口停滞的一个主要原因（Salas，2003）。具体来说，采后行为不当会导致籽粒发芽、真菌和霉菌污染，以及颜色和味道变化。为了避免采后损失，应改善采后技术，对藜麦种子的物理性质进行基础研究（Prego et al.，1998；Sigstad and Prado，1999；Sigstad and Garica，2001；Vilche et al.，2003；Tolaba et al.，2004；Gely and Santalla，2007）。

种子萌发和种子采后有关的研究常联系在一起进行。Jacobsen 和 Bach（1998）及 Jacobsen 等（1999）报道，光对藜麦发芽率及最终出芽没有影响，但采收时间、采收期的种子水分含量及发芽温度有显著影响。种子收获晚水分含量低，发芽率较高。此外，热发芽时间定义为根长出，在 30℃条件的发芽天数（Jacobsen and Bach，1998）。

许多藜麦商业链的安第斯国家，都采用中介运输和生产的方式，大部分藜麦的生产加工处理，通常是由中间商或者批发商包揽，用于出口的有机藜麦通常是在半成品加工厂进行加工处理的（Brenes et al.，2001）。

在藜麦有关的群体组织中，藜麦生产商国际协会（ANAPQUI）和中央高山气候带国际合作组织（CECAOT）为支持性组织（Brenes et al.，2001）。ANAPQUI 代表了玻利维亚近 20 000 家藜麦生产商中的约 5000 家，这一组织主要在玻利维亚高原南部致力于有机藜麦的有关活动。藜麦生产大部分都是有机的，这注定了藜麦在出口市场中占有一席之地，有些国家有机藜麦的价格要比传统藜麦高出 10%～15%，而且全球对藜麦的需求仍在增长。

对于藜麦生产商来说，ANAPQUI 协会是一个很有名的组织，它对稳定藜麦价格、品种推广及机械化生产起到了积极作用。有证据表明，该组织积极推动了各级市场活动及与生产链间的整合。还通过设立农民协会，增加了辖区安全。但是，限制对农业投入，在某些情况下不适用于当地农户生产，使农民实行有机农业变得极其困难。事实上，安第斯山脉之外的其他农民也在生产有机藜麦，因为他们倾向于把高强度劳动与更高的经济回报联系在一起。

Hellin 和 Higman（2003）对玻利维亚、厄瓜多尔和秘鲁的马铃薯及藜麦种植系统的稳定性和可行性进行了考察，发现他们当前面临市场压力。有报告称，在政府资助添加藜麦到食物中的项目（如免费校餐）的帮助下，藜麦的消费得到了提高。私人或非政府机构的资助也同样加强了优质藜麦生产、品牌推广和小农户市场准入。这些私人和公共干预是必不可少的，因为在一些偏远地区藜麦通常是唯一可以赖以生存的作物（Hellin and Higman，2003）。

参考文献

Aguilar PC, Cutipa Z, Machaca E, López M, Jacobsen, SE. 2003. Variation of proline content of quinoa (*Chenopodium quinoa* Willd.) in high beds (waru waru). Food Rev Int 19:121–127.

Aguilar PC, Jacobsen SE. 2003. Cultivation of quinoa on the Peruvian Altiplano. Food Rev Int 19:31–41.

Angiosperm Phylogeny Group. 2003. An update of the Angiosperm Phyllogeny Group classification for the orders and families of flowering plants: APG II. Bot J Linnean Soc 141:399–436.

Aroni JC. 2005. Fascículo 5 – Cosecha y poscosecha. In: PROINPA y FAUTAPO, editors. Serie de Módulos Publicados en Sistemas de Producción Sostenible en el Cultivo de la Quinoa: Módulo 2. Manejo agronómico de la Quinoa Orgánica. Fundación PROINPA, Fundación AUTAPO, Embajada Real de los Países Bajos. La Paz, Bolivia. Octubre de 2005. pp. 87–102.

Avalos FL, Saravia R. 2006. Ciclo biológico, fluctuación poblacional e identificación de la Kcona Kcona, plaga del cultivo de la quinoa. In: Del Castillo C, Garcia M, Vacher JJ, Winkel T, editors. Compendio de resúmenes de tesis de grado e investigaciones realizadas en quinoa, cañahua, amaranto y papa en la facultad de agronomía de la UMSA entre 1991 y 2006. Facultad de Agronomía, UMSA - IRD, Francia - QuinAgua, VLIR & K.U. Leuven, Bélgica, La Paz, Bolivia. p. 21.

Bertero HD. 2001. Effects of photoperiod, temperature and radiation on the rate of leaf appearance in quinoa (*Chenopodium quinoa* Willd.) under field conditions. Ann Bot 87:495–502.

Bertero HD. 2003. Response of developmental processes to temperature and photoperiod in quinoa (*Chenopodium quinoa* Willd.). Food Rev Int 19:87–97.

Bertero HD, King RW, Hall AJ. 1999a. Photoperiod-sensitive development phases in quinoa (*Chenopodium quinoa* Willd.). Field Crops Res 60:231–243.

Bertero HD, King RW, Hall AJ. 1999b. Modeling photoperiod and temperature responses of flowering in quinoa (*Chenopodium quinoa* Willd.). Field Crops Res 63:19–34.

Bertero HD, King RW, Hall AJ. 2000. Photoperiod and temperature effects on the rate of leaf appearance in quinoa (*Chenopodium quinoa* Willd.). Aust J Plant Physiol

27:349–356.

Bertero HD, De la Vega AJ, Correa G, Jacobsen SE, Mujica A. 2004. Genotype and genotype-by-environment interaction effects for grain yield and grain size of quinoa (*Chenopodium quinoa* Willd.) as revealed by pattern analysis of international multi-environment trials. Field Crops Res 89:299–318.

Berti M, Wilckens R, Hevia F, Serri H, Vidal I, Mendez C. 1997. Fertilizacion nitrogenada en Quinoa (*Chenopodium quinoa Willd.*). Ciencia de Investigacion Agraria 27:81–90.

Bhargava A, Shukla S, Ohri D. 2006. *Chenopodium quinoa*- An Indian perspective. Ind Crops Prod 23:73–87.

Bilbao M, Espíndola G, Peric Y. 2006. Semilla basica por selección masal estratificada en ocho variedades de quinoa (*Chenopodium quinoa* Willd.). In: Del Castillo C, Garcia M, Vacher JJ, Winkel T, editors. Compendio de resúmenes de tesis de grado e investigaciones realizadas en quinoa, cañahua, amaranto y papa en la facultad de agronomía de la UMSA entre 1991 y 2006. Facultad de Agronomía, UMSA - IRD, Francia - QuinAgua, VLIR & K.U. Leuven, Bélgica, La Paz, Bolivia. p. 22.

Bois JF, Winkel T, Lhomme JP, Raffaillac JP, Rocheteau A. 2006. Response of some Andean cultivars of quinoa (*Chenopodium quinoa* Willd.) to temperature: effects on germination, phenology, growth and freezing. Eur J Agron 25:299–308.

Bonifacio A. 2001. Recursos genéticos, etnobotánica y distribución geográfica. In: Mujica A, Jacobsen SE, Izquierdo J, Marathee JP, editors. Primer taller internacional sobre quinoa. Cultivos Andinos. [CD-ROM]. Santiago: FAO, UNA-Puno, CIP.

Bonifacio A. 2003. *Chenopodium sp.*: genetic resources, ethnobotany, and geographic distribution. Food Rev Int 19:1–7.

Bosque H, Lemeur R, Van Damme P. 2006. La fluorescencia de la clorofila, una herramienta para estudios de la fisiologia del estres: experiencia con la quinoa (*Chenopodium quinoa* Willd.). Revista Ciencia y Tecnología Agropecuaria 1:38–43.

Bosque HD. 1998. Ecophysiological analysis of drought and salinity stress of quinoa (*Chenopodium quinoa* Willd.). MSc thesis in Soil Science and Eremology. Faculty of Science, Faculty of Agricultural and Applied Biological Sciences, University of Gent. International Center for Eremology, Gent, Belgium. 122 p.

Bosque H, Lemeur R, Van Damme P. 2000. Análisis ecofisiológico del cultivo de la quínua (*Chenopodium quinoa* Willd.) en condiciones de estrés de la sequía y la salinidad. Tropicultura 18:198–202.

Bosque H, Lemeur R, Van Damme P, Jacobsen SE. 2003. Ecophysiological analysis of drought and salinity stress of quinoa (*Chenopodium quinoa* Willd.). Food Rev Int 19:111–119.

Bravo R, Catacora P. 2010. Situación actual de los bancos nacionales de germoplasma. In: Bravo R, Valdivia R, Andrade K, Padulosi S, Jagger M, editors. Granos Andinos: avances, logros y experiencias desarrolladas en quinoa, cañihua y kiwicha en Perú. Roma, Italia: Biodiversity International. pp. 15–18.

Brenes ER, Madrigal K, Condo A. 2001. El cluster de quinoa en Bolivia: diagnostico competitivo y recomendaciones estratégicas (Proyecto Andino de Competitividad).

Butron R, Mamani F, Coca Moranti M. 2006. Estudio de la incidencia y severidad del mildiu (*Peronospora farinosa* Fr.) en nueve variedades de quinoa en la estación experimental Belén. In: Del Castillo C, Garcia M, Vacher JJ, Winkel T, editors. Compendio de resúmenes de tesis de grado e investigaciones realizadas en quinoa, cañahua, amaranto y papa en la facultad de agronomía de la UMSA entre 1991 y 2006. Facultad de Agronomía, UMSA - IRD, Francia - QuinAgua, VLIR & KULeuven, Bélgica, La Paz, Bolivia. p. 19.

Cardenas M. 1944. Descripción preliminar de las variedades de *Chenopodium quinoa* de Bolivia. Revista de Agricultura. Universidad Mayor San Simón de Cochabamba 2(2):13–26.

Carrasco E, Devaux A, Garcia W, Esprella R. 1997. Frost-tolerant potato varieties for the Andean Highlands. In: CIP Program Report 1995–1996. Lima, Perú: Centro Internacional de la Papa (CIP). pp. 227–232.

Cossio J. 2008: Agricultura de conservación con un enfoque de manejo sostenible en el Altiplano sur. Revista Habitat 75:44–49.

Cronquist A. 1981. An integrated system of classification of flowering plants. The New York Botanical Garden, New York: Colombia University Press. 1262 pp.

Cusack DF. 1984. Quinoa: grain of the Incas. The Ecologist 14:21–30.

Danielsen S, Bonifacio A, Ames T. 2003.Diseases of quinoa (*Chenopodium quinoa*). Food Rev Int 19:43–59.

Danielsen S, Jacobsen SE, Echegaray J, Ames T. 2001. Impact of downy mildew on the yield of quinoa. Lima, Perú: Centro Internacional de la Papa (CIP). pp. 397–401.

Danielsen S, Munk L. 2004. Evaluation of disease assessment methods in quinoa for their ability to predict yield loss caused by downy mildew. Crop Prot 23:219–228.

De Barros Santos RL, Spehar, CR, Vivaldi L. 2003. Quinoa (*Chenopodium quinoa*) reaction to herbicide residue in a Brazilian Savannah soil. Pesquisa Agropecuária Brasileira, Brasília 38:771–776.

Del Castillo C, Winkel T, Mahy G, Bizoux JP. 2007. Genetic structure of quinoa (*Chenopodium quinoa* Willd.) from the Bolivian altiplano as revealed by RAPD markers. Genet Res Crop Evol 54:897–905.

Del Castillo C, Mahy G, Winkel T. 2008. La quinoa en Bolivie: une culture ancestrale devenue culture de rente "bio-équitable." Biotechnol Agron Soc Environ 12(4): 421–435.

De la Torre-Herrera J. 2003. Current use of quinoa in Chile. Food Rev Int 19:155–165.

Erquinigo F. 1970. Biología floral de la quinoa (*Chenopodium quinoa* Willd.). Tesis Ing. Agro. Facultad de Agronomia. Puno, Perú: Universidad Técnica del Altiplano. p. 89.

Espindola G. 1980. Estudio de componentes directos e indirectos del rendimiento en quinoa (*Chenopodium quinoa* Willd.). Tesis de Grado, Facultad de Ciencias Agrícolas y Pecuarias 'Martin Cardenas', Cochabamba, Bolivia.

Espindola G. 1992. V curso de producción de quinoa. Centro experimental para la industrialización de la quinoa. La Paz, Bolivia: Proyecto PNUD, FAO, MACA-IBTA. p. 70.

FAO. 2011. Quinoa: An ancient crop to contribute to world food security Regional office for Latin America and the Caribbean, 60 pp.

Fox P, Rockström J. 2000. Water-harvesting for supplemental irrigation of cereal crops to overcome intra-seasonal dry-spells in the Sahel. Phys Chem Earth 25:289–296.

François C, Bosseno R, Vacher JJ, Seguin B. 1999. Frost risk mapping derived from satellite and surface data over the

Bolivian Altiplano. Agr Forest Meteorol 95:113–137.

Gallardo M, Gonzalez J, Ponessa G. 1997. Morfologia del fruto y semilla de *Chenopodium quinoa* Willd ("quinoa") Chenopodiaceae. (Fruit and seed morphology of *Chenopodium quinoa* Willd ("quinoa") Chenopodiaceae.) Lilloa 39(1):71–80.

Galwey NW. 1993. The potential of quinoa as a multi-purpose crop for agricultural diversification: a review. Ind Crops Prod 1:101–106.

Gamarra M, Bonifacio A, Peralta E. 2001. Mejoramiento genetico y participativo en quinoa al mildeu en Peru, Bolivia y Ecuador. Program text of the "Programa Nacional de Investigación en Cultivos Andinos."

Gandarillas H. 1979. Genética y origen. In: Tapia M (ed). Quinua y Kañiwa, cultivos andinos. Bogota, Colombia, CIID, Oficina Regional para América Latina. pp. 45–64.

Garcia M. 2003. Agroclimatic study and drought resistance analysis of quinoa for an irrigation strategy in the Bolivian Altiplano. Dissertationes de Agricultura, Faculty of Applied Biological Sciences, K.U. Leuven, Belgium. 556. p. 184.

Garcia M, Raes D, Jacobsen SE. 2003. Evapotranspiration analysis and irrigation requirements of quinoa (*Chenopodium quinoa*) in the Bolivian highlands. Agr Water Manage 60:119–134.

Garcia M, Raes D, Jacobsen SE, Michel T. 2007. Agroclimatic constraints for rainfed agriculture in the Bolivian Altiplano. J Arid Env 71(1):109–121.

García S, Marcos JF, Pallás V, Sánchez-Pina MA. 2001. Influence of the plant growing conditions on the translocation routes and systemic infection of carnation mottle virus in *Chenopodium quinoa* plants. Physiol Mol Plant Pathol 58:229–238.

Garreaud R, Vuille M, Clement AC. 2003.The climate of the Altiplano: observed current conditions and mechanisms of past changes. Palaeogeogr Palaeoclimatol Palaeoecol 194:5–22.

Geerts S, Mamani RS, Garcia M, Raes D. 2006a. Response of quinoa (*Chenopodium quinoa* Willd.) to differential drought stress in the Bolivian Altiplano: towards a deficit irrigation strategy within a water scarce region. Proceedings of the 1st International Symposium on Land and Water Management for Sustainable Irrigated Agriculture. CD-rom and book of abstracts. p. 200.

Geerts S, Raes D, Garcia M, Del Castillo C, Buytaert W. 2006b. Agro-climatic suitability mapping for crop production in the Bolivian Altiplano: a case study for quinoa. Agr Forest Meteorol 139:399–412.

Geerts S, Raes D, Garcia M, Condori O, Mamani J, Miranda R, Cusicanqui J, Taboada C, Vacher J. 2008a. Could deficit irrigation be a sustainable practice for quinoa (*Chenopodium quinoa* Willd.) in the Southern Bolivian Altiplano? Agric Water Manage 95:909–917.

Geerts S, Raes D, Garcia M, Vacher J, Mamani R, Mendoza J, Huanca R, Morales R, Miranda B, Cusicanqui J, Taboada C. 2008b. Introducing deficit irrigation to stabilize yields of quinoa (*Chenopodium quinoa* Willd.). Eur J Agron 28:427–436.

Gely MC, Santalla EM. 2007. Moisture diffusivity in quinoa (*Chenopodium quinoa* Willd.) seeds: effect of air temperature and initial moisture content of seeds. J Food Eng 78 (3): 1029–1033.

Gonzalez JA, Prado FE. 1992. Germination in relation to salinity and temperature in *Chenopodium quinoa* Willd. Agrochimica 36:101–107.

Hariadi Y, Marandon K, Tian Y, Jacobsen S-E, Shabala S. 2011. Ionic and osmotic relations in quinoa (*Chenopodium quinoa* Willd.) plants grown at various salinity levels. J Exp Bot 62:185–193.

Hellin J, Higman S. 2003. Quinoa and food security. In: Hellin J, Higman S, editors. Feeding the market: South American farmers, trade and globalization. UK: University of Manchester. pp. 131-169.

Hermann M, Heller J. (eds). 1997. Andean Roots and Tubers. Promoting the Conservation and Use of Underutilized and Neglected Crops. 21. Institute of Plant Genetics and Crop Plant Research, Gatersleben/International Plant Genetic Resources Institute, Rome, 256 p.

Hijmans RJ. 1999. Estimating frost risk in potato production on the Altiplano using interpolated climate data. In: Internacional de la Papa (CIP) Program Report 1997–1998. Lima, Peru: CIP. pp. 373–380.

Huiza LZ. 1994. Efecto del déficit hídrico a marchitez intensa sobre el ritmo de crecimiento de la quinoa (*Chenopodium quinoa* Willd.). Tesis de grado de la Facultad de Agronomía, La Paz, Bolivia: UMSA.

Jacobsen SE. 2003. Quinoa - research and development at the International Potato Center (CIP). Lima, Perú: CIP. p. 5.

Jacobsen SE, Mujica A. 1999. Fisiología de la resistencia a sequía en quinoa (*Chenopodium quinoa* Willd.). Lima, Peru: Centro Internacional de la Papa (CIP).

Jacobsen SE, Bach AP. 1998. The influence of temperature on seed germination rate in quinoa (*Chenopodium quinoa* Willd.). Seed Sci Tech 26:515–523.

Jacobsen SE, Mujica A. 2003. Quinoa: an alternative crop for saline soils. J Exp Bot 54 (Suppl. 1), i25.

Jacobsen SE, Jornsgard B, Christiansen JL, Stolen O. 1999. Effect of harvest time, drying technique, temperature and light on the germination of quinoa (*Chenopodium quinoa*). Seed Sci Tech 27:937–944.

Jacobsen SE, Quispe H, Mujica A. 2001. Quinoa: an alternative crop for saline soils in the Andes. Lima, Peru: Centro Internacional de la Papa (CIP). pp. 403–408.

Jacobsen SE, Mujica A, Jensen CR. 2003a. The resistance of quinoa (*Chenopodium quinoa* Willd.) to adverse abiotic factors. Food Rev Int 19:99–109.

Jacobsen SE, Mujica A, Ortiz R. 2003b. The global potential for quinoa and other Andean crops. Food Rev Int 19:139–148.

Jacobsen S-E, Mujica A, Jensen CR. 2003c. Resistance of quinoa (*Chenopodium quinoa* Willd.) to adverse abiotic factors. J Exp Bot 54 (Suppl. 1): i21.

Jacobsen SE, Monteros C, Christiansen JL, Bravo LA, Corcuera LJ, Mujica A. 2005. Plant responses of quinoa (*Chenopodium quinoa* Willd.) to frost at various phenological stages. Eur J Agron 22:131–139.

Jacobsen SE, Monteros C, Corcuera LJ, Bravo LA, Christiansen JL, Mujica A. 2007. Frost resistance mechanisms in quinoa (*Chenopodium quinoa* Willd.). Eur J Agron 26:471–475.

Jacobsen SE. 2011. The situation for quinoa and its production in Southern Bolivia: from economic success to environmental disaster. J Agron Crop Sci 197 (5):390–399.

Jensen CR, Jacobsen SE, Andersen MN, Núñez N, Andersen SD, Rasmussen L, Mogensen VO. 2000. Leaf gas exchange and water relation characteristics of field quinoa (*Chenopodium quinoa* Willd.) during soil drying. Eur J Agron 13:11–25.

Koyro HW, Eisa SS. 2008. Effect of salinity on composition, viability and germination of seeds of *Chenopodium quinoa* Willd. Plant Soil 302:79–90.

Kumar A, Bhargava A, Shukla S, Singh HB, Ohri D. 2006. Screening of exotic *Chenopodium quinoa* accessions for downy mildew resistance under mid-eastern conditions of India. Crop Prot 25:879–889.

Laguna PF. 2000. The impact of quinoa export on peasants' livelihoods of Bolivian highlands. In: Sustainable Rural Livelihoods: Building Communities, Protecting Resources, Fostering Human Development, Xth World Congress of the International Rural Sociology Association, Rio de Janeiro, Brazil, August, 2000.

Magliocca F. 2002. Etude de marché: La Quinoa. Maîtrise IMTL 2001–2002.

Martínez E, San Martín R, Jorquera C, Veas E, Jara P. 2009. Reintroduction of quinoa into arid Chile: cultivation of two lowland races under extremely low irrigation. J Agron Crop Sci 195:1–10.

Miranda R. 2012. Organic matter requirements for a sustainable production of quinoa in the Central and Southern Bolivian Altiplano. Doctoral research. Universidad Federal de Santa Maria, Brazil.

Miranda R, Carlesso R, Huanca M, Mamani P, Borda A. 2012. Rendimiento y acumulación de nitrógeno en la quinua (*Chenopodium quinoa* Willd) producida con estiércol y riego suplementario. Revista Venesuelos 20(1).

Mujica A. 1994. Andean grains and legumes. In: Hernando Bermujo, JELJ, editor. Neglected Crops: 1492 from a different perspective. Rome, Italy: FAO. pp. 131–148.

Mujica A, Izquierdo J, Marathee JP. 2001a. Capítulo I. Origen y descripción de la quinoa. In: Mujica A, Jacobsen SE, Izquierdo J, Marathee JP, editors. Quinoa (*Chenopodium quinoa* Willd.): ancestral cultivo andino, alimento del presente y futuro. Santiago de Chile: FAO, UNA, Puno. pp. 9–29.

Mujica A, Canahua A, Saravia R. 2001b. Capítulo II. Agronomía del cultivo de la quinoa. In: Mujica A, Jacobsen SE, Izquierdo J, Marathee JP, editors. Quinoa (*Chenopodium quinoa* Willd.): Ancestral cultivo andino, alimento del presente y futuro. Santiago de Chile: FAO, UNA, Puno. pp. 20–48.

Mujica A, Jacobsen SE, Canahua A. 2001c. Los aynokas de quinoa (*Chenopodium quinoa* Willd.) - un sistema de conservación de recursos genéticos estratégicos del altiplano peruano. Conferencia Electrónica 2001 del Consorcio para el Desarrollo Sostenible de la Ecorregion Andina (http://www.condesan.org/infoandina/Foros/insitu2001/S.Jacobsen-spanish.htm).

Murillo R. 1995. Comportamiento del nitrógeno proveniente de fertilizantes minerales en el cultivo de la quinoa (*Chenopodium quinoa* Willd) bajo condiciones de riego y secano. Thesis dissertation for Agronomist. UMSA.

Nieto CC, Vimos CN, Caicedo CV, Monteros CJ, Rivera MM. 1998. Respuesta de la quinoa a diferentes tipos de rotación de cultivos en dos localidades de la sierra, durante cinco años. Centro Internacional de Investigaciones para el Desarrollo, Programa Cultivos Andinos (INIAP), working paper.

Parida AK, Dagaonkar VS, Phalak MS, Umalkar GV, Aurangabadka LP. 2007. Alterations in photosynthetic pigments, protein and osmotic components in cotton genotypes subjected to short-term drought stress followed by recovery. Plant Biotech Rep 1 (1): 37–48.

Partap T, Kapoor P. 1985a. The Himalayan grain chenopods. I. Distribution and ethnobotany. Agr Ecosys Env 14:185–199.

Partap T, Kapoor P. 1985b. The Himalayan grain chenopods. II. Comparative morphology. Agr Ecosys Env 14:201–220.

Peralta E. 2009. La quinoa en Ecuador. "Estado del Arte." Quito, Ecuador: INIAP.

Prego I, Maldonado S, Otegui M. 1998. Seed structure and localization of reserves in *Chenopodium quinoa*. Ann Bot 82:481–488.

PROINPA Foundation. 2002. Variedades de quinoa recomendadas para el Altiplano Norte y Central. La Paz, Bolivia: PROINPA.

PROINPA Foundation. 2003a. Catálogo de Quinoa Real. La Paz, Bolivia: PROINPA. p. 52.

PROINPA Foundation. 2003b. Biología y comportamiento de las ticonas. Ficha Técnica n°4. La Paz, Bolivia: PROINPA.

PROINPA Foundation. 2003c. Biología y comportamiento de la polilla de la quinoa. Ficha Técnica n°5. La Paz, Bolivia: PROINPA.

PROINPA Foundation. 2003d. Variedad "Quinoa Jacha Grano." Ficha Técnica n°6. La Paz, Bolivia: PROINPA.

Pulgar Vidal J. 1954. La quinoa o suba en Colombia. Publ. No. 3. Fichero Científico Agropecuario. Bogotá, Colombia: Ministerio de Agricultura. pp. 73–76.

Rasmussen C, Lagnaoui A, Esbjerg P. 2003. Advances in the knowledge of quinoa pests. Food Rev Int 19:61–75.

Repo-Carrasco R, Espinoza C, Jacobsen S-E. 2003. Nutritional value and use of the Andean crops quinoa (*Chenopodium quinoa*) and kañiwa (*Chenopodium pallidicaule*). Food Rev Int 19:179–189.

Risi J, Galwey NW. 1984. The Chenopodium grains of the Andes: Inca crops for modern agriculture. Adv Appl Biol 10:145–216.

Rodriguez JP, Raffaillac JP. 2003. El papel de tamaño de quinoa (*Chenopodium quinoa* Willd.) en el crecimiento y desarrollo de las plantas frente a diferentes profundidades de siembra. La Paz, Bolivia: Facultad de Agronomia, UMSA, internal working paper. p. 5.

Rojas W, Mamani E, Pinto M, Alanoca C, Ortuño T. 2008. Identificación taxonómica de parientes silvestres de quinua del Banco de Germoplasma de Granos Altoandinos. Revista de Agricultura–Año 60, Nro. 44. Cochabamba, Bolivia, Diciembre 2008. pp. 56–65.

Rosa M, Hilal M, Gonzalez JA, Prado FE. 2009. Low-temperature effect on enzyme activities involved in sucrose-starch partitioning in salt-stressed and salt-acclimated cotyledons of quinoa (*Chenopodium quinoa* Willd.) seedlings. Plant Physiol Biochem 47: 300–307.

Salas S. 2003. Quinoa - postharvest and commercialization. Food Rev Int 19:191–201.

Sanchez V. 2011. Influencia de la plasticidad de la quinua (*Chenopodium quinoa* Willd) sobre su constante térmica en el Altiplano Boliviano. Trabajo dirigido Lic. Ing. Agr. La Paz-Bolivia. Universidad Mayor de San Andrés. Facultad de Agronomía. 71 p.

Sanchez HB, Lemeur R, Van Damme P, Jacobsen S-E. 2003. Ecophysiological analysis of drought and salinity stress of quinoa (*Chenopodium quinoa* Willd.). Food Rev Int 1–2: pp. 111–119.

Schabes FI, Sigstad EE. 2005. Calorimetric studies of quinoa (*Chenopodium quinoa* Willd.) seed germination under saline stress conditions. Thermochimica Acta 428:71–75.

Schulte auf'm Erley G, Kaul HP, Kruse M, Aufhammer W. 2005. Yield and nitrogen utilization efficiency of the pseudocereals amaranth, quinoa, and buckwheat under differing nitrogen fertilization. Eur J Agron 22:95–100.

Sigstad EE, Prado FE. 1999. A microcalorimetric study of *Chenopodium quinoa* Willd. seed germination. Thermochimica Acta 326:159–164.

Sigstad EE, Garcia CI. 2001. A microcalorimetric analysis of quinoa seeds with different initial water content during germination at 25°C. Thermochimica Acta 366:149–155.

Siñani E, Espíndola G, Morales DM. 2006. Evaluación de la eficiencia de fungicidas en el control de mildiu (*Peronospora farinosa* Fr.) de la quinoa en el Altiplano central y norte. In: Del Castillo C, Garcia M, Vacher JJ, Winkel T, editors. Compendio de resúmenes de tesis de grado e investigaciones realizadas en quinoa, canahua, amaranto y papa en la Facultad de Agronomía de la UMSA entre 1991 y 2006. Facultad de Agronomía, UMSA - IRD, Francia - QuinAgua, VLIR & KU Leuven, Belgica, La Paz, Bolivia, p 24.

Tapia ME. 1979. Historia y distribución geográfica.. In: Tapia ME, editor. Quinoa y kaniwa: cultivos andinos. Bogotá, Colombia: CIID. pp. 11–19.

Tolaba MP, Peltzer M, Enriquez N, Lucia Pollio M. 2004. Grain sorption equilibria of quinoa grains. J Food Eng 61:365–371.

Valencia-Chamorro SA. 2004. Quinoa. In: Encyclopedia of grain science. Australia: Elsevier/CRC, pp. 4885–4892.

Vilche C, Gely M, Santalla E. 2003. Physical properties of quinoa seeds. Biosystems Eng 86:59–65.

Willdenow CL. 1798. Species plantarum, ed. 4, 1(2). – Berolini: G. C. Nauk.

Winkel T. 2013. Quinua y quinueros. Ed. IRD France. ISBN 978-2-7099-1749-0. 176 pp.

Yucra E, Garcia M. 2007. Producción y sistemas de cultivo de quinoa en zonas del altiplano boliviano. In: Annals of the International Congress of Quinoa. Iquique. Chile.

第4章　玻利维亚南部高原藜麦产量趋势：气候和土地利用规划的启示

Serge Rambal[1,3], Jean-Pierre Ratte[1], Florent Mouillot[2], and Thierry Winkel [2]

[1] *CNRS, UMR 5175 CEFE, F-34293 Montpellier cedex 5 France*

[2] *IRD UMR 5175 CEFE F-34293 Montpellier cedex 5 France*

[3] *Universidade Federal de Lavras Departamento de Biologia CP3037, CEP 37200-000 Lavaras MG Brazil*

4.1　概　　要

玻利维亚南部高原是世界藜麦的主要出口区，在其干旱高地，藜麦产量在很大程度上受到持续气候变化和土地利用方式的影响。本研究建立了一个简单的“假设”模拟模型，来预测上述因素在3个时间段对藜麦产量的影响，3个时间段为刚刚过去（1961～2000年）、不久将来（2046～2065年）和很久之后（2081～2100年）。以全球气候模型（GCM）作为影响因素，来预测区域气候模式并得到风险信息，鉴于当地因素对该干旱山区气候变化的深层次影响，本研究还考虑了在乌尤尼盐沼所建立的电网中心，该地区经历过显著气候变化及过去40年土地使用情况变化等。当地土地使用变化数据源于空中照片和高分辨率遥感数据，该数据经过地面实况观测有代表性样本数据的验证。气候变化情况与本研究的产量模型相关，该产量模型包括土壤水量平衡模型及一个简单的作物组成，每日的全球气候模型数据用于土壤水分平衡模型和计算作物可能会经历的干旱程度，在田间小区，产量指数（模拟产量与固定产量增长之比）取决于土壤干旱程度、可通过光合作用影响碳吸收的平均温度及最低温度（该温度在霜冻夜里会影响产量）。基于不同地势，有3个地区的土地被纳入评估范围，cerros（陡峭的斜坡）、faldas（山麓地带的缓坡）和pampas（平原），考虑到这些地区地势形态的互补性，我们模拟了两年的作物周期，每块土地的生长效率参数都受该土地生物潜能下降所影响，这些参数与pampas地区牧场的持续减少和土壤风蚀作用所带来的藜麦作物的侵蚀数据平行。研究结果表明，先是霜冻的发生将会不断减少，接着是在未来几十年间将会越来越干旱，土壤长期干旱及土地肥力下降很大程度上会影响该地区的可持续发展，这虽然仅是推算，但可以帮助研究和开发组织找到可持续生产的作物。

4.2 前　　言

安第斯山脉是世界上人口最稠密的高地，人类居住在超过 3800 m 的地方，而农业活动则在高于 4200 m 的地方（Little，1982）。大气环流模式预测安第斯高原的气候变化对水资源和当地农业会造成严重影响（Thibeault et al.，2010；Seth et al.，2010），甚至一些气候现象表明安第斯山脉的山区气候将在 21 世纪末消失（Williamset al.，2007）。气候分析表明，在未来几十年里安第斯高地的变暖现象要远远超过周围低洼地区的变化速度（Vergara et al.，2007），但气候变暖并不会导致霜冻天数减少（Thibeault et al.，2010）。对降水的预测存在许多不确定性，但存在雨季会变得更短、更强烈，春季（9～11 月）降雨少和夏季（1～3 月）降雨多的变化趋势（Seth et al.，2010）。

尽管我们对冰川融化及其影响的理解有待提高（Vuille et al.，2008），但评估持续气候变化对安第斯农田的危害还需要更多特定研究，特别是气候和土地利用变化之间的相互作用，及其协同对当地作物经济产量的影响（Valdivia et al.，2010）。

安第斯作物中，藜麦在玻利维亚高原南部大量栽培，与此同时该地区也正在经历气候变暖的影响。在过去 40 年里，玻利维亚南部高原成为全球第一个出口藜麦的地区，藜麦已从一个自给自足、仅限于小型山坡耕种的粮食作物（传统避免霜冻的策略），发展为一个在平原地区机械化种植的产品。在这个干旱地区，藜麦自 20 世纪 70 年代开始以低密度栽培在雨养条件下，随后藜麦迅速占领了牧场草本和平原灌木植被的地盘，据估计玻利维亚在 1980～1990 年，藜麦种植面积增加了 230%以上（联合国粮食及农业组织数据库），其中大部分增加的面积都是在 Altiplano 南部平原。该地区藜麦籽粒产量平均为 600 kg/hm^2，但由于种植条件恶劣产量并不稳定（Garcia et al.，2004；Geerts et al.，2009）。

随着气候不断变化和作物面积的增大，21 世纪藜麦籽粒产量将会呈现什么状态？要回答这个问题，区域气候情况和作物模型是有用的工具，可帮助预测农业气候风险和准备相应策略，以减少气候和土地利用变化方面给农业所带来的损失（Hertel et al.，2010；Parry and Livermore，2002）。本章在对 Altiplano 南部地区简要介绍之后，将描述气候风险对该地区影响的分析方法，全球气候模型对气候趋势的预测，随后介绍产量的计算方法，以及水平衡模型和提高藜麦产量所采用的土地利用方案。在结果中总结了在不同地势、不同时间，干旱和霜冻对藜麦产量的影响，由此预见 Altiplano 南部地区未来藜麦的生产情况，还对如何合理利用当地土地资源及其可持续利用进行了讨论。

4.3 材料与方法

4.3.1 研究区

研究区域包括高地（Altiplano），位于玻利维亚西南部领土边界与阿根廷和智利接壤。这个地区的东部和西部与安第斯科迪勒拉山接壤，特点是其中心部位有 100 km×100 km 的乌尤尼盐沼，而较小的盐湖 Coipasa 位于北部边界。除了巨大的盐湖地区，这个地区还具有 3 种不同类型的地势，海拔在 3650 m 相对平坦的平原、随火山改变的斜坡和腹地的山谷。菊苣是这个热带高地生态系统的原生植被，生长在有草本和灌木物种的山地草原，是传统用于骆驼和羊的牧草。Altiplano 南部的气候干旱，从南到北的乌尤尼盐沼年平均降水量 100～350 mm，大部分降水（>70%）发生在南半球的夏天（12 月到翌年 1 月或 2 月），中上层东北气流携带潮湿空气给高原送来暴风雨（Garreaud，2000；Falvey and Garreaud，2005），边界湿度和高空风的纬向，使夏季雨水对当地天气情况有显著影响（Garreaud and Aceituno，2001）。其他时间，Altiplano 的中层偏西气流带来太平洋非常干燥的空气且很少下雨（Vuille and Ammann，1997）。该地区年降雨量差异很大，尽管雨量与厄尔尼诺循环（ENSO）的关系仍不清楚，但拉尼娜期间降水多，而厄尔尼诺期间降水量少（Ronchail and Gallaire，2006；Garreaud et al.，2009；Thibeault et al.，2012；Seiler et al.，2013）。

该区域年平均气温约为 9℃，每日天气变化的差异远高于季节性变化，夜晚霜冻几乎在任何季节都会发生。Pouteau 等（2011）详细阐述了以 0℃为霜冻标准的风险，指出山区不同地势自然因素的交互作用，主要影响因素为海拔、纬度和离盐湖的远近，倾斜度、地形融合和隔热的影响不大。因此，盐湖岸边不易结霜，而高原的西部和南部地区暴露在外易发生霜冻。

4.3.2 近期气候情况

本研究使用了蒸散标准化降水指数（SPEI），该指数是根据与平均降水量的差值来作为特定地区的干旱指标。通过气候水平衡计算蒸散标准化降水指数，也就是每个月降水和蒸发的差值。不同时间所观察到的不同蒸散标准化降水指数，代表前几个月累积的水平衡（Vicente-Serrano et al.，2013）。东安格利亚大学（英国）区域气候研究部门，提供了该地区月气候高分辨率 0.5°×0.5°网格的数据。本研究使用了该气候研究部门 TS3.1 1901～2009 年的数据，设置 3 个、6 个、24 个月 3 个时间窗进行分析。第一个时间窗（SPEI3）与表层土壤水相关，可能对苗期有损害，第二个时间窗（SPEI6）与整个作物产量有关，最长的第三个时间窗（SPEI24）与底土中上一年度可利用的雨水量相关即两年前藜麦种植前底土中储存的水量，如果土壤水分不足，藜麦的产量会大大受到影响。我们将每个时间窗口（3 个月、6 个月、24 个月）保留 SPEI 小于 1 的数值持续超过 3 个月作为干旱阈值，为计算干旱发生频率，将 36 年分为 3 个时间段 1901～1936 年、1937～1972 年和 1973～2009 年。

4.3.3　气候情况的根源

从 Centre de Recherches Mlétéorologiques 和全球气候模型版本 3（CNRM- CM3）得到气候数据，其中法国气象部门发布的全球气候模型基础是区域预报系统-气候大气全球气候模型、海洋环流模型 OPA8.1、海冰模型 GELATO2 和 TRIP 河路方案。全球气候模型版本 3 已被应用于政府间气候变化专门委员会（IPCC）第四次评估报告的框架。本研究采用政府间气候变化专门委员会 SRES AIB 来模拟 3 个时间段 1960～2000 年、2046～2065 年和 2081～2100 年的 21 世纪日降水量、最低最高温度和全球辐射。研究中使用粗网格 2.5°×2.5°，因为它不影响大的结构，又纳入了南美洲区域性数据，因此是一个好方法（Boulanger et al.，2006，2007）。

4.3.4　模拟当地或某地的产率

首先定义了 3 个非生物可能损害农作物产量的因素：土壤水分限制因素 f_1，下文会有详细讨论；光合作用的一个限制因素 f_2，与一天内气温变化有关；霜冻的限制因素 f_3，与最低温度呈指数相关。所有这些因素值范围在 0 和 1 之间，根据整个生育期的计算结果（从 11 月初到 3 月底）定义潜在产量指数：

$$\mathrm{YI}_{\mathrm{plot}} = \sum f_3 \sum_{\text{生育期}} f_1 f_2 \Delta t \tag{4.1}$$

$\mathrm{YI}_{\mathrm{plot}} = 1$ 意味着整个生育期均没有限制性因素。

f_2 的计算，日气温变化模式遵循两个正弦：首先，最大值出现在下午 2 点，之后开始下降，最小值出现在黎明；第二，温度增加从最小值到最大值 1。白天时段的理论时间 d，通过米兰柯维奇的方程计算纬度。相对瞬时光合作用 A_r，在当时气温 T_a 下呈抛物线模式，在最佳温度 T_{opt} 时达到最大值（A_r=1）。

$$A_r = 1 - \alpha (T_a - T_{\mathrm{opt}})^2 \tag{4.2}$$

α 是热效率系数，然后计算 f_2 因素：

$$f_2 = 1/d \sum_d A_r \Delta t \tag{4.3}$$

f_3因素影响产率［公式（4.1）］，量化由霜冻带来的产量损失比例。这个因素与每日最低温度呈指数相关，受易损性参数影响，易损性参数是符合近期的实际生产损失，并可应用于整个时期。

4.3.5 土壤水分平衡模型

日间表层土壤的水平衡模拟是在桶型模型的基础上进一步用限制性存储量和另外一个数学方程来修正，方程中土壤蓄水的日变化 ΔS，等于雨量输入 R 减去深层排水流出 D 和实际蒸发 AET。

$$\Delta S = R - \mathrm{AET} - D \tag{4.4}$$

土壤最大储水量 S，受产地容量 FC 限制，当土壤储水量超过田间持水量阈值时，多余的水流出为深层排水。实际蒸发 AET 从土层中提取水。AET 是潜在蒸发的一小部分，与土壤中储存水的量 PET 相关，用 Priestley-Taylor（1972）方程计算 PET。每日 PET 值校准为 1.26，对应于原始方程式的普瑞斯特里泰勒参数区域性应用标准（Geert et al.，2007，2009）。净全波辐射与 Kalma 等（2000）方程计算和传入短波辐射相关，用未发表的藜麦面积数据进行校准。为使 PET 降低为 AET，针对 L（测量）Linacre（1973）提出了一种简化算法。

AET 等于较小的 PET 或 $\beta(S/\mathrm{FC})^2$。最后，模型可以通过两个耦合方程建立。

$$\mathrm{AET} = \min\left[\beta\left(S/\mathrm{FC}\right)^2, \mathrm{PET}\right] \tag{4.5}$$

$$S(t+1) = \min\left[S(t) + R - \mathrm{AET}, \mathrm{FC}\right] \tag{4.6}$$

式中，β 是固定的值（4.5 mm），值略低于 Saxton 等（1986）测定的这个区域砂质土壤的保持性。沙土范围为 76%～81%，黏土为 6%～7%。根据土壤质地，田间持水量可能为 0.153～0.167 cm^3 H_2O/cm^3 土壤，对应含水量的土壤水势达到 −0.02 MPa，土壤凋萎点的含水量为 0.067～0.074 cm^3 H_2O/cm^3 土壤。为了建模，本研究建立了一个土壤深度 0.50 m、田间持水量 75 mm 和凋萎点储水量 37.5 mm 的试验地。较好灌溉条件下，当 S 从田间持水量降到土壤相对含水量 0.8 时，f_1 会从 1 以线性模式下降到凋萎点 0。

4.3.6 土地利用/土地覆盖变化

适合种植藜麦作物的土地可分为 cerros、faldas 和 pampas。高海拔地区丘陵地带 cerros，需要人工种植，且不受夜晚霜冻的影响。pampas 地区以前是牧场，目前正在快速向集约种植转变。faldas 地区是 cerros 和 pampas 地区的过渡区域，在这个干旱地区，由于有的是 2 年种植周期，休耕土地和作物土地面积相等。“旱作农业”及丛播方式，是当地藜麦典型的种植方式，这种种植方式可使雨水在第一年渗透到裸露的土壤中，供翌年的耕种需要。研究认为 cerros、faldas 和 pampas 3 个地区适合种植藜麦的面积分别占整个地区的 10%、20%和 70%。

土地利用/土地覆盖情况（LULC）的变化，来源于 1963 年的空中拍摄照片，高分辨率扫描数据来源于 1972 年美国地质调查及 1990 年和 2005 年高分辨的遥感数据，这些数据的分析结果得到了地面区域实况观测的验证。1963 年对 Chacoma、Chilalo、Kapura、Palaya 和 Otuyo 5 个区域进行了研究。近期，利用卫星设备记录了 Alianza、Cacohota、Cacoma、Chilaco、Chusiquiri、Colcaya、Irpani、Jirira、Lia、Otuyo、Paastos Lobo、Salinas、Tahua 和 Vituyo 14 个地区 1998 年、1999 年、2005 年和 2007 年的情况。每个区域的结果被表达为变化比率后汇总成 3 条曲线，由此可推测出 2040 年的数据。

4.3.7 研究区域产量增加

基于小区试验的模拟结果，我们认为监测期间土地利用没有变化。

区域产量同时取决于土地利用、土地覆盖比例以及与土地生物潜力相关的“生长效率”，详细说明如下：

$$\mathrm{YI}_{\mathrm{region}} = \sum_{i=1,3} \varepsilon_i k_i \mathrm{YI}_{\mathrm{plot}} \tag{4.7}$$

这个区域产量指数包括面积比率的时间变化 k_i 和生物潜力变化 ε_i，3 个地区的 ε_i 数据被应用于整个区域。我们把 faldas 和 pampas 相同的变化应用到 cerro 地区，并假定 cerro 地区增长效率没有变化，faldas 和 pampas 地区变化来源于耕地和牧场比例。我们假定增长效率不变始终等于 1，直到牧场/耕地值小于 10，这种情况下增长效率会缓慢下降直至达到一个新的平衡。在研究模型中，当牧场/耕地值小于 1 达到 0.4 时，休耕用地需要独立评定。

4.4 结　　果

4.4.1 研究区域的干旱史

SPEI 值的时间进程：①干旱事件的频率，②年内月发生率，③持续时间，如图 4.1 所示，主要结果列在表 4.1 中。

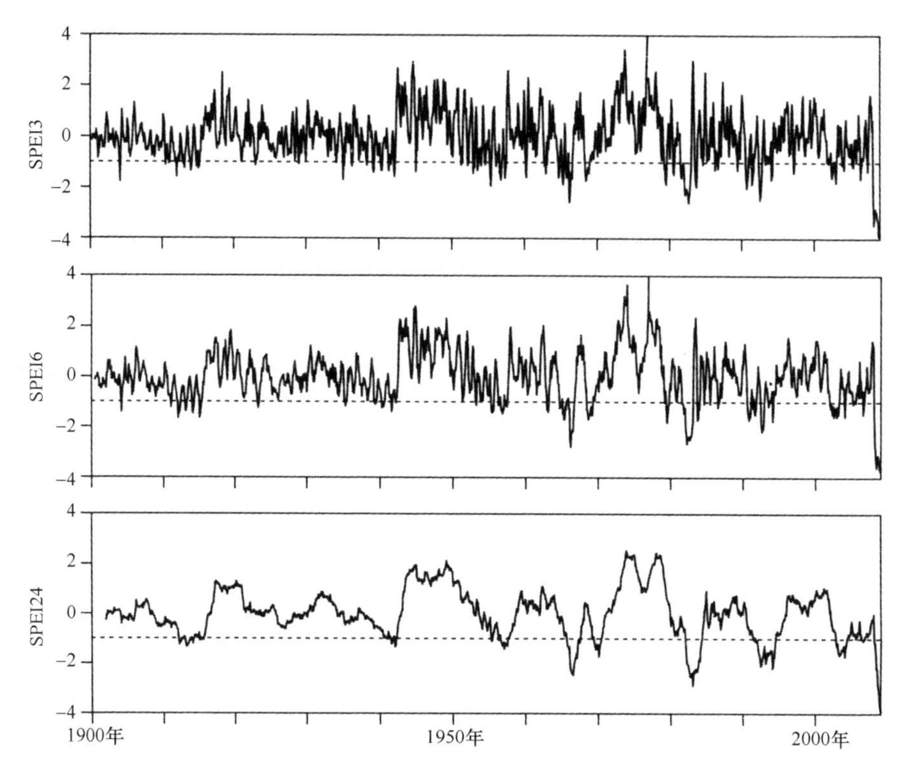

图 4.1 评估 1901～2009 年不同时间段干旱演变过程，这一系列变化是观察到任何时间窗口（3 个、6 个或 24 个月）用于 SPEI 计算，干旱期 SPEI 显示为负值，雨沛期显示为正值，SPEI=1 的虚线显示适度的干旱的阈值

SPEI3、SPEI6、SPEI24：蒸散标准化降水指数（SPEI）在 3 个、6 个或 24 个月的 3 个时间窗口

SPEI3 结果显示，1901～2009 年短期干旱的发生频率增加，在最后两个时间段缩短为每 4 年一次。由于第一时间段仅发生 4 次，且重现周期为 9 年，因此总的重现周期是 4.9 年。第一时间段中最频繁的干旱时期出现在 12 月到翌年 1 月，随后逐步延至雨季。SPEI 计算时这个变化模式在任何时间窗口（3 个月、6 个月或 24 个月）都可观察到。一个有趣的现象是应用 SPEI3 计算，时间窗口为 3～6 个月时，干旱持续时间略微增加。SPEI6 计算结果也显示了每 10 年 0.89 个月的线性变化趋势，干旱的持续时间由开始的 4 个月增加到后期的 13 个月。SPEI24 计算结果为整个重现期为 7 年，高于 1936～1972 年的 6.4 年。3 个时间段内干旱持续时间随时间增加为 7.0 年±3.4 年、8.1 年±5.4 年和 17.2 年±13.6 年。最严重的长期干旱出现在 1983 年和 1992 年，分别持续了 28 个和 33 个月。

4.4.2 气候预测和土壤干旱限制

以 1961～1980 年的数据为基础分析 1981～2000 年的气候情况，持续变暖使得每 10 年气温变化的最小温差为 0.24℃和最大温差为 0.35℃。不久的将来，预计在 2046～2065 年最小和最大温差分别会增加到 2.1℃和 4.0℃，到 2081～2100 年则会达到 3.0℃和 5.1℃（表 4.2）。但总降雨量变化并没有给出，研究中需要强调雨水对土壤水分的影响，要回答一个问题："在降雨量变化和潜在蒸发量增加的情况下，藜麦种植土壤中的水分将如何变化?"

表 4.1　标准化降水指数（SPEI）在 3 个时间窗口（3 个月、6 个月或 24 个月）结果的分析总结

SPEI3	F	重现周期（RP）是 4.9 年，在 1901～1936 年出现最长的回报周期，其中仅第一时间段就出现 4 次干旱时间，而第二和第三时间段干旱时间之和为 9 次
	O	干旱发生在系列开始形成的早期（12 月至翌年 1 月），以后逐渐出现
	D	干旱持续时间（*D*）没有显著增加，而且长时间干旱时间发生在第二和第三时间段，时间分别为［3 个月，（4.2±1.7）个月，（6±5.3）个月］
SPEI6	F	RP 是 6.4 年，比发生 7 次干旱事件的 1936～1972 年 RP（5.1 年）发生干旱的周期频率低
	O	与 SPEI3 的变化模式相同
	D	*D* 值明显增加，时间为每十年出现 0.89 个月
SPEI24	F	RP 是 6.4 年，比发生 7 次干旱事件的 1936～1972 年 RP（4.5 年）周期短
	O	与 SPEI3 和 SPEI6 的变化模式相同
	D	在第三个时间段 *D* 值明显增加，最严重的干旱时间发生在 1983 年和 1992 年，干旱持续时间分别为 28 个月和 33 个月

表 4.2　从 1981～2100 年每年 3 个时间段的变化，包括空气温度变化最小值 t_n（℃）、最大值 t_x（℃），土壤水分存储低于凋萎点的干旱持续时间 DD（月）（表达式为平均值平均±SD），以相对时期（1961～1980 年）为基线

时间段	1981～2000 年	2046～2065 年	2081～2100 年
Δt_n	+0.48±0.11	+2.11±0.11	+3.03±0.13
Δt_x	+0.69±0.30	+4.03±0.36	+5.05±0.38
ΔDD	−1.5±7.5	39.1±10.9	34.9±10.1
$\Delta f_1/f_1$	−1.7	−26.6	−24.4
$\Delta f_2/f_2$	2.8	23.3	27.1
$\Delta f_3/f_3$	2.5	7.3	8.1

土壤储水量的季节性模式显示为 3 个不同的阶段（图 4.2）。第一阶段为 3 月到 5 月初的水分充沛期，土壤水分储存量 *S* 大于 40 mm，对作物产量没有明显负面影响。第二阶段为 5 月末到 11 月中旬的干旱期，土壤水分储存量低于凋萎点。第三个阶段为 11 月底到翌年的 1 月的过渡期，这一时期的特点是土壤的储水量减

少且年度变化差异大，过渡期对应于雨季开始和作物成长，是作物产量形成至关重要的阶段。

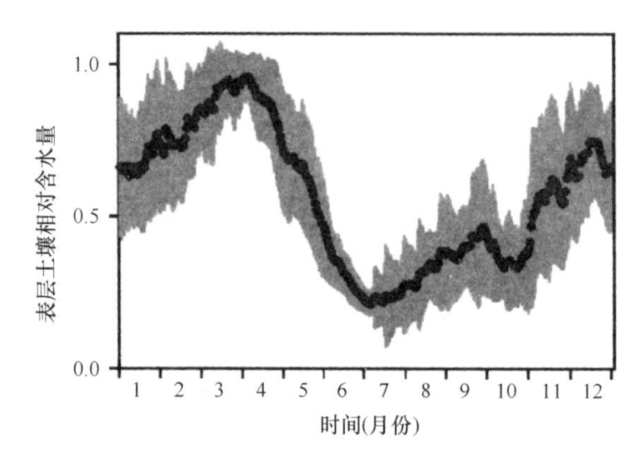

图 4.2　从 1981～2000 年第二时间段每日相对土壤含水量均值的季节性变化（灰色区域显示了标准误差）

1961～1980 年，土壤储水模式没有显著变化（图 4.3）。然而，过渡期的土壤水分储存量 S 值下降超过 40 mm。在这个土壤储水量下，与其相对应的是含水量范围 0.6～0.8，土壤干旱对碳同化和作物生长作用明显。1981～2000 年，生长期内 S 小于萎蔫点的天数并没有明显增加（表 4.2）。此外，干旱天数在最后两个时间段中大幅增加至（39.1±10.9）天和（34.9±10）天，气候变化的影响与一年中的温度变异增大有关。

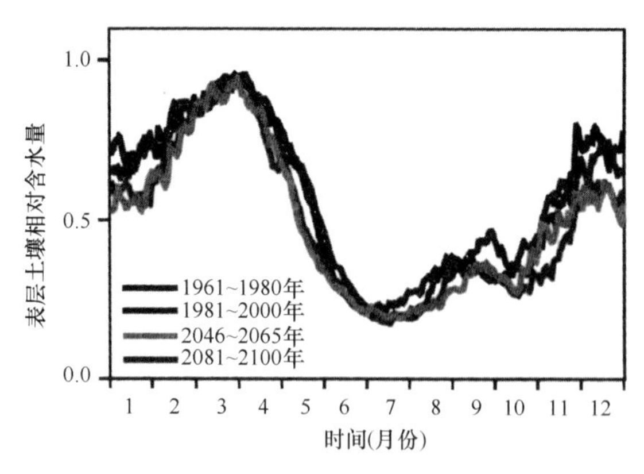

图 4.3　1961～2100 年 4 个时间段的每日相对土壤含水量平均值的季节性变化过程

任何时间点的不可预测性指数，都可以基于土壤水分储存量 S 的变异系数来计算（图 4.4）。在前两个时间段中，11 月上旬的不可预测指数在种植季可达到 40%（图 4.4）。预计在这两个预测时间段（2046～2065 年及 2081～2100 年）将急剧上升到 60%。因此，在不久的将来，这种较高的气候不可预测性会极大影响田间作物产量。

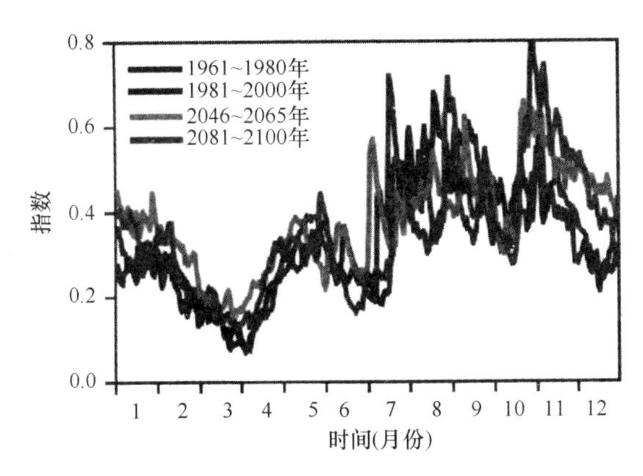

图 4.4　1961～2100 年的 4 个时间段的每日不可预测性指数的季节性变化

4.4.3　在当地及试验田中藜麦产量随时间变化的变化情况

起初，分析了这 3 个非生物局限性时间段随时间推移而改变的情况。以 1961～1980 年记录的数据作为比较的基准点，计算每个时间段和每个限制因素的相对变化。

相对干旱限制用$\Delta f_1/f_1$计算，随时间增加而增加。在 1981～2000 年干旱增加量很小（表 4.2 中有负值出现），在后两个时间段达到较大值分别为–26.6%和–24.4%。气候变暖的积极作用表现在碳同化 f_2 和霜冻因子 f_3。第一个因素使得 1981～2000 年干旱所带来的负效应大大减少。此外，在 2046～2065 年和 2081～2100 年，这种积极效果更为明显，大幅增加到 23.3%和 27.1%，随着$\Delta f_3/f_3$的增加霜冻所带来的损失也降低。

气候变化参数对产量指数变化所产生的影响归纳于表 4.3 和图 4.5，产量基于单位面积进行计算。本研究中的计算不是以作物的实际单位面积计算，而是以休耕的单位面积计算（这种影响将被整合到稍后给出的模拟地貌中），试验区域的产量预测也没有考虑时间对土地生物潜力的影响。近期，气候变暖的趋势对光合作用增加和霜冻发生减少都有积极作用，这种正线性趋势与年度间的温度变化变小相关。水量不足使产量大幅下降，但其效果在很大程度上被气温的升高所抵消。从 1961～2000 年的前两个时间段内，全球变暖对藜麦产量有明显的积极影响，每 10 年产量增加 5%（图 4.5）。

在第三时间段 2046～2065 年，平均产量略低于 1981～2000 年。此外，这个值与年度间平均气温大幅变化达到 50%相关，因此有几年由于水量严重不足藜麦产量极低。值得注意的是，由于年份统计数量少，均值和年份之间的变异不能很好地进行统计分析。

表 4.3 1961～2100 年不同时间段 YI_{plot} 产量指数及其标准差变化

时间段	YI_{plot}±SD	$\Delta YI_{plot}/\Delta t$ （%每年）
1961～2000 年	0.31±0.08	+0.5
1961～1980 年	0.30±0.07	—
1981～2000 年	0.33±0.09	—
2046～2065 年	0.32±0.16	忽略不计
2081～2100 年	0.35±0.13	−1.7

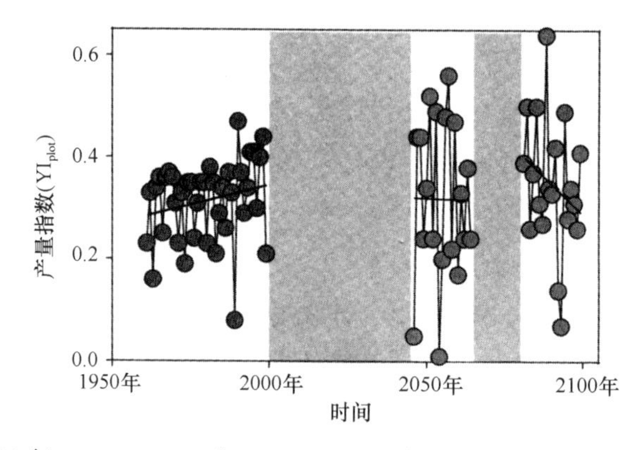

图 4.5 1961～1980 年、1981～2000 年、2046～2065 年和 2081～2065 年 4 个时段藜麦产量的年际变化指数（0～1），粗直线显示每个时间段的变化趋势

值得警惕的是，预计在未来，持续升温的积极作用会通过光合作用来推动碳同化作用，霜冻发生率也将急剧下降，至 21 世纪末将完全消失（表 4.2 和表 4.3）。尽管气候变暖有这些积极的影响，模拟出的藜麦产量在第二个时间段内保持稳定，但在第三个时间段之前会减少（图 4.5）。在第三和第四个时间段，跨年度的干旱比变暖因素 f_2 和 f_3 的影响更大，这将导致田间试验作物产量下降，平均每 10 年藜麦产量下降 17%。

4.4.4 地形水平的模型结果

从 1960 年起，耕地增加的特点是呈缓慢的指数增加，5 个小区样本的平均倍增时间为 20 年。1998～2007 年对 14 个小区的远程评估结果表明，种植面积呈指数增加状态，倍增时间为 10 年。这意味着，平均种植面积在 10 年中增加了 2 倍。在 Otuyo 和 Lia 小区种植面积增加了 3 倍以上，倍增时间分别为 5.5 年和 6.2 年。在种植面积有限的小区，其倍增时间为 40 年，即达到饱和状态。1980 年，藜麦在 cerros、faldas 和 pampas 的种植面积比例分别为 9.5%、5.5%和 6%。2000 年，cerros 种植面积比例减少到 7.5%，但 faldas 和 pampas 种植面积比例增加到 7.9%和 25%。预计到 2040 年，藜麦在 cerros、faldas 和 pampas 的种植面积比例分别是 5%、27%和 50%。单位土地变化的预期时间如图 4.6 所示。预计 2040 年牧场的面积将急剧下降，那时 pampas 约有 50%的面积用来种植作物，50%用来休耕。图 4.6（b）和（c）列出了整个地区的预测结果，cerros 地区藜麦种植量下降，faldas 地区略有升高，pampas 地区呈指数增加。

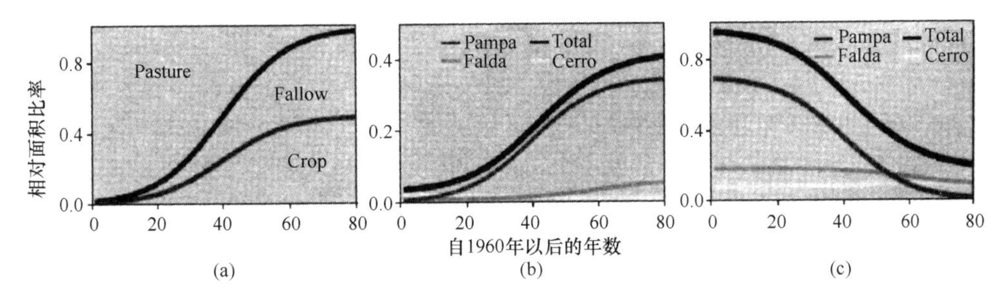

图 4.6　模拟土地利用和土地覆盖变化状况，(a) 在 pampa 地区土地利用变化剧烈，预计 2040 年的作物面积将达到 50%，(b)整个研究区域中作物聚合面积的变化，显示为 pampa 区域急剧增加，faldas 适度增加，cerros 略有下降，(c) 不同土地区域牧场面积所占比率下降

土地利用和土地覆盖比例变化带来的结果及土地生物潜力对产量的影响如图 4.7 所示。把 faldas 和 pampas 放在一起，模拟出在起始阶段产量急剧增加，这归因于藜麦在 pampas 地区面积的大幅增加、变暖效应的积极作用以及水资源的不显著变化。在第二个和第三个时间段，模拟得出藜麦平均产量下降，尤其是温度差异大的年份。在 cerros 地区，藜麦产量随种植面积缩小而下降，尤其在后两个时期年度之间温度的大幅变化会加剧产量的下降。

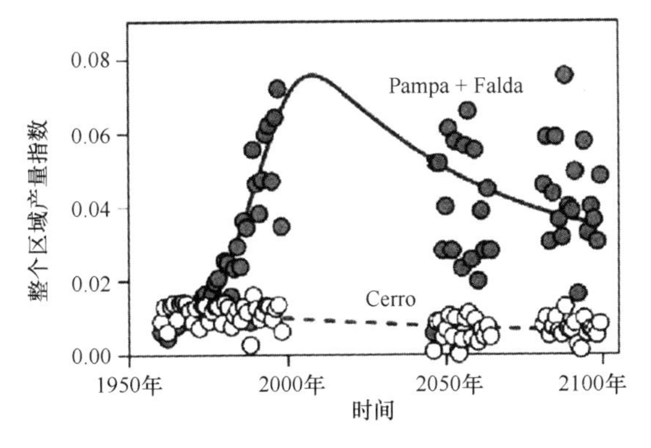

图 4.7　1961～1980 年、1981 年～2000 年、2046～2065 年、2081～2100 年 4 个时段藜麦产量指数的变化，以 cerro 为对照对比 falda 和 pampa，趋势曲线（实线和虚线）为模拟计算

4.5 讨　论

由于不同时期土壤水分对作物产量的影响大不相同，因此普遍认为干旱是一个多因素叠加现象。干旱可能发生在不同时间点，如发生在较长期干旱中的一段特别干燥的短时期内。SPEI 结果表明，相对于基于日常天气和降雨情况所进行的土壤水分平衡模型模拟得出的干旱指标，基于每月潜在蒸发和降雨量得出的干旱指标具有局限性。然而，3 个时间窗口（3 个月、6 个月和 24 个月）都可观察到干旱的重现期变短、雨季缩短和持续时间变长。所有这些变化在 1973～2009 年加剧。自 1980 年以来气候变暖，空气干燥加剧了潜在蒸发。因此，PET 提高和降雨量微降（Vui1le et al.，2003；Bradley et al.，2006），对气候水平衡和严重干旱的频发影响巨大。1983 年和 1992 年的旱灾分别持续了 28 个和 33 个月，这可能在某种程度上预示着未来气候的变化情况。Morales 等（2012）指出："在过去 70 年中发生了自公元 1300 年以来 12 个最干旱天气的 4 个"。

地球与气候的关系具有不确定性，未来不可知的力量可能会影响大气组成并反馈到地表上。在接下来的 30 年，预测全球平均气温上升在很大程度上是从排放角度推断出的。然而，很明显，现在和未来的气候变化和变化的可预测性在各处并非一样，知识差距也使某些地区的气候模型无法统一，包括对南美大面积降雨模式的预测（Rada et al.，1997；Boulanger et al.，2007），由于安第斯山脉狭窄，分辨率不高，因此无法通过大气环流模式预测气候。

不出所料，直接分析大气环流模式输出得到 Altiplano 地区降水微量减少或增加的结论，与 1980 年起全面预测的 21 世纪剩余年份强劲回暖的趋势相反。冰川学研究表明，自 1939 年以来，安第斯山脉热带地区每 10 年温度上升 0.10～0.11℃，1974～1998 年变暖趋势持续，每 10 年温度上升 0.32～0.34℃（Vuille and Bradley，2000）。如果以 1960～1980 年的数据为基础，无法得出 1981～2000 年温度持续上升的预测。然而，预计在 2046～2065 年温度最少增加 2.1℃、最大增加 4.0℃；2081～2100 年温度最少增加 3.0℃、最大增加 5.1℃。GCM 结果表明，到 2030 年温度可能会增加 1.3～1.6℃，到 2100 年温度会增加 4.8～6℃（Garreaud et al.，2009）。

GCM 对雨量的预测结果还不是很清晰（Vuille et al.，2003；Urrutia and Vuille，2009；Seth et al.，2010；Thibeault et al.，2012）。为了绕开降雨量的预测问题，Minvielle 和 Garreaud（2011）提出了一个方案，由于安第斯山脉中部的中对流层纬向风与降水量密切相关，因此该地区到 21 世纪末的雨量均可预测。预计在 21 世纪末东风气流较弱的情况下，安第斯山脉中部降雨量将下降，以 1948～2007 年数据为基准，AIB 平均下降幅度最大达到 15.3 mm/月。模拟结果显示，随着雨量逐渐减少 PET 增加，雨量的分布不均导致藜麦产量年度变化较大，2081～2100 年藜麦产量将显著降低。

Reynolds 等（2004）在水量有限情况下，全面模拟分析了不同的雨量和土壤水分可利用度对植物的影响。他们得出的结果是所谓的脉冲储备模型，即作物生产率与雨水可被有效利用的年降水量线性相关（le Houérou and Hoste，1977；Huxman et al.，2004）。本研究模拟分析的结果表明，降雨特性（如季节性、频率和降雨强度）对土壤水分利用以及植物生长，特别是藜麦生长至关重要（Geerts et al.，2006）。雨量的季节性是一个非常重要的变量，因为在水量不足地区它会有很大差异，与世界气候变化密切相关，这种气候变化在 Altiplano 南部已经能观察到（Thibeault et al.，2010）。很小的季节性变化都会对藜麦产量产生重大影响。

在作物生产背景下，土地质量和土地利用之间的不匹配，会导致土地退化。我们喜欢用土地生物潜力下降这个概念，这不是保持学科导向的意思，是因为可能会引起学科之间的误解。土壤和土地有明显区别，“土地”一词是从生态系统角度来说的，其中包括土壤、地貌、地形、植被和气候。引发生物潜能下降的机制包括物理和生物过程。

重要的物理过程包括土壤性质所带来的水土流失，如荒漠化和自然资源的不可持续利用（见 Reynolds 等 2007 年的一项包括本研究区域的调查）。生物过程包括减少总碳和生物质碳、肥力耗竭以及生物多样性下降。关于土地退化对生产率的预测、严重性及影响至少有两种不同的学派。一种学派认为，它对作物产量和环境质量的负效应，对人类是一个严重威胁，构成了重大挑战。大多数生态学家、土壤科学家和农学家支持这个论点。另一种学派，主要是经济学家，他们提出如果土地生物潜力下降会带来如此严重的问题，为什么市场调节没有影响到它？支持者认为，生产商在他们的土地投资，不会让土地恶化到损失他们利润的程度，就像 Jacobsen（2011）和 Winkel 等（2012）所提出的，有很多因素延续了这场辩论。

在这个假设问题中，我们站在中立的角度采用复合度量方式来描述土地生物潜力的下降。在此度量中，物理和生物因素与连续变化的生长率参数整合在一起。因此，我们不使用专家所用的离散术语，如“轻度”、“中度”、“重度”和“非常严重”来量化土壤退化的严重性（Lal，1997），目前还有人使用“轻度”、“中等”、“强度”和“极端”，所有这些术语都难以进行比较。我们认为不断变化的参数与近期的侵蚀率、藜麦快速扩张和 pampas 地区的藜麦种植面积不断下降相平行。这种扩张是通过农业集约化进行的，主要基于免耕播种作业的机械化，这些过程的机械化导致区域内可测量的产量下降。

由于苗床准备不足，出苗极不规则，就会造成与传统的手工种植相比植株密度降低，cerros 地区目前还保持着手工种植。此外，cerros 地区还出现了土壤风蚀现象，成为一个客观预警指标，这个预警指标常与风暴中幼苗的死亡以及干旱气候下沙土地肥力下降有关。

未开垦土地转为农业用地后土壤肥力下降的报道有很多（Fonte et al.，2012），通常经历两个连续阶段：第一年耕作后或多或少会出现快速下降，随后达到一个新的平衡。在 Altiplano 潮湿地区开展过一次大型的社会经济调查，以揭示休耕和耕作活动对土壤养分流失和侵蚀过程的影响（Swinton and Quiroz，2003）。该项目还进行了以下研究，考察一个农场在经历了 20 年的土壤损失后，依靠自然因素、社会环境和农业化管理，沙土中营养消耗增加的可能性（Fonte et al.，2012）。

不管藜麦如何扩张，为了维持土壤肥力建议将骆驼粪便加入到土壤中，尽管传统耕作并非如此。这种有机资源是该地区唯一可施用的肥料（如果有的话），在很大程度上也依赖 pampas 牲畜的支持。然而，动物粪便对藜麦土壤中营养成分有效性的作用还鲜有报道（Cardenas and Choque，2008）。在这个特殊的农业生态环境中，缺乏土壤肥料和作物产量之间明确的因果关系，这个问题源于较差的苗床条件所引发的土壤物理结构恶化或水分供应不足，这些都会影响肥料的利用。反过来，在机械化的田间小区，营养可利用度低也会造成植物种植密度和产量下降。对于土壤水分、土壤养分和土壤结构对藜麦生产率的影响，以及在农业系统中评估不同作物施肥方式的收益与成本，仍然是具有挑战性的工作。

小区产量的模拟结果显示，在刚刚过去的年份中（1961～1980 年和 1981～2000 年），土地的生物潜力没有变化，气候变暖促进了碳吸收和减少了霜冻损失，这些积极方面的线性趋势也与年份之间温度变化减小有关。水资源不足在很大程度上造成了产量递减，大多被气候变暖带来的影响所抵消。在未来的两个最近时间段，作物产量将会达到饱和，接着会发生大幅线性下降。为了将这些结果拓展到地形层面，假设休耕区域与种植区域相同，根据目前状况和土地生物潜力下降的现状推断 LULC 的变化。尽管要到 2040 年区域范围内的种植面积才达到饱和，但是从 2020 年产量就会开始下降，本研究预测小区平均产量将仅是峰值产量的一半。

据本研究调查，小农使他们的土地生物潜能下降有许多原因，而且这些原因可能会造成混淆。其中一些原因涉及当地社会对土地资源的价值评估，以及对这些资源容易受伤害性的认识。虽然农学家和发展代理商把土壤视为不可再生资源，但是当地农民不一定这样认为（Zimmerer，1993，1994）。最终，土壤和土地资源是否能可持续利用，将取决于农民自己，他们受到来自于经济和社会的压力，而这些压力源于他们参与的社会和市场（Swinton and Quiroz，2003）。不断变化的气候条件、作物产量和土地生物潜能之间相互联系紧密，对每个因素的评估都需要考虑其他因素的共同作用（Valdivia et al.，2010）。这是在短期内就会面临的挑战，因此我们必须做好准备。对 Altiplano 北部自然生态系统的研究，再次看到了“安第斯临界点”的气候警告（Bush et al.，2010）。这似乎证实了对该区域的气候预测：21 世纪末安第斯气候将会消失（Williams et al.，2007）。

可以对推测的运用予以质疑，测试模型模拟与实地观察及其他模式模拟不符只是模型验证过程的一部分，即使模拟和实测值一致也不能保证使用模型预测的正确性（Geerts et al.，2007，2009；Lebonvallet，2008）。要进一步将此方法应用于不同生态情况和规模的层次结构上，必须解决以下三个问题。第一，与土地利用方式相关的其他过程及土地生物潜力的下降需要合并。第二，从多空间角度把土地模式和进程进行联系，应该采用适当的空间直观模拟方法和缩放方法（如局部区域、地形和整个区域）。相应地，多层空间数据集需要被开发并要不断更新（见 Pouteau 等 2011 年关于霜冻的重大说明）。第三，与气候相关有较大变化的变量，如气候变暖趋势和降雨模式的变化，在区域试验中应该加以控制，以评估它们对土地产量的影响。

本研究结果表明，这种数值试验有可能提供一个强大和现实的预测，用于预测一个快速变化区域的实际长期变化。因此，这项研究为今后进一步研究非生物和生物环境变化对藜麦产量的影响提供了一定基础。由于我们知识有限，气候变化地方层面的作用与藜麦产量的关系目前还不清楚，这与高空间分辨率的 GCM 输出数据不确定性有关，因此需要这方面的有效数据（Challinor et al.，2005；Watson and Challinor，2013）。Buytaert 等（2010）的研究工作表明，虽然我们现有的知识和技术仍有差距，但是提高产量和评价高分辨率气候变化情况的机遇确实存在。本章提出的分析类型尽管有其局限性，但为可持续利用当地土地资源的研究和发展组织提供了一些见解。

4.6 致　　谢

本章向 2011 年去世的 Jean-Pierre Ratte 致敬，感谢 IRD（Institut de Recherche pour le Développement）的 Roland Bossen 基于 SPOT 影像对土地利用变化的分析，也感谢来自 CNRM（Centre National de la Recherche Météorologique）Meteo France 的 D. Salas-Mélia 对气候的分析。本研究经费来源于“ANR-Agence Nationale de la Recherche-The French National Research Agency”项目的子课题“Agriculture et Développement Durable”，项目编号“ANR-06-PADD-011-EQUECO”。

参考文献

Boulanger JP, Martinez F, Segura EC. Projection of future climate change conditions using IPCC simulations, neural networks and Bayesian statistics. Part 1: Temperature mean state and seasonal cycle in South America. Climate Dynam 2006;27:233–259.

Boulanger JP, Martinez F, Segura EC. Projection of future climate change conditions using IPCC simulations, neural networks and Bayesian statistics. Part 2: Precipitation mean state and seasonal cycle in South America. Climate Dynam 2007;28:255–271.

Bradley RS, Vuille M, Diaz HF, Vergara W. Climate Change: threats to water supplies in the Tropical Andes. Science 2006;312:1755–1756.

Bush MB, Hanselman JA, Gosling WD. Nonlinear climate change and Andean feedbacks: an imminent turning point? Glob Chang Biol 2010;16:3223–3232.

Buytaert W, Vuille M, Dewulf A, Urrutia R, Karmalkar A, Celleri R. Uncertainties in climate change projections and regional downscaling in the tropical Andes: implications for water resources management. Hydrol Earth Syst Sci 2010;14:1247–1258.

Cárdenas CJ, Choque MW. 2008. Fertilidad, uso y manejo de suelos en la zona del Intersalar, departamentos de Oruro y Potosí. La Paz, Bolivia:Fundación AUTAPO, Programa Quinua Altiplano Sur. 105 p.

Challinor AJ, Wheeler TR, Slingo JM, Hemming D. Quantification of physical and biological uncertainty in the simulation of the yield of a tropical crop using present-day and doubled CO_2 climates. Philos T Roy Soc B 2005;360:2085–2094.

Falvey M, Garreaud RD. 2005. Moisture variability over the South American Altiplano during the South American Low Level Jet Experiment (SALLJEX) observing season. J Geophys Res-Atmos 110:D22105.

Fonte SJ, Vanek SJ, Oyarzun P, Parsa S, Quintero DC, Rao IM, Lavelle P, Donald LS. Pathways to agroecological intensification of soil fertility management by smallholder farmers in the Andean highlands. Adv Agron 2012;116:125–184.

Garcia M, Raes D, Allen R, Herbas C. Dynamics of reference evapotranspiration in the Bolivian highlands (Altiplano). Agr Forest Meteorol 2004;125:67–82.

Garreaud RD. Intraseasonal variability of moisture and rainfall over the South American Altiplano. Mon Weather Rev 2000;128:3337–3346.

Garreaud RD, Aceituno P. Interannual rainfall variability over the South American Altiplano. J Climate 2001;14:2779–2789.

Garreaud RD, Vuille M, Compagnucci R, Marengo J. Present-day South American climate. Palaeogeogr Palaeoclimatol Palaeoecol 2009;281:180–195.

Geerts S, Raes D, Garcia M, Del Castillo C, Buytaert W. Agro-climatic suitability mapping for crop production in the Bolivian Altiplano: A case study for quinoa. Agric Forest Meteor 2006;139(3–4):399–412. DOI: 10.1016/j.agrformet.2006.08.018.

Geerts S, Raes D, Garcia M, Miranda R, Cusicanqui JA, Taboada C, Mendoza J, Huanca R, Mamani A, Condori O, etal. 2007. Simulating yield response of quinoa to water availability with AquaCrop. Agron J 111:499–508.

Geerts S, Raes D, Garcia M, Taboada C, Miranda R, Cusicanqui J, Mhizha T, Vacher J. Modeling the potential for closing quinoa yield gaps under varying water availability in the Bolivian Altiplano. Agr Water Manage 2009;96:1652–1658.

Hertel TW, Burke MB, Lobell DB. The poverty implications of climate-induced crop yield changes by 2030. Global Environ Change 2010;20:577–585.

Huxman TE, Smith MD, Fay PA, Knapp AK, Shaw MR, Loik ME, Smith SD, Tissue DT, Zak JC, Weltzin JF, et al. Convergence across biomes to a common rain-use efficiency. Nature 2004;429:651–654.

Jacobsen SE. The situation for quinoa and its production in southern Bolivia: from economic success to environmental disaster. J Agron Crop Sci 2011;197:390–399.

Kalma JD, Perera H, Wooldridge SA, Stanhill G. Seasonal changes in the fraction of global radiation retained as net all-wave radiation and their hydrological implications. Hydrol Sci J 2000;45:653–674.

Lal R. Degradation and resilience of soils. Philos T Roy Soc B 1997;352:997–1010.

Lebonvallet S. 2008. *Implantation du quinoa et simulation* de sa culture sur l'altiplano bolivien. Thèse de Doctorat, AgroParisTech, France.

Le Houérou HN, Hoste CH. Rangeland production and annual rainfall relations in Mediterranean basin and in African sahelo-sudanian zone. J Range Manage 1977;30:181–189.

Linacre ET. Simpler empirical expression for actual evapotranspiration rates - discussion. Agr Meteorol 1973;11:451–452.

Little MA. Human populations of the Andes: the human science basis for research planning. Mt Res Dev 1982;1:145–170.

Minvielle M, Garreaud RD. Projecting rainfall changes over the South American Altiplano. J Climate 2011;24:4577–4583.

Morales MS, Christie DA, Villalba R, Argollo J, Pacajes J, Silva JS, Alvarez CA, Llancabure JC, Soliz Gamboa CC. Precipitation changes in the South American Altiplano since 1300 AD reconstructed by tree-rings. Clim Past 2012;8:653–666.

Parry ML, Livermore MTJ. 2002. Climate change, global food supply and risk of hunger. In: Issues in Environmental Science and Technology n°17: Global Environmental Change. Cambridge, UK: The Royal Society of Chemistry. pp. 109-137.

Pouteau R, Rambal S, Ratte JP, Gogé F, Joffre R, Winkel T. Downscaling MODIS-derived maps using GIS and boosted regression trees: the case of frost occurrence over the arid Andean highlands of Bolivia. Remote Sens Environ 2011;115:117–129.

Priestley CHB, Taylor RJ. On the assessment of surface heat-flux and evaporation using large-scale parameters. Mon Weather Rev 1972;100:81–92.

Rada OP, Crespo SR, Miranda FT. Analysis of climate scenarios for Bolivia. Climate Res 1997;9:115–120.

Reynolds JF, Kemp PR, Ogle K, Fernandez RJ. Modifying the 'pulse-reserve' paradigm for deserts of North America: precipitation pulses, soil water, and plant responses. Oecologia 2004;141:194–210.

Reynolds JF, Stafford Smith DM, Lambin EF, Turner II BL, Mortimore M, Batterbury SPJ, Downing TE, Dowlatabadi H, Fernández RJ, Herrick JE, et al. Global desertification: building a science for dryland development. Science 2007;316:847–851.

Ronchail J, Gallaire R. ENSO and rainfall along the Zongo valley (Bolivia) from the Altiplano to the Amazon basin. Int J Climatol 2006;26:1223–1236.

Saxton KE, Rawls WJ, Romberger JS, Papendick RI. Estimating generalized soil-water characteristics from texture. Soil Sci Soc Am J 1986;50:1031.

Seiler C, Hutjes RWA, Kabat P. Climate variability and trends in Bolivia. J Appl Meteorol Climatol 2013;52:130–146.

Seth A, Thibeault J, Garcia M, Valdivia C. Making sense of twenty-first-century climate change in the altiplano: observed trends and CMIP3 projections. Ann Assoc Am Geogr 2010;100:835–847.

Swinton SM, Quiroz R. Poverty and the deterioration of natural soil capital in the Peruvian altiplano. Environ Dev Sustain 2003;5:477–490.

Thibeault J, Seth A, Wang GL. Mechanisms of summertime precipitation variability in the Bolivian Altiplano: present and future. *Int J Climatol 2012;32:2033–2041.*

Thibeault JM, Seth A, Garcia M. 2010. Changing climate in the Bolivian Altiplano: CMIP3 projections for temperature and precipitation extremes. J Geophys Res-Atmos 115:D08103.

Urrutia R, Vuille M. 2009. Climate change projections for the tropical Andes using a regional climate model: temperature and precipitation simulations for the end of the 21st century. J Geophys Res-Atmos 114:D021108.

Valdivia C, Seth A, Gilles JL, García M, Jiménez E, Cusicanqui J, Navia F, Yucra E. Adapting to climate change in Andean ecosystems: landscapes, capitals, and perceptions shaping rural livelihood strategies and linking knowledge systems. Ann Assoc Am Geogr 2010;100:818–834.

Vergara W, Kondo H, Pérez Pérez E, Méndez Pérez JM, Magaña Rueda V, Martínez Arango MC, Ruíz Murcia JF, Avalos Roldán GJ, Palacios E. 2007. Visualizing future climate in Latin America: results from the application of the Earth Simulator. The World Bank, Latin America and the Caribbean Region. 82 p.

Vicente-Serrano SM, Gouveia C, Camarero JJ, Beguería S, Trigo R, López-Moreno JI, Azorín-Molina C, Pasho E, Lorenzo-Lacruz J, Revuelto J. Response of vegetation to drought time-scales across global land biomes. Proc Nat Acad Sci 2013;110:52–57. http://dx.doi.org/10.1073/pnas.1207068110.

Vuille M, Ammann C. Regional snowfall patterns in the high, arid Andes. Climatic change 1997;36(3–4):413–423. DOI: 10.1023/A:1005330802974.

Vuille M, Bradley RS. Mean annual temperature trends and their vertical structure in the tropical Andes. Geophys Res Lett 2000;27:3885–3888.

Vuille M, Bradley RS, Werner M, Keimig F. 20th century climate change in the tropical Andes: observations and model results. Clim Change 2003;59:75–99.

Vuille M, Francou B, Wagnon P, Juen I, Kaser G, Mark BG, Bradley RS. Climate change and tropical Andean glaciers: past, present and future. Earth-Sci Rev 2008;89:79–96.

Watson J, Challinor A. The relative importance of rainfall, temperature and yield data for a regional-scale crop model. Agr Forest Meteorol 2013;170:47–57.

Williams JW, Jackson ST, Kutzbach JE. Projected distributions of novel and disappearing climates by 2100 AD. Proc Natl Acad Sci 2007;104:5738–5742.

Winkel T, Bertero HD, Bommel P, Chevarría Lazo M, Cortes G, Gasselin P, Geerts S, Joffre R, Léger F, Martinez Avisa B, et al. The sustainability of quinoa production in southern Bolivia: from misrepresentations to questionable solutions. Comments on Jacobsen (2011, J. Agron. Crop Sci. 197: 390–399). J Agron Crop Sci 2012;198:314–319.

Zimmerer KS. Soil erosion and social (dis)courses in Cochabamba, Bolivia: perceiving the nature of environmental degradation. Econ Geogr 1993;69:312–327.

Zimmerer KS. Local soil knowledge: answering basic questions in highland Bolivia. J Soil Water Conserv 1994;49: 29–34.

第 5 章　利用天敌和藜麦代谢产物进行害虫生物防治的潜力

Mariana Valoy[1], Carmen Reguilón[2], and Griselda Podazza[1]

[1] *Instituto de Ecología, Fundación Miguel Lillo, Tucumán, Argentina*
[2] *Instituto de Entomología, Fundación Miguel Lillo, Tucumán, Argentina*

5.1 引　言

几个世纪以来，农业生产已经将自然景观形式转变成农业景观形式，不仅改变了植物多样性，同时改变了动物多样性和昆虫多样性。昆虫的生活取决于植物种群，植物是昆虫的食物，也是昆虫繁殖、产卵和庇护的场所。植被结构和多样性、土地利用、栽培面积、作物管理类型、物理环境及其他影响昆虫行为习性的因子变化，使许多昆虫转变为农业害虫。

农业集约化是改变生态系统利用天敌管理害虫种群能力的影响因素之一（Altieri and Letourneau，1982；Oerke et al.，1994；Matson et al.，1997；Wilby and Thomas，2002；Bianchi et al.，2006；Parsa，2010）。有 3 种关于农业集约化对害虫种群及其天敌影响的假设：一是在农业集约化影响下，杀虫剂的使用和（或）植物多样性减少引起的局部生态系统及景观的单一化，使天敌种群急剧减少（DeBach and Rosen，1991；Andow，1991；Bianchi et al.，2006）；二是由于农业集约化给昆虫提供了集中的资源和最优的生活环境，导致害虫的增加且持续危害（Root，1973）；三是农业集约化需要使用杀虫剂和相关防治技术来提高作物产量，最终弱化了植物对食草动物的防卫反应（Harris，1980；Throop and Lerdau，2004）。在此背景下，提出了减少化学药品使用和促进生态系统服务的生态知识、生态保护和生物互作 3 个基本要素，以减缓农田生态系统多样性的丧失（Robinson and Sutherland，2002；Benton et al.，2003；Bianchi et al.，2006；Farwig et al.，2009）。

自古以来，安第斯高原农业生态系统拥有多种多样的栽培作物（Kraljevic，2006），在这些作物中，安第斯谷物尤其突出，其中藜麦（*Chenopodium quinoa* Wild.）是最具代表性的作物之一。传统上，当地土地的休耕期长，种植的藜麦主要用于当地消费。在藜麦栽培区域，直接播种、施用有机肥、脱粒和清洗流程等全是由人工完成的（Jacobsen，2011），这种自给型农业以山地的小区域耕种为特点。然而，随着藜麦国际需求的增多（Jacobsen，2011），其种植区域也扩展到平原地区。这标志着半集约农业的开始，从一个自给农业的轮作制度，变为一个显著倾向于集约化的单一耕作制度（Cirnma，2009）。

但是，这种集约化的藜麦生产方式也增加了病虫害的发生，同时加速了土壤恶化，对环境和藜麦作物本身均有不良影响（Mujica，1993；Campos et al.，2012）。

有研究评估了集约化生产对藜麦昆虫种群的影响，结果显示，当藜麦蛾 *Euriysacca melanocampta* 种群密度增加至超过经济损失阈值时，将引起藜麦减产和经济损失（Campos et al.，2012）。利用犁和播种机等农业机械耕作产生的松散土壤，有助于 ticona 幼虫（*Copitarsia* sp.）和藜麦蛾 *Euriysacca quinoae* 进入土壤，并完成其生命周期（Rasmussen et al.，2003；Sigsgaard et al.，2008）。

一直以来，与玉米和马铃薯等其他安第斯山作物相比，很少有人关注藜麦昆虫方面的研究（Zanabria and Mujica，1977；Sachez and Vergara，1991；Yabar et al.，2002；Valoy et al.，2011）。正因如此，关于藜麦昆虫物种多样性及其在藜麦栽培体系中的作用等方面的知识较少，但最近关于开展藜麦昆虫综合防治方面的研究逐渐增多（Palacios et al.，1999；Dangles et al.，2009，2010）。

本章主要讨论了藜麦昆虫的优缺点及对藜麦生产的短期和长期影响，同时探讨了在可持续农业生产背景下目前藜麦耕作等方面的策略和方法。

5.2　藜 麦 昆 虫

与藜麦相关的昆虫主要由多种多样的食草性和食虫性昆虫构成，昆虫种群大量的发生及食草性损坏的强度，会随着藜麦生物学周期和贯穿于整个生长季的环境条件变化而波动（Mamani Quispe，2009；Valoy et al.，2011）。其他影响因素主要有产地、栽培面积、应用品种、周边作物的存在或缺失以及本土植被斑块的存在等（Costa et al.，2009a，2009b）。

为了实施生物防治综合管理体系，识别和学习昆虫农业生态系统是最基本要求。与藜麦相关的本土及国外昆虫种群已有较多报道（Ortíz Romero，1993），已报道的食草性昆虫如潜叶虫、切叶虫、嚼叶虫、吸液汁虫、钻心虫、食叶虫、食谷粒和花虫等（Alata，1973；Ortiz and Sanabria，1979；Bravo and Delgado，1992；Ortiz，1997；Zanabria and Banegas，1997；Rasmussen et al.，2003），这些昆虫还携带了许多病原微生物（FAO，1993）。

新热带地区是一个包括了美洲南部和中部、墨西哥低地、加勒比岛、南佛罗里达地区的交错带，分布着 74 种与藜麦有关的昆虫种群。这 74 种昆虫种群分属于 25 个科 5 个目，即鳞翅目、半翅目、鞘翅目、双翅目和缨翅目（Barrientos Zamora，1985；FAO，1993；Lamborot et al.，1999；Hidalgo and Jacobsen，2000；Rasmussen et al.，2001；Yabar et al.，2002；Saravia and Quispe，2005；Costa et al.，2007，2009a，2009b；Valoy et al.，2011；Campos et al.，2012）。这些昆虫大多数分布于玻利维亚、秘鲁和厄瓜多尔等安第斯更南部的藜麦种植地区，但信息较少，仅有几篇描述性文章（Lamborot et al.，1999；Reguilon et al.，2009；Valoy et al.，2011）。有文献统计了在1987～2012年的21年里仅有20篇文章涉及了藜麦、苋菜和马铃薯等与安第斯地区作物有关的昆虫报道和研究，其中有12篇是与藜麦昆虫有关，包括对藜麦有利的和有害的昆虫（Valoy，未发表数据）（表5.1，图5.1～图5.3）。

表5.1　与藜麦相关的昆虫

目	科	属（种）	文献
鞘翅目	豆象科	*Acanthoscelides diasanus*	Rasmussen et al.，2003
	叶甲科	*Acalymma demissa*	Rasmussen et al.，2003
		Calligrapha curvilinear	Rasmussen et al.，2003
		Diabrotica decempunctata	Rasmussen et al.，2003
		Diabrotica sicuanica	Rasmussen et al.，2003
		Diabrotica sp.	Rasmussen et al.，2003
		Diabrotica speciosa	Rasmussen et al.，2003；Cabrera Almendros and Oliveira，2011
		Diabrotica undecimpunctata	Rasmussen et al.，2003
		Diabrotica viridula	Rasmussen et al.，2003
		Epitrix subcrinita	Rasmussen et al.，2003
		Epitrix yanazara	Rasmussen et al.，2003
		Epitrix sp.	Saravia and Quispe，2005
	瓢甲科	*Eriopis connexa*	Yábar et al.，2002；Valoy et al.，2011
		Eriopis peruviana	Costa et al.，2007
		Eriopis sp.	Valoy et al.，2011
		Hippodamia convergens	Hidalgo and Jacobsen，2000；Yábar et al.，2002；Valoy et al.，2011
	象鼻虫科	*Adioristus* sp.	Rasmussen et al.，2003
	蚁科	*Atta* sp.	Rasmussen et al.，2003
	芫菁科	*Epicauta adspersa*	Valoy et al.，2011
		Epicauta langei	Valoy et al.，2011
		Epicauta latitarsis	Rasmussen et al.，2003
		Epicauta marginata	Rasmussen et al.，2003
		Epicauta sp.	FAO，1993；Hidalgo and Jacobsen，2000；Saravia and Quispe，2005
		Epicauta willei	Rasmussen et al.，2003
		Meloe sp.	Rasmussen et al.，2003
		Tetraonix sp.	Valoy et al.，2011
	金龟甲科	*Ancistrosoma vittigerum*	Valoy et al.，2011

续表

目	科	属（种）	文献
	金龟甲科	*Astylus atromaculatus*	Valoy et al.，2011
		Astylus luteicauda	Hidalgo and Jacobsen，2000；Rasmussen et al.，2003
		Astylus laetus	Rasmussen et al.，2003
	拟步甲科	*Pilobalia decorata*	Rasmussen et al.，2003
双翅目	潜蝇科	*Liriomyza huidobrensis*	Rasmussen et al.，2003，Saravia and Quispe，2005
	寄蝇科	*Phytomyptera* sp.	Rasmussen et al.，2001
		Unknown	Valoy et al.，2011
半翅目	蚜科	*Acrytosiphum kondoi*	Barrientos Zamora，1985
		Aphis craccivora	Rasmussen et al.，2003
		Aphis gossypii	Rasmussen et al.，2003
		Macrosiphum euphorbiae	Barrientos Zamora，1985；Yábar et al.，2002；Rasmussen et al.，2003；Saravia and Quispe，2005；Campos et al.，2012
		Myzus persicae	Yábar et al.，2002；Rasmussen et al.，2003；Saravia and Quispe，2005；Costa et al.，2007
		Myzus sp.	FAO，1993
	叶蝉科	*Anacuerna centrolinea*	Saravia and Quispe，2005
		Bergallia sp.	Rasmussen et al.，2003
		Borogonalia impressifrons	Rasmussen et al.，2003
		Empoasca cisnova	Rasmussen et al.，2003
		Empoasca hardini	Rasmussen et al.，2003
		Empoasca sp.	Saravia and Quispe，2005
		Paratanus exitiousus	Rasmussen et al.，2003
		Paratanus yusti	Rasmussen et al.，2003
		Paratanus sp.	Rasmussen et al.，2003
	缘蝽科	*Leptoglossus* sp.	Valoy et al.，2011
	姬蝽科	*Nabis* sp.	Valoy et al.，2011
	蝽科	*Nezara viridula*	Valoy et al.，2011
膜翅目	跳小蜂科	*Copidosoma gelechiae*	Hidalgo and Jacobsen，2000
		Copidosoma koehleri	Hidalgo and Jacobsen，2000
		Copidosoma sp.	Valoy et al.，2011
	姬蜂科	Unknown	Rasmussen et al.，2001；Valoy et al.，2011
	胡蜂科	*Spodoptera eridania*	Valoy et al.，2011
脉翅目	草蛉科	*Chrysoperla argentina*	Valoy et al.，2011
		Chrysoperla externa	Valoy et al.，2011
鳞翅目	麦蛾科	*Eurysacca media*	Lamborot et al.，1999
		Eurysacca melanocampta	FAO，1993；Hidalgo and Jacobsen，2000；Rasmussen et al.，2001；2003. Saravia and Quispe，2005；Costa et al.，2007，2009a，2009b

续表

目	科	属（种）	文献
		Eurysacca quinoae	Campos et al.，2012；Rasmussen et al.，2001，2003
		Scrobipalpula absoluta	Barrientos Zamora，1985
	尺蛾科	*Perizoma sordescens*	Rasmussen et al.，2003；Saravia and Quispe，2005
	夜蛾科	*Agrotis ipsilon*	Rasmussen et al.，2003
		Agrotis malefica	Rasmussen et al.，2003
		Agrotis sp.	Rasmussen et al.，2003. Saravia and Quispe，2005
		Copitarsia consueta	Barrientos Zamora，1985；Rasmussen et al.，2003
		Copitarsia turbata	Saravia and Quispe，2005；Rasmussen et al.，2003
		Dargida graminivora	Rasmussen et al.，2003
		Feltia experta	Rasmussen et al.，2003
		Feltia sp.	Rasmussen et al.，2003；Saravia and Quispe，2005
		Heliothis titicaquensis	Rasmussen et al.，2003. Saravia and Quispe，2005
		Heliothis zea	Rasmussen et al.，2003
		Peridroma interrupta	Rasmussen et al.，2003
		Peridroma saucia	Rasmussen et al.，2003
		Pseudaletia unipunctata	Rasmussen et al.，2003
		Spodoptera eridania	Rasmussen et al.，2003
		Spodoptera frugiperda	Barrientos Zamora，1985；Rasmussen et al.，2003
		Spodoptera sp.	Saravia and Quispe，2005
	蓑蛾科	*Oiketicus kirbyi*	Valoy，personal communication
		Oiketicus geyeri	Valoy，personal communication
	螟蛾科	*Achyra similalis*	Lamborot et al.，1999
		Herpetogramma bipunctalis	Rasmussen et al.，2003
		Hymenia recurvalis	Saravia and Quispe，2005
		Pochyzancla bipunctalis	Saravia and Quispe，2005
		Spoladea recurvalis	Rasmussen et al.，2003
缨翅目	蓟马科	*Frankliniella tabaci*	Rasmussen et al.，2003
		Frankliniella tuberosi	Saravia and Quispe，2005
		Frankliniella sp.	Rasmussen et al.，2003；Campos et al.，2012

5.2.1 藜麦害虫

在众多藜麦害虫之中，鳞翅目类藜麦害虫总称为藜麦蛾，对藜麦的危害最大。藜麦蛾中的 *E. melanocampta* 和 *E. quinoae*（鳞翅目麦蛾科）是最主要的害虫，其幼虫可对藜麦产生危害。藜麦蛾在藜麦的整个生长发育阶段均有危害，最大危害是发生在籽粒成熟期（Rasmussen，2003）。

图 5.1　新热带地区与藜麦相关的食草昆虫，（a）鳞翅类，幼虫取食藜麦叶片；（b）藜麦叶片中的喙缘蝽属（*Leptoglossus* sp.）；（c）、（d）*Oiketicus kirbyi*，从袋状物或篮状物（茧/筒巢）出来的性早熟昆虫；（e）存在于藜麦茎秆上的 *O. kirbyi* 筒巢；（f）*Eurysacca* sp.成虫；（g）*Eurysacca* sp.幼虫取食藜麦叶片；（h）螟蛾科幼虫；（i）*Nezara viridula*，存在于藜麦花序上的成虫；（j）存在于藜麦叶片上的 *Epicauta adspersa* 成虫（彩图请扫描封底二维码）

图 5.2　Amaicha del valle 地区与藜麦相关的食虫昆虫，（a）寄生蜂 *Copidosoma* sp.成虫；（b）*Copidosoma* sp.寄生于 *Eurysacca* 幼虫上；（c）受损的 *Eurysacca* 蛹；（d）拟寄生物姬蜂（科）；（e）未鉴定的寄生蜂；（f）～（l）捕食昆虫：（f）*Eriopis connexa*，幼虫；（g）*Chrysoperla argentina*，成虫；（h）*C. externa*，幼虫；（i）*C. externa*，成虫；（j）*C. argentina*，捕食 *Spodoptera friugiperda*（鳞翅目）卵；（k）*C. argentina*，幼虫捕食蚜虫；（l）*C. externa*，幼虫捕食蚜虫（彩图请扫描封底二维码）

E. melanocampta 通常被称为藜麦库罗（quinoa kuro），可造成 35%～60%的损失（Ochoa Vizarreta and Franco，2013）。*E. melanocampta* 主要分布在安第斯山脉的干旱地区（海拔 1900～4350 m），从阿根廷、智利到哥伦比亚的北部地区（Povolny and Valencia，1986；Povolny，1986，1997）。其成虫在黄昏或者夜间把他们的肢体潜入到花序腋中，第一阶段形成的幼虫会咀嚼藜麦叶片和花序，当幼虫生长进入下一阶段时，它们会将藜麦叶片卷起来作为其住所，直到籽粒灌浆和成熟（Rasmussen，2003；Ochia Vizarreta and Franco，2013）。

E. quinoae（通常称之为“科纳科纳”或“谷物粉碎机”）的生物学特性和形态学特征与 *E. melanocampta* 相似，但两者的翅斑样式有明显不同（Ochoa，1990；Povolny，1997）。与 *E. melanocampta* 相比，*E. quinoae* 通常被认为分布在更加特定（限定）的区域，近期发表的文章认为 *E. quinoae* 是秘鲁地区的主要害虫（Rasmussen，2000；Campos et al.，2012）（图 5.1）。

另外一组偶尔可能引起藜麦重大损失的鳞翅目类害虫为“泰科纳复合体”（ticona complex），由属于夜蛾科的切根虫（糖蛾）组成，包括 *Copitarsia turbata*、*Feltia* sp.、*Heliothis* sp.和 *Spodoptera* sp.（Blanco，1982；Aroni，2000；Chambilla et al.，2009）。其中 *C. turbata* 最具有代表性（Larrain，1996），幼虫为螟虫，经常在幼苗期咀嚼断幼苗的茎。危害严重时，除了对根和茎造成损害外，甚至可以蚕食叶片、花序和籽粒（Vela and Quispe，1988；Zanabria and Banegas，1997）。

Rasmussen 等（2003）列出了多种影响藜麦的草食性昆虫，显示了哪些是害虫或是潜在的害虫。其中有直翅目（蟋蟀科）和双翅目（潜蝇科），以及鞘翅目（豆象科、象鼻虫科和拟步行虫科）等共 54 种（表 5.1 和图 5.1）。

在新热带南部地区，如巴西，藜麦害虫 *Atta* sp.（膜翅目蚁科）和 *Diabrotica speciose*（Genn.）（鞘翅目瓢甲科）已有报道（Cabrera Almendros and Oliveira，2011）。Valoy 等（2011）在阿根廷图库曼省 Amaicha del valle 地区的藜麦试验田里，发现有 3 个科 4 个属共 7 种前人未报道过的草食性昆虫，这些昆虫存在于新热带南部地区的藜麦种植田中（表 5.1 和图 5.1）。

5.2.2　藜麦益虫

食草昆虫的天敌，又称为有益昆虫或食虫昆虫。大多数食草昆虫有不止一个或多个天敌，可以调节其种群数量。藜麦田中也有大量益虫以食草昆虫为食，表 5.2 详细列出了藜麦益虫。一般来讲，食草昆虫的天敌分为拟寄生物、捕食者和病原生物 3 类。拟寄生物和捕食者以昆虫为食，本章将详细论述。另一类昆虫的天敌是昆虫病原微生物，主要是能够引起昆虫病害的微生物，与害虫密切相关并被用来控制藜麦虫害，本章将简要论述。

表 5.2 安第斯地区与藜麦相关的有益昆虫（拟寄生物和捕食昆虫）

目	科	属	种	食性群	宿主/被捕食昆虫
膜翅目	茧蜂科	蚜茧蜂属 *Aphidius*	*Aphidius* sp.	拟寄生昆虫	*Eurysacca* sp.
		盘绒茧蜂属 *Cotesia*	*Cotesia* sp.	拟寄生昆虫	*Eurysacca* sp.
		方室茧蜂属 *Meteorus*	*Meteorus chilensis*	拟寄生昆虫	*C. turbata*，*Eurysacca* sp
		绒茧蜂属 *Apanteles*	*Apanteles* sp.	—	*E. melanocampta*
		全脉茧蜂属 *Earinus*	*Earinus* sp.	—	*E. melanocampta*
		侧沟茧蜂属 *Microplitis*	*Microplitis* sp.	拟寄生昆虫	*Eurysacca melanocampta*
	姬蜂科	*Deleboea*	*Deleboea* sp.	拟寄生昆虫	*Eurysacca melanocampta*
		弯尾姬蜂属 *Diadegma*	*Diadegma* sp.	拟寄生昆虫	*E. melanocampta*
		黑星菌属 *Venturia*	*Venturia* sp.	拟寄生昆虫	*Eurysacca melanocampta*
	跳小蜂科	多胚跳小蜂属 *Copidosoma*	*Copidosoma gelechiae*	拟寄生昆虫	*E. melanocampta*
			Copidosoma koehleri	拟寄生昆虫	*Eurysacca* sp.
	胡蜂科	—	未知	捕食昆虫	*Eurysacca* sp.，*Copitarsia*
	泥蜂科	泥蜂属 *Ammophila*	*Ammophila sabuloa*	拟寄生昆虫	*C. turbata*
		掘土蜂属 *Sphex*	*Sphex* sp.	拟寄生昆虫	*C. turbata*
	赤眼蜂科	—	未知	拟寄生昆虫	*C. turbata*，*S. frugiperda*
双翅目	寄蝇科	*Dolichostoma*	*Dolichostoma* sp.	拟寄生昆虫	*Eurysacca melanocampta*
		Phytomiptera	*Phytomiptera* sp.	拟寄生昆虫	*E. quinoae*，*E. melanocampta*
鞘翅目	瓢甲科	*Eriopis*	*Eriopis connexa*	捕食昆虫	*Eurysacca* sp.，*aphids aphids*
			Eriopis peruviana	捕食昆虫	*Eurysacca* sp.，*aphids*
			Eriopis sp.	捕食昆虫	*Eurysacca* sp.，*aphids*
		长足瓢虫属 *Hippodamia*	*Hippodamia convergens*	捕食昆虫	*Eurysacca* sp.，*aphids*
	步甲科	*Notobia*	*Notobia*（*Anisotarsus*）*schnusei*	捕食昆虫	*Eurysacca* sp.
			Notobia（*Anisotarsus*）*laevis bolivianus*	捕食昆虫	*Eurysacca* sp.
		Meotachys	*Meotachys* sp.	捕食昆虫	*Eurysacca* sp.
脉翅目	草蛉科	通草蛉属 *Chrysoperla*	*Chrysoperla argentina*	捕食昆虫	*Eurysacca* sp.，*C. turbata*，*aphids*

续表

目	科	属	种	食性群	宿主/被捕食昆虫
脉翅目	草蛉科	通草蛉属 *Chrysoperla*	*Chrysoperla externa*	捕食昆虫	*Eurysacca* sp.，*C. turbata*，*aphids*
			Chrysoperla sp.	捕食昆虫	*Eurysacca* sp.
半翅目	姬蝽科	姬蝽属 *Nabis*	*Nabis* sp.	捕食昆虫	*C. turbata*
	盲蝽科	*Rhinacloa*	*Rhinacloa* sp.	捕食昆虫	*C. turbata*
	长蝽科	大眼长蝽属 *Geocoris*	*Geocoris* sp.	捕食昆虫	*C. turbata*
	缘蝽科	*Ledptoglossus*	*Ledptoglossus* sp.	捕食昆虫	*C. turbata*

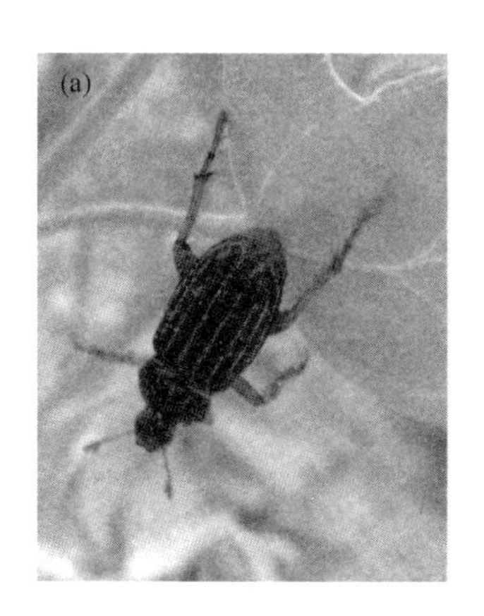

图 5.3　藜麦的鞘翅目昆虫，(a) 步甲科；(b) *Ancistrosoma vittigerum*；(c) *Astylus atromaculatus*

1. 拟寄生昆虫

拟寄生昆虫主要包括两个目，膜翅目（黄蜂）和双翅目（苍蝇）。从种群的数量来看，膜翅目类昆虫是最主要食虫性昆虫，并被广泛用于作物害虫的生物防治。这类昆虫具有一个有趣而特别的生物适用性，它们可以通过利用拟寄生昆虫的虫体而再生。对于藜麦，膜翅目类主要的拟寄生昆虫和双翅目类的一些拟寄生昆虫（Valoy et al.，2011）（表 5.2）及这些拟寄生昆虫的虫卵、幼虫和蛹（图 5.2）已有报道。

2. 捕食昆虫

捕食昆虫是昆虫中最多样化分类的类群，为捕获食物表现出多种多样的适应性和行为。从生态学角度看，最重要的捕食昆虫种主要属于脉翅目、鞘翅目、双翅目、半翅目、膜翅目、蜻蜓目和螳螂目（图 5.2）。

鞘翅目中的瓢甲科昆虫和步甲科昆虫是藜麦害虫的天敌之一（表 5.2），这两个科被认为是对控制农业害虫有重要作用的主要昆虫组成，它们的幼虫和成虫都能够积极地捕食食草性昆虫，通常捕食量相当大，并且繁殖能力很强。在阿根廷地区的藜麦种植田中，发现有草蛉（脉翅目草蛉科）、*Eriopis* sp.和 *Eriopis connexa*（Germar）（鞘翅目瓢甲科），且都是在藜麦开花初期被发现的（Valoy et al.，2011）。

这些捕食昆虫可能捕食鳞翅目昆虫的卵或者幼虫，如 *Eurysacca* sp.，其幼虫主要出现在藜麦开花初期捕食昆虫 *Hippodamia convergens*（Guérin-Méneville）（鞘翅目瓢甲科）的出现时期，与在藜麦籽粒灌浆和蜡熟期出现的大量蚜虫群袭时间一致（Valoy et al.，2011）（图 5.2）。

在秘鲁的安第斯山脉地区，捕食昆虫的种群数量随着植物生长周期变化而波动。这一现象存在于瓢甲科昆虫（*H. convergens* 和 *E. connexa*），它们的种群峰值出现在作物生长中期，而其他捕食昆虫如食蚜蝇科类昆虫的种群峰值则出现在作物生长末期（Yábar et al.，2002）。在秘鲁高原地区，*Notobia*（*Anisotarsus*）*schnusei* Van Emden、*Notobia*（*Anisotarsus*）*laevis bolivianus* Van Emden 和 *Meotachys* sp. 等步甲科类捕食昆虫，是在接近收获期捕食 *E. melanocampta* 幼虫，在这个时期步甲科类捕食昆虫的种群数量也增加（Loza and Bravo，2001）。

随着半翅目类食草昆虫的流行，半翅目的捕食昆虫也同样被发现和报道。同样大量的捕食昆虫种类组成对藜麦有益，长蝽科（*Geocoris* sp.）、盲蝽科（*Rhinacloa* sp.）和姬蝽科（*Nabis* sp.）在藜麦中已有报道（Rasmussen，2003；Valoy et al.，2011）（图 5.2）。通常被称为“猎蝽”的成虫也是捕食昆虫，其数量与若虫期差不多，它们有一个嘴通常弯曲或者折叠于腹部，并用来捕食食物，猎蝽非常活跃和贪吃，而且它们的保护色可以免于被捕食。

3. 昆虫病原微生物

在天然害虫防治中，昆虫病原微生物可以起到非常重要的作用，特别是在流行虫害发生时。但是，关于病原体引起与藜麦相关昆虫病害的研究报道较少。虽然常见昆虫的病害是由细菌、真菌、病毒、原生动物和线虫引起的，但与大量的捕食昆虫相比，只有相当少的病原体物种被鉴定。不过有些昆虫病原微生物的信息我们已经掌握，如苏云金杆菌 Morrisoni、真菌球孢白僵菌（Bals.-Criv.）Vuill. 和金龟子绿僵菌，可以使不同种类的昆虫致病。

昆虫病原微生物已经通过微生物杀虫剂或生物性杀虫剂大量用于实际生产。在藜麦方面，含有颗粒性病毒的生物性杀虫剂已经被用于防治 *E. melanocampta*，防治效果达到 50%水平（Calderón et al.，1996；Zanabria and Banegas，1997）。另有一些病毒已经从 *E. melanocampta* 幼虫中分离出来，并在测试其作为生物性杀虫剂的防治效果，初筛结果显示存在核多角体病毒（NPV）（Rasmussen 的未发表数据）。利用昆虫病原微生物进行生物防治有一个缺点，是它们不能像捕食昆虫那样自行寻找宿主。

总体而言，新热带区藜麦作物的昆虫生物多样性研究，已经转向昆虫物种鉴定评价研究，其天敌也在被研究和记录。天敌昆虫主要属于 5 个目 11 个科 19 个属 24 个种，这些昆虫已被广泛研究和报道，这对于藜麦害虫生物防治具有积极意义和广阔前景。

5.2.3　藜麦对食草昆虫的化学响应

本小节将主要介绍植物与昆虫间的化学交互作用，并讨论藜麦抵制食草昆虫攻击产生的化学势。在食草昆虫的潜在影响下，许多藜麦属物种产生了次生代谢产物（SMs），如黄酮类、苷类、黄酮醇类、酚酰胺、香豆素、生物碱、木质素、植物固醇（蜕化类固醇）、酚类物质和皂苷等（Verma and Agarwal，1985；Jam et al.，1990；Dinan，1992；Gee et al.，1993；Horio et al.，1993；Cuadrado et al.，1995；Berdegue and Trumble，1996；Gallardo et al.，2000；Hernández et al.，2000；Woldemichael and Wink，2001；Zhu et al.，2001a，2001b；Hilal et al.，2004；DellaGreca et al.，2005；Cutillo et al.，2006；Pasko et al.，2008；Kokanova-Nedialkova et al.，2009；Kumpun et al.，2011）。

许多研究都在致力于藜麦初级和次生代谢产物的特性研究，以解释它们的营养和药物特性，包括生产过程中藜麦在逆境时产生的化学响应（González et al.，1989；Ruales and Nair，1993；Cuadrado et al.，1995；Dinan et al.，1998；Woldemichael and Wink，2001；Hilal et al.，2004；Costa et al.，2007；Pasko et al.，2008；Kokanova-Nedialkova et al.，2009；Jancurová et al.，2009；Kuljanabhagavad and Wink，2009；Rosa et al.，2009；Dowd et al.，2011；Kumpun et al.，2011；Campos et al.，2012）。一些与藜麦生产相关的昆虫信息也被研究报道，特别是关于植物与昆虫互作（Yábar et al.，2002；Rasmussen et al.，2003；Valoy et al.，2011；Campos et al.，2012）及化学互作（Costa et al.，2009a）方面的信息。

藜麦栽培品种产生的次生代谢产物，具有消除食草昆虫损坏的潜力，如酚酸（没食子酸、水杨酸、香草酸酯糖苷酸、阿魏酸、肉桂酸和植酸）、单宁、类黄酮（异黄酮、糖化山柰酚、芦丁和槲皮素）、羟基蜕皮激素和皂苷（de Simone et al.，1990；Bi et al.，1997；Lattanzio et al.，2000；Zhu et al.，2001a，2001b；Sáchez-Hernández et al.，2004；Dini et al.，2004；Cutillo et al.，2006；Pasko et al.，2008；Kokanova-Nedialkova et al.，2009；Kumpun et al.，2011）。

一般而言，植物具有抵制或者忍受压力的生物力学和生物化学策略。生物力学策略主要是器官组织的构建，如存在着腺毛和高密度的非腺毛，而生物化学策略主要是在植物生长发育过程中，或者在受到外界刺激时合成代谢产物。这些生物学策略提供了具有阻力、弹性、硬度、保护、吸引色及能散布出水果和花香气味的器官组织，一些信号物质同时也作为接触或者暴露于过量重金属、盐、紫外线和温湿度变化等逆境下的警告响应因子（Bi and Felton，1995；Ramakrishna and Ravishankar，2011；Podazza et al.，2012；Gómez-Caravaca et al.，2012；Whitney and Feder，2013）。这些生物学策略使得藜麦能够忍受食草昆虫压力，要么是器官组织表面具有阻碍食草昆虫黏附的特殊结构，要么是器官组织具有一些让食草昆虫厌食的生物化学物质。挥发性化合物，通常被称为食草昆虫诱发的植物挥发物（HIPV），可能同样是生物化学策略的一部分（Howe and Jander，2008；Ponzio et al.，2013）。

挥发性物质对食草昆虫不利，但能够吸引寄生蜂，并可作为化学信号“警告”相邻植物上的食草昆虫（Paré and Tumlinson，1999；Li et al.，2012；Ponzio et al.，2013）。植物避免或者修复食草昆虫破坏的能力，将主要取决于食草昆虫攻击的强度和频率、生物气候、植物自身的健康状态、从相邻植物收到的化学信号，以及非生物因子如光周期的季节性变化、营养物质和水的生物利用度等（Banerji，1980；Bi and Felton，1995；Lichtenthaler，1996；Rastrelli et al.，1998；Sánchez-Hernández et al.，2004；Costa et al.，2009a，2009b；Wink，2006；Wise and Abrahamson，2007；Anttila et al.，2010）。

植物对生物胁迫响应的能力需要对代谢资源和营养物质进行重新分配，这就意味着以消耗能量和影响发育为代价（Nabity et al.，2006；Pasko et al.，2008；Wink，2009；Wink and Schimmer，2009；Gómez-Caravaca et al.，2012）。在一个以农业为基础的经济体中，栽培作物从能量积累偏向于抵抗食草昆虫将会引起经济损失。在这种情况下，设计害虫防治管理体系显得非常重要，既兼顾了在不影响产量的条件下通过植物自身防御害虫侵害，同时又能够使农民减少有害农药的使用（Griffiths，1999；Wink，2006）。

害虫也已经形成了不同的生理学和摄食行为策略以应对植物产生的防卫机制，它们可以在平衡植物组织中化学防御物质、营养物质和抗氧化物质的基础上，选择性地取食植物组织，这种平衡可以提高或者减少植物组织应对食草昆虫产生的毒性（Berdegue and Trumble，1996；Bi et al.，1997；Varanda and Pais，2006）。

根据行为策略分类，昆虫可分为多食性（可以取食不同科的植物）和单食性（仅取食来自同一科的一种或少数几种植物）（Fürstenberg-Hägg et al.，2013）。单食性昆虫的生物学策略，是它们可以察觉植物防护剂或引诱剂，从而选择植物和植物组织来取食和产卵，并能代谢消化植物毒素。为了能检测到挥发性化合物，单食性昆虫在位于口器和触角的位置具有特殊的适应组织，能够起到化学感受器的作用。例如，为了避免有毒化合物，单食性昆虫唾液分泌物中具有特殊诱导子。

其他一些昆虫能够利用摄取食物中的次生代谢产物来生存和繁殖，甚至还有消化这些次生代谢产物的酶，如多酚氧化酶、过氧化物酶和氧化还原酶等，能够减少一些代谢产物的毒性（Simmonds，2003；Lattanzio et al.，2006）（图 5.4）。*Eurisacca* 的食草昆虫属于单食性昆虫，但是，它们的生理学特性需要更进一步深入研究，以便在分子水平上阻止它们对植物的侵害。

5.2.4　藜麦次生代谢产物

1. 萜类化合物

皂苷属于萜类化合物，通常被认为是阻止食草昆虫侵害的最基本的化学防御物质，这些化合物的结构由一个亲脂的核心（甾体或三萜）和一个亲水的部分（糖基化形式）组成，使它们具有破坏细胞膜的特性，从而影响害虫肠黏膜并破坏细胞膜功能（Gee et al.，1993；Wink，2006；Kuljanabhagavad and Wink，2009；Dowd et al.，2011）。皂苷存在于不同藜麦品种的茎秆、叶片、花和籽粒中，不同藜麦品种的皂苷化合物的含量变化较大。例如，具有黄色籽粒的藜麦品种马兰戈尼，由于含有丰富的常春皂苷和熊果酸，其皂苷含量高于白色籽粒的藜麦品种。研究发现由美商陆酸、脱氧美商陆酸和 serjanic acid 的含量不同引起的皂苷含量差异可能也受缺水的影响（Cuadrado et al.，1995；Woldemichael and Wink，2001；Yábar et al.，2002；Kokanova-Nedialkova et al.，2009；Gómez-Caravaca et al.，2012）。然而，尽管不同藜麦品种的皂苷含量存在差异，与皂苷的存在相比，藜麦害虫的数量最可能受到其天敌的控制和影响（Yábar et al.，2002）。

蜕皮激素，又称为植物性蜕皮甾类，是在藜麦籽粒中发现的另外一种甾体形式的次生代谢产物。20-羟基蜕皮激素、罗汉松甾酮和 kancollosterone（Dinan，1992）是藜麦中 3 种最主要的蜕皮激素，含量为 450～1300 μg/g DW 蜕皮激素当量（Dinan，1992；Dinan et al.，1998）。蜕皮激素的重要性在于它们与害虫甾体化合物的结构相似性，这种激素可以调节与害虫繁殖、胚胎成熟、发育和蜕变相关的生物化学和生理学过程（Dinan，2001；Thummel and Chory，2002）。

植物性蜕皮甾类存在于植物界的许多家族中，并起着非专一性防御食草昆虫和土壤线虫的作用，这类化合物影响线虫的蜕皮，甚至有致死作用。植物性蜕皮甾类在藜麦中的存在，引导着藜麦育种目标之一为增加新品系（种）中这类化合物含量。除了具有控制害虫暴发的作用，这些化合物对人体还具有营养保健作用，可以在人类饮食中提供热量，而且在副产品加工过程中具有很强的化学稳定性（Kumpun et al.，2011）。

在藜麦中发现的萜类化合物有柠檬烯、α-萜品油烯、β-水芹烯、α-萜品烯、芳香类单萜化合物（如聚伞花素、香芹醇、香芹酮、松香芹酮）、胡椒酮和芳香类倍半萜（如 β-榄香烯、β-石竹烯）等。其中集中在植物组织中的柠檬烯、α-萜品油烯和 β-水芹烯具有阻止食草昆虫损坏的作用（Lerdau et al.，1994；Loughrin et al.，1994）。此外，芳香类倍半萜如 β-榄香烯和 β-石竹烯可能与植物缓慢响应（食草昆虫引起的植物挥发性物质，HIPV）有关。

众所周知，许多挥发性物质来源于膜脂（快速响应期间），也可能是萜类物质（缓慢响应期间）。在快速响应情况下，来源于细胞膜脂肪酸的挥发性物质，作为合成蛋白酶抑制剂信号的前体物质，能够干扰食草昆虫消化植物组织。例如，当组织释放一种被称为系统素的多肽激素，触发植物对食草昆虫损害的响应，接着系统素能够耦合到质膜受体上。然后一种脂肪酶能够释放亚油酸分子到细胞中，亚油酸是茉莉酸合成的前体，茉莉酸是一种激活蛋白酶抑制剂基因的信号分子。这一系列事件，使得植物组织对于害虫来说变得难以取食（Sanchez-Hernández et al.，2004）（图 5.4）。在缓慢响应情况下，挥发性萜类物质，通常是单萜类物质被释放。这些挥发性物质可以吸引捕食者（食虫昆虫）和拟寄生生物或者作为警告信号使得周围植物激活防御机制（Paré and Tumlinson，1999；Howe and Jander，2008；Li et al.，2012）。

另外一方面，许多昆虫，包括鳞翅目、双翅目和直翅目，其唾液分泌物中含有与取食和产卵相关的混合化合物，同样具有引起植物响应的诱导子和效应器的功能。其中一些化合物已经被鉴定和发现，如 β-葡萄糖苷酶、violicitin、incepticin 和 caelipherin，都对食草昆虫相关的分子模式（HAMP）的形成有利。

此外，应该注意的是微生物参与了这种相互作用，微生物同时存在于植物和害虫的表面，以及害虫的唾液分泌物中，同样也诱导了一个组成微生物相关的分子模式的信号序列（MAMP）。这些来自植物、害虫和微生物的化合物，能够抑制植物合成毒性化合物，使食草动物能够取食，同时诱导释放一些拟寄生生物的引诱剂或产卵刺激剂的挥发性物质，并作为相邻植物的警告信号。这些反应同时也与 P450（植物和专一性害虫中的通用型酶系统）有联系，涉及植物的信号分子生物合成和害虫的解毒代谢系统（Schuler，1996）（图 5.4）。

2. 酚类化合物

藜麦中的一些酚类化合物，通常作为一种提高抵抗逆境胁迫的信号分子，如紫外线辐射、食草昆虫和病原菌等逆境，另有一些酚类化合物具有防御植物组织氧化的应激作用。有一些色素类物质，如类黄酮和花青素，不仅能够预防紫外线破坏，还因其具有鲜亮的颜色可作为视觉信号吸引传粉昆虫（Bi and Felton，1995；Simmonds，2003；Lattanzio et al.，2006；Wink and Schimmer，2009；Prado et al.，2012）。

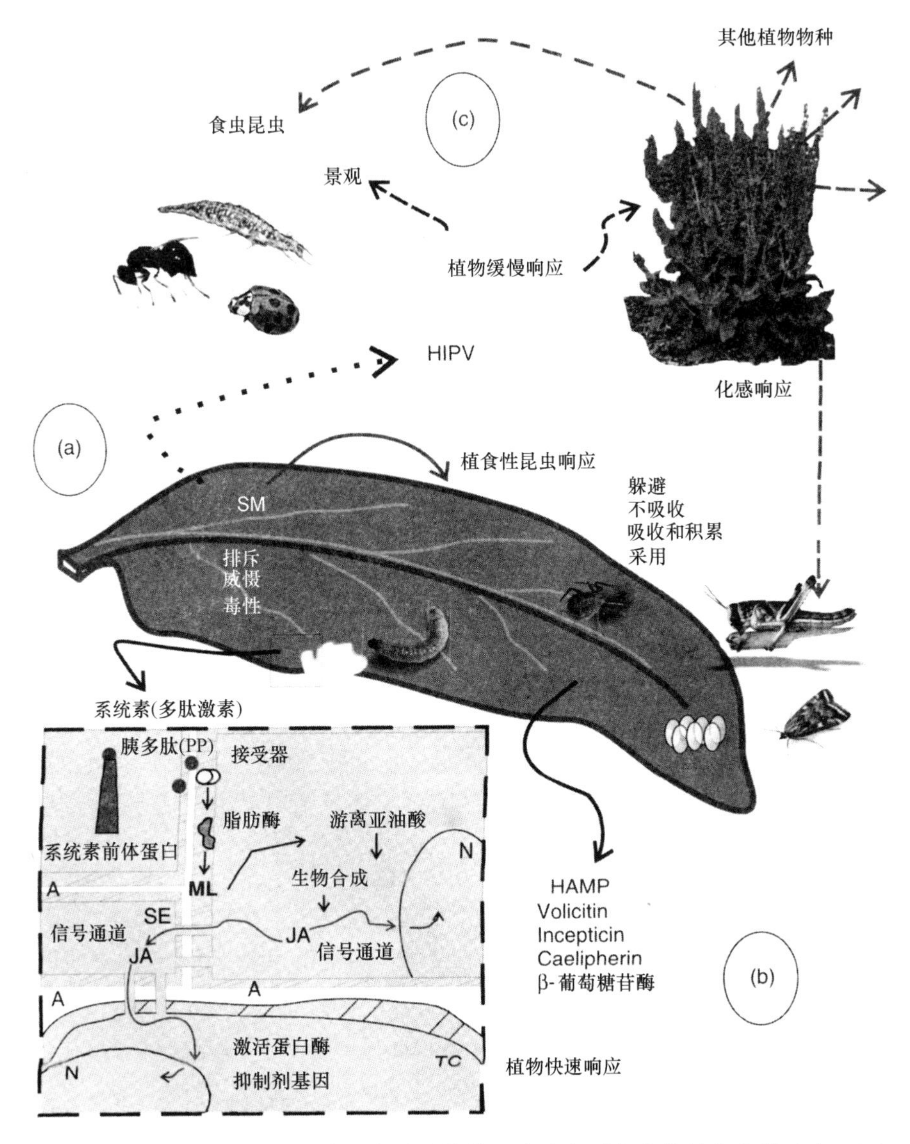

图 5.4　植物与昆虫生物化学互作，当受到食草昆虫攻击后产生的植物化学响应，(a) 可诱导的或基本的次生代谢的功能，次生代谢产物如酚类化合物、萜类化合物和生物碱等；(b) 植物受到破坏后产生的快速响应，茉莉酸信号和食草昆虫相关的分子模式（HAMP）；(c) 植物缓慢响应，食草昆虫引起的植物挥发性物质（HIPV），单萜化合物作为信号传递给其他植物和食虫昆虫

酚类化合物在细胞的液泡中积累，与植物的叶片、茎的表皮和亚表皮细胞及其他器官表面的蜡状物和角质相关。酚类化合物甚至能够与 DNA 分子组成复合物，提供氧化应激保护（Simmonds，2003；Lattanzio et al.，2006）。在植物和昆

虫的相互作用中，酚类化合物含量与苯丙氨酸解氨酶（PAL）活性直接相关，PAL是合成酚类化合物的一种关键酶。因此，PAL的活性可以作为昆虫食草性的一个响应指标，植物组织中酚类化合物的存在情况或许也可以作为判断或评估昆虫的食草行为的指标。

尽管藜麦酚类化合物的抗昆虫食草性还未见研究报道，但这些化合物在苋属植物（藜科植物中的另外一个属）中的抗昆虫食草性已有研究报道（Niveyro et al.，2013）。另外，藜麦中含有抗食草行为的化合物，如芦丁、荭草素、牡荆素、桑色素、橙皮苷、新橙皮苷、肉桂酸、咖啡酸、香草酸、没食子酸（单宁合成）、山柰酚和槲皮素苷等（Dini et al.，2004；Pasko et al.，2008）。例如，芦丁可作为诱食剂，而山柰酚具有遗传毒性，可以作为取食抑制物从而影响蚜虫的出现。香草酸葡萄糖酯对孵化蚜虫具有较强刺激，而单宁类物质由于口感苦涩或者因与蛋白质结合形成复合体使消化酶失活，从而降低植物的适口性或者抑制消化等（Bi et al.，1997；Lattanzio et al.，2000，2006；Simmonds，2003；Pasko et al.，2008；Wink and Schimmer，2009；Steffensen et al.，2011）。藜麦中的酸性化合物能够螯合许多铁离子，从而妨碍铁离子被昆虫吸收（De Simone et al.，1990；Bi and Felton，1995；Bi et al.，1997；Zhu et al.，2001b；Dini et al.，2004；Pasko et al.，2008；Wink and Schimmer，2009；Steffensen et al.，2011；Niveyro et al.，2013）。

总体而言，作为对昆虫食草行为的响应，藜麦能够产生各种化合物，这也出现了一些令人兴奋的研究领域，特别是评估这些化合物用于生物防治的潜力。

5.3 藜麦生物防治的潜力

目前，大多数关于安第斯藜麦作物害虫生物防治的信息来自对食虫昆虫（拟寄生昆虫和捕食昆虫）的研究，但栽培技术和宿主植物抗性同样也是控制藜麦病害策略的重要影响因素。令人鼓舞的是，藜麦种植田中高达45%的拟寄生昆虫和捕食昆虫，对关键藜麦害虫具有生物防治的作用，如藜麦蛾（*Eurysacca* sp.）和泰科纳复合体（*Heliothis*、*Copitarsia* 和 *Spodoptera* sp.）（Rasmussen et al.，2003）。

在不同区域的安第斯作物中，关键和潜在害虫种群的波动遵循着相似的时间模式，且与作物的发育期相关。然而，如藜麦蛾和泰科纳复合体等关键藜麦害虫的相对密度，在安第斯不同区域的表现不同。在阿尔蒂普拉诺高原北部地区，害虫密度较低，每株植物有1～6个幼虫；在阿尔蒂普拉诺高原中部地区，每株植物有7～15个幼虫；而在阿尔蒂普拉诺高原南部地区，每株植物有9～45个幼虫（Saravia and Quispe，2005），意味着这些害虫可能是南部地区影响藜麦产量的限制因素。

Mamani（1998）测定了藜麦整个栽培季田间环境下在 *E. melanocampta* 上寄

生的比例，寄生比例从蜡熟初期的 25%升高至蜡熟期的 45%，最终完熟期升至 80%。寄生在这种鳞翅目类害虫上的生物主要是 *Copidosoma gelechiae* Howard（跳小蜂科）和 *Diadegma* sp.（姬蜂科）（Rasmussen et al.，2003）。

除了拟寄生昆虫外，天然生物防治还依赖于复杂的捕食昆虫，它们能够调节藜麦田间食草昆虫的种群数量。在捕食昆虫中，瓢甲科（鞘翅目）和草蛉科（脉翅目）的昆虫在农业生态系统中起着重要的害虫防治作用，其中草蛉科昆虫是生物防治中最重要的捕食昆虫，能够大量繁殖并在田间释放（Tauber et al.，2000）。这些捕食昆虫的幼虫非常活跃，能够快速移动，并具有非常强的寻找猎物能力。它们是多食性捕食昆虫，能够大量捕食经济损害严重的害虫，还能够捕食处于不同生长发育期的害虫，如卵、幼虫和成虫。

对藜麦田间不同捕食昆虫种进行正确的生物学分类和鉴定非常重要，特别是草蛉科类昆虫（Reguilón et al.，2006，2009），目前在新热带地区的研究仅涉及属的水平。正确的物种分类是研究天敌生物学及其捕食能力的第一步，也有利于开发饲养方法和设计藜麦生物防治系统。

对在阿根廷图库曼省连续种植的藜麦，进行了两个生长季（从 2008 年 11 月到 2010 年 3 月）的跟踪研究，调查了两种与藜麦相关的通草蛉属昆虫的种群动态（Reguilón，私下交流）。在藜麦生长期内收集了 *Chrysoperla externa* Hagen 和 *Chrysoperla argentina* González Olazo-Reguilón（González Olazo and Reguilón，2002）（图 5.5），首次在藜麦中研究报道了 *C. argentina*。

如图 5.5 所示，在所有作物调查数据中，*C. argentina* 都明显存在。这种捕食昆虫的种群密度最高值出现在 11 月和 3 月，与鳞翅目的 *Eurysacca* 属及螟蛾科食草类昆虫的出现和发生一致。草蛉科昆虫如 *Eriopis* sp.和 *E. connexa*（鞘翅目瓢甲科）也同样被发现存在于开花初期和开花期，但是种群密度较低（Valoy et al.，2011）。研究数据表明，这些藜麦生长期出现的捕食昆虫在积极捕食上述鳞翅目昆虫的卵和幼虫。蚜虫存在于藜麦的乳熟期和蜡熟期，与捕食昆虫 *H. convergens* 出现和存在的时间一致（Valoy et al.，2011）。

5.4　藜麦生态管理的潜力

利用生物防治（拟寄生昆虫、捕食昆虫和病原微生物）进行综合害虫防治，以调控那些引起作物经济损失的害虫种群数量，同时减少农药使用的必要因素（Kogan and Shenk，2002；Romero，2004；Hruska，2008），但这种做法通常不包括复杂的农业生态系统管理。

不管在何种情况下，考虑所有的关键方面，应该将生态学原理应用到昆虫与植物的相互作用中，包括利用生物防治。在农业生态系统下，了解不同物种间

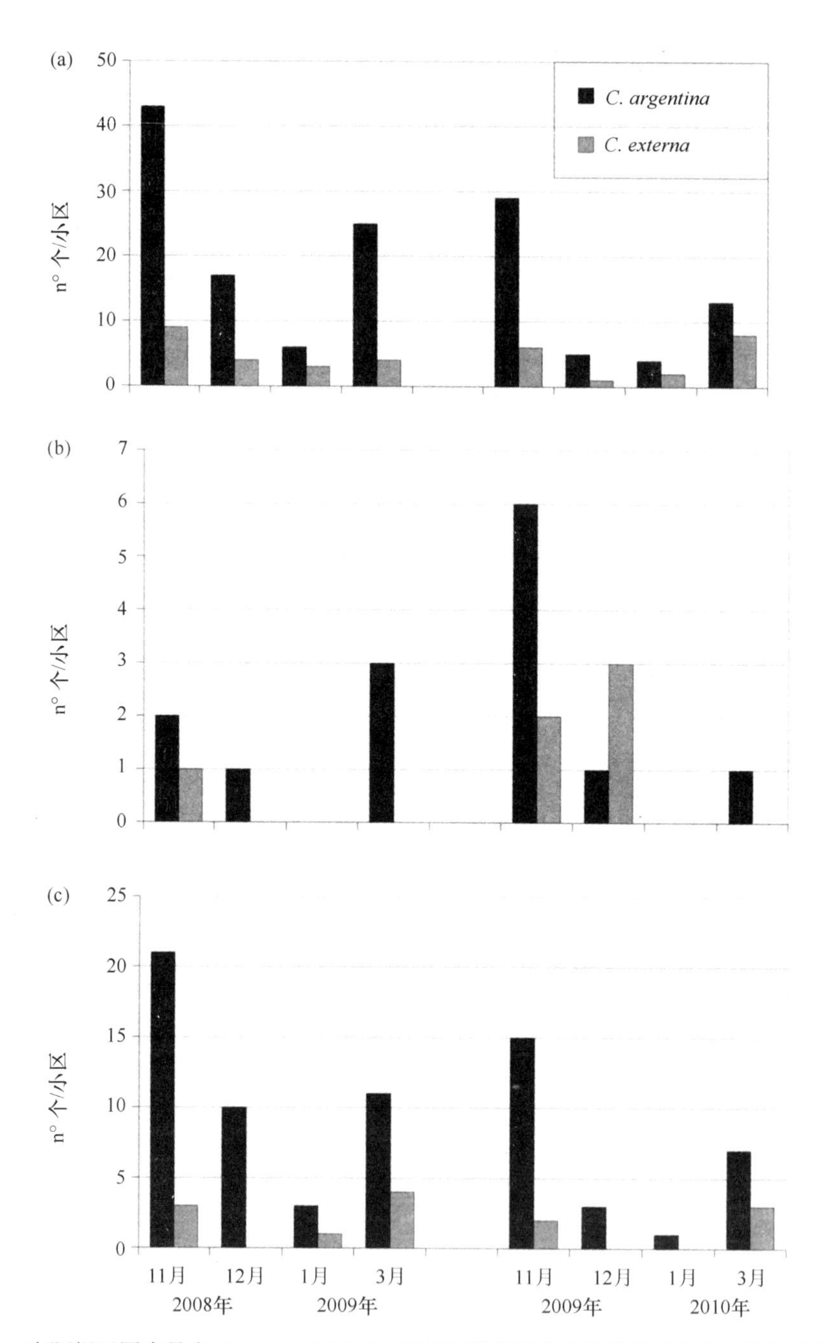

图 5.5　在阿根廷图库曼省 Amaicha del Valle 地区与藜麦相关的通草蛉属昆虫，藜麦两个生长季中 *Chrysoperla externa* Hagen（灰色）和 *Chrysoperla argentina* González Olazo-Reguilón（黑色）的种群动态

（a）卵；（b）幼虫；（c）成虫

相互作用的动态变化是如何影响食草昆虫暴发、如何影响植物抗虫性的表现是非常重要的。在这个背景下，植物在自然群体下具有的表型和基因型多样性的优点，将转变成单株植物抵御虫害表达的变化（Whitham et al.，1984；Nyman，2010）。这种异质性可以降低食草昆虫形成反防御的可能性，从而使植物随着时间的延长一直保持它们的防御机制（Letourneau，1997）。

生态学原理，从它起源于自然系统到应用于农业生态系统需考虑和涉及许多观念。其中一个观念，或许是最广泛的一个观念，是主张保护生物多样性作为维持农业可持续发展的基础（Altieri et al.，1983；Altieri，2009；Butler et al.，2007；Attwood et al.，2008），这种观念认为生物多样性能够保护有益的生物交互作用和生态系统服务（Shennan，2008；Letourneau et al.，2009；Kremen and Miles，2012）。另外，农业生态系统管理与系统群落法则一致，应注重有害生物，同时也要了解和研究非害虫昆虫的时间动态，因为非害虫昆虫也是农业生态系统的一部分（Griffiths，1999；Wink，2006）。

间作或混作的栽培技术被认为是一种保护生物多样性的手段（Vandermeer，1989；Altieri and Nicholls，2004；Perfecto et al.，2009；Lithourgidis et al.，2011），间作就是在同一土地上种植不同栽培品种或不同类型作物。一同种植的作物可能有经济价值也可能没有经济价值（Parker et al.，2013），但是具有抵制害虫或者庇护有益昆虫的作用，这已经在不同场合和不同类型作物中得到了验证和测试，尽管结果有所不同。Poveda 等（2008）综述了包括约一半的研究案例，发现在过去的几十年间农业多样化的植物测试结果有助于降低食草昆虫的种群密度。

在拉丁美洲地区，相当一部分热带作物的种植，采用间作或混作栽培技术。然而，这种栽培形式在安第斯作物的种植中并不普遍（Altieri，1999；Altieri and Toledo，2001），只有少数案例被研究和测试，如玉米和马铃薯混作（Raymundo and Alcazar，1983；Thiery and Visser，1986；Lal，1991；Rhoades and Bebbington，1990；Silwana and Lucas，2002；Gianoli et al.，2006；Seran and Brintha，2010），另外还有一些生物防治的研究案例（Weber，2012；Kroschel et al.，2012）。在这种混作体系中，农业集约化对农业害虫状态（地位）变化的影响也被研究报道（Risch，1980；Trenbath，1993；Smith and McSorley，2000；Mojena et al.，2012）。

传统上来讲，藜麦是单一作物种植，或者是与玉米、豆类、马铃薯等作物混合种植，后来延伸到植物多样性区域，这些区域包括桉树、萝卜和禾本科、菊科、唇形科植物等。藜麦作物和其他相关作物的布局是非常重要的，正如在秘鲁的库斯科地区，藜麦蛾（*E. melanocampta*）拟寄生昆虫的数量随着农业生态系统中周围作物种类的增多而增加（Costa et al.，2009a，2009b），这一研究结果需要进一步深入研究以便应用至害虫管理策略中。

目前，许多藜麦生产国正在改变栽培技术和方式，转向部分单作或者完全轮作和休耕（Nieto-Cabrera et al.，1997；Fonte et al.，2012；Soto et al.，2012），在同一土地每年轮作播种不同作物的技术和方式也在逐渐地被淘汰（Clades，1992）。在玻利维亚和秘鲁地区，藜麦集约化生产已经取代了传统藜麦栽培管理方式，但导致了一些问题的出现，如土壤沙化和土壤肥力下降，以及原生植被减少，如用于饲喂美洲驼的“thola”（*Pharastrepia* sp.）减少。thola 可能是农业生态系统中非常重要的一种植物，它能为有益昆虫提供庇护，同时这种植物还具有抗食草行为的特性。*Pharastrepia* sp.与本土植物 *Minthostachys* sp.可共同用于制造天然杀虫剂，并应用到有机藜麦生产中（Gallegos et al.，1982；Jaldin，2010）。

与这些管理策略互补的藜麦自身的一些特性也应研究了解，如藜麦自身的抗虫特性及其机制解析，以及这些特性在不同栽培品种中的变化等。其中一个作用于食草昆虫群体的机制是能够散发出挥发性化合物（萜类化合物和绿色叶片中脂类衍生的挥发物），这些化合物能够抵制食草昆虫和吸引食虫昆虫（捕食昆虫和拟寄生昆虫），或者是作为给周围植物的警示信号。对于藜麦的单萜和倍半萜化合物（Whitman et al.，1990），有待进一步研究评估这些化合物是否参与了交换化学信号，或者是作为防御物质以避免食草昆虫的取食或产卵引起损害。有研究报道表明，这些化合物降低了雌雄藜麦蛾之间的联系能力（Costa et al.，2009a，2009b）。此外，对于不同藜麦品种中酚类化合物组成和含量的研究，也将有助于评价哪些品种更具有抗虫潜力而受到更少破坏。

鉴于当前全世界对藜麦的需求，急需实施生态作物管理方式，生物防治是必需的组成之一。生态管理方式需要考虑恢复传统栽培方式，如施用有机肥以缓解土壤退化，因为土壤养分的质量会影响到藜麦抵抗食草昆虫攻击的能力（Altieri et al.，2012；Ghorbani et al.，2008）。

总之，为了保护藜麦种植区域的植物和动物多样性，以及藜麦与其他安第斯地区作物之间的生物相互作用，开展相关研究推动藜麦可持续生产是至关重要的。我们确信，致力于生态可持续发展的藜麦生产，将会保护这种安第斯馈赠的作物传承世世代代。

参考文献

Alata J. Lista de insectos y otros animales dañinos a la agricultura en Perú. Lima, Perú: Ministerio De Agricultura; 1973. p 177p.

Altieri MA. Agroecology, small farms, and food sovereignty. Mon Weather Rev 2009;61(3):102–113.

Altieri M, Ponti L, Nicholls CI. Soil fertility, biodiversity and pest management. In: Gur GM, Wratten SD, Snyder WE, editors. Biodiversity and insect pests: key issues for sustainable management. Willey-Blackwell: West Sussex, UK; 2012. p 72–84.

Altieri MA, Nicholls CI. Biodiversity and pest management in agroecosystems. 2nd ed. Boca Raton: CRC Press; 2004. p 236p.

Altieri MA, Letourneau DK. Vegetation management and biological control in agroecosystems. Crop Prot 1982;1:405–430.

Altieri MA, Toledo VM. The agroecological revolution in Latin America: rescuing nature, ensuring food sovereignty and empowering peasants. J Peasant Stud 2001;38(3):587–612.

Altieri MA. Applying agroecology to enhance the productivity of peasant farming systems in Latin America. Environ Dev Sustain 1999;1(3–4):197–217.

Altieri MA, Letourneau DK, Davis JR. Developing sustainable agroecosystems. Bioscience 1983;33:45–49.

Andow DA. Vegetational diversity and arthropod population response. Ann Rev Entom 1991;36:561–586.

Anttila U, Julkunen-Tiitto R, Rousi M, Yang S, Rantala MJ, Ruuhola T. Effects of elevated ultraviolet-B radiation on a plant–herbivore interaction. Oecologia 2010;164:163–175.

Aroni G. Manejo y producción actual de quinua en Bolivia. In: Jacobsen SE, Portillo Z, editors. Primer taller internacional sobre quinua - recursos genéticos y sistemas de producción. UNALM: Perú; 2000. p 10–14.

Attwood SJ, Maron M, House AP, Zammit C. Do arthropod assemblages display globally consistent responses to intensified agricultural land use and management? Global Ecol Biogeo 2008;17:585–599.

Banerji N. Two new saponins from the root of *Amaranthus spinosus*. J Indian Chem Soc 1980;57(4):417–419.

Barrientos Zamora R. 1985. Dinámica poblacional y ciclos biológicos de insectos en quinua (*Chenopodium quinoa*). Cochabamba (Bolivia): Universidad Mayor de San Simón, Cochabamba (Bolivia), Facultad de Ciencias Agrícolas y Pecuarias Martín Cárdenas. 113p.

Benton TG, Vickery JA, Wilson JD. Farmland biodiversity: is habitat heterogeneity the key? Trend Ecol Evol 2003;18:182–188.

Berdegue M, Trumble JT. Effects of plant chemical extracts and physical characteristics of *Apium graveolens* and *Chenopodium murale* on host choice by *Spodoptera exigua* larvae. Entom Exp Appl 1996;78:253–262.

Bi JL, Felton GW. Foliar oxidative stress and insect herbivory: primary compounds, secondary metabolites, and reactive oxygen species as components of induced resistance. J Chem Ecol 1995;21:1511–1530.

Bi JL, Felton GW, Murphy JB, Howles PA, Dixon RA, Lamb CJ. Do plant phenolics confer resistance to specialist and generalist insect herbivores? J Agric Food Chem 1997;45:4500–4504.

Bianchi F, Booij C, Tscharntke T. Sustainable pest regulation in agricultural landscapes: a review on landscape composition, biodiversity and natural pest control. Proc Royal Soc B 2006;273:1715–1727.

Blanco MC. Evaluación de daños de *Scrobipalpula* sp. y *Perisoma* sp. en el cultivo de quinua en la zona del Cusco. In: Resumen del III Congreso Internacional de Cultivos Andinos. Bolivia: La Paz; 1982. p 133–135.

Bravo R, Delgado P. Colección de insectos en papa, quinoa y pastos cultivados. Puno, Perú: PIWA: Convenio PELT/NADEIC/COTESU; 1992. p 44.

Butler SJ, Vickery JA, Norris K. Farmland biodiversity and the footprint of agriculture. Science 2007;315:381–384.

Cabrera Almendros A, Oliveira NC. 2011. Consumo foliar e sobrevivência de *Diabrotica speciosa* em diferentes linhagens de quinoa. Campo Digital. 6(1):1–6. Available from: http://www.revista.grupointegrado.br/revista/index.php/campodigital/article/view/795/368.

Calderón R, Becerra A, Marquez A. 1996. Expectativas del virus granulosis Phthorimaea operculella para el control de otros lepidopteros. IV Reunión Nacional de la Papa: Compendio de Exposiciones, 8–11 Oct. Cochabamba, Bolivia. pp. 107–108.

Campos E, Bravo R, Valdivia R, Soto J. Plagas insectiles en áreas de intensificación de quinua en Puno. CienciAgro 2012;2(3):379–390.

Chambilla C, Gonzales MA, Jarandilla C, Baltazar B. Estudio de la fluctuación poblacional del complejo ticonas de la quinua (*Chenopodium quinoa* Willd.) bajo condiciones actuales de cambio climático. In: Prácticas y estrategias en respuesta a riesgos climáticos y de mercado en agroecosistemas vulnerables de la Región Andina. La Paz, Bolivia: PROYECTO SANREM′-CRSP; 2009. p 14.

CIRNMA (Centro De Investigación De Recursos Naturales Y Medio Ambiente). 2009. Informe Anual Proyecto ALTAGRO: Programa Orgánico De Quinua. Puno, Perú.

[CLADES]. The Latin American Consortium on Agroecology and Development. Revista Agroecológica y Desarrollo N° 4. Sistemas Agrícolas alternativos. 1992. In Manejo Ecológico del suelo. 1997. CLADES-CIED. Lima-Perú.

Costa F, Cardenas Molina M, Yábar E. 2007. Insectos plaga y enemigos naturales asociados al cultivo de la quinoa (*Chenopodium quinoa* Willd.) en Cusco, Perú. Resumen II, Resumen del Congreso Internacional De La Quinoa, 23–26 oct. Iquique, Chile.

Costa JF, Cosio W, Cardenas Molina M, Yábar E, Gianoli E. Preference of quinoa moth *Eurysacca melanocampta* Meryck (Lepidoptera: Gelechiidae) for two varieties of quinoa (*Chenopodium quinoa* Willd) in olfactometry assays. Chilean J Agr Res 2009a;69:71–78.

Costa JF, Yábar E, Gianoli E. Parasitism on *Eurysacca melanocampta* Meyrick (Lepidoptera: Gelechiidae) in two localities at Cusco, Peru. Revista Facultad Nacional De Agron 2009b;62(1):4807–4813.

Cuadrado C, Ayet G, Burbano C, Muzquiz M. Occurrence of saponins and sapogenols in Andean crops. J Sci Food Agr 1995;67:169–172.

Cutillo F, DellaGrecal M, Gionti M, Previtera L, Zarrelli A. Phenols and lignans from *Chenopodium album*. Phytochem Analysis 2006;17(5):344–349.

Dangles O, Carpio FC, Villares M, Yumisaca F, Liger B, Rebaudo F, Silvain JF. Community-based participatory research helps farmers and scientists to manage invasive pests in the Ecuadorian Andes. Ambiom 2010;39:325–335.

Dangles O, Mesias V, Crespo-Perez V, Silvain JF. Crop damage increases with pest species diversity: evidence from potato tuber moths in the tropical Andes. J Appl Ecol 2009;46:1115–1121.

Debach P, Rosen D. Biological control by natural enemies. 2nd ed. New York: Cambridge University Press; 1991. p 386p.

De Simone F, Dim A, Pizza C, Satuminos P, Schettino O. Two flavonol glycosides from *Chenopodium quinoa*. Phytochem 1990;29:3690–3692.

DellaGreca M, D'Abrosca B, Fiorentino A, Previtera L, Zarrelli A. Structure elucidation and phytotoxicity of ecdysteroids from *Chenopodium album*. Chem Biodivers 2005;2(4):457–462.

Dinan L, Whiting P, Scott AJ. Taxonomic distribution of phytoecdysteroids in seeds of members of the Chenopodiaceae. Biochem Syst Ecol 1998;26:553–576.

Dinan L. The association of phytoecdysteroids with flowering in fat hen, *Chenopodium album*, and other members of the Chenopodiaceae. Experientia 1992;48:305–308.

Dinan L. Phytoecdysteroids: biological aspects. Phytochemistry 2001;57:325–339.

Dini I, Tenore GC, Dini A. Phenolic constituents of Kancolla seeds. Food Chem 2004;84:163–168.

Dowd PF, Berhow MA, Johnson ET. Differential activity of multiple saponins against omnivorous insects with varying feeding preferences. J Chem Ecol 2011;37:443–449.

FAO Food And Agricultural Organization. 1993. http://www.Rlc.Fao.Org/Es/Agricultura/Produ/Cdrom/Contenido/Libro14/Cap2.3.Htm.

Farwig N, Bailey D, Bochud E, Herrmann JD, Kindler E, Reusser N, Schüepp C, Schmidt-Entling MH. Isolation from forest reduces pollination, seed predation and insect scavenging in Swiss farmland. Landscape Ecol 2009;24:919–927.

Fonte SJ, Vanek SJ, Oyarzun P, Parsa S, Carolina Quintero D, Rao IM, Lavelle P. Four pathways to agroecological intensification of soil fertility management by smallholder farmers in the Andean highlands. In: Sparks DL, editor. Advances in agronomy. New York: ; 2012. p 116–125.

Fürstenberg-Hägg J, Zagrobelny M, Bak S. Plant defense against insect herbivores. Int J Mol Sci 2013;14:10242–10297.

Gallardo M, González JA, Prado FE. Presence of betalains in *Chenopodium quinoa* Willd. seedlings. Lilloa 2000;40(1):109–113.

Gallegos J, Díaz J, Jayo E. 1982. Evaluación de la planta repelente "Muña" (*Minthostachys* sp.) en el control de *Scrobipulpa* sp. (Lepidoptera: Gelechiidae) en quinoa. In: Resumen de la XXV Convención Nacional De Entomología, 3–7 de Oct, Huaraz, Perú. pp. 35–36.

Gee JM, Price KR, Ridout CL, Wortley GM, Hurrel RF, Johnson IT. Saponins of quinoa (*Chenopodium quinoa*): effects of processing on their abundance in quinoa products and their biological effects on intestinal mucosal tissue. Sci Food Agr 1993;63:201–209.

Ghorbani R, Wilcockson S, Koocheki A, Leifert C. Soil management for sustainable crop disease control: a review. Environ Chem Lett 2008;6(3):149–162.

Gianoli E, Ramos I, Alfaro-Tapia A, Valdéz Y, Echegaray ER, Yábar E. Benefits of a maize–bean–weeds mixed cropping system in Urubamba Valley, Peruvian Andes. Int J Pest Manage 2006;52(4):283–289.

Gómez-Caravaca AM, Ianfelice G, Lavini A, Pulvento C, Fiorenza Carboni M, Marconi E. Phenolic compounds and saponins in quinoa samples (*Chenopodium quinoa* Willd.) grown under different saline and nonsaline irrigation regimens. J Agr Food Chem 2012;60:4620–4627.

Gonzalez JA, Roldan A, Gallardo M, Escudero T, Prado FE. Quantitative determinations of chemical compounds with nutritional value from Inca crops: *Chenopodium quinoa* ('quinoa'). Plant Food Hum Nutr 1989;39(4):3.

González Olazo EV, Reguilón C. Una nueva especie de *Chrysoperla* (Neuroptera: Chrysopidae) para la Argentina, Revista de la Sociedad Entomológica Argentina ISSN 0373–5680. Volumen 2002;61(1–2):47–50.

Griffiths JT. 1999. Predispersal seed predation of Amaranthus spp. and *Chenopodium album* (L). Thesis of faculty of graduate studies of the University of Guelph [Internet]. [cited 2013 mar 10] pp 93. Available from: http://www.collectionscanada.gc.ca/obj/s4/f2/dsk1/tape2/PQDD_0017/MQ47328.pdf.

Harris MK. Arthropod-plant interactions related to agriculture, emphasizing host plant resistance. In: Harris MK, editor. Biology and breeding for resistance to arthropods and pathogens in agricultural plants. Texas: Texas Agricultural Experiment Station, A&M University, College Station; 1980. p 23–51.

Hernández NE, Tereschuk MLK, Abdala LR. Antimicrobial activity of flavonoids in medicinal plants from Tafí del Valle (Tucumán, Argentina). J Ethnopharmacol 2000;73:317–322.

Hidalgo W, Jacobsen SE. 2000. Principales plagas del cultivo de la quinua en la sierra central del Perú y las perspectivas de control integrado. In: Resumen del primer taller internacional sobre quinua-recursos genéticos y sistemas de producción, 10–14 May. Lima, Perú. pp. 49–50.

Hilal M, Parrado MF, Rosa M, Gallardo M, Orce L, Massa EM, Gonzalez JA, Prado FE. Epidermal lignin deposition in quinoa cotyledons in response to UV-B radiation. Photochem Photobiol 2004;79(2):205–210.

Horio T, Yoshida K, Kikuchi H, Kawabata J, Mizutani J. A phenolic amide from roots of *Chenopodium album*. Phytochem 1993;33:807–808.

Howe GA, Jander G. Plant immunity to insect herbivores. Ann Rev Plant Biol 2008;59:41–66.

Hruska AJ. Nuevos temas en la transferencia de tecnologías de manejo integrado de plagas para productores de bajos recursos. Manejo Integrado de Plagas en Mesoamerica: Aportes Conceptuales 2008;32:265.

Jacobsen SE. The situation for quinoa and its production in Southern Bolivia: from economic success to environmental disaster. J Agron Crop Sci 2011;197(5):390–399.

Jaldin R. 2010. Producción de quinua en Oruro y Potosí. La Paz, Bolivia. Programa de investigación estratégica en Bolivia (PIEB).100 p. Available from: http://www.pieb.com.bo/UserFiles/File/enlinea/pd_quinua_jaldin.pdf.

Jam N, Alam MS, Kamil M, Ilyas M, Niwa M, Sakae A. Two flavonol glycosides from *Chenopodium ambrosioides*. Phytochemistry 1990;29:3988–3991.

Jancurová M, Minarovičová L, Dandár A. Quinoa – a review. Czech J Food Sci 2009;27(2):71–79.

Kogan M, Shenk M. Conceptualización del manejo integrado de plagas en escalas espaciales y niveles de integración más amplios. Manejo Integrado de Plagas y Agroecología Costa Rica 2002;65:34–42.

Kokanova-Nedialkova Z, Nedialkov PT, Nikolov SD. The genus Chenopodium: phytochemistry, ethnopharmacology and pharmacology. Pharmacognosy Rev 2009;3(6):280–306.

Kuljanabhagavad T, Wink M. Biological activities and chemistry of saponins from *Chenopodium quinoa* Willd. Phytochem Rev 2009;8:473–490.

Kumpun S, Annick M, Crouzet S, Evrard-Todeschi N, Girault JP, Lafont R. Ecdysteroids from *Chenopodium quinoa* Willd., an ancient Andean crop of high nutritional value. Food Chem 2011;125:1226–1234.

Kraljevic BGJ. Andean grains and tubers: ancient crops for better livelihoods today. In: Bala Ravi S, Hoeschle-Zeledon I, Swaminathan MS, Frison E, editors. Hunger and poverty: the role of biodiversity – report of an international consultation on the role of biodiversity in achieving the UN Millenium Development goal of freedom from hunger and poverty. M.S. Swaminathan Research Foundation: Chennai, India; 2006. p 113.

Kremen C, Miles A. Ecosystem services in biologically diversified versus conventional farming systems: benefits, externalities, and trade-Offs. Ecol Soc 2012;17(4):40.

Kroschel J, Mujica N, Alcazar J, Canedo V, Zegarra O. Developing integrated pest management for potato: experiences and lessons from two distinct potato production systems of Peru. In: Sustainable potato production: global case studies. The Netherlands: Springer; 2012. p 419–450.

Lal L. Effect of intercropping on the incidence of potato tuber moth, *Phthorimaea operculella* (Zeller). Agr Ecosyst Environ 1991;36:185–190.

Lamborot L, Guerrero MA, Araya JE. Lepidópteros asociados al cultivo de quinoa (*Chenopodium quinoa* Willd.) en la zona central de Chile. Boletín De Sanidad Vegetal: Plagas 1999;25:203–207.

Larrain P. Biologia de *Copitarsia turbata* (Lepidoptera: Noctuidae) bajo ambiente controlado. Agricultura Tecnica 1996;56:220–223.

Lattanzio V, Arpaia S, Cardinali A, Di Venere D, Linsalata V. Role of endogenous flavonoids in resistance mechanism of vigna to aphids. J Agr Food Chem 2000;48:5316–5320.

Lattanzio V, Lattanzio VMT, Cardinali A. Role of phenolics in the resistance mechanisms of plants against fungal pathogens and insects. In: Imperato F, editor. Phytochemistry: advances in research. Research Signpost: Kerala; 2006. p 23–67.

Lerdau M, Litvak M, Monson R. Plant chemical defense: monoterpenes and the growth-differentiation balance hypothesis. Tree 1994;9(2):58–61.

Li T, Holopainen JK, Kokko H, Tervahauta AI, Blande JD. Herbivore-induced aspen volatiles temporally regulate two different indirect defences in neighbouring plants. Funct Ecol 2012;26:1176–1185.

Lichtenthaler HK. Vegetation stress: an introduction to the stress concept in plants. J Plant Physiol 1996;148:4–14.

Loughrin JH, Manukian A, Heath RR, Turlings TCJ, Tumlinson JH. Diurnal cycle of emission of induced volatile terpenoids by herbivore-injured cotton plants. Proc Natl Acad Sci U S A 1994;91:11836–11840.

Letourneau DK, Jedlicka JA, Bothwell SG, Moreno CR. Effects of natural enemy biodiversity on the suppression of arthropod herbivores in terrestrial ecosystems. Ann Rev Ecol Evol Syst 2009;40:573–592.

Letourneau DK. Plant-arthropod interactions in agroecosystems. In: Jackson LE, editor. Ecology in agriculture. San Diego, CA: Academic Press; 1997. p 239–290.

Lithourgidis AS, Dordas CA, Damalas CA, Vlachostergios DN. Annual intercrops: an alternative pathway for sustainable agriculture. Aust J Crop Sci 2011;5:396–410.

Loza LA, Bravo R. Poblaciones de carábidos (Coleoptera) en agroecosistemas del Altiplano Peruano. Revista Peruana De Entomología 2001;42:79–87.

Mamani D. Control Biológico en forma natural de la Polilla de la Quinoa (*Eurysacca melanocampta Meyrick*) por Parasitoides y Perspectivas de Cría para su manipulación en el Altiplano Central. Tesis Ing. Agr. Facultad de Agronomía, UMSA. 1998. La Paz. Bolivia. 91 pp.

Mamani Quispe JR. 2009. Evaluar la dinámica poblacional de la polilla de la quinua (*Eurysacca melanocampta* Meyrick) y complejo ticona en cuatro variedades de quinua en la comunidad Chinchaya del Departamento de La Paz, Bolivia. 84 p. Tesis n° 22. UMSA, Facultad de Agronomía.

Matson PA, Parton WJ, Power A, Swift MJ. Agricultural intensification and ecosystem properties. Science 1997;277:504.

Médiène S, Valantin-Morison M, Sarthou JP, De Tourdonnet S, Gosme M, Bertrand M, Estarde J, Aubertot A, Rusch N, Motisi C, et al. Agroecosystem management and biotic interactions: a review. Agron Sustain Dev 2011;31(3): 491–514.

Mojena M, Bertolí M, Zaffaroni E. Evaluaciones de plagas insectiles en agroecosistemas de intercalamiento de maiz (*Zea mays*, L) y frijol (*Phaseolus vulgaris*, L) con yuca (*Manihot esculenta*, Crantz). Curr Agr Sci Tech 2012;6(1).

Mujica A. Manual del cultivo de quinua. Proyecto TTA-AID-INIA, PIWA. 1993. 32–46 pp. Lima, Peru.

Nabity PD, Heng-Moss TM, Higley LG. Effects of insect herbivory on physiological and biochemical (oxidative enzyme) responses of the halophyte *Atriplex subspicata* (Chenopodiaceae). Environ Entom 2006;35:1677–1689.

Nieto-Cabrera C, Francis C, Caicedo C, Gutiérrez PF, Rivera M. Response of four Andean crops to rotation and fertilization. Mt Res Dev 1997;17:273–282.

Niveyro SL, Mortensen AG, Fomsgaard IS, Salvo A. Differences among five amaranth varieties (Amaranthus spp.) regarding secondary metabolites and foliar herbivory by chewing insects in the field. Arth-Plant Int 2013;7:235–245.

Nyman T. To speciate, or not to speciate? Resource heterogeneity, the subjectivity of similarity, and the macroevolutionary consequences of niche width shifts in plant feeding insects. Biol Rev 2010;85(2):393–411.

Ochoa Vizarreta R, Franco JF. Morfología y biología de la polilla de la quinua *Eurysacca melanocampta* Meyrick 1917 (Lepidoptera: Gelechiidae), De Cusco (Perú). Bioma 2013;1(4):35–38.

Ochoa R. 1990. Ciclo biológico de la polilla de la quinoa (*Eurysacca melanocampta* Meyrick). Thesis, Cusco (Perú) UNSAAC, Thesis For Biologie, UNSAAC, Cusco, Perú.

Oerke EC, Dehne HW, Schonbeck F, Weber A. Crop production and crop protection: estimated losses in major food and cash crops. Amsterdam: Elsevier Science; 1994. p 808p.

Ordano M, Guillén L, Rull J, Lasa R, Aluja M. Temporal dynamics of diversity in a tropical fruit fly (Tephritidae) ensemble and their implications on pest management and biodiversity conservation. Biodiver Conserv 2013;22(6–7):1557–1575.

Ortiz R, Sanabria E. Plagas. En: Quinua y kañiwa cultivos Andinos. Editorial IICA, Bogotá, Colombia. Serie Libros Y Materiales Educativos; 1979. p 121–136.

Ortíz Romero R. [Internet]. 1993. Insectos plaga en quinua. Available from: http://www.rlc.fao.org/es/agricultura/produ/cdrom/contenido/libro14/cap2.3.htm

Ortiz R. 1997. Plagas de cultivos Andinos. En: 2do. Seminario Internacional De Especies Andinas, Una Riqueza No Explotada Por Chile, Calama, Chile.

Palacios M, Tenorio J, Vera M, Zevallos F, Lagnaoui A. 1999. Population dynamics of the Andean potato tuber moth, *Symmetrischema tangolias* (Gyen), in three different agroecosystems in Peru. Lima, Peru: International Potato Center Program Report 1997–1998. pp. 153–160.

Paré PW, Tumlinson JH. Plant volatiles as a defense against insect herbivores. Plant Physiol 1999;121:325–331.

Parker JE, Snyder WE, Hamilton GC, Rodriguez-Saona C. 2013. Companion planting and insect pest control. In: Soloneski S, Larramendy M, editors. Agricultural and biological sciences weed and pest control - conventional and new challenges. Intech 10.5772/55044

Parsa S. Native herbivore becomes key pest alter dismantlement of a traditional farming system. Am Entom 2010;56(4):242–251.

Paśko P, Sajewicz M, Gorinstein S, Zachwiejal Z. Analysis of selected phenolic acids and flavonoids in *Amaranthus cruentus* and *Chenopodium quinoa* seeds and sprouts by HPLC. Acta Chromat 2008;20(4):661–672.

Perfecto I, Vandermeer JH, Wright AL. Nature's matrix: linking agriculture, conservation and food sovereignty. London, UK:

Earthscan; 2009. p 233.

Podazza G, Arias M, Prado FE. Cadmium accumulation and strategies to avoid its toxicity in roots of the citrus rootstock Citrumelo. J Hazard Mater 2012;215–216:83–89.

Ponzio C, Gols R, Pieterse CMJ, Dicke M. Ecological and phytohormonal aspects of plant volatile emission in response to single and dual infestations with herbivores and phytopathogens. Funct Ecol 2013;27:587–598.

Poveda K, Gomez MI, Martinez E. Diversification practices: their effect on pest regulation and production. Revista Colombiana De Entomologia 2008;34:131–144.

Povolny D, Valencia L. Una palomilla de papa nueva para Colombia. Memorias Del Curso Sobre Control Integrado De Plagas De Papa, Bogota, Colombia 1986;113:33–35.

Povolny D. Gnorimoschemini of southern South America. II: The genus *Eurysacca* (Lepidoptera: Gelechiidae). Steenstrupia 1986;12(1):1–47.

Povolny D. *Eurysacca quinoae* sp. N. - a new quinoa-feeding species of the tribe Gnorimoschemini (Lepidoptera: Gelechiidae) from Bolivia. Steenstrupia 1997;22:41–43.

Prado FE, Rosa M, Prado C, Podazza G, Interdonato R, González JA, Hila M. UV-B radiation, its effects and defense mechanisms in terrestrial plants. In: Ahmadand P, Prasad MNV, editors. Environmental adaptations and stress tolerance of plants in the era of climate change. New York: Springer; 2012. p 57–84.

Ramakrishna A, Ravishankar GA. Influence of abiotic stress signals on secondary metabolites in plants. Plant Signal Behav 2011;6(11):1720–1731.

Rasmussen C, Jacobsen SE, Lagnaoui A, Esbjerg P. 2000. Plagas de quinua (*Chenopodium quinoa* Willd.) en la zona Andina. In: II Congreso Internacional De Agricultura En Zonas Aridas, 16–21 oct, Iquique, Chile. 42 p.

Rasmussen C, Jacobsen SE, Lagnaoui A. Las polillas de la quinoa (*Chenopodium quinoa* Willd) en el Perú: *Eurysacca* (Lepidoptera: Gelechiidae). Revista Peruana De Entomologia 2001;42:57–59.

Rasmussen C, Lagnaoui A, Esbjerg P. Advances in the knowledge of quinoa pests. Food Rev Int 2003;19:61–75.

Rastrelli L, Aquino R, Abdo S, Proto M, De Simone F, De Tommasi N. Studies on the constituents of *Amaranthus caudatus* leaves: isolation and structure elucidation of new triterpenoid saponins and ionol-derived glycosides. J Agr Food Chem 1998;46:1797–1804.

Raymundo SA, Alcazar J. 1983. Effects of polyculture (mixed cropping) on the incidence and severity of potato pests and diseases (*Solanum tuberosum*, Diabrotica spp., *Phytophthora infestans*). In: International Congress Research for the Potato in the Year 2000, 22–27 Feb, Lima, Peru.

Reguilón C, González Olazo EV, Nuñez Campero SR. Morfología de los estados inmaduros de *Chrysoperla argentina* (Neuroptera: Chrysopidae). Acta Zoológica Lilloana 2006;50(1–2):31–39.

Reguilón C, Valoy M, González JA. 2009. Neurópteros asociados a un cultivo experimental de quinoa (*Chenopodium quinoa* Willd) en una zona de valles intermontanos (Tucumán, Argentina). En: XXXII Congreso Argentino de Horticultura, 23 al 26 de Sept, Salta, Argentina.

Rhoades RE, Bebbington AJ. Mixing it up: variations in Andean farmers' rationales for intercropping of potatoes. Field Crops Res 1990;25(1):145–156.

Risch S. The population dynamics of several herbivorous beetles in a tropical agroecosystem: the effect of intercropping corn, beans and squash in Costa Rica. J Appl Ecol 1980;17:593–611.

Robinson RA, Sutherland WJ. Postwar changes in arable farming and biodiversity in Great Britain. J Appl Ecol 2002;39(1):157–176.

Romero F. 2004. Manejo integrado de plagas - las bases, los conceptos, su mercantilización. Universidad Autónoma Chapingo. Colegio de Postgraduados-Instituto de Fitosanidad. Montecillo.

Root R. Organization of a plant-arthropod association in simple and diverse habitats: the fauna of collards (*Brassica oleracea*). Ecol Monogr 1973;43:96–124.

Rosa M, Hilal M, González JA, Prado FE. Low-temperature effect on enzyme activities involved in sucrose–starch partitioning in salt-stressed and salt-acclimated cotyledons of quinoa (*Chenopodium quinoa* Willd.) seedlings. Plant Physiol Biochem 2009;47:300–307.

Ruales J, Nair BM. Saponins, phytic acid, tannins and protease inhibitors in quinoa (*Chenopodium quinoa*, Willd) seeds. Food Chem 1993;48:137–143.

Sánchez G, Vergara C. 1991. Plagas de los cultivos Andinos. Universidad Agraria La Molina, Departamento de Entomología, Lima, Perú. 46 p.

Sánchez-Hernández C, Martínez-Gallardo N, Guerrero-Rangel A, Valdés-Rodríguez S, Délano-Frier J. Trypsin and a-amylase inhibitors are differentially induced in leaves of amaranth (*Amaranthus hypochondriacus*) in response to biotic and abiotic stress. Physiol Plantarum 2004;122:254–264.

Saravia R, Quispe R. 2005. Manejo integrado de las plagas insectiles del cultivo de la quinua. Fascicle 4 In: PROINPA y FAUTAPO Ed. Serie de Módulos Publicados en Sistemas de Producción Sostenible en el Cultivo de la Quinua: Módulo 2. Manejo agronómico de la Quinua Orgánica. Fundación PROINPA, Fundación AUTAPO, Embajada Real de los Países Bajos. La Paz, Bolivia. pp. 53-86.

Schuler MA. The role of cytochrome P450 monooxygenases in plant-insect interactions. Plant Physiol 1996;112:1411–1419.

Simmonds MSJ. Flavonoid–insect interactions: recent advances in our knowledge. Phytochemistry 2003;64:21–30.

Seran TH, Brintha I. Review on maize based intercropping. J Agron 2010;9(3):135–145.

Shennan C. Biotic interactions, ecological knowledge and agriculture. Phil Trans Royal Soc B-Biol Sci 2008;363(1492): 717–739.

Sigsgaard L, Jacobsen SE, Christiansen JL. Quinoa, (*Chenopodium quinoa*) provides a new host for native herbivores in northern Europe: case studies of the moth, *Scrobipalpa atriplicella*, and the tortoise beetle, *Cassida nebulosa*. J Insect Sci 2008;8:50–54.

Silwana TT, Lucas EO. The effect of planting combinations and Weeding on the growth and yield of component crops of maize/bean and maize/pumpkin intercrops. J Agr Sci 2002;138:193–200.

Smith HA, McSorley R. Intercropping and pest management: a review of major concepts. Am Entom 2000;46(3):154–161.

Soto J, Valdivia E, Valdivia R, Cuadros A, Bravo R. Descripción de sistemas de rotación de cultivos en parcelas de producción de quinua en cuatro zonas (siete distritos) del Altiplano Peruano. CienciAgro 2012;2(3):391–402.

Steffensen SK, Pedersen HA, Labouriau R, Mortensen AG, Laursen B, de Troiani RM, Noellemeyer EJ, Janovska D, Stavelikova H, Taberner A, Christophersen C, Fomsgaard IS. Variation of polyphenols and betaines in aerial parts of young, field-grown Amaranthus genotypes. J Agric Food Chem 2011;59:12073–12082.

Tauber MJ, Tauber CA, Daane KM, Hagen KS. Commercialization of predators: Recent lessons from green lacewings (Neuroptera: Chrysopidae). Am. Entomol 2000;46:26–37.

Thiery D, Visser JH. Masking of host plant odour in the olfactory orientation of the Colorado potato beetle. Entom Exp Appl 1986;41(2):165–172.

Throop HL, Lerdau MT. Effects of nitrogen deposition on insect herbivory: implications for community and ecosystem processes. Ecosystem 2004;7:109–133.

Thummel CS, Chory J. Steroid signaling in plants and insects: common themes, different pathways. Genes Dev 2002;16:3113–3129.

Trenbath BR. Intercropping for the management of pests and diseases. Field Crop Res 1993;34(3):381–405.

Valoy ME, Bruno MA, Prado FE, González JA. Insects associated to a quinoa crop in Amaicha Del Valle, Tucumán, Argentina. Acta Zoologica Lilloana 2011;55(1):16–22.

Vandermeer JH. The ecology of intercropping. New York, USA: Cambridge University Press; 1989. p 248p.

Varanda EM, Pais MP. Insect folivory in *Didymopanax vinosum* (Apiaceae) in a vegetation mosaic of Brazilian cerrado. Braz J Biol 2006;66(2B):671–680.

Vela A, Quispe A. Plagas de los cultivos de papa y maiz. Impresiones y Publicaciones Martinez Camañón. Perú: Cajamarca; 1988. p 155 p.

Verma S, Agarwal P. Phytochemical investigation of *Chenopodium album* Linn. and *C. murale* Linn. Nat Acad Sci Lett 1985;8:137–138.

Weber DC. Biological control of potato insect pests. In: Giordanengo P, Vincent C, Alyokhin A, editors. Insect pests of potato: global perspectives on biology and management. USA: Elsevier; 2012. p 399–424.

Whitham TG, Williams AG, Robinson AM. The variation principle: individual plants as temporal and spatial mosaics of resistance to rapidly evolving pests. In: Price P, Slobodchikoff C, Gaud W, editors. A new ecology: novel approaches to interactive systems. New York, USA: Wiley; 1984. p 15–52.

Whitman DW, Blum MS, Alsop DW. Allomones: chemicals for defense. In: Evans DL, Schmidt JO, editors. Insect defenses: adaptive mechanisms and strategies of prey and predators. Albany, New York: State University of New York Press; 1990. p 289–351.

Whitney HM, Feder W. Biomechanics of plant–insect interactions. Curr Opin Plant Biol 2013;16:105–111.

Wilby A, Thomas M. Natural enemy diversity and pest control: patterns of pest emergence with agricultural intensification. Ecol Lett 2002;5:353–360.

Wink M. Importance of plants secondary metabolites for protection against insects and microbial infections. In: Rai M, Carpinella MC, editors. Naturally occurring bioactive compounds. Amsterdam: Elsevier; 2006. p 251–268.

Wink M, Schimmer O. Molecular modes of action of defensive secondary metabolites. Ann Plant Rev 2009;39:21–161.

Wink M. Introduction: biochemistry, physiology and ecological function of secondary metabolites. Ann Plant Rev 2009;40:1–19.

Wise MJ, Abrahamson WG. Effects of resource availability on tolerance of herbivory: a review and assessment of three opposing models. Am Nat 2007;169(4):443–454.

Woldemichael GM, Wink M. Identification and biological activities of triterpenoid saponins from *Chenopodium quinoa*. J Agr Food Chem 2001;49:2327–2332.

Yábar E, Gianoli E, Echegaray ER. Insect pests and natural enemies in two varieties of quinoa (*Chenopodium quinoa*) at Cusco, Perú. J Appl Ent 2002;126:275–280.

Zanabria E, Mujica S. Plagas de la quinoa. Fondo Simón Bolivar, Puno, Perú: Universidad Nacional Técnica Del Altiplano; 1977. p 129–142.

Zanabria E, Banegas M. Entomología económica sostenible. Puno, Perú: Aquarium Impresiones; 1997. p 201.

Zhu N, Kikuzaki H, Vastano BC, Nakatani N, Karwe MV, Rosen RT, Ho C. Ecdysteroids of quinoa seeds (*Chenopodium quinoa* Willd.). J Agr Food Chem 2001a;49:2576–2578.

Zhu N, Sheng S, Li D, Lavoie EJ, Karwe MV, Rosen RT, Ho CT. Antioxidative flavonoid glycosides from quinoa seeds (*Chenopodium quinoa* Willd). J Food Lipids 2001b;8(1): 37–44.

第6章 藜麦育种

Luz Gomez-Pando

Universidad Nacional Agraria La Molina-Agronomy Faculty, Lima-Peru

6.1 历史——驯化过程

藜麦可能是安第斯地区最早被人类栽培种植的作物之一。考古证据表明，大约公元前5000年，在秘鲁中部高原阿亚库乔地区（Lumbreras et al.，2008）和南美洲其他地区，藜麦就开始被种植驯化。公元前3000年，在智利的新克罗地区（塔拉帕卡、卡尔马、卡尔查基—迪亚吉塔、蒂尔蒂尔和奎拉瓜）印第安人的坟墓中，曾发现残留的藜属（*Chenopodium* sp.）种子（Bollaert，1860；Tapia，1979）。在秘鲁和玻利维亚之间的提提喀喀湖流域，藜麦栽培和驯化过程被广泛研究，研究发现在公元前1800年到公元后500年期间，藜麦生产的发展作为农业综合行为走向了成熟（Bruno and Whitehead，2003）。在塞拉、卡塔马卡省和南阿根廷普纳地区，从考古点Punta de la Peña 4，layer 3发掘出的植物残留物中，鉴定出了公元前760～公元前560年的栽培藜属的果实和种子（Rodríguez et al.，2006）。

这些考古学发现表明，藜麦驯化开始于几千年前人们对种子植物的选择。经过几个世纪的天然和人工选择，不同表型和基因型的藜麦显示出对安第斯不同区域的适应性，这与世界范围内的天然和人工选择影响了成百上千的一年生和多年生植物适应性的现象类似（Duvick，1996）。随着时间的变化，天然和人工选择使植物特性发生了改善，种子是其唯一能够获得的证据。野生型和栽培型藜科植物间的主要变化是种子形态学的变化，特别是种皮厚度、大小、边缘外形和表面的变化。被驯化的藜科植物种子，种壳变薄、边缘平整、休眠期短、种苗生存能力强，显示出在人工选择驯化下的适应性变化（Murray，2005）。另外一个人工选择影响的特性是种子的颜色，通过 ^{14}C 标记检测数据发现，随着选择时间的推进，黑色种子数量逐渐减少（Tapia，1979）。

来自安第斯高原地区的农民需要种植具有复杂性状组合的藜麦品种，这些性状需满足食物需求，而且农业性状也需要藜麦能够在无数种小气候下生长，从干旱到多雨，从寒冷到炎热，从低海拔到高海拔。经过天然和人工选择的藜麦有5种生态型，每种生态型能够适应特别的生长环境。萨拉雷斯生态型适合生长在玻利维亚南部高原的盐碱地区（Salares，萨拉雷斯）；阿尔蒂普拉诺高原生态型适合生长在秘鲁和玻利维亚周围提提喀喀湖高原地区（Altiplano，阿尔蒂普拉诺高原）；山谷生态型适合生长在海拔 3800 m 以下的丘陵地区；海平面生态型适合生长在海平面或者智利中部低海拔地区和智利南部高海拔地区；亚热带生态型适合生长在安第斯东部亚热带山坡地区。

作为天然和人工选择的结果，许多综合性的藜麦群体被选育成品种，其中许多品种目前仍在种植。这些品种的性状差异性一方面主要表现在生长期、休眠期、抗病性以及耐霜冻、盐碱和干旱等产量稳定性方面。另一方面，不同藜麦品种有着类似的株高、种皮颜色以及最终使用和商业化生产的品质特性等性状。除此之外，农民在选择过程中同样考虑到农艺标准和消费标准，如是否适合制作传统食物或饮料，以及叶片可否作为蔬菜或者饲料二次利用等。

在安第斯地区，与马铃薯和玉米一样，藜麦是印加帝国近 1500 万居民的重要食物来源。公元 1532 年西班牙占领该区域后，藜麦逐渐被大麦、小麦、豌豆、蚕豆和燕麦等作物取代。直到 19 世纪 60 年代，大约被西班牙统治了近 500 年，藜麦在该高原地区一直是被忽视的作物，也没有引起研究者或科学家的重视，而且几乎没有商业发展。尽管藜麦在很大程度上被遗弃，但由于阿尔蒂普拉诺高原的秘鲁人和玻利维亚人一直在种植，藜麦并没有灭绝（Cusack，1984；National Research Council，1989；Mujica，1992；Jacobsen and Stolen，1993）。

从 19 世纪 60 年代开始，对藜麦的研究和利用逐渐增加，不同国家设立了一些新的育种计划（项目）。有许多因素促进了对藜麦研究的发展，如意识到了藜麦在南美洲安第斯地区食品安全中的作用，在世界范围内边际土壤（劣质土壤）种植的独特潜力，以及出口市场对健康产品需求的增长等。在玻利维亚，藜麦的遗传改良始于 1965 年，在位于帕塔卡马亚（Patacamaya）试验站，这一计划受到了乐施会（FAO-OXFAM）和玻利维亚政府的共同资助（Gandarillas，1979a）。几乎在同一时间，藜麦育种计划在秘鲁普诺的阿尔蒂普拉诺技术大学启动。

6.2 藜麦种质资源收集

在 19 世纪 60 年代，藜麦的遗传改良是从农民手中收集和鉴定藜麦资源开始的。Gandarillas（1968）完成了第一份玻利维亚、秘鲁和厄瓜多尔地区的藜麦资源描述。基于这份描述，如生育习性、花序类型、叶片形状、种子和叶外延数量等，Gandarillas（1968）将藜麦资源划分成 17 个不同的种族。其中 4 个种族分布在库斯科的北部（皮钦查、安卡什、卡哈马卡、胡宁），3 个种族分布在库斯科地区（库斯科、锡夸尼、普卡），4 个种族分布在提提喀喀湖流域周围（科帕卡瓦纳、杜尔赛、阿查卡奇、普诺），4 个种族分布在提提喀喀湖东南部安第斯山谷地区（波托西、苏克雷、格洛列塔、科恰班巴），2 个种族分布在波波湖流域周围（里尔、查亚帕塔）。基于藜麦的这些特性和遗传多样性研究，最具多样性的区域位于库斯科（秘鲁）和波波湖（玻利维亚）之间，且这一观点被研究者所接受（Wilson，1988；Christensen et al.，2007）。

藜麦资源和其他藜属种质资源主要是迁地（天然状态外）保护。在玻利维亚，大约有 5000 份登记在册的资源保存在不同研究机构，如玻利维亚国家农林创新研究所（INIAF）的 Torolapa 中心、圣安德烈斯大学（UMSA）的 Choquenaira 试验站、奥鲁罗科技大学（UTO）的生物技术与植物遗传资源研究中心（CIBREF）、玻利维亚天主教大学（UCB）的蒂亚瓦纳科研究部、El Alto 公立大学（UPEA）的 Kallutaca 实验中心以及 CIPROCOM 公共研究和推广中心。收集的藜麦资源主要保存在玻利维亚国家农林创新研究所（INIAF）的 Torolapa 中心，目前共保存了 3121 份，主要包括来自阿尔蒂普拉诺高原和山谷地区（拉巴斯、欧鲁罗、波托西、科恰班巴丘基萨卡和塔里哈）的栽培品种和野生种，还有来自秘鲁、厄瓜多尔、哥伦比亚、阿根廷、智利、墨西哥和美国等国家的资源，从其中 270 份资源中鉴定出了 8 份藜麦野生种（Rojas et al.，2010）。

在秘鲁，大约有 5351 份藜麦资源同样被保存在不同的研究机构，秘鲁国家农业研究所（INIA）的 Illpa 试验站保存有 536 份资源，普诺的阿尔蒂普拉诺国立大学（UNA）已经收集保存有 1873 份资源，其中，来自玻利维亚的 457 份、阿尔蒂普拉诺高原的 990 份、山谷地区的 357 份、哥伦比亚的 1 份、厄瓜多尔的 18 份、智利的 8 份和美国的 2 份（Bravo and Catacora，2010）。另外，拉莫利纳国立农业大学保存了 2942 份藜麦资源，主要来自卡哈马卡、拉利伯塔德、安卡什、胡宁、阿亚库乔、阿雷基帕、阿普里马克、库斯科和普诺，同样也收集了玻利维亚的藜麦资源（Gómez and Eguiluz，2011）。其他收集和保存藜麦资源的大学还有秘鲁国立大学胡宁研究中心、阿亚库乔的圣克里斯托瓦尔德瓦曼加国立大学、库斯科的圣安东尼奥阿巴德国立大学（Mujica，1992；Bonifacio et al.，2004）。

除了玻利维亚和秘鲁两个国家之外，其他国家也收集保存了藜麦资源。在厄瓜多尔，大约有 642 份藜麦资源保存在国立农业研究所（INIAP）的圣卡塔琳娜试验站。在智利，奥斯特拉尔大学保存了 25 份藜麦资源，而智利北部保存了 59 份资源（Fuentes et al.，2006）。此外，美国农业部的国家植物种质体系（USDA-NPGS）收集保存了 164 份藜麦种质资源（Christensen et al.，2007）。

安第斯区域国家藜麦多样性的降低可能是“建立者”效应影响的结果，与从起源地的中心区域向外分散有关，或者与其他生态区域的选择适应性有关。在过去的几个世纪，藜麦资源多样性的降低可能是由于体系衰退，在一些原生境区域藜麦作物消失，而在秘鲁和玻利维亚的阿尔蒂普拉诺高原以及玻利维亚盐碱地区以外的地方有种植传播。

藜麦原生境体系主要存在于玻利维亚和秘鲁两个国家，种质资源通过在农民土地上栽培和利用得以保存，野生型藜麦资源通过传统栽培方式得以保存。在秘鲁，藜麦资源保存在 aynokas，一种古老的田间管理系统，包含有多种目的，如食品安全、土壤和害虫管理、在原生境保存遗传多样性和合理利用植物多样性等（Ichuta and Artiaga，1986）。在玻利维亚，有 5 个微中心被发现和鉴定那里的农民仍然保持传统的栽培习俗，如在作物栽培季节的生产、典礼和节日时，使用生物指示器或信号。在传统栽培体系中，藜麦作物具有时间和空间的分布，称为 aynoqas、sayañas、huyus 和 jochiirana。在社区组织社会体系中，每年会选出一些家庭，称为 yapu campus 或者是耕种守护者，他们有责任看护作物对抗不利的气候条件，如冰雹、霜冻和洪水（Rojas et al.，20l0b）。

在这些原生境保护体系中，栽培品种和野生种均受到保护。这些原生境保护体系广泛地分布在安第斯区域，并被命名为不同的名字，如 *mandas* 和 *laymes*（Mujica and Jacobsen，2000）。在阿尔蒂普拉诺高原及山谷地区，种植在栽培品种旁边的藜麦野生种有 *Chenopodium carnosolum*、*Chenopodium petiolare*、*Chenopodium ambrosioides*、*Chenopodium hircinum* 和 *Swaeda foliosa* 等（Bonifacio，2003；Mujica and Jacobsen，2005）。这些野生资源有时存在于被隔离区域或者是农民田地边缘，或者是在一些被认为是神圣的地方（Gentilwasi o Phiru）。尽管如此，这些野生资源被农民管理，并作为食物、药物或者是用作仪式，特别是高原地区秘鲁和玻利维亚国家发生干旱或极端天气时，野生藜麦的嫩叶被用作沙拉和预煮食物，烘烤过的种子用于制作面粉。

栽培型藜科与野生型藜科的特征有以下几个明显的不同：①栽培型藜科具有更紧实的花序；②种子丧失了天然破碎机理；③籽粒同一时间成熟；④种子萌发和休眠时间短（Smith，1984；Gremillion，1993；Bruno and Whitehead，2003）。

藜麦资源通常是通过植物形态学特征、生殖器官和农艺特性进行鉴定和评价的，如株高、生育期、产量潜力、抗逆性和抗病虫性。此外，还有籽粒形状、种皮颜色、蛋白质、脂肪酸和皂苷含量等品质特性。有些研究中，对这些性状在不同年份和不同地点进行了分析和测定，以评价相同基因型在不同环境下的表现（基因型与环境互作）。这种方式虽然是一种初步的分析，但已被认可和采用，可以用来分析这些变异的数量级别和不同性状的基因来源，有利于促进育种进程。这种研究方式大量用于核心种质资源建立，以简化种质资源管理，并促进藜麦基因资源利用（Ortiz et al.，1998）。

目前，藜麦种质资源被划分为 5 种生态型（Tapia et al.，1980）。这些生态型在对不同纬度适应性、抗旱、抗盐碱和光周期响应等方面存在差异。这些藜麦资源在它们生长环境中很可能受到了不同的选择压力，同时也受到了在驯化过程中选择的压力，从而表现出不同环境适用性的差异。

（1）山谷型（valley type）：这一类型藜麦主要形成演化于山谷区域，海拔在2000～3800 m。株高通常为2～3 m，茎出现分枝，生育期超过210天，皂苷含量低，具有一定抗（耐）霜霉菌（病）（*Peronospora variabilis*）特性。

（2）阿尔蒂普拉诺高原型（Altiplano type）：这一类型藜麦起源于提提喀喀湖流域，海拔在3800～4000 m，这些区域具有许多不利的气候因素（干旱、霜冻和冰雹）。生育期为120～210天，株高1～1.8 m，一般茎没有分枝并且富含皂苷，对霜霉菌（病）的反应表现出很大差异，可能有耐受性或者抗病性，也可能高感。

（3）萨拉雷斯型（Salar type）：这一类型藜麦主要分布在玻利维亚阿尔蒂普拉诺高原的南部盐碱地区，海拔在4000 m左右，降水量少（300 mm），土壤pH在8.0以上。植株性状与阿尔蒂普拉诺高原型类似，一般种子为黑色，边缘尖，皂苷含量高。在萨拉雷斯型藜麦资源中，有些种子较甜、无皂苷基因型，一些Real型藜麦，种皮白色。

（4）海平面型（sea level type）：这一类型藜麦起源于智利南部，40°S，多数无分枝，花期较长，种子小而呈黄色，晶莹剔透且皂苷含量高，具有抗霜霉菌（病）等真菌病害的特性（Fuentes et al.，2009）。

（5）亚热带型（subtropical type）：这一类型藜麦发现于玻利维亚的亚热带永加斯地区，植株颜色非常绿，成熟期变为橙色，种子很小呈橙黄色（Tapia，1982）。

19世纪60年代后，不同组织间进行了藜麦资源交换，正如过去藜麦资源已经发生了不同程度的交换一样。联合国粮食及农业组织（FAO）在美国和欧洲地区鉴定和发现了许多新的试验点，如在意大利和希腊的田间试验结果表明，藜麦种植产量分别为2280 kg/hm^{2}和3960 kg/hm^2，非常具有发展前途（Mujica et al.，2001）。

通过形态学和农艺学鉴定，玻利维亚收集的95%～100%的藜麦资源已被鉴定和评价，12%的种质资源已进行了营养价值评价和鉴定（Rojas et al.，2010）。利用相同方式，秘鲁对其收集的所有藜麦种质资源正在进行形态学和农艺学鉴定和评价。在拉莫利纳国立农业大学，有43%的藜麦资源已经进行了营养品质评价。一些评价结果分别在表6.1和表6.2中列出，显示出了玻利维亚和秘鲁藜麦种质资源广泛的遗传变异性。

有限的研究表明，厄瓜多尔和阿根廷的藜麦资源差异较小，可能是厄瓜多尔的藜麦资源主要是阿尔蒂普拉诺高原型，而阿根廷的藜麦资源主要来源于智利高原和沿海区域（智利南部）（Christensen et al.，2007），其他可能的原因是遗弃作物发生的潜在遗传漂移或者农民种植区域的隔离。

表 6.1 不同起源地的藜麦（*Chenopodium quinoa* Willd.）种质资源的形态学性状变异

形态学特性	玻利维亚[a]	秘鲁[c]（拉莫利纳国立农业大学）
开花前植株颜色	绿色、紫色、红色、混合色	—
开花前叶片颜色	—	绿色、紫色、混合色、红色
叶腋的颜色	—	绿色、紫色、红色、粉色
茎痕颜色	—	黄色、绿色、紫色、粉色、红色
生理成熟期植株颜色	白色、奶油色、黄色、橙色、粉色、红色、紫色、棕色、黑色	—
生理成熟期花序颜色	—	黄-绿色、黄色、黄-橙色、橙色、橙-红色、红色、红-紫色、紫色、紫-紫罗兰色、紫罗兰色、紫罗兰-蓝色、白色、白-灰色、白-黄色、白-橙色、灰-黄色、灰-橙色、灰-红色、灰-紫色、灰-绿色、灰-棕色、棕色、灰色、黑色
花序形状	Amaranthiform、聚成密集小簇或者是中间型	Amaranthiform、聚成密集小簇或者是中间型
花序密度	紧凑的、松散的或者中间型	紧凑的、松散的或者中间型
籽粒颜色	白色、奶油色、黄色、橙色、粉色、红色、紫色、棕色、黑色[b]	—
果皮颜色	—	黄色、黄-橙色、橙色、橙-红色、红色、红-紫色、白色、白-黄色、白-橙色、灰-黄色、灰-橙色、灰-红色、灰-紫色、灰-绿色、灰-棕色、棕色、灰色、黑色
种皮颜色	—	黄色、黄-橙色、橙色、红-紫色、紫色、白色、白-黄色、白-橙色、白-灰色、灰-黄色、灰-橙色、灰-紫色、棕色、黑色

a. Rojas 等（2001）；Rojas（2003）；Rojas 等（2008）；Rojas 等（2009）

b. Cayoja（1996）考虑到不同的渐变色共报道了 66 种颜色

c. Gómez 和 Eguiluz，2011

表 6.2 不同起源地的藜麦（*Chenopodium quinoa* Willd.）种质资源的农艺性状和品质性状变异

农艺性状和品质性状	玻利维亚[a]	秘鲁（拉莫利纳国立农业大学）[c]	
		阿尔蒂普拉诺高原型	山谷型
生育期（天）	110～210	—	—
花期（天）	—	46～100	50～115
成熟期（天）	—	115～195	140～220
每株种子产量（g）	48～250	—	—
种子产量（kg/hm^2）[b]	—	165～2975	109～3531
粒径（mm）	1.36～2.66	1.4～2.2	1.2～2.2
百粒重（g）	0.12～0.60	—	—
种子蛋白质含量（%）	10.21～18.39	7.0～24.4	10.3～18.5
种子皂苷含量（%）[b]	—	0～1.42	0～1.57
淀粉直径（μm）	1.5～22	—	—

a. Rojas 等（2001）；Rojas（2003）；Rojas 等（2008）；Rojas 等（2009）

b. Eguiluz 等（2010）

c. Gómez 和 Eguiluz（2011）

智利地区的藜麦被鉴定为形态多样性，分为沿海生态型和高原生态型，主要是由智利北部阿尔蒂普拉诺高原的 Aymara 种植。智利藜麦具有形态多样性的特点，主要是由于人工选择和自然选择，以及地方品种通过贸易和土著居民迁移到智利南部中心区域发生的遗传漂移导致的。过去很少关注藜麦种质资源的收集、保存和鉴定评价，目前重点关注智利南部中心沿海低地藜麦资源的发现和收集（Fuentes et al.，2009）。

Bhargava 等（2007a）在北印度亚热带条件下鉴定评价了来自不同起源地的藜麦资源，结果发现来自智利的藜麦资源更适合种植在像印度这样具有季风性气候的国家，有明显的寒冷冬季和炎热夏季。Gçsióski（2008）报道在欧洲气候条件下，适合获得藜麦的绿色物质（秸秆）和较高的种子产量，最适合获得较高种子产量的国家是希腊。

许多研究利用分子标记法进行藜麦种质资源多样性的鉴定，根据 Rojas 等（2010）报道，86%的玻利维亚藜麦种质资源已经进行了分子标记法鉴定。Fuentes 等（2009）研究表明，智利高原和沿海低地的藜麦资源共享了 21.3%的等位基因，同时高原地区的藜麦资源含有 28.6%的特有等位基因，而沿海低地的藜麦资源含有 50%的特有等位基因。Wilson（1988）和 Christensen 等（2007）证明了高原和沿海低地藜麦资源具有很高的遗传相似性。

6.3 藜麦育种的目标和方法

藜麦育种的目标是培育具有高产、优质、适合加工利用、能适应不同农业气候区域的藜麦品种，这种令人满意的藜麦品种应当同时具有符合种植农民、加工商和市场消费者需求的特点。

6.3.1 种植户需求

1. 高产

大多数藜麦育种的首要目标是提高产量，因为安第斯地区的藜麦单产普遍较低。2005～2012 年，玻利维亚的藜麦单产为 570～642 kg/hm^2，秘鲁的藜麦单产为 958～1163 kg/hm^2，而厄瓜多尔地区的藜麦单产为 63～848 kg/hm^2（FAOSTAT，2014）。

产量稳定性是任何一个藜麦育种项目最重要的目标之一。在一些情况下，藜麦的基因型在特定区域通过选择表现出高产，但在其他区域却表现不好。因此，鉴定出一个能够在更广泛环境条件表现出较高产量的基因型非常重要。在安第斯地区，自给性农业非常普遍，一个能够在不同气候变化条件下表现稳产的藜麦品种，强于一个只在适宜生长的气候条件下具有高产潜力的藜麦品种。

为了评估遗传改良藜麦产量的可能性，有必要分析遗传变异、基因型（G）×环境（E）互作及遗传的程度和性质。Bertero 等（2004）研究指出，藜麦在种植区域内发生较高水平的环境变异时，要求育种和测试策略能够适应较高的基因型（G）×环境（E）相互作用。

Mujica 等（2001）研究发现，FAO 在美国和欧洲试验点筛选出的藜麦基因型，在意大利和希腊的产量分别达到 2280 kg/hm^2 和 3960 kg/hm^2，这些结果表明藜麦具有较高的产量潜力。Bonifacio（2003）研究表明，从帕塔卡马亚试验站选育的藜麦品种，在阿尔蒂普拉诺高原大面积种植（商业化推广面积）的产量能够达到 1200 kg/hm^2，通过增加投入和利用现代化栽培技术产量能够达到 3 t/hm^2。与当地品种的 700 kg/hm^2 产量相比，这是一个相当大的进步。当然，这些改良品种被接受的程度取决于对当地气候条件的适应性、商业化和食用特性等。

研究种子大小、株高和抗倒伏性等与产量相关的性状是非常必要的，测定这些性状之间的相关性在选择（品种改良）过程非常有用。Bertero 等（2004）研究发现，在品种筛选过程中，籽粒的产量和大小两个性状可以同时进行选择，一般品种的籽粒产量和大小之间并不存在相关性，而且基因型和环境的互作对这两个性状也不会产生影响。

Bhargava 等（2007a）研究发现，株高、叶面积、单株分枝数、单株花序、种子大小、千粒重、单株干物质重量与收获指数产量之间有显著正相关性，其中单株花序的相关系数最高。Bhargava 等（2008）在另外一项研究中对一些因素进行了直接和间接选择，结果发现茎粗、叶绿素 a、总叶绿素和叶片类胡萝卜素含量与产量之间有较高的相关性和相对选择效率值，这些性状的选择可以直接用于提高产量。

种子中的蛋白质和类胡萝卜素含量存在着负相关性，产量的相对选择效率值显示对种子产量进行直接选择会导致品质性状的轻微降低。Bertero 和 Ruiz（2008）报道，产量效率和花序生物量之间存在着负相关性。增加籽粒大小并不能显著增加产量或者提高营养功能成分含量，但增加茎粗能够提高种子产量，而叶片色素很可能在提高籽粒类胡萝卜素含量等品质性状方面有重要作用。

2. 株高

尽管一些研究表明降低株高或者半矮秆性状是由单隐性基因控制的，但株高一般被认为是数量性状。不同的藜麦生态型在株高方面存在着显著差异，阿尔蒂普拉诺高原型和萨拉雷斯型藜麦的株高一般较低，而山谷生态型藜麦的株高通常较高（超过 2 m）。降低株高性状可以在那些没有半矮秆等位基因的藜麦生态型资源中进行选择，另外一种降低株高的方法是通过使用诱变剂培育矮秆突变体（Gomez-Pando and Eguiluz-de la Barra，2013）。另外，同样需要引起注意的是株高和花序长度之间存在着负相关性（Ochoa and Peralta，1988；Rojas et al.，2003）。

3. 茎秆强度

产量方面的提高和改进已经通过培育抗倒伏品种并配套先进的栽培管理技术实现。藜麦的抗倒伏特性能够保证籽粒灌浆充分，并最大限度减少收获损失。茎秆强度一定是作为数量性状进行处理和选择的，许多单一性状会影响植株的抗倒伏性，如茎粗、茎外表皮厚度、株高和根系的类型等，控制茎秆强度的基因同样也是数量型的。

4. 生育期

藜麦的另外一个重要育种目标是培育早熟型品种，这样的品种能够种植在平均无霜期（生长季时期）小于 120～150 天的区域，如安第斯区域。早熟品种还能够使藜麦少受到极端恶劣天气的影响，并且能更有潜力适应沿海地区的多熟制种植模式。据 Mujica（1988）研究，藜麦花期的遗传度为 0.82。晚熟型藜麦通常具有较高产量，但有较大遭受霜冻、干旱和冰雹等灾害天气的风险，甚至会引起生产上不可接受的损失。

5. 生物胁迫抗性

在安第斯区域的藜麦品种改良项目中，抗病虫害特性已经成为育种的优先目标，特别是高原地区的农民要通过种植有机藜麦来提高收入。许多项目都致力于引发藜麦霜霉病的 *P. variabilis* 真菌的抗性研究，因为霜霉病能够引起安第斯区域及世界上其他区域藜麦产量的严重损失。有些区域在重点筛选具有抗霜霉病特性的藜麦种质资源，已经鉴定出一些具有不同抗性水平的基因材料。

Ochoa 等（1999）研究明确了藜麦对霜霉病的抗性因子和霜霉病毒力群，他们利用 60 个厄瓜多尔藜麦资源和 20 个霜霉病菌 *P. variabilis* 菌株，鉴定了 3 个抗性因子和 4 个毒力群（病原菌生理小种）。真菌菌株与寄主基因间的特异性互作表明，寄主存在主效基因。藜麦资源 ECU-291、ECU-470、ECU-379 和 ECU-288，可以作为一套鉴别藜麦霜霉菌致病生理小种的寄主。

但是，毒力测定显示，霜霉菌 *P. variabilis* 的变异，比本研究中用寄主厄瓜多尔藜麦资源的鉴别更加复杂（Danielsen et al.，2000）。在印度，对 34 份藜麦资源进行了抗霜霉病的鉴定评价，其中 7 份资源具有抗性，证明了霜霉菌对藜麦资源存在生理专一化的致病型（Kumar et al.，2006）。

昆虫可能对藜麦非常不利，特别是当这些昆虫取食花或种子时，会降低产量和品质。藜麦抗虫性育种必须考虑到害虫和藜麦的遗传学，因为在自然条件下害虫和植物间具有复杂的形态学、生物化学或者生理学的相互作用。植物的抗虫性可能是不选择性（抑制取食或者产卵）、抗生作用（对昆虫的正常生长或生存产生不良影响）和耐受性（当害虫出现时植株的存活能力提高）。

鸟类捕食是藜麦生产中的另外一个问题，有研究发现藜麦种子中皂苷的变化，能够引起鸟类取食选择的差异，因此皂苷具有抑制鸟类取食减少花序被破坏的作用，种子中皂苷含量高受到的侵害少。培育具有抗鸟类取食的藜麦新品系是一个复杂的过程，需要综合许多独立遗传性状，全部组合在一起才具有这种抗性性状。

6. 非生物胁迫抗性

在安第斯区域，藜麦被种植在一个变化差异较大的环境中。研究发现藜麦具有抗旱和抗盐碱特性（Jacobsen et al.，2001；Jacobsen and Mujica，2002；Jacobsen et al.，2003；Jacobsen et al.，2005；Jacobsen et al.，2007；Gomez-Pando et al.，2010；Ruiz-Carrasco et al.，2011；Verena et al.，2013）。研究这些性状的遗传规律和抗性机制，并应用到藜麦作物育种改良是非常重要的。培育抗旱和抗盐碱新品种的方法有两种，一是培育能够在水和温度胁迫下生存的新品种，二是选育具有耐受生理上干旱和盐碱胁迫特性的新品种。

7. 植物形态学

有必要对一些藜麦品种进行形态和结构上改良，以适于机械化收获。藜麦种植的区域正在迅速扩大，传统的收获方式必须被机械化收割所取代，培育没有分枝或者茎秆、株高合适，花序单一和种子成熟期一致的藜麦新品种将非常适合机械化收割作业。

8. 收获指数

收获指数反映了作物光合作用和光合同化物转化至种子中的能力，收获指数可以通过栽培技术和生长环境条件进行改良（Bertero and Ruiz，2010）。Rojas 等（2003）报道藜麦收获指数的变化范围为 0.06～0.87。传统的栽培品种，特别是山谷生态型，由于其分枝较多、株高较高，更多的光合同化物被分配到源器官中，使得收获指数较低。

6.3.2 加工企业和消费者需求

在不同的藜麦种质资源中，品质性状存在着显著差异，品质性状在藜麦育种中可以用于改良营养品质特性。

1. 蛋白质含量和组成

与其他作物一样，藜麦种子的蛋白质含量与土壤中的氮含量和吸收、营养结构的运输和吸收、从源器官到库器官氮的运输和再利用相关，还与胚乳发育时碳水化合物的积累、单位面积种子的数量和大小等因素相关。这些复杂的关系，使得相同基因型的藜麦种植在同一地块的不同部位、不同地块、不同区域或不同年份蛋白质含量的差异变化较大。藜麦种子中蛋白质的含量为7%～22%（Koziol，1992；Prakash et al.，1993；Wright et al.，2002；Repo-Carrasco et al.，2003；Bhargava et al.，2007a；Gómez and Eguiluz，2011）。种子蛋白质含量高通常会导致碳水化合物积累减少，因此提高藜麦产量会导致种子蛋白质含量降低。然而，Bhargava等（2007a）发现不同起源地的藜麦品系，其产量和蛋白质含量之间没有显著相关性，并认为这些结果有助于培育高产和高蛋白质含量的藜麦品种。

藜麦蛋白质具有非常高的生物活性。然而，由于缺少不同基因型和环境条件对氨基酸组成影响的了解，目前提高藜麦中一些氨基酸的含量还未实现。尽管缺少这方面的知识，由于增加一些氨基酸含量的潜力存在，将来这会是一个非常有希望和前途的研究领域。

2. 种子特性

1）颜色

直到21世纪初，白色或奶油色的藜麦种子才会被消费者和加工企业所接受，而深色藜麦种子在过去的十年才被推广整合到市场上，种子颜色深度与类胡萝卜素含量呈高度正相关，Bhargava等（2007a）的研究结果也显示深色种子的藜麦类胡萝卜素含量高。

2）种子大小

藜麦育种的另外一个潜在的目标是培育种子大小均匀的品种。藜麦种子大小的变化范围较大，从低于1.4 mm到超过2.0 mm，这种差异性在同一花序上非常普遍（Gómez and Eguiluz，2011）。研究发现藜麦种子大小和种子重量存在着非常显著的相关性（Ochoa and Peralta，1988；Cayoja，1996；Rojas et al.，2003）。开花后的温度和光周期在很大程度上影响了种子大小。开花后短日照和低温有利于导致大粒径，而开花后的长日照和高温对粒径有负面影响（Bertero et al.，1999；Bhargava et al.，2007a）。当藜麦种子用于制作藜麦米或者麦片时，大粒种子更受欢迎，而藜麦种子制粉时，大小无关紧要。

3）种子皂苷含量

皂苷含量对藜麦种植农户、消费者和加工企业有着不同的含意。对于消费者，皂苷使得种子口感味苦必须去掉，从而增加了食品前处理和制作的时间。而另外一方面，有时种植农户更喜欢种一些皂苷含量高的藜麦品种，因为这样会减少鸟类和某些昆虫的破坏。对于加工企业，皂苷的去除需要特殊的设备和浪费大量的水资源，从而会增加成本。最近，皂苷的许多功能用途被研究发现，如作为有机清洁剂、泡沫灭火器、除臭剂和化妆品产业的用途。为了满足这些对皂苷的不同含量需求，作物种质库中有许多资源不含皂苷（甜），有许多资源皂苷含量较低（中甜），也有许多资源皂苷含量较高（苦）（Ward，2000a；Malt et al.，2006）。

进一步开展藜麦性质的基因遗传学研究，将有利于建立藜麦育种新方法及制定短期与长期育种目标。藜麦基因型方面的研究，已经提供了许多质量性状和数量性状的遗传学知识，如植株颜色、叶腋颜色、花序类型、皂苷含量、种子颜色和类型、基因和细胞质雄性不育、早熟和株高等（Gandarillas，1968，1974，1979a，1979b，1986；Rea，1969；Espindola，1980；Bonifacio，1990，1995；Saravia，1991；Ward，2000b）。

6.3.3 遗传改良方法

1. 生殖生物学

藜麦的有性生殖系统，提供了产生新的基因组合和基因突变的机会，在下一代的性状体现，可能会对变化的环境具有更好的适应性。虽然藜麦主要是通过种子来种植，但体外无性繁殖也有研究报道（Ruiz，2002）。

雌雄同株是藜麦主要的繁殖系统，花序有 3 种基本类型，分别是雌雄同体、有花被雌蕊和无花被雌蕊，根据花的大小又有 5 种花型。根据雌雄同体和雌性花比例以及它们的排列，并根据团伞花序上二歧聚伞花序种类的数量，共有 10 种花型（Leon，1964；Rea，1969；Bhargava et al.，2007b）。

藜麦主要是自花授粉，虽然存在着串粉的可能。在秘鲁和玻利维亚的研究表明，不同藜麦基因型的异花授粉率在 1.5%（20 m 距离）～9.9%（1 m 距离）（Gandarillas and Tapia，1976）。美国的一些研究结果也显示相同的异花授粉率，异花授粉率超过 10%（House，1982；Jennings et al.，1981）。在阿根廷门萨多测定的藜麦异花授粉率达 17.36%（Silvestri and Gil，2000）。

藜麦的异花授粉率取决于以下 5 个因素：①花序中不同花型的比例；②植株上雌雄同花的比例，其变化范围在 2%～99%；③雄性不育的雌雄同花的数目；④自交不亲和与雌蕊先熟现象的存在；⑤环境和昆虫的影响。

温度低于或者高于 30℃会推迟开花和影响花粉的生活力。在对橙色花序品系（CO407）和近红色花序品系（CO407R）花粉异交的研究表明，风传花粉能够远播至 36 cm。

在南美洲地区，藜麦花粉能够被牧草虫和绿蚜虫（*Aphis* sp.）等昆虫传播。

然而在圣路易斯山谷和科罗拉多地区，尽管许多双翅目昆虫经常在藜麦花上，但没有发现昆虫进行花粉传播活动，花粉主要靠风传播（Rea，1969；Gandarillas，1979a；Aguilar，1980；Johnson and Ward，1993；Lescano，1994；Silvestri and Gil，2000）。然而，也有一些特殊案例，如通过闭花完全进行自花授粉（Nelson，1968），通过自交不亲和或雄性不育只能进行异花授粉（Nelson，1968；Gandarillas，1969；Simmonds，1971），这些研究显示藜麦具有相当全面的繁殖体系。

雄性不育现象存在于许多藜麦种质资源，这些资源主要来自安第斯高原地区中部、秘鲁和玻利维亚的提提喀喀湖流域以及玻利维亚北部地区。雄性不育的遗传主要是由细胞核基因和细胞质因子控制的，细胞质被分为正常型（N）和不育型（S），而细胞核基因则被分为可育性（Ms）和不育性（ms）。栽培品种 Apelawa 的不育细胞质被表示为 A 细胞质，而较老的资源 PI 510536 则被表示为 C 细胞质（Gandarillas，1969；Saravia，1991；Ward and Johnson，1993；Ward，1998）。

可育藜麦资源的花药通常是亮柠檬黄色（Rea，1969），但具有雄性不育基因的藜麦资源的花药为白黄色。具有雄性不育细胞质的藜麦植株的花没有花药，只有凸出的柱头，而雄性不育藜麦资源 PI 510536 有一个萎缩的花药，但不能产生花粉（Ward and Johnson，1993；Ward，1998）。

藜麦品种 Amachuma 和 Apelawa 是两个有潜力的雄性不育材料，Amachuma 的雄性不育表现出简单的基因遗传性状，Apelawa 是细胞质雄性不育型并已经被转移到 4 个另外背景的基因型中。来自 Apelawa 和杂草型资源 *Chenopodium berlandieri* 的杂交后代，具有部分恢复雄性不育的特性（Ward and Johnson，1993）。

2. 多倍体水平

藜麦多倍体同样是育种中一个非常重要的因素，它能够影响生殖亲和性、生育力和表型性状。藜属植物的基础染色体数目为 $n=x=9$。藜麦的染色体数为 $2n=36$，被认为是异源四倍体植物，是由于两个二倍体杂交导致染色体数目加倍而形成的四倍体（Gandarillas，1986；Simmonds，1971；Maughan et al.，2004，2006）。

等位基因分离分析结果表明，独立分配的双染色体遗传位于同源位点。许多研究报道了 F_2 群体中 1 个或 2 个基因的质量性状符合经典孟德尔比例（Cardenas and Hawkes，1948；Gandarillas and Luizaga，1967；Gandarillas，1968，1979b，1986；Simmonds，1971；Saravia，1991；Bonifacio，1990，1991）。Ward（2000b）利用等位基因分离分析法研究了 F_1 和 F_2 的比例，结果显示研究的 3 个性状中有 2 个性状存在着二倍体遗传和四倍体遗传，同时畸变的 F_2 比例表明减数分裂期有不稳定的多价形成。

6.4 藜麦育种方法

目前，许多育种方法已经应用到藜麦育种中，如选择（单选和/或混合选择）、引种、杂交、回交和人工诱变育种。

6.4.1 选择法

在不同安第斯区域，早期的藜麦品种改良主要是从天然群体或地方品种中选择优良单株，这一方法一直持续了几个世纪，单选和混合选择都有应用。

1. 单选

单选是从地方品种群体中选择具有一个或多个优良性状的单株，并且每行播种该单株（花穗）收获的种子，对后代所关注的性状进行评估和选择（在一行或行间选择）。这种方法的改进方法被称为“花序-行”，与前述方法程序相同，但有一区别是在每个生长季严格控制进行自花授粉。这种方法通常重复2个或多个生长季，以期达到同质性（Gandarillas，1979a；Bonifacio，2003），利用这种方法曾培育了品种Sajama Amarantiforme。

自花授粉处理可以在整个花序中或者也可以在花序的一部分或者选定的小簇进行。当整个花序进行自花授粉处理时，要去除周围叶片并用防油纸袋包住；当花序中一小部分小球体进行自花授粉处理时，应去除大部分花序，选择8～10个小球体用玻璃纸与其他部分隔离，并定期进行检查以免遭受病虫害，因为这些选择的小球体更容易受到蚜虫的损害。

2. 混合选择

混合选择法主要是选择大量具有相似基因型的优良群体，它们的种子收获后混合在一起形成新的品种。为了改良存在遗传差异的品种（群体），混合选择在同一群体中要应用多次。混合选择培育的品种，在较长时间内具有适性广、遗传基础广和产量稳定的特点。在混合选择中需考虑到株高、植株、种子颜色、种子大小、抗病性、皂苷含量和生育期等性状。混合选择选育的品种主要有以下特性：混合了不同的基因型，通常种子大小、颜色和皂苷含量，以及其他市场和加工企业偏好性状都相同。

在玻利维亚，分层群选用来从Real地方品种选育栽培品种，同时用来保存现有的品种资源，通过混合选择培育的最重要的品种有玻利维亚的Real，智利的Baer，哥伦比亚的Dulce de Quitopamba，秘鲁的Pasankalla、Chewecca、Blanca de

Juli、Amarilla de Mlarangani、Blanca de Junin、Rosada de Junin 和 Blanca de Hualhuas。

6.4.2 参与式植物育种（PPB）

在恶劣和多变环境条件下最初发展的是小农农业，参与式植物育种（PPB）是一个在小规模农田下改良藜麦种质资源可行的方法。PPB 使得农民和其他利益相关者都参与到育种计划中，利益相关者可以和育种家一起参与到育种周期的 5 个基本步骤中的任何一步，这个基本步骤为设定目标、创造变异性、筛选试验品系或基因型、测试筛选的试验品系或基因型、品种的田间释放和推广。

在厄瓜多尔，PPB 被应用推广，农民田间选择藜麦的标准大多数基于产量、早熟和植株颜色。至于种子选择，一些食物资源不稳定的农民主要根据产量高低选择，而拥有稳定充足食物资源的农民注重产量的同时还关注种子大小、颜色、皂苷含量和市场销售情况（Ceccarelli et al.，2000；McElhinny et al.，2007）。

6.4.3 国外资源引种

在过去的几十年，藜麦种质资源和品种在安第斯区域的不同国家间进行了传播和交换，经过一系列的评价和繁殖，一些引进的资源已经发展成为商业可售的藜麦品种。总体而言，从玻利维亚南部阿尔蒂普拉诺高原引进的藜麦资源，在玻利维亚北部阿尔蒂普拉诺高原和秘鲁阿尔蒂普拉诺高原试种并不成功，尽管有一些特例，但主要是由于这些资源对霜霉病的高敏感性，特别是 Real 藜麦种类。

与此相似，从北部和中部引进的藜麦资源主要是山谷型，具有较长的生育期，对干旱和霜冻敏感。有一个例外的品种 Sayaña，目前已经适应玻利维亚的乌尤尼周边地区。在帕塔卡马亚地区培育的品种如 Sajama、Kamiri、Huaranga 和 Chucapaca，被农民和研究机构引入秘鲁地区，它们在普诺表现出了很好的适应性。这些引进的藜麦资源作为商业可售品种，主要是由于其种子质量高。厄瓜多尔的藜麦栽培品种 ata de Ganso，就是由引进的玻利维亚资源培育而成的。

藜麦也同样被引进到安第斯区域以外的国家，英国引入了来自玻利维亚、秘鲁和智利的 300 份资源（Risi and Galwey，1984；Risi，1986）。不同研究机构筛选出的优异藜麦种质资源，被收录和保存在由美国和欧洲不同国家管理着的藜麦试验（测试）点（Mujica et al.，2001）。

初步试验结果表明，来自秘鲁和厄瓜多尔山谷地区的藜麦资源对霜霉病具有较好的抗性，而来自玻利维亚的资源表现出高敏感性。来自沿海地区的藜麦资源早熟，但在高原地区对冰雹高度敏感。Bhargava 等（2007a）研究了 27 份藜麦资源（*C. quinoa*）和 2 份伯兰德氏藜资源（*C. berlandieri* subsp. *nuttalliae*）在北印度地区对亚热带气候条件的适应性，试验周期 2 年，产量变化范围为 0.32～9.83 t/hm^2，高产的藜麦资源有来自智利的 4 份、美国的 2 份、阿根廷的 1 份和玻利维亚的 1 份。

6.4.4 杂交

杂交育种方法已经应用于藜麦育种，杂交的主要目标是将来自不同资源的目标性状集中到一个新的品种或品系中，以对某些数量性状进行改良。

1. 亲本选择

亲本选择是育种计划成功与否的第一步，也是最重要的步骤之一。亲本的选择主要取决于育种目标，以及为满足具体目标的基因型的可用性，将两个具有互补性状的基因型进行杂交是一种常用方法。有重要育种价值的性状分布在不同起源地的种质资源中，如无皂苷生态型的种子偏小（小到中等），而味苦（含皂苷）生态型的种子较大；抗或者耐受霜霉病的资源主要是山谷生态型，但有分枝且生育期较长；阿尔蒂普拉诺高原生态型对霜霉病敏感，但无分枝而且早熟。所有这些性状可以通过杂交和后期选择的方法整合到一个基因型中。Risi 和 Galwey（1989）推断，适当条件所需要的藜麦性状在很大程度上可以从智利中南部海拔为零的地区收集的种质资源中获得，而这些性状分散在种子资源中。Carmen（1984）认为，从阿尔蒂普拉诺国立大学安第斯作物种质库收集的资源中可获得早期遗传材料。

藜麦育种家应该关注，将沿海地区藜麦资源的抗霜霉病性状，转入到阿尔蒂普拉诺高原地区的藜麦资源中。相反，沿海地区藜麦资源需要引入一些更具吸引力的农艺性状，如来自安第斯高原地区 Real 藜麦的大粒种子性状（Fuentes et al.，2009）。

2. 开花生物学

藜麦的开花期，始于每个小球体或者花穗的顶端。雌雄同花和雌性花一般是同时开放。大多数花在早上开放，开花数在中午达到最多。降雨能够减少开花数量，花药裂开从清晨持续至午后，中午时花药释放的花粉量最多，开花期持续时间为 5～13 天。在 8 个地方品种和 5 个商业藜麦品种中，平均花期是 14.5 天，平均花药裂开期是 18.2 天，平均有 2.5%的花畸变（Ignacio and Vera，1976；Gandarillas，1979a；Lescano，1980）。

3. 去雄和授粉过程

许多研究都描述了藜麦的人工杂交过程（Rea，1948；Gandarillas and Luizaga，1967；Gandarillas，1979a；Lescano and Palomino，1976；Bonifacio，1990，1995）。许多作物的人工去雄和授粉通常非常简单，但藜麦的花序特性和花非常小等原因，使得去雄和授粉非常困难。藜麦杂交可以在田间和温室进行，但适合植株生长和发育的环境非常重要。Pasankalla×SalcedoINIA 和 Pasankalla×Choclo 分别在试验田条件下杂交，其母本的结实率分别为 41%和 63%（Leon，2004，2005）。

杂交可能是单一的或者是相互的，但在任何情形下，具有一个或多个形态学标记，或者说质量性状作为形态学标记在一个亲本中的表现是非常重要的，这样能够鉴别 F_1 群体中的杂交种。母本品系中必须具有隐性性状，父本品种中则必须有显性性状。选择能够忍受整个去雄和授粉过程的亲本同样重要，这一过程需要持续 10～14 天。母本必须能够忍受重复的去雄和授粉过程，而父本则要提供充足的具有育性的花粉。

杂交过程所需器材有锋利尖锐的小剪刀、尖头的镊子或者针、玻璃纸袋、回形针和小标签。母本必须在开花前选择 2～3 个等距离的小球体，去掉花序上的叶片。每个小球体下面只留 1 片叶，其他花序也去掉。藜麦的最好去雄时间是在花药已经充满但尚未裂开时，雌雄同花的花挑选出来后去雄，在花粉散出前用针去掉花药，同时不能伤害柱头。在雌性花的小球体被保留之后，必须去掉每个花序的 5 个花药，这一过程需要持续 10～14 天。人工去雄和授粉一旦开始，为防止其他花粉干扰，必须根据花序的大小用玻璃纸袋将花序包起来，袋的宽度要适合花序大小，并要有足够的长度能被回形针或纸夹夹住。在试验田间，杂交的花序有时要用木棍支撑，同时用标签来标注母本名称、去雄时间、操作员姓名等信息。

高粱去雄的方法（Alvarez，1993），即用 42℃的温水去雄，在藜麦中的应用并不成功。水稻中推荐使用的真空泵方法（Gennings et al.，1981）还未用于藜麦，不过推测此方法可能不起作用，因为藜麦的花药被花被裂片紧紧覆盖。

气温接近 24℃的晴朗天气，是理想的杂交气候条件，高湿度的阴天和低温天气（接近或低于 15℃）不利于开花。藜麦花粉需用表面皿、纸袋或有盖培养皿收集。选择的父本花序需弯曲植株并不断摇晃以收集花粉，生育力较好的花粉可以通过观察表面是否有微黄色粉末且没有胶着在一起来辨别，生育力较差的花粉则表现为胶着在一起并有花粉囊存在。

藜麦雄性不育的现象同样可以应用到藜麦杂交育种中。然而，利用雄性不育首先要选育雄性不育系和保持系，而且每次杂交过程须将雄性不育导入到选择的亲本中。相反，如果有优良的品系具有雄性不育特性，它们可以不用经去雄过程直接作为杂交母本。杂交过程的第一步是鉴定雄性不育植株，花序的顶端需要去除以免有外部的花粉传入，雄性不育植株（母本）接受来自父本的花粉进行授粉。

授粉后植株隔离 1 个星期，种子形成时撤掉隔离。授粉过程可以重复 2 次，以保证有更多结实的种子。Ward 和 Johnson（1993）利用雄性不育进行杂交，选择的父本植株与雄性不育植株（母本）相邻种植，这种方法比较简单，并且很容易控制外部花粉的污染，可以用于温室中的单杂交或少量多杂交。

4. 混合选择

F_2 世代群体的量必须足够大，以保证有充足的重组植株能够选出含有目标性状的新群体，混合选择、谱系选择和单粒传法（SSD）可以用来选择这些分离群体。

混合选择是一种优先选择的育种方法，因为这种方法简单且劳动力成本低。植株从 F_2 到 F_6 世代混合收获，每一世代混合收获的种子在下一年播种在试验小区。自然选择会降低群体中不适应类型的频率，藜麦的每个世代一般要有 3000 株以上用于混合选择。在 F_6 世代，植株被认为已经达到了期望的纯合度水平，育种家进行花序选择。每个花序收获的种子进行行播，每行称为品系，并开始进行生产试验。

在玻利维亚，藜麦品种 Sajama 就是采用这种方法选育而成的，在 F_2 世代，所有具有苦涩特性的植株被丢弃，下一世代主要进行植株活力、种子大小、紧凑型花序和种子甜度等性状选择（Gandarillas，1979a，1979b），利用这种方法选育的品种还有 Chucapaca、Huaranga 和 Kamiri Robura（Bonifacio，2003）。

5. 单株或谱系选择

单株或谱系选择要求从 F_2 到 F_6 世代对选择的材料保持记录，直到种子开始生产试验。每个从杂交中选择的 F_2 植株通过杂交记录编号和选择记录编号来鉴别选择的花序行从 F_2 世代开始种植，从 F_3 后代行中和行间进行选择，对每个植株进行编号，每个植株的种子进行播种作为 F_4 世代。这一过程可以一直持续直到达到期望的纯合度水平，然后选择行内的种子混合收获，并作为品系进行生产试验。

在 F_2 或 F_3 世代，明智的做法是进行最具遗传特性性状的选择，如种子甜味、花序颜色和种子颜色。在 F_3、F_4 或者是更高世代，主要进行多基因控制性状的选择。最近，这种方法通过花序-行选择体系进行了改进。

在玻利维亚，在 PROINPA 2002-2003、PREDUZA 和 McKnight 三个项目的共同努力下，从含有 25 个不同亲本品种组成的杂交试验中成功获得了 36 个 F_1 世代杂交组合，F_2、F_3 和 F_4 世代是在一个半地下的温室（waliplini）进行的，每年进行 2 代的加代选择试验。对后代进行了目标性状的选择，如抗霜霉病、大粒种子、早熟、白色和彩色种子及植株活力等性状。更高的世代在 5 个不同地点进行了生产试验，L-26（85）品系因其具有高产、早熟和大粒性状而被选择，命名为 Jach'a Grano，并作为新品种进行推广应用，其品种名用当地语言翻译为“大种子”（http://www.proinpa.org）。

6. 单选和混选结合

单选和混合选择结合在一起可以同样用于 F_2 世代群体选择，两者的结合使得能够对单株后代和未来品种遗传基础的扩展进行评价。通过这种结合选择法获得的品种有 Sayaña、Jilata、Patacamaya、Ratuqui、Jumataki、lntinaira、Surumi 和 Santamaria（Bonifacio，2003）。

7. 单粒传法

单粒传法的目标是当群体中植株快速趋于纯合的同时保持这些植株间的高度异质性。最基本的程序是从 F_2 到 F_6 世代每个植株（花序）选择 1～2 粒种子，但藜麦种子较小很难选择 1～2 粒种子，因此建议在每个世代的每个选择植株中选取 5～10 粒种子。种子播种后，最有活力的植株将进一步被选择。单粒传法在温室和田间的循环选择缩短了培育新品种的所需时间，F_7 和更高世代的种子播种在试验田中，可在农民的参与下选出优良植株。

6.4.5 种间或属间杂交

对藜麦也可进行简单和相互的种间杂交，不同种间的优良性状可组合集中到选择的后代中。但是，种间杂交会出现杂交种不育性，可育性只能通过回交进行修复（Bonifacio，1995）。通过藜麦和山菠菜（*Atriplex hortensis*）的属间杂交也可能获得杂交种，另外一种属间杂交（藜麦和 *S. foliosa*）结果显示，其后代在 Swaeda，Kauchi 地区显示出较高的抗霜冻和抗盐特性，这些特性均可应用于藜麦（Bonifacio，2003）。

6.4.6 回交

回交法可以用于改良一个具有很多优良性状但是缺乏某一特定的质量性状的品种。有一个在玻利维亚完成的例子，品系 1638（供方亲本）和品种 Patacamaya（回交亲本）进行杂交，供方亲本是里尔种（Real race）的资源，粉色型大粒苦涩味种子，回交亲本是绿色型甜味种子，合成的 F_1 世代是粉色型苦涩味种子。F_1 世代再与 Patacamaya 品种进行回交，产生的后代是粉色型大粒甜味种子。回交主要还应用于栽培型和野生型杂交后产生的后代，进行回交可以清理遗传背景（Bonifacio，2003）。

6.4.7 藜麦中杂种优势的利用

Ward 和 Johnson（1993）观察到藜麦的杂种优势，引起了生产商业杂交种的广泛兴趣。Wilson（1990）对不同起源地的资源和雄性不育资源的杂交后代进行了差异化分组研究，在科罗拉多杂交试验中，Wilson's 设计的试验组中的藜麦在产量性状上没有显示出杂种优势，而试验组间的杂交显示出了杂种优势，变化范围在 201%～491%（Wilson，1990）。

6.4.8 诱变

与杂交和轮回选择等传统育种方法相比，诱变等原子能技术的优点是可以改进已具有许多优良性状的地方或本土品种的一个或较少目标性状。杂交虽然能够组合亲本的性状，但选择目标性状需要大量的时间和土地。相反，利用诱变技术可以快速选择目标性状，并且利用的土地和资源很少。

秘鲁研究报道了藜麦育种中首次利用诱变技术（Gomez-Pando and Eguiluz-de la Barra，2013），栽培品种 Pasankalla 的干燥种子用伽马射线进行辐射处理，辐射剂量为 150 Gy、250 Gy 和 350 Gy。在 M_1 代，随着辐射剂量的增加，发芽过程推迟，同时秧苗高度、根系长度和叶发育在 250 Gy 剂量下被最大限度地降低，在 350 Gy 剂量下没有植株存活。在 M_2 代，叶绿素突变的最大范围是 150 Gy，叶绿素突变的最大频率是 250 Gy，氯突变是最主要的，接下来是黄原胶突变，在所有诱变剂量下，分枝数、花梗长度、株高、生育期、茎和叶的颜色、叶片形态学等均发生了变化，株型都得以改进，特别是增产潜力发生了变化，每个植株发生了多种突变，特别是在 250 Gy 剂量下。在 M_3 代，观察到了相同的突变范围，连同一些目标性状的改进，如株高降低。一些传统的藜麦栽培品种株高超过 2 m，易倒伏，特别难于收获，这些品种急需降低株高。种子颜色的变化（从红色到白色）也能够实现，特别是市场上广受欢迎的白色种子（Gomez-Pando and Eguiluz-de la Barra，2013）。

6.4.9 标记辅助选择育种（MAS）

现代育种技术使得数量性状基因座（QTL）可以应用到藜麦品种改良中。在 PROINPA、PREDUZA 和 McKnight 3 个项目的共同资助和努力下，研发出了藜麦密度遗传图谱。美国杨百翰大学的科学家开发出了成百上千个 SSR 标记和 SNP 标记，玻利维亚正绘制 3 个作图群体，以开发高密度遗传图谱用于辅助标记选择（MAS）。重要性状的分子标记，如抗霜霉病、皂苷含量、种子蛋白质组成和含量已经利用这些标记完成作图（Maughan et al.，2004；Coles et al.，2005；Mason et al.，2005；Stevens et al.，2006；Jarvis et al.，2008；Rodriguez and Isla，2009），使标记辅助选择更好地应用到藜麦育种中。

6.5 结 论

藜麦作物的遗传改良可以通过各种育种方法来实现，如传统育种方法、诱变育种和利用分子遗传学技术获得优良基因型等。藜麦是一种未被充分利用的作物，可以作为一种有价值的轮作作物，以帮助世界面对一些严峻挑战，如气候挑战、食品安全、人类营养以及世界食品的供给过度依赖几个作物品种等。

参考文献

Alvarez A. 1993. Evaluacion de Tecnicas de Hibridacion en el Mejoramiento Genetico de la quinua (*Chenopodium quinoa* Willd). Mg. Sc. Thesis, Universidad Nacional Agraria La Molina, Lima, Peru. p. 51.

Aguilar AP. 1980. Identificación de mecanismos de androesterilidad, componentes de rendimiento y contenido proteico en quinua (*Chenopodium quinoa* Willd). Mg. Sc. Thesis, Universidad Agraria La Molina, Lima-Peru. p. 77.

Bhargava A, Shukla S, Ohri D. Genetic variability and interrelationship among various morphological and quality traits in quinoa (*Chenopodium quinoa* Willd.). Field Crops Res 2007a;101:104–116.

Bhargava A, Shukla S, Ohri D. Gynomonoecy in *Chenopodium quinoa* (Chenopodiaceae): variation in inflorescence and floral types in some accessions. Biologia Bratislava 2007b;62(1):19–23.

Bhargava A, Shuklab S, Ohrib D. Implications of direct and indirect selection parameters for improvement of grain yield and quality components in *Chenopodium quinoa* Willd. Int J Plant Prod 2008;2:184–191.

Bollaert W. 1860. Antiquarian, ethnological and other researchers in New Granada, Ecuador, Peru and Chile. S.N.T: 279.

Bertero HD, King RW, Hall AJ. Photoperiod-sensitive development phases in quinoa (*Chenopodium quinoa* Willd.). Field Crops Res 1999;60:231–243.

Bertero HD, de la Vega AJ, Correa G, Jacobsen SE, Mujica A. Genotype and genotype-by-environment interaction effects for grain yield and grain size of quinoa (*Chenopodium quinoa* Willd.) as revealed by pattern analysis of international multi-environment trials. Field Crops Res 2004;89:299–318.

Bertero HD, Ruiz RA. Determination of seed number in sea level quinoa (*Chenopodium quinoa* Willd.) cultivars. Eur J Agron 2008;28(3):186–194.

Bertero HD, Ruiz RA. Reproductive partitioning in sea level quinoa (*Chenopodium quinoa* Willd.) cultivars. Field Crops Res 2010;118:94–101.

Bonifacio A. 2003. *Chenopodium* spp.: genetic resources, ethnobotany, and geographic distribution. Food Rev Int 19(1):1–7. DOI: 10.1081/FRI-120018863. Available from: 10.1081/FRI-120018863.

Bonifacio A, Mujica A, Alvarez A, Roca W. Mejoramiento genético, germoplasma y producción de semilla. In: Mujica A, Jacobsen S, Izquierdo J, Marathee MP, editors. Quinua: ancestral cultivo andino, alimento del presente y futuro. Chile: FAO. UNA. CIP. Santiago; 2004. p 125–187.

Bonifacio A. 1990. Caracteres hereditarios y ligamiento factorial en la quinua (*Chenopodium quinoa* Willd.) Ing. Agr. Thesis, Cochabamba, Bolivia Universidad Mayor de San Simon. p. 189

Bonifacio A. 1991. Materiales de aislamiento en cruzamientos de la quinua. In: Congreso Internacional sobre Cultivos Andinos, 6to. Quito, Ecuador. pp. 67–68.

Bonifacio A. 1995. Interspecific and intergeneric hybridization in chenopod species. Thesis M.Sc., Provo, Utah Brigham Young University. p. 150

Bravo R, Catacora P. Granos Andinos: avances, logros y experiencias desarrolladas en quinua. In: Bravo R, Valdivia R, Andrade K, Padulosi S, Jager M, editors. Cañihua y Kiwicha en el Perú. Ed FIDA - Bioversity International: Roma, Italia; 2010. p 136.

Bruno MC, Whitehead WT. *Chenopodium* cultivation and the formative period of agriculture at Chiripa, Bolivia. Latin Am Antiq 2003;14(3):339–355.

Cardenas M, Hawkes JG. Número de cromosomas de algunas plantas nativas cultivadas por los indios en los Andes. Rev Agric 1948;4:30–32.

Carmen M. Acclimatization of quinoa (*Chenopodium quinoa* Willd.) and canihua (*Chenopodium pallidicaule* Aellen) to Finland. Ann Agr Fenniae 1984;23:135–144.

Cayoja MR. 1996. Caracterización de variables continuas y discretas del grano de quinua (*Chenopodium quinoa* Willd.) del banco de germoplasma de la Estación Experimental Patacamaya. Tesis de Lic. en Agronomía. Oruro, Bolivia, Universidad Técnica Oruro, Facultad de Agronomía. 129 p.

Ceccarelli S, Grando S, Tutweiler R, Baha J, Martini AM, Salahieh H, Goodchild A, Michael M. A methodological study on participatory barley breeding: I. selection phase. Euphytica 2000;111:91–104.

Christensen SA, Pratt DB, Pratt C, Stevens MR, Jellen EN, Coleman CE, Fairbanks DJ, Bonifacio A, Maughan PJ. Assessment of genetic diversity in the USDA and CIP-FAO international nursery collections of quinoa (*Chenopodium quinoa* Willd.) using microsatellite markers. Plant Genet Res 2007;5:82–95.

Coles ND, Coleman CE, Christensen SA, Jelle EN, Stevens MR, Bonifacio A, Rojas-Beltran JA, Fairbanks DJ, Maughan PJ.

Assessment of genetic diversity in the USDA and CIP-FAO international nursery collections of quinoa (*Chenopodium quinoa* Willd.) using microsatellite markers. Plant Genet Res 2007;5:82–95.

Coles ND, Coleman CE, Christensen SA, Jelle EN, Stevens MR, Bonifacio A, Rojas-Beltran JA, Fairbanks DJ, Maughan PJ. Development and use of an expressed sequenced tag library in quinoa (*Chenopodium quinoa* Willd.) for the discovery of single nucleotide polymorphisms. Plant Sci 2005;168(2):439–447.

Cusack DF. Quinoa: grain of the Incas. Ecologist 1984;14:21–31.

Danielsen S, Jacobsen SE, Mujica A. 2000. Susceptibilidad al mildiu (*Peronospora farinosa*) y pérdida de rendimiento en ocho cultivares de quinua (*Chenopodium quinoa* Willd). En: Resumen II Congreso Internacional de Agricultura en Zonas Áridas. Iquique, Chile. p. 59.

Duvick DN. Plant Breeding, an Evolutionary Concept. Crop Sci 1996;36:539–548.

Eguiluz A, Maugham PJ, Jellen E, Gómez L. 2010. Determinación de la diversidad fenotipica de accesiones de quinua (*Chenopodium quinoa* Willd) provenientes de valles interandinos y del altiplano peruano. Available from: http://www.infoquinua.bo/fileponencias/.

Espindola G. 1980. Estudio de componentes directos e indirectos del rendimiento en quinua (*Chenopodium quinoa* Willd.) Ing. Agr. Thesis, Cochabamba, Bolivia Universidad Mayor de San Simon. 91 p.

FAOSTAT. 2014. http://faostat3.fao.org.

Fuentes F, Martinez E, Delatorre J, Hinrichsen P, Jellen E, Maughan PJ. 2006. Diversidad genética de germoplasma chileno de quinua (*Chenopodium quinoa* Willd.) usando marcadores de microsatélites SSR. In: Estrella A, Batallas M, Peralta E and Mazón N, editors. Resúmenes XII Congreso Internacional de Cultivos Andinos. 24 al 27 de Julio de 2006. Quito, Ecuador.

Fuentes FF, Martinez EA, Hinrichsen PV, Jellen EN, Maughan PJ. Assessment of genetic diversity patterns in Chilean quinoa (*Chenopodium quinoa* Willd.) germplasm using multiplex fluorescent microsatellite markers. Conserv Genet 2009;10:369–377.

Gandarillas H, Luizaga J. Numero de cromosomas de *Chenopodium quinoa* Willd. En radículas y raicillas. Turrialba (Costa Rica) 1967;17(3):275–279.

Gandarillas H. 1968. Razas de quinua. Boletin Experimental 34. La Paz, Bolivia: Ministerio de Agricultura y Asuntos Campesinos. Division de InvestigacionesAgrıcolas, Universo. p. 35.

Gandarillas H. Esterilidad genética y citoplasmática de la quinua (*Chenopodium quinoa* Willd.). Turrialba 1969;19:429–430.

Gandarillas H. 1974. Genetica y origen de la quinua. Ministerio de Asuntos Campesinos y Agropecuarios. Instituto Nacional del Trigo. La Paz, Bolivia. Boletin Informativo 9. p. 21.

Gandarillas H, Tapia M. 1976. La variedad de quinua dulce Sajama. In: II Convención Internacional de Quenopodiaceas, Quinua y Cañahua. 26 – 29 abril, Potosi, Bolivia. UBTF, CDOP de Potosi, IICA. Potosi, Bolivia. p. 105.

Gandarillas H. Mejoramiento genético. In: Tapia M, editor. Quinua y Kaniwa. Cultivos Andinos. Bogotá, Colombia: Centro Internacional de Investigaciones para el Desarrollo (CIID), Instituto Interamericano de Ciencias Agricolas (IICA); 1979a. p 65–82.

Gandarillas H. Genetica y origen. In: Tapia M, editor. Quinua y Kaniwa. Cultivos Andinos. Bogotá, Colombia: Centro Internacional de Investigaciones para el Desarrollo (CIID), Instituto Interamericano de Ciencias Agricolas (IICA); 1979b. p 45–64.

Gandarillas H. 1986. Estudio anatomico de los organos de la quinua. Estudio de caracteres correlacionados y sus efectos sobre el rendimiento. Hibridaciones entre especies de la subseccion. Cellulata del Genero *Chenopodium*, La Paz, Bolivia. 48 p.

Gęsiński K. Evaluation of the development and yielding potential of *Chenopodium quinoa* Willd. under the climatic conditions of Europe. In: Part two: Yielding potential of *Chenopodium quinoa* under different conditions. Acta Agrobotanica 2008;61(1):185–189.

Gomez-Pando L, Alvarez-Castro R, Eguiluz-de la Barra A. Effect of salt stress on Peruvian germplasm of *Chenopodium quinoa* Willd.: a promising crop. J Agron Crop Sci 2010;196:391–396.

Gómez L, Eguiluz A. 2011. Catalógo del Banco de Germoplasma de Quinua (*Chenopodium quinoa* Willd), Universidad Nacional Agraria La Molina, p. 183.

Gomez-Pando L, Eguiluz-de la Barra A. 2013. Developing genetic variability of quinoa (*Chenopodium quinoa* Willd.) with gamma radiation for use in breeding programs. Am J Plant Sci 4:349–355. doi:10.4236/ajps.2013.42046. Published Online February 2013 available from: http://www.scirp.org/journal/ajps.

Gremillion KJ. The evolution of seed morphology in domesticated *Chenopodium*: an archeological case study. J Ethnobiol 1993;13(2):149–169.

House LR. El sorgo. México, Gaceta: Guia para su mejoramiento. Universidad Autónoma Chapingo; 1982. p 425.

Ichuta F, Artiaga E. 1986. Relación de géneros en la producción y en la organización social en comunidades de Apharuni, Totoruma, Yauricani-Ilave. Informe para optar el grado de Bachiller en Trabajo Social. Puno, Peru. pp. 15–17.

Ignacio J, Vera R. 1976. Observaciones sobre la intensidad de floraci{on durante las diferentes horas del día efectuados en quinua *Chenopodium quinoa* Willd. Anales de la II Concenci{on Internacional de Quenopodiaceas quinua-cañihua. Potosi Bolibia. p. 102.

Jacobsen S, Stolen O. Quinoa - Morphology, phenology and prospects for its production as a new crop in Europe. Eur J Agron 1993;2(1):19–29.

Jacobsen SE, Quispe H, Mujica A. 2001. Quinoa: an alternative crop for saline in the Andes. In: Scientist and Farmer – Partners in Research for the 21st Century. CIP Program Report 1999–2000. pp. 403–408.

Jacobsen SE, Mujica A. Genetic resources and breeding of the Andean grain crop quinoa (*Chenopodium quinoa* Willd.). Plant Genet Res Newsl 2002;130:54–61.

Jacobsen SE, Mujica A, Jensen CR. The resistance of quinoa (*Chenopodium quinoa* Willd.) to adverse abiotic factors. Food Rev Int 2003;19:99–109.

Jacobsen SE, Monteros C, Christiansen JL, Bravo LA, Corcuera LJ, Mujica A. Plant responses of quinoa (*Chenopodium quinoa* Willd.) to frost at various phenological stages. Eur J Agron 2005;22(2):131–139.

Jacobsen SE, Monteros C, Corcuera LJ, Bravo LA, Christiansen JL, Mujica A. Frost resistance mechanisms in quinoa (*Chenopodium quinoa* Willd.). Eur J Agron 2007;26(4):471–475.

Jarvis DE, Kopp OR, Jellen EN, Mallory MA, Pattee J, Bonifacio A, Coleman CE, Stevens MR, Fairbanks DJ, Maughan PJ. Simple sequence repeat marker development and genetic mapping in quinoa (*Chenopodium quinoa* Willd.). J Genet 2008;87(1):39–51.

Jennings P, Coffman W, Kauffman H. Mejoramiento de Arroz. Centro Internacional de Agricultura Tropical (CIAT). CIAT: Cali; 1981. p 237.

Johnson DL, Ward SM. Quinoa. In: Janick J, Simon JE, editors. New crops. New York: Wiley; 1993. p 219–221.

Koziol MJ. Chemical composition and nutritional value of quinoa (*Chenopodium quinoa* Willd.). J Food Comp Anal 1992;5:35–68.

Kumar A, Bhargava A, Shukla S, Ohri D. Screening of exotic *Chenopodium quinoa* accessions for downy mildew resistance under mid-eastern conditions of India. Crop Prot 2006;25:879–889.

Leon J. 1964. Plantas Alimenticias. Bol. Tecnico. No.6. Instituto Interamericano de Ciencias Agricolas-Zona Andina, Lima, Peru. p. 112.

Leon J. 2004, 2005. Hibridación y comparación de la F1 con sus progenitores en tres cultivares de quinua (*Chenopodium quinoa* Willd.) en Puno, Perú. www.monografias.com/ ... quinua ... /mejoramiento-genetico-quinua-hibrid.

Lescano R, Palomino L. 1976. Metodologia de cruzamiento en quinua. In Segunda convención Internacional de Quenopodiaceas. Universidad Boliviana Tomas Frias, Comité Departamental de Obras Publicas de Postosi, Instituto Interamericano de Ciencias Agricolas, Potosi, Bolivia, pp. 78–80.

Lescano R. 1980. Avances en la genetica de la quinua. In Primera Reunion de Genetica y Fitomejoramiento de la Quinua. Universidad Nacional del Altiplano, Instituto Boliviano de Tecnologia Agropecuaria, Instituto Interamericano de Ciencias Agricolas, Centro Internacional de Investigaciones para el Desarrollo de Puno. pp. 1–9.

Lescano JL. Mejoramiento y fisiologia de cultivos andinos. CONCYTEC, Proyecto FEAS: Cultivos andinos en el Peru. Lima; 1994. p 231.

Lumbreras LG, Kaulicke P, Santillana JI, Espinoza W. 2008. Economía Prehispanica (Tomo 1). In: Contreras C, editor. Compendio de historia economica del Peru. Banco Central de Reserva del Peru. Instituto de Estudios Peruanos. pp. 53–77.

Malt SH, Mittelbach M, Rechberger GN. Tandem mass spectrometric analysis of a complex triterpene saponin mixture of *Chenopodium quinoa*. J Am Soc Mass Spec 2006;17(6):795–806.

Mason SL, Stevens MR, Jellen EN, Bonifacio A, Fairbanks DJ, Coleman CE, McCarty RR, Rasmussen AG, Maughan PJ. Development and use of microsatellite markers for germplasm characterization in quinoa (*Chenopodium quinoa* Willd.). Crop Sci 2005;45(4):1618–1630.

Maughan PJ, Bonifacio A, Jellen EN, Stevens MR, Coleman CE, Ricks M, Mason SL, Jarvis DE, Gardunia BW, Fairbanks DJ. A genetic linkage map of quinoa (*Chenopodium quinoa*) based on AFLP, RAPD, and SSR markers. Theor Applied Genet 2004;109:1188–1195.

Maughan PJ, Kolano BA, Maluszynska J, Coles ND, Bonifacio A, Rojas J, Coleman CE, Stevens MR, Fairbanks DJ, Parkinson SE, Jellen EN. Molecular and cytological characterization of ribosomal RNA genes in *Chenopodium quinoa* and *Chenopodium berlandieri*. Genome 2006;49(7):825–839.

McElhinny E, Peralta E, Mazón N, Danial D, Thiele G, Lindhout P. Aspects of participatory plant breeding for quinoa in marginal areas of Ecuador. Euphytica 2007;153:373–384.

Mujica A. 1988. Parámetros genéticos e índices de selección en quinua (*Chenopodium quinoa* Willd.). Tesis de Doctor en Ciencias. Colegio de Postgrado, Montecillo, México. 113 p.

Mujica A. Granos y leguminosas andinas. In: Hernandez J, Bermejo J, Leon J, editors. Cultivos marginados: otra perspectiva de 1492. Organización de la Naciones Unidas para la Agricultura y la Alimentación FAO: Roma; 1992. p 129–146.

Mujica A, Jacobsen SE. 2000. Agrobiodiversidad de las Aynokas de quinua (*Chenopodium quinoa* Willd.) y la seguridad alimentaria. In: Felipe-Morales C, Manrique A, editors. Proc. Seminario Taller Agrobiodiversidad en la Región Andina y Amazónica. 23–25 Noviembre 1988. Lima: NGO- CGIAR. pp. 151–156.

Mujica A, Jacobsen SE, Izquierdo J, Marathee JP. 2001. Resultados de la prueba americana y Europes de la quinua. FAO, UNA-Puno, CIP. p. 51.

Mujica A, Jacobsen SE. 2005. La quinua (*Chenopodium quinoa* Willd.) y sus parientes silvestres. In: Moraes M, Øllgaard RB, Kvist LP, Borchsenius F, Balslev H, editors. Botánica económica de los Andes Centrales. La Paz: Universidad Mayor de San Andrés. pp. 449–457. Available from http://www.ars-grin.gov/cgi-bin/npgs/html/tax_site_acc.pl?NC7%20Chenopodium%20quinoa.

Murray A. 2005. *Chenopodium* domestication in the South Central Andes: confirming the presence of domesticates at Jiskairumoko (Late Archaic-Formative), Peru. Thesis, Master of Arts in Anthropology, California State University: Fullerton. 98 p.

[NRC] National Research Council. Lost crops of the Incas. Washington, DC: National Academy Press; 1989. p 414.

Nelson DC. 1968. Taxonomy and origins of *Chenopodium quinoa* and *Chenopodium nuttalliae*. Ph.D. Thesis, University of Indiana, Bloomington. 99 p.

Ochoa J, Peralta E. 1988. Evaluación preliminar morfológica y agronómica de 153 entradas de quinua en Santa Catalina, Pichincha. Actas del VI Congreso Internacional sobre Cultivos Andinos. Quito, Ecuador. pp. 137–142.

Ochoa J, Frinking HD, Jacobs T. Postulation of virulence groups and resistance factors in the quinoa/downy mildew pathosystem using material from Ecuador. Pl Path 1999;48(3):425–430.

Ortiz R, Ruiz-Tapia EN, Mujica-Sanchez A. Sampling strategy for a core collection of Peruvian quinoa germplasm. Theor Appl Genet 1998;96:475–483.

Prakash D, Nath P, Pal M. Composition, variation of nutritional contents in leaves, seed protein, fat and fatty acid profile of Chenopodium species. J Sci Food Agric 1993;62:203–205.

PROINPA (http://www.proinpa.org). 2002–2003. Promocion e Investigacion de Productos Andinos Foundation, [BYU] Brigham Young University, The McKnight Foundation: Sustainable production of quinoa (*Chenopodium quinoa* Willd.) a neglected food crop in the Andean region. Annual report. p. 31.

Rea J. 1948. Observaciones sobre biologia floral y studio de saponinas en Chenopodium quinoa Willd. Ministerio de Agricultura. La Paz. Serie Tecnica3. p. 17.

Rea J. Biologıa floral de la quinua (*Chenopodium quinoa* Willd.). Turrialba 1969;19:91–96.

Repo-Carrasco R, Espinoza C, Jacobsen SE. Nutritional value and use of the Andean crops Quinoa (*Chenopodium quinoa*) and Kaniwa (*Chenopodium pallidicaule*). Food Rev Int 2003;19:179–189.

Risi J, Galwey NW. The *Chenopodium* grains of the Andes: Inca crops for modern agriculture. Adv Appl Biol 1984;10:145–216.

Risi J. 1986. Adaptation of the Andean grain crop quinoa (*Chenopodium quinoa* Willd.) for cultivation in Britain. Thesis Ph. D. University of Cambridge, Cambridge, Britain. 338 p.

Risi J, Galwey NW. Chenpodium grains of the Andes: a crop for temperate latitudes. In: Wickens GE, Haq N, Day P, editors. New crops for food and industry. London: Chapman and Hall; 1989. p 222–234.

Rodríguez MF, Rugolo de Agrasar ZE, Aschero CA. El uso de las plantas en unidades domésticas del Sitio arqueológico Punta de la Peña 4, Puna Meridional Argentina. Chungara Revista de Antropología Chilena 2006;38(2):257–271.

Rodriguez LA, Isla MT. Comparative analysis of genetic and morphologic diversity among quinoa accessions (*Chenopodium quinoa* Willd.) of the South of Chile and highland accessions. J Plant Breeding Crop Sci 2009;1(5):210–216.

Rojas W, Cayoja MR, Espindola G. Catálogo de la colección de quinua conservado en el Banco Nacional de Granos Altoandinos. Bolivia: La Paz; 2001. p 128.

Rojas W. Multivariate analysis of genetic diversity of Bolivian quinoa germplasm. Food Rev Int 2003;19(1–2):9–23.

Rojas W, Barriga P, Figueroa H. Multivariate analysis of genetic diversity of Bolivian quinoa germplasm. Food Rev Int 2003;19:9–23.

Rojas W, Mamani E, Pinto M, Alanoca C, Ortuño T. 2008. Identificación taxonómica de parientes silvestres de quinua del Banco de Germoplasma de Granos Altoandinos. Revista de Agricultura Año 60, Nro. 44. Cochabamba, Bolivia. pp. 56–65.

Rojas W, Pinto M, Maman E. 2009. Logro e impactos del Subsistema Granos Altoandinos, periodo 2003 – 2008. En Encuentro Nacional de Innovación Tecnológica, Agropecuaria y Forestal. INIAF. Cochabamba. 29 y 30 de Junio de 2009. pp. 58–65.

Rojas W, Pinto M, Bonifacio A, Gandarillas A. Banco de germoplasma de granos Andinos. In: Rojas W, Pinto M, Soto JL, Jagger M, Padulosi S, editors. Granos Andinos: avances, logros y experiencias desarrolladas en quinua, cañahua y amaranto en Bolivia. Bioversity International: Roma, Italia; 2010. p 24–38.

Ruiz R. 2002. Micropropagación de germoplasma de quinua (*Chenopodium quinoa* Willd.). Tesis Universidad Nacional Agraria La Molina. 100 p.

Ruiz-Carrasco AF, Coulibaly AK, Lizardi S, Covarrubias A, Martinez EA, Molina-Montenegro MA, Biondi S, Zurita- SA. Variation in salinity tolerance of four lowland genotypes of quinoa (*Chenopodium quinoa* Willd.) as assessed by growth, physiological traits, and sodium transporter gene expression. Plant Physiol Biochem 2011;49(11):133–1341.

Saravia R. 1991. La androesterilidad en quinua y forma de herencia. Tesis Ing. Agr., Cochabamba, Bolivia Universidad Mayor de San Simon. 139 p.

Simmonds NW. The breeding system of *Chenopodium quinoa*. I Male sterility. Heredity 1971;27:73–82.

Silvestri V, Gil F. Alogamia en quinua. Tasa en Mendoza (Argentina). Revista de la Facultad de Ciencias Agrarias, Universidad Nacional de Cuyo 2000;32(1):71–76.

Smith BD. *Chenopodium* as a prehistoric domesticate in Eastern North America: evidence from Russelll Cave, Alabama. Science 1984;226(4671):165–167.

Stevens MR, Coleman CE, Parkinson SE, Maugham PJ, Zhang HB, Balzotti MR, Kooyman DL, Arumuganathan K, Bonifacio A, Fairbanks DJ, et al. Construction of a quinoa (*Chenopodium quinoa* Willd.) BAC library and its use in identifying genes encoding seed storage proteins. Theor Applied Genet 2006;112:1593–1600.

Tapia M. Historia y distribución geográfica. In: Tapia M, editor. Quinua y Kaniwa. Cultivos Andinos. Bogotá, Colombia: Centro Internacional de Investigaciones para el Desarrollo (CIID), Instituto Interamericano de Ciencias Agricolas (IICA); 1979. p 11–19.

Tapia ME, Mujica SA, Canahua A. 1980. Origen, distribución geográfica y sistemas de producción en quinua. In: Primera reunión sobre genética y fitomejoramiento de la quinua. Universidad Técnica del Altiplano, Instituto Boliviano de Tecnología Agropecuaria, Instituto Interamericano de Ciencias Agrícolas, Centro de Investigación Internacional para el Desarrollo, Puno, Peru. pp. A1–A8.

Tapia ME. 1982. El medio, los cultivos y los sistemas agrícolas en los Andes del Sur del Peru. Proyecto de Investigación de los Sistemas Agricolas Andinos, Instituto Interamericano de Ciencias Agrícolas, Centro de Investigación Internacional para el Desarrollo, Cusco, Peru. 79 p.

Verena IA, Jacobsen SE, Shabalab S. Salt tolerance mechanisms in quinoa (*Chenopodium quinoa* Willd.). Env Exp Bot 2013;92:43–54.

Ward SM, Johnson D. Cytoplasmic male sterility in quinoa. Euphytica 1993;66:217–223.

Ward SM. A new source of restorable cytoplasmic male sterility in quinoa. Euphytica 1998;101(2):157–163.

Ward SM. Response to selection for reduced grain saponin content in quinoa (*Chenopodium quinoa* Willd). Field Crop Res 2000a;68(2):157–163.

Ward SM. Allotetraploid segregation for single-gene morphological characters in quinoa (*Chenopodium quinoa* Willd.). Euphytica 2000b;116(1):11–16.

Wilson HD. Quinoa biosystematics I: domesticated populations. Econ Bot 1988;42:461–477.

Wilson HD. Crop/weed gene flow: *Chenopodium quinoa* Willd and *C. berlandieri* Moq. Theor Applied Genet 1990;86: 642–648.

Wright KH, Pike OA, Fairbanks DJ, Huber CS. Composition of *Atriplex hortensis*, sweet and bitter *Chenopodium quinoa* seeds. J Food Sci 2002;67:1383–1385.

第7章　藜麦的分子细胞遗传学及其遗传多样性

Janet B. Matanguihan[1], Peter J. Maughan[2], Eric N. Jellen[2], and Bozena Kolano[3]

[1] *Department of Crop and Soil Sciences, Washington State University, Pullman, WA, USA*
[2] *Plant and Wildlife Sciences, Brigham Young University, Prvo, UT, USA*
[3] *Department of Plant Anatomy and Cytology, University of Silesia, Poland*

7.1　引　　言

藜麦（*Chenopodium quinoa*）是原产于南美洲的异源四倍体复合类群（$2n=4x=36$）中的一个种。这一复合类群还包括北美洲的杂草 *Chenopodium berlandieri* subsp. *berlandieri*，南美洲具有恶臭的杂草 *Chenopodium hircinum*，以及中美洲的本地亚种 *C. berlandieri* subsp. *nuttalliae* 的两个类型。考古研究发现，复合类群还曾包括已经灭绝了的北美东部的本地物种 *C. berlandieri* subsp. *jonesianum*（Smith and Yarnell，2009）。

过去十年，藜麦作为国际出口粮食作物的重要性有了很大提高。随着藜麦种植区从安第斯山高地和相对被隔离的智利中南部沿海低地的外移，危机随之产生，在其面临新病虫害的同时，还不具备可遗传的抗性。因此，在藜麦现有的安第斯山种植区，需加大力度保护藜麦种质资源的多样性。而在其他新兴的藜麦种植区，对 *C. berlandieri* 等与藜麦可杂交物种已有的抗病虫害遗传变异，在鉴别与利用的同时，应保持格外谨慎，特别是在东半球，与藜麦近源的藜类植物（如灰灰菜/藜 *Chenopodium album* 等）已遍布了几千年。本章我们将对藜麦的细胞和染色体组进行叙述，为寻找潜在亲缘物种和开发异源基因提供信息，同时介绍一系列促进和加速藜麦异源基因转入的分子遗传前沿手段。

7.2　藜麦的细胞遗传学及其染色体组构成

藜麦是异源四倍体（双二倍体）物种（$2n=4x=36$）。估算其单个染色体组大小（1个C值）在1.005～1.596 pg（Bennett and Smith，1991；Stevens et al.，2006；Bhargava et al.，2007a；Palomino et al.，2008；Kolano et al.，2012a）。不同报道中染色体组大小的差异，可能是由于种内染色体组大小的多态性，或者是采用了不同的测定方法。到目前为止，这一物种的种内染色体组大小的变异只限定在5.9%

以内。目前人们对藜麦核型的细胞遗传学特征研究仍然有限，部分原因是其体细胞染色体的形态和染色体标记稀缺。

藜麦的染色体很小，在 0.94～1.60 μm，且大部分具中间着丝粒（Bhargava et al.，2006；Palomino et al.，2008）。利用经典的细胞遗传学方法，可以观察到藜麦染色体中异染色质的分布特征。通过 C 带显示，藜麦的大部分异染色质常分布在着丝粒和近着丝粒的位置，但异染色质的大小在不同染色体之间存在显著差别[图 7.1（a），Kolano 未发表]。另外一些类型的异染色质条带，可利用 GC-特定荧光色霉素 A_3（CMA）来区分。在一对同源染色体的末端位置，观察到两条 CMA^+ 条带。这些 CMA^+条带与二级结构和 AgNOR 带的定位相同，表明这种类型的异染色质与 35S rRNA 的基因位点相关联［图 7.1（b），Kolano et al.，2001］。

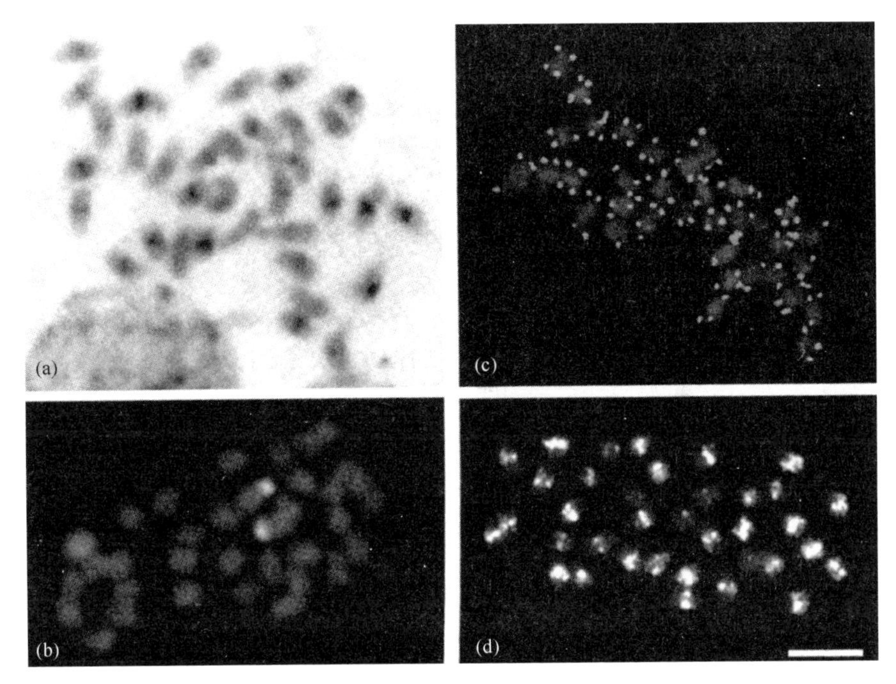

图 7.1　藜麦有丝分裂中期，（a）C 显带技术染色后；（b）CMA3 染色后；（c）拟南芥型端粒重复序列定位；（d）藜麦有丝分裂中期的克隆 12～13P，比例尺=5μm

通过荧光原位杂交技术（FISH）分析发现，藜麦核型中第一组被定位的串联重复序列是核糖体 RNA（rRNA），35S rRNA 基因位点在两条染色体的端部，5S rRNA 有两个位点，其中一对位于染色体末端位置，而另一对位于两对不同染色体对的间隙位置（Maughan et al.，2006）。这些结果表明，35S rDNA 上至少有一对位点在藜麦的进化过程中丢失，因为位点数比任何已知的二倍体的附加值都低。这种现象在藜属的其他多倍体物种中也有出现，如四倍体 *C. auricomum* 和六倍体的藜（*C. album*）（Kolanlo et al.，2012b）等。

藜麦染色体上另外一个串联重复序列是端粒重复序列。藜麦的端粒重复序列属于拟南芥型，只位于每条染色体臂的末端位置［图 7.1（c），Kolano，未发表］。藜麦染色体着丝粒和近着丝粒位置可通过克隆 12-13P 识别［图 7.1（d），Kolano et al.，2011］。这一重复序列与在 *Beta corolliflora* 染色体着丝粒附近发现的卫星 DNA（pBC1447）有着部分同源性（Gao et al.，2000）。在藜麦的每条染色体中均发现有 12-13P 的杂交信号；然而，荧光原位杂交信号的强度在染色体之间有着较大差异，说明 12-13P 在每个基因座中的重复数是不同的。通过荧光原位杂交技术处理后，藜麦染色体上 12-13P 所显示的类型与 C 带处理后的结果非常相似，这表明 12-13P 序列可能是藜麦异染色质的主要组成部分（Kolano et al.，2011）。12-13P 序列也杂交到了北美的四倍体近源物种 *C. berlandieri* 和欧洲的六倍体 *C. album* 的染色体着丝粒和近着丝粒区域；但杂交信号强度稍低（Kolano et al.，2011）。

第二组 DNA 重复序列是分散的重复序列，主要是由移动元组成（反转录转座子和 DNA 转座子）。Kolano 等（2013）分析了 LTR 反转录转座子的反转录编码片段在染色体上的分布，发现 Ty1-*copia* 和 Ty3-*gypsy* 两个反转录转座子都优先分布在藜麦染色体的着丝粒异染色质上。除了反转录转座子，与移动元无同源性的两段重复序列（pTaq10 和 24-18J）也被证实是分散分布在藜麦染色体上。pTaq10 序列与藜麦基因组的杂交，没有特定的染色体或亚基因组分布类型（Kolano et al.，2008a）。相反，第二条分散的重复序列 24-18J，则主要与藜麦的一个亚基因组（含 18 条染色体）杂交。类似的杂交类型在 *C. berlandieri* 中也有发现，支持 *C. berlandieri* 和藜麦至少有一个共同二倍体祖先的假说（Maughan，2006）。*C. berlandieri* 和 *C. quinoa* 都含有 A 基因组（*Chenopodium standleyanum*）和 B 基因组（*Chenopodium ficifolium*，东半球）。

藜麦（*C. quinoa*）和 *C. berlandieri* 两个异源多倍体物种形成之后，至少有一个祖先亚基因组经历了 35S rRNA 基因位点的缺失。18-24J 与核糖体 DNA（rDNA）序列在染色体上的分布比较，显示藜麦和 *C. berlandieri* 的 rRNA 基因位点被保留在有 18-24J 大量杂交的亚基因组中（Kolano et al.，2011）。由于探针 18-24J 与欧亚物种 *C. album* 的二倍体中期染色体和 *C. album* 的异源六倍体的一个亚基因组大量杂交，所以得出这个亚基因组起源于东半球的结论（Kolano et al.，2011）。

藜麦细胞遗传学中另外一个有趣的问题是藜麦是一种多染色质植物。体细胞多倍性是指相同器官或组织细胞中出现不同倍性水平。藜麦幼苗发育期间，在根、下胚轴和幼嫩子叶中都观察到了核内多倍体细胞（DNA 值超过 4C 的细胞）。幼苗组织由 DNA 含量 2C～16C 的细胞构成，所占比例不定，体细胞多倍性格局与发育阶段和各个器官相关。而在叶和芽尖的细胞核中未发现有多倍性现象（Kolano et al.，2008b）。

7.3 藜麦的可杂交性及其近源四倍体物种

西半球的异源四倍体（双二倍体）的“藜麦复合群”包括 3 个可相互杂交的物种，即 *C. berlandieri*、*C. hircinum* 和 *C. quinoa*。这一结论非常重要，因为杂草类的 *C. berlandieri* 地理分布十分广阔，从阿拉斯加和加拿大北部海滨地区，到中美洲，可能还包括南部的北安第斯地区，表明这一类群具有丰富的遗传多样性，包括新的病虫害抵抗基因（Jellen，个人观察）。同样，*C. hircinum* 在南美洲本土的分布横跨阿根廷 pampas 草原的温带和亚热带低地，这一地区早在 15～17 世纪就已受到过欧亚病虫害的入侵。Heiser 和 Nelson（1974）第一次报道了藜麦与墨西哥蔬菜 huauzontle（*C. berlandieri* subsp. *nuttalliae*）的杂交后代经驯化后具有可育性，有趣的是这一杂交后代种子为黑色，不同于父母本。Wilson（1980）再次报道了藜麦与 huauzontle 杂交后代的可育性。Wilson 和 Manhart（1993）提供的同工酶证据表明，在太平洋西北部的藜麦种植区周围，＞30%的 *C. berlandieri* 的后代具有通过有性繁殖从藜麦中转出的等位基因，这些后代中也部分可育，并表现出杂种优势表型效应。

我们正在杨百翰大学对杂交的 F_3 代植株展开分析。F_3 代是源自广泛分布杂草 *C. berlandieri* var. *macrocalycium*（BYU 803，缅因州）与高原地区的藜麦品种 Ingapirca 的杂交后代。可能是由于夏季温室的高温胁迫，尽管 F_2 代植株存在 10%～30%不同程度的花粉败育，但是仍具有很高的多样性和丰富的表型。所观察的 115 个 F_2 代植株中有 19 株呈现出杂种衰败现象，包括叶卷曲、株色异常或植株矮小等。所有回收的种子都具有 BYU 803（*C. berlandieri* var. *macrocalycium*）的野生黑色果皮特征（Jellen，未发表）。然而，近期的 DNA 序列数据显示，*C. berlandieri* var. *macrocalycium* 是异源四倍体复合群中相对较远的成员，可能有着不同的起源或至少是不同二倍体物种的基因渗入（Jellen and Walsh，未发表）。

关于西半球异源四倍体复合群与欧亚起源藜麦（*C. album*）的可杂交性，Wilson（1981）经检测，未发现有同工酶标记等位基因从 *C. hircinum* 中转移到异源六倍体 *C. album* 中。因此，随着藜麦开始在世界各地广泛种植，而这些地区都将是杂草藜（*C. album*）普遍生长的地区，异源基因转入到藜麦作物中也就水到渠成了。藜也有可能成为育种资源，提供等位基因，从而提高藜麦的生物抗逆性。

7.4 DNA 序列作为藜麦的基因组起源证据

Maughan 等（2006）将藜麦（*C. quinoa*）的 5 个品种和杂草 *C. berlandieri* 进

行了测序。测序部分包括 35S rRNA 基因间隔区（IGS）以外区域，以及 5S rRNA 基因的非转录间隔区（NTS）。他们还对这两个种以及驯化后的亚种 *C. berlandieri* subsp. *nuttalliae* 的中期染色体进行了荧光原位杂交，以验证基因位点的拷贝数。虽然亚种 *nuttalliae* 有一个或两个 35S 位点（这可能是异源四倍体的祖先位点数），但杂草 *C. berlandieri* 和藜麦（*C. quinoa*）只含有一个位点。变种 *nuttalliae* 的基因型含有 3 个 5S 位点，而藜麦（*C. quinoa*）和 *C. berlandieri* 只有 2 个。

DNA 测序试验从藜麦的这两个位点中分别识别出了两个非转录间隔区（NTS）序列变异。其中一段序列与 *C. berlandieri* 克隆的序列几乎完全匹配（196/200 碱基）。而另一段非转录间隔区序列的变异要大得多（158/200 碱基）。在 5 个藜麦品种和杂草 *C. berlandieri* 中，基因间隔区（IGS）的变异较非转录间隔区要大；*C. berlandieri* 较藜麦的 5 个品种拥有更多不同数量的 B、C 和 H 亚重复，同时这 5 个藜麦品种的变异多为单核苷酸变异（SNP）。综合这些现象表明，藜麦和杂草 *C. berlandieri* 的祖先在 35S 启动子中有不同位点的缺失；这一假设可以通过亚种 *nuttalliae* 中的两段基因间隔区（GIS）位点测序来验证。

另一段被广泛研究的基因是 *Salt Overly Sensitive 1*（*SOS1*），这段基因负责编码质膜 Na^+/H^+反向转运体蛋白（Shi et al.，2000）。Maughan 等（2009）将藜麦染色体组的两段直系同源基因进行了全段克隆和测序，并选择间隔子 16 和 17 做进一步的系统学研究。对藜类植物的栽培品种和杂草类群，以及藜麦品种，通过 *SOS1* 间隔子在 2*x*、4*x* 和 6*x* 倍性水平的大量测序，已证实藜麦、*C. berlandieri* 和 *C. hircinum* 的两个亚基因组的欧亚和东半球起源（Walsh et al.，起草待发表）。东半球的亚基因组现在被称为“AA”，欧亚的亚基因组被称为“BB”。这些研究还指出异源四倍体的一个北美洲起源，之后如野生或杂草的生态型一样，向南美洲扩散，并在美洲大陆产生了驯化。

7.5 藜麦的基因标记和遗传连锁图谱

近年来，对安第斯地区藜麦食品安全方面的重视，以及健康食品出口市场的逐渐扩大，促成了一些新的藜麦育种计划。这些计划的主要目的，除了种质资源管理，还包括提升产量、早熟、抗病、耐旱等能力，以及调控皂苷含量（Ochoa et al.，1999）。而达到这些计划目标的关键是分子标记的开发和运用（Bonifacio，PROINPA personal communication），直接应用于育种群体的关联图谱（Kraakman et al.，2004；Crossa et al.，2007）和基因选择（Jannink et al.，2010；Windhausen et al.，2012）等标记辅助选择方法，正快速成为提高育种能力的商业标准（Eathington et al.，2007；Moose and Mumm，2008）。这些增强育种的方法关键在于容易大量获得、价格低廉、安全可靠，并易于评价遗传标记。

但是，有关分子标记在藜麦中的开发与运用很少。Wilson（1988a）报道了第一组等位酶标记的开发，而 Fairbanks 等（1990）在美国农业部（USDA）藜麦种质资源收集中首次发现了种子蛋白质变异。Ruas 等（1999）报道了针对藜麦（*C. quinoa*）的几个品种和藜属的杂草类物种，利用随机扩增多态性 DNA（RAPD）标记检测 DNA 多态性。Maughan 等（2004）利用扩增片段长度多态性（AFLP），标记生成了藜麦的第一个低分辨率关联图谱。遗憾的是，所有这些标记在育种计划中都只发挥了有限作用，至少有一部分原因是这些标记的成本、再生性和技术转移等本身存在问题，特别是在发展中国家，实验室的资源是有限的。

为了尝试使藜麦标记技术得到更广泛的应用，Mason 等（2005）和 Jarvis 等（2008）为藜麦分离出了第一组（＞400）微卫星 DNA［也称为简单重复序列（SSRs）］，Jarvis 等（2008）还报道了第一个主要由微卫星标记组成的藜麦连锁遗传图谱，这一早期图谱由 38 个连锁群（n=18）构成，仅 900 cM。微卫星位点包括短串联重复核苷酸，两端是保守序列（Tautz，1989）。利用标准聚合酶链反应（PCR）技术测定不同个体之间的重复单元变异数量，可以检测多态性（Weber and May，1989）。微卫星是多等位基因，根据多态信息含量，一般可比 RAPD 或 AFLP 标记提供更多的信息（Powell et al.，1996）。微卫星位点虽然普遍存在于真核细胞基因组中（植物 DNA 中大约每 33 kb 就有 1 个微卫星；Chawla，2000），但并不是最丰富的标记类型。

单核苷酸多态性（SNPs）是真核生物基因组中最丰富的 DNA 多态性类型（Garg et al.，1999；Batley et al.，2003），也是辅助植物育种计划的选择标记（Batley and Edwards，2007；Eathington et al.，2007）。单核苷酸变异（SNP）在植物基因组中的高出现率得到了充分证明（Russell et al.，2004；Ossowski et al.，2008），其实际密度范围取决于物种类型（自花授粉或异花授粉），品种的数量与遗传多样性，以及是否是编码或非编码区。例如，在大豆[*Glycine max*（L.）Merr.]中，编码区的单核苷酸多态性（SNPs）出现频率为每 2 038 bp 中 1 个，而非编码区为每 191 bp 中 1 个（Van et al.，2005）；在玉米（*Zea mays* L.）中，每 124 bp 编码序列中有 1 个单核苷酸变异（SNP），在非编码区每 31 bp 就有 1 个 SNP（Ching et al.，2002）。Coles 等（2005）在 5 个藜麦种质的 20 条表达序列（EST）中检测到了 38 个碱基改变和 13 个插入-缺失（indels），得出一个平均数为每 462 个碱基有 1 个单核苷酸变异，每 1812 个碱基有 1 个缺失。大多数物种单核苷酸变异的高频率出现，为极端密集遗传图谱的构建提供了机会，对于以图谱为基础的基因克隆工作和单倍型为基础的相关研究非常重要。

最初发现植物基因组中 SNPs 的几种技术方法都已被报道，具体有：①EST（表达序列标签）测序（Barbazuk et al.，2007）；②目标扩增子测序（Bundock et al.，2009）；③甲基化敏感吸收基因间隔测序（Gore et al.，2009；Deschamps et al.，2010）；

④基于限制性酶切位点保留的基因组减少（Maughan et al，2009b）。与第二代 DNA 测序技术结合比较，以上这些方法在技术经验受限和成本少的情况下，可以用于大量 SNP 的检测。应用几种新一代技术，可以有效节省成本进行单核苷酸多态性（SNP）变异位点的基因分型测定，包括微珠阵列（Shen et al.，2005）、纳米流体装置（Wang et al.，2009）和基因分型测序（Miller et al.，2007；Maughan et al.，2010；Elashire et al，2011）。2012 年，Maughan 等报道了采用简约表述方案和基因分型测序，在 5 种藜麦双亲种群中测定＞14 000 的假定 SNPs。

转换突变（A/G 或 C/T）的数量最多，是颠换（A/T，C/A，G/C，G/T）的 1.6 倍，与植物与动物基因组报道的结果一致，即转换 SNPs 是最常见的 SNP 类型，且被认为是磷酸胞苷鸟苷（CpG）的超突变性效应和甲基化胞嘧啶脱氨的结果（Zhang and Zhao，2004；Morton et al.，2006）。Maughan 等（2012）将 511 个假定 SNPs 转化为功能性 SNP。利用这 511 个 SNPs 对 113 个藜麦种群呈现出的多样性，明显可分为两个主要的藜麦亚组，与安第斯山区和沿海藜麦生态型相一致（Maughan et al.，2012）。最小等位基因中 SNPs 出现的频率范围为 0.02～0.50，平均为 0.28。两个重组自交系（KU-2×0654 和 NL-6×0654）群体中的 SNPs 连锁图谱形成了一个整体连锁图谱。这个连锁图谱由 29 个连锁组构成，其中 20 个为大型连锁组，跨幅 1404 cM，标记密度为每 SNP 标记 3.1 cM。功能 SNP 检测有所改进，可采用 KBioscienceKASPar^{TM} 基因分型化学检测和 Fluidigm 公司的集成流体芯片（图 7.2）。KASPar 化学和纳米流体芯片技术（9.7 nL 反应量）的结合，不仅

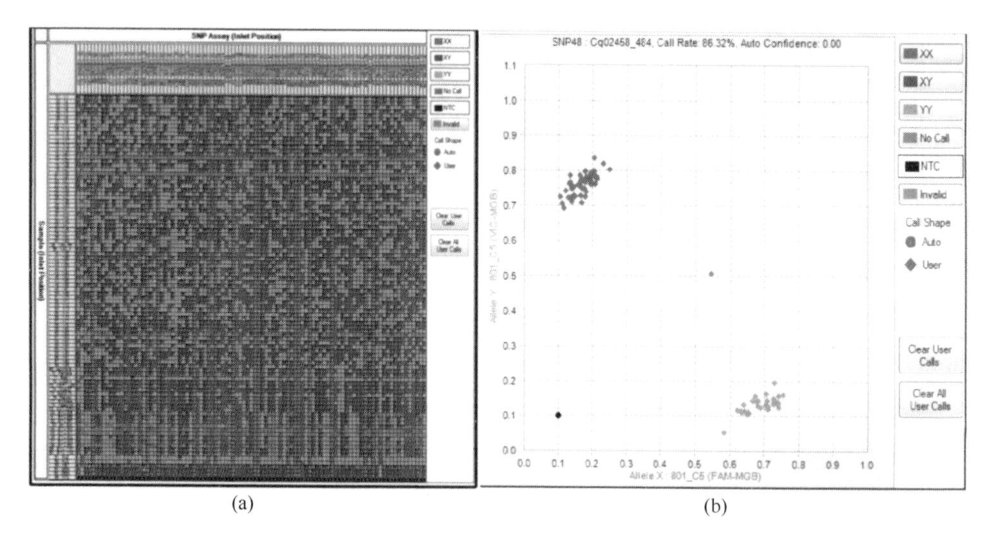

图 7.2　通过 Fluidigm 对藜麦采用 KASPar^{TM} 基因分型化学的功能 SNP 检测例子，（a）纵向排列 96 份 DNA 样本，横向排列 96 个 SNP 检测，（b）Cartesian 图表中的单个 SNP 位点

（彩图请扫描封底二维码）

大大降低了标记数据点基因分型的成本（约 0.05 美元），同时显著加快了基因分型的速度。实际上，一个 Fluidigm 公司的 96.96IFC 的一次运行（约 3 h），能够得到 9216 个 PCR 产物，而且几乎不需要专业技术知识。

由于成本的明显降低和基因分型相对容易，我们预计藜麦全基因图谱的研究用时在 12～18 个月。这些图谱应该能够迅速形成整合标记辅助选择方案，特别是基因组选择，从而加快藜麦育种计划。然而，在基因选择全面实现之前，藜麦育种者必须确定藜麦种群的“驯化群体”，并制定严格的表型策略。驯化群体需要全面的基因分型和表型来开发统计模型，用以评估基因组区域的育种价值（Jannink et al.，2010）。

7.6　藜麦的多样性

藜麦的表型和遗传多样性与它在安第斯山地区的广泛分布相关，包括玻利维亚、秘鲁、厄瓜多尔、哥伦比亚、阿根廷和智利北部，证明藜麦能够适应多种农业生态条件。藜麦能在恶劣的气候和土壤条件下生长，在其他作物无法生长的地方藜麦能很好地生长（Bonifacio，2003）。藜麦的生态型能够适应的主要生态系统有：①峡谷（如安第斯山脉之间的峡谷）；②高原（如玻利维亚和秘鲁的高原）；③盐沼地（玻利维亚南部的盐滩）；④海平面（如智利中部）；⑤亚热带（如玻利维亚的高温湿热气候带）（Tapia et al.，1980）。以上每一种生态型都与起源于提提喀喀湖周围多样性的子中心相联系（Fuentes et al.，2012）。藜麦的表型和遗传多样性还表现在植株颜色、花序类型、生长习性和化学成分的变化。

在过去的几年里，学者们研究藜麦的遗传多样性，以了解它的生物多样性在生态地理分布的作用，并确定不同的遗传群体（del Castillo et al.，2007）。这些研究信息是藜麦资源保护战略以及种质资源有效管理和规范的前提。藜麦遗传多样性的研究对植物育种计划也是必要的，特别是在不同亲本组合的鉴定方面（Fuentes and Bhargava，2011）。

7.6.1　表型多样性

最初，学者们用形态标记来研究藜麦的遗传多样性。Wilson（1988a）结合形态和同工酶数据来阐述藜麦各生态型之间的遗传关系，他利用 21 个同工酶位点的电泳图型的变化，结合形态数据，比较了南美洲的 98 个藜麦居群。该研究主要分成两组：来自智利中南部的沿海类群，和从阿根廷西北部到哥伦比亚南部分布在海拔 1800 m 以上的安第斯类群，安第斯类群又分为安第斯北类群和安第斯南类群。Wilson（1988b）构建了第一棵藜属物种的系统树，其数据支持 Altiplano 高原是藜麦的起源和多样性中心这一假说。之后的研究，利用种子蛋白质变异和形态标记，证明了 Wilson 最初的结论（Jellen et al.，2011）。Ortiz 等（1998）证明，8 个表型特征描述，能够用来区分秘鲁普诺高原大学（UNAP）藜麦种质资源库中的 1029 份材料中的 103 份核心种质材料。这部分核心种质材料有着全部采集材料中的大多数遗传变异，观察发现其数量性状变化与海拔有着高度的相关性。全面的藜麦核心种质还应包括从玻利维亚、厄瓜多尔和智利采集的材料，以及与栽培藜同域的野生藜属植物。

Rojas 等（2000）对玻利维亚收集到的 1512 份藜麦种质材料进行了研究，利用其形态特征和农艺性状表现来分析遗传多样性。从智利、阿根廷、秘鲁，以及玻利维亚本土采集的材料中收集基因型，利用 3 种多变量程序，即主分量、聚类和多变量函数分析，可将藜麦种质资源划分成 7 个不同类群，包括 5 个高原类群和 2 个安第斯山区东部的低海拔峡谷类群。该研究所采用的特征没有将智利低地的种质区分开来，而是将其并入高原类群中的其中一支。

Bhargava 等（2007b）利用形态和质量性状研究了藜麦种质资源的遗传多样性。利用藜麦的 29 个品系和 *C. berlandieri* subsp. *nuttalliae* 的 2 个品系，评价了 12 个形态特征和 7 个质量性状。应用聚类分析和主分量分析对这 19 个性状进行了分析，结果显示在品系测试中存在着高水平的遗传多样性。聚类分析根据较大的遗传相似性将这些品系组合成几个组，相同起源的品系却并未被划分在同个组中，说明在一个地理区域内的品系存在着异质性，异质性、居群的遗传结构、选择历史和/或发育特征都可能引起相同地理区域内的遗传多样性。在另外一篇报道中，Bhargave 等（2007c）利用形态和质量性状分析了来自印度次大陆的 27 种不同种质品系之间的相似性或非相似性程度。这些性状都是结合其在植物育种工作中的效用来讨论的。

Fuentes 和 Bhargava（2011）第一次报道了在低海拔沙漠环境中生长的藜麦种质资源。针对从智利高地北部收集的 28 份藜麦材料，共用了 11 个形态描述符，聚类分析将这些材料划分成 6 个组。多变量分析阐明了种质材料间的亲缘关系，产量是判别种质利用的最重要的描述符。值得注意的是，智利沙漠地区的藜麦在所测定的所有变量中，没有表现出特别的极值。

Curti 等（2012）利用数量和质量表型特征对阿根廷西北部地区的 34 个藜麦居群进行了描述，阿根廷西北部是迄今发现的藜麦在安迪斯山区分布的最南端，藜麦在这一区域的人工种植量很少。Curti 等（2012）用分类和多变量技术进行了数据分析，在数量性状的基础上，主成分分析和聚类分析都能显示出高地、过渡区、中心干河谷和东部峡谷的种质材料的区别。另外一方面，基于质量性状的主坐标分析，只能区分出过渡区和东部峡谷的种质材料。高地和干河谷的种质材料表现出了更先进的驯化特征，而过渡区和东部峡谷的种质材料表现出的特征与安第斯山区的野生型更相似。这是对阿根廷西北部的种质资源表型多样性研究的第一次报道。

7.6.2　遗传多样性

随着分子标记的发展，针对藜麦种质和野生/杂草居群，已开展了种质资源收集的遗传多样性和居群多样性研究。分子标记在某种程度上为评估和描述植物遗传多样性提供了独特而有效的工具，且不受环境影响（Gupta and Varshney，2000）。随机扩增多态 DNA（RAPD）标记是用于检测不同藜麦种质材料 DNA 多态性的第一种标记（Fairbanks et al.，1993），RAPD 标记也用于区分真实杂交种（纯合父母本杂交 F_1 代，种植后不发生性状分离）和属间杂交种（Bonifacio，1995）。Ruas 等（1999）利用 RAPD 标记测试了 19 种藜属植物之间的亲缘关系，被测试的藜属植物包括藜麦的栽培品种和杂草种，结果显示，这些种之间具有多态性，但种质材料仍根据种的划分聚合在一起。藜麦的种内多样性水平较低，且其野生和栽培居群有着相同的低水平分子变异，在同区域的栽培和野生居群之间没有区别（Ruas et al.，1999）。

Ruas 等（1999）和 del Castillo 等（2007）对藜麦的野生居群和栽培居群进行了遗传多样性和亲缘关系研究，所有居群都直接从农田里采集。与 Ruas 等（1999）的研究对比，Ruas 等是在种质材料之间进行比较，而 del Castillo 等是将同区域生长在农田里的藜麦的栽培和野生个体进行比较。del Castillo 等从玻利维亚的高原和一个安第斯山区峡谷的 3 个不同区域采集样品。通过 RAPD 标记，发现野生和栽培居群显示出一个明显的但又低水平的全球化差异。然而在这一研究中的 8 个居群之间，有着很强的遗传变异，与区域生态地理学密切相关。居群结构的出现与 3 个主要的生物地理区相关：①高原北部和中部；②安第斯山区内部的河谷；③撒拉族南部。一小部分的变异可以用地理距离来解释。

除了 RAPD 标记，AFLP 标记也被用于藜麦遗传多样性的研究。Anabalon Rodriguez 和 Thomet Isla（2009）利用 AFLP 标记连同 20 个形态描述符对一些藜麦种质材料的特征进行了描述，包括 14 份分布在智利南部的藜麦种质材料，和一些高地的种质材料。这些本地的祖先变异通常被马普切部落和一些小农场主选择性地保留，再一代一代地传下来。研究中还包括来自塔拉帕卡地区的 3 个变种和 1 个已登记的品种（Regalona-Baer），以藜麦和 *Chenopodium ambrosioides* 作为对照组。本研究中的种质材料聚合成两组：①沿海类，包括智利北部材料和高地材料；②山地种质材料。此研究与之前的形态和同工酶研究结果一致，将藜麦分为两型：沿海类型（智利）和安第斯高原类型。该研究指出智利低地的种质资源的遗传多样性应该比人们预想的要高，这种水平的遗传多样性也可能是因为与藜（*C. album*）和 *C. hircinum* 杂草居群的异型杂交（远缘杂交），以及由于光照等因素产生的祖先种子选择和系统交换。该研究还对 Ruas（1999）的研究做了补充，Ruas 的研究中藜和 *C.ambrosioides* 与藜麦种质材料也被区分开，但在采用 AFLP 标记的结果中，藜的一份种质与 *C. ambrosioides* 的一份种质同在一组（Anabolon Rodriguez and Thomet Isla，2009），而采用 RAPD 标记，这两个种质被分别划分在不同组（Ruas et al.，1999）。

最近的研究多利用微卫星或 SSR，因为它们具有频繁共显性、多等位基因、高度可重复、多态和普遍存在并广泛分布于植物基因组中（Bhargava and Fuentes，2010）。Christensen 等（2007）利用第一批 SSR 标记中改良后的 35 个标记，对藜麦种质资源收集的遗传多样性水平进行了评估，共有美国农业部（USDA）和 CIP-FAO 收集的 152 份材料，采集地包括秘鲁、玻利维亚、厄瓜多尔、阿根廷和智利。结果显示所研究的材料聚合成两个大组，一个组包含了智利低地和美国农业部的部分材料，而另一组所包含的材料采集于秘鲁的安第斯山高地、玻利维亚、厄瓜多尔、阿根廷和智利的东北缘。

Fuentes 等（2009）采用多倍荧光 SSR 标记，对智利北部和南部地区的 59 份种质材料的遗传多样性类型进行了研究，这些材料被划分为高原生态型（28 份）和沿海生态型（31 份）。聚类分析（UPGMA）和主分量分析所得到的划分结果相同，第一组包含的藜麦材料分布在北部（安第斯山高地），第二组的藜麦材料分布在南部（低地或沿海）。聚类分析和主分量分析都表明沿海的藜麦比智利高地的藜麦具有更高的多样性，沿海组的末端分支代表表现出连续变异。相比较而言，del Castillo 等（2007）的研究则表明智利的种质材料，即沿海藜麦的主要代表，与秘鲁和玻利维亚的高地居群相比，没有发生遗传变异。

Fuentes 等（2012）测试了智利藜麦的种子交换与其遗传多样性的相关性。研究共涉及 34 份采自智利的藜麦材料，20 个 SSR 标记和 92 次田间调查。结果显示，在智利主要生长区的藜麦存在着较大的遗传多样性，试验材料被划分成两个主要的组，并进一步划分成 5 个居群。居群 I 包含智利北区的 9 份代表材料；居群 II 包含采自智利中部的 7 份材料；居群III包括智利南区的 9 份材料和中部的 1 份材料；居群IV有 6 份材料，分别采自秘鲁、玻利维亚和阿根廷高地；居群 V 包含 2 份材料，分别来自厄瓜多尔和哥伦比亚。居群间的遗传距离与它们的采集地保持一致。居群 I 和居群IV（高地），以及居群 II 和居群III（低地）之间的遗传距离最短。组的划分与材料的采集地，及采集地的土壤和天气条件相关，与藜麦的扩散也有相关性，并且也是安第斯山区人类祖先的社会语言学方面的遗传反映。

Costa Tartara 等（2012）对阿根廷西北部的栽培藜麦遗传结构进行了研究，这一地区在种质资源收集方面尚未得到充分研究。此外，阿根廷西北部也是安第斯山脉中部藜麦的最南分布区。作者将 22 个 SSR 标记用于 35 份材料，得到了高水平的遗传多样性。聚类分析将居群划分成 4 个组，这些组与材料的采集地相关。第一组包含 5 份材料，均采自以高海拔为特点的过渡区域，第二组包含高原高地的 12 份材料，第三组的 8 份材料采自东部潮湿的河谷，第四组的 10 份材料则采自干河谷。虽然阿根廷西北部被视为是藜麦栽培的边缘地区，但在所选取的材料中仍然存在着高水平的遗传多样性。这些遗传变异可能与区域生态地理学相关，也受到地方品种利用的影响。

7.7　总　　结

通过以上研究的讨论，我们对藜麦的遗传多样性有了进一步理解。首先，藜麦可生长的广泛环境是影响其遗传多样性的直接因素。经过一段漫长的时间，藜麦对不同极端气候条件的适应，可能导致其丰富的遗传多样性（Costa Tartara et al.，2012）。表型多样性和遗传多样性的研究表明藜麦材料通常根据其地理分布而聚合在一起，说明遗传变异有着空间结构和分布（Risi and Galwey，1989a，1989b；Ortiz et al.，1998；Rojas，2003；del Castillo et al.，2007；Costa Tartara et al.，2012；Curti et al.，2012）。

居群隔离对遗传多样性的影响不仅与地理距离有关，与气候和地形屏障也有关（del Castillo et al.，2007）。此外，遗传变异和生态地理学之间的关联，表明整个安第斯山区南部的藜麦可能经历了相似的遗传变异过程，藜麦生态型的变异可能很大程度上受严寒和干旱变化的影响（Curti et al.，2012）。

分子标记的利用，能够提供更多信息，使阐明藜麦材料的遗传多样性成为可能。Christensen 等（2007）通过研究认为，阿根廷的材料代表了从玻利维亚高地南部和智利低地的引种。形态学数据也认为阿根廷藜麦的主要引种来源是玻利维亚南部，智利高地可能是藜麦引种到阿根廷的另外一条路线（Curti et al.，2012）。对于智利南部沿海/低地生态型的高遗传多样性，利用显性 AFLP 标记（Anabalon Rodriguez and Thomet Isla，2009）和共显性 SSR 标记（Fuentes et al.，2009；Fuentes et al.，2012）进行了研究。这些研究表明智利低地的种质资源遗传多样性比之前想象的要丰富得多，丰富的遗传多样性可能是由于与同区域近源种的连续杂交（Fuentes et al.，2009），以及拥有单系进化行为的作物/杂草活跃复合类群（Rana et al.，2010）。Christensen 等（2007）也报道了多样性数据，与自花授粉系统相比，与异花授粉系统更为一致。

藜麦中的遗传事件，如遗传漂变、种群遗传瓶颈效应和奠基者效应等，已有遗传多样性的研究对此进行了阐述和说明。藜麦可能经历了两次驯化，第一次是在安第斯山高地，第二次是智利低地（Christensen et al.，2007；Fuentes et al.，2009）。智利低地的驯化事件属于种群遗传瓶颈效应（Jellen et al.，2011）。Fuentes 等（2012）报道了智利中部和南部地区之间多样性的分散模式，与藜麦栽培农场的隔离相一致。智利中部地区藜麦的平均杂合性水平和多态位点比例比南部地区低。这一现象表明低地/沿海藜麦存在着地理瓶颈的子模式。与南部高地提提喀喀湖附近地区相比，北部高地和沿海低地地区的遗传多样性水平有所降低，可能是奠基者效应和作物从其起源中心扩散的结果，也可能是对北部高地和沿海低地更统一的生态地区选择性适应的结果（Christensen et al.，2007）。阿根廷西北部藜麦从起源和多样性中心的扩散，也可能是奠基者效应和早期从秘鲁和玻利维亚的安第斯山区中心扩散的结果（Curti et al.，2012）。

人类活动，特别是种子交换，对藜麦的遗传多样性产生了重要影响。古代的种子交换路线，影响着种质资源分布，也导致了藜麦现在的遗传结构（Costa Tartara，2012）。沿安第斯山脉地区，随着最早的种群接触到新的土壤和气候，藜麦的遗传多样性很可能通过种子交换循环和驯化过程得以进化（Fuentes et al.，2012）。据报道，通过遗传数据和农民采访获知，居群遗传结构可以通过农民之间的种子交换得到巩固（del Castillo et al.，2007）。藜麦居群的遗传亲缘关系揭示了不同生产系统对藜麦生物多样性的影响。因此，藜麦的遗传多样性研究必须结合社会和农业研究（Fuentes et al.，2012）。

藜麦的遗传多样性研究结果对资源保护工作有重要意义，当然也有益于植物育种计划。自 20 世纪 60 年代起，藜麦的易地种质资源库就已经建立（Bonifacio，2003）。然而，部分生态区的种质资源仍然没能完全地收集在这些基因库中，如安第斯山区北部（特别是厄瓜多尔和哥伦比亚）、高温湿热气候带（玻利维亚和秘鲁的安第斯山区东坡）和阿根廷（Mujica and Jacobsen，2002）。在一些地区，如阿根廷西北部等，表型和遗传多样性结构与起源位置密切相关（Curti et al.，2012；Costa Tartara et al.，2012），所以资源保护计划就应该慎重考虑哪些是需要保护的区域。美国农业部和 CIP 粮农组织收集的一些种质材料可能是混合基因型的异质系，因为已检测到多重等位基因。种质材料在用于植物育种计划前，应该被筛选和纯化（Christensen et al.，2007），种质资源收集也需要及时补充（Mujica and Jacobsen，2002）。同时，原地种质资源库在安第斯山地区特别的生态环境中也有所见，保护这些藜麦地方品种的是当地土著农民（Bonifacio，2003）。由于易地收集种质的遗传多样性类型不能全面反映原地本土现有的遗传结构，所以在利用易地种质推测原地资源的研究结果时必须谨慎（del Castillo et al.，2007）。有了一个地区藜麦多样性的信息之后，植物育种的挑战就是保护这些遗传多样性，以便藜麦能够继续适应环境压力，同时达到一个商业生产要求的均匀性水平（Curti et al.，2012）。

参考文献

Anabalón Rodríguez L, Thomet Isla M. Comparative analysis of genetic and morphologic diversity among quinoa accessions (*Chenopodium quinoa* Willd.) of the South of Chile and highland accessions. J Plant Breeding Crop Sci 2009;1:210–216.

Barbazuk WB, Emrich SJ, Chen HD, Li L, Schnable PS. SNP discovery via 454 transcriptome sequencing. Plant J 2007;51:910–918.

Batley J, Barker G, O'sullivan H, Edwards KJ, Edwards D. Mining for single nucleotide polymorphisms and insertions/deletions in maize expressed sequence tag data. Plant Physiol 2003;132:84–91.

Batley J, Edwards D. SNP applications in plants. In: Oraguzie NC, Rikkerink EHA, Gardeiner SE, de Silva HN, editors. Association mapping in plants. New York: Springer; 2007. p 95–102.

Bennett MD, Smith JB. Nuclear-DNA amounts in angiosperms. Phil Trans Royal Soc London Series B-Biol Sci 1991;334:309–345.

Bhargava A, Shukla S, Ohri D. Karyotypic studies on some cultivated and wild species of *Chenopodium* (Chenopodiaceae). Genet Resour Crop Evol 2006;57:1309–1320.

Bhargava A, Shukla S, Ohri D. Genome size variation in some cultivated and wild species of *Chenopodium* (Chenopodiaceae). Caryologia 2007a;60:245–250.

Bhargava A, Shukla S, Rajan S, Ohri S. Genetic diversity for morphological and quality traits in quinoa (*Chenopodium quinoa* Willd.) germplasm. Genet Res Crop Evol 2007b;54:167–173.

Bhargava A, Shukla S, Ohri D. Genetic variability and interrelationship among various morphological and quality traits in quinoa (*Chenopodium quinoa* Willd.). Field Crops Res 2007c;101:104–116.

Bhargava A, Fuentes FF. Mutational dynamics of microsatellites. Mol Biotech 2010;44:250–266.

Bonifacio A. 1995. Interspecific and intergeneric hybridization in chenopod species. MS Thesis, Brigham Young University, Provo, UT, USA.

Bonifacio A. *Chenopodium* sp.: Genetic resources, ethnobotany, and geographic distribution. Food Rev Int 2003;19:1–7.

Bundock PC, Eliott FG, Ablett G, Benson AD, Casu RE, Aitken KS, Henry RJ. Targeted single nucleotide polymorphism (SNP) discovery in a highly polyploid plant species using 454 sequencing. Plant Biotech J 2009;7:347–354.

Chawla HS. Introduction to Plant Biotechnology. Enfield, NH: Science Publishers Inc.; 2000.

Ching A, Caldwell K, Jung M, Dolan M, Smith O, Tingey S, Morgante M, Rafalski A. SNP frequency, haplotype structure and linkage disequilibrium in elite maize inbred lines. BMC Genet 2002;3:19.

Christensen SA, Pratt DB, Pratt C, Nelson PT, Stevens MR, Jellen EN, Coleman CE, Fairbanks DJ, Bonifacio A, Maughan PJ. Assessment of genetic diversity in the USDA and CIP-FAO international nursery collections of quinoa (*Chenopodium quinoa* Willd.) using microsatellite markers. Plant Genetic Resources: Characterization and Utilization 2007;5:82–95.

Coles ND, Coleman CE, Christensen SA, Jellen EN, Stevens MR, Bonifacio A, Rojas-Beltran JA, Fairbanks DJ, Maughan PJ. Development and use of an expressed sequenced tag library in quinoa (*Chenopodium quinoa* Willd.) for the discovery of single nucleotide polymorphisms. Plant Sci 2005;168:439–447.

Costa Tártara SM, Manifesto MM, Bramardi SJ, Bertero HD. Genetic structure in cultivated quinoa (*Chenopodium quinoa* Willd.), a reflection of landscape structure in Northwest Argentina. Conserv Genet 2012;13:1027–1038.

Crossa J, Burgueno J, Dreisigacker S, Vargas M, Herrera-Foessel SA, Lillemo M, Singh RP, Trethowan R, Warburton M, Franco J, et al. Association analysis of historical bread wheat germplasm using additive genetic covariance of relatives and population structure. Genetics 2007;177:1889–1913.

Curti RN, Andrade AJ, Bramardi S, Velásquez B, Bertero HD. Ecogeographic structure of phenotypic diversity in cultivated populations of quinoa from Northwest Argentina. Ann Appl Biol 2012;160:114–125.

del Castillo C, Winkel T, Mahy G, Bizoux JP. Genetic structure of quinoa (*Chenopodium quinoa* Willd.) from the Bolivian altiplano as revealed by RAPD markers. Genet Res Crop Evol 2007;54:897–905.

Deschamps SP, La Rota M, Ratashak JP, Biddle P, Thureen D, Farmer A, Luck S, Beatty M, Nagasawa N, Michael L, et al. Rapid genome-wide single nucleotide polymorphism discovery in soybean and rice via deep resequencing of reduced representation libraries with the illumina genome analyzer. Plant Genome 2010;3:53–68.

Eathington SR, Crosbie TM, Edwards MD, Reiter R, Bull JK. Molecular markers in a commercial breeding program. Crop Sci 2007;47:S154–S163.

Elshire RJ, Glaubitz JC, Sun Q, Poland JA, Kawamoto K, Buckler ES, Mitchell SE. A robust, simple genotyping-by-sequencing (GBS) approach for high diversity species. PLoS One 2011;6:e19379.

Fairbanks DJ, Burgener KW, Robison LR, Andersen WR, Ballon E. Electrophoretic characterization of quinoa seed proteins. Plant Breeding 1990;104:190–195.

Fairbanks DJ, Waldrigues DF, Ruas CF, Ruas RM, Maughan PJ, Robinson LR, Andersen WR, Riede CR, Panley CS, Caetano LG, Arantes OMN, Fungaro MH, Vidotto MC, Jankevicius SE. Efficient characterization of biological diversity using field DNA extraction and RAPD markers. Braz J Genet 1993;16:11–33.

Fuentes FF, Martinez EA, Hinrichsen VP, Jellen EN, Maughan PJ. Assessment of genetic diversity patterns in Chilean quinoa (*Chenopodium quinoa* Willd.) germplasm using multiplex fluorescent microsatellite markers. Conserv Genet 2009;10:369–377.

Fuentes FF, Bhargava A. Morphological analysis of quinoa germplasm grown under lowland desert conditions. J Agron Crop Sci 2011;197:124–134.

Fuentes FF, Bazile D, Bhargava A, Martinez EA. Implications of farmers' seed exchanges for on-farm conservation of quinoa, as revealed by its genetic diversity in Chile. J Agric Sci 2012;150:702–716.

Gao D, Schmidt T, Jung C. Molecular characterization and chromosomal distribution of species-specific repetitive DNA sequences from *Beta corolliflora*, a wild relative of sugar beet. Genome 2000;43:1073–1080.

Garg K, Green P, Nickerson DA. Identification of candidate coding region single nucleotide polymorphisms in 165 human genes using assembled expressed sequence tags. Genome Res 1999;9:1087–1092.

Gore MA, Wright MH, Ersoz ES, Bouffard P, Szekeres ES, Jarvie TP, Hurwitz BL, Narechania A, Harkins TT, Grills GS, et al. Large-scale discovery of gene-enriched SNPs. Plant Genome 2009;2:121–133.

Gupta PK, Varshney RK. The development and use of microsatellite markers for genetic analysis and plant breeding with emphasis on bread wheat. Euphytica 2000;113:163–185.

Heiser CB, Nelson DC. On the origin of the cultivated chenopods (*Chenopodium*). Genetics 1974;78:503–505.

Jannink JL, Lorenz AJ, Iwata H. Genomic selection in plant breeding: From theory to practice. Brief Funct Genomics 2010;9:166–177.

Jarvis DE, Kopp OR, Jellen EN, Mallory MA, Pattee J, Bonifacio A, Coleman CE, Stevens MR, Fairbanks DJ, Maughan PJ. Simple sequence repeat marker development and genetic mapping in quinoa (*Chenopodium quinoa* willd.). J Genet 2008;87:39–51.

Jellen EN, Kolano BA, Sederberg MC, Bonifacio A, Maughan PJ. 2011. Chenopodium. In: Kole C, editor. Wild crop relatives: genomic and breeding resources. Berlin: Springer. pp. 35-61.

Joubes J, Chevalier C. Endoreduplication in higher plants. Plant Mol Biol 2000;43:735–745.

Kolano B, Gomez Pando L, Maluszynska J. Molecular cytogenetic studies in *Chenopodium quinoa* and *Amaranthus caudatus*. Acta Societatis Botanicorum Poloniae 2001;70:85–90.

Kolano B, Plucienniczak A, Kwasniewski M, Maluszynska J. Chromosomal localization of a novel repetitive sequence in the *Chenopodium quinoa* genome. J Applied Genet 2008a;49:313–320.

Kolano B, Siwinska D, Maluszynska J. Endopolyploidy patterns during development of *Chenopodium quinoa*. Acta Biol Cracov Bot 2008b;51:85–92.

Kolano B, Gardunia BW, Michalska M, Bonifacio A, Fairbanks DJ, Maughan PJ, Coleman CE, Stevens MR, Jellen EN, Maluszynska J. Chromosomal localization of two novel repetitive sequences isolated from the *Chenopodium quinoa* Willd. genome. Genome 2011;54:710–717.

Kolano B, Siwinska D, Gomez Pando L, Szymanowska-Pulka J, Maluszynska J. Genome size variation in *Chenopodium quinoa* (Chenopodiaceae). Plant Syst Evol 2012a;298:251–255.

Kolano B, Tomczak H, Molewska R, Jellen EN, Maluszynska J. Distribution of 5S and 35S rRNA gene sites in 34 *Chenopodium* species (Amaranthaceae). Bot J of the Linnean Soc 2012b;170:220–231.

Kolano B, Bednara E, Weiss-Schneeweiss H. 2013. Isolation and characterization of reverse transcriptase fragments of LTR retrotransposons from the genome of Chenopodium quinoa (Amaranthaceae). Plant Cell Reports 32: 1575–1588

Kraakman AT, Niks RE, Van Den Berg PM, Stam P, Van Eeuwijk FA. Linkage disequilibrium mapping of yield and yield stability in modern spring barley cultivars. Genetics 2004;168:435–446.

Mason SL, Stevens MR, Jellen EN, Bonifacio A, Fairbanks DJ, Coleman CE, Mccarty RR, Rasmussen AG, Maughan PJ. Development and use of microsatellite markers for germplasm characterization in quinoa (*Chenopodium quinoa* willd.). Crop Sci 2005;45:1618–1630.

Maughan PJ, Bonifacio A, Jellen EN, Stevens MR, Coleman CE, Ricks M, Mason SL, Jarvis DE, Gardunia BW, Fairbanks DJ. A genetic linkage map of quinoa (*Chenopodium quinoa*) based on AFLP, RAPD, and SSR markers. Theor Appl Genet 2004;109:1188–1195.

Maughan PJ, Kolano BA, Maluszynska J, Coles ND, Bonifacio A, Rojas J, Coleman CE, Stevens MR, Fairbanks DJ, Parkinson SE, Jellen EN. Molecular and cytological characterization of ribosomal RNA genes in *Chenopodium quinoa* and *Chenopodium berlandieri*. Genome 2006;49:825–839.

Maughan PJ, Turner TB, Coleman CE, Elzinga DB, Jellen EN, Morales JA, Udall JA, Fairbanks DJ, Bonifacio A. Characterization of *Salt Overly Sensitive 1* (SOS1) gene homoeologs in quinoa (*Chenopodium quinoa* willd.). Genome 2009a;52:647–657.

Maughan PJ, Yourstone SM, Jellen EN, Udall JA. SNP discovery via genomic reduction, barcoding and 454-pyrosequencing in amaranth. Plant Genome 2009b;2:260–270.

Maughan PJ, Yourstone SM, Byers RL, Smith SM, Udall JA. SNP genotyping in mapping populations via genomic reduction and next-generation sequencing: Proof-of-concept. Plant Genome 2010;3:166–178.

Maughan PJ, Smith SM, Rojas-Beltran JA, Elzinga D, Raney JA, Jellen EN, Bonifacio A, Udall JA, Fairbanks DJ. Single nucleotide polymorphism identification, characterization, and linkage mapping in quinoa. Plant Genome 2012;5:114–125.

Miller MR, Dunham JP, Amores A, Cresko WA, Johnson EA. Rapid and cost-effective polymorphism identification and genotyping using restriction site associated DNA (RAD) markers. Genome Res 2007;17:240–248.

Moose SP, Mumm RH. Molecular plant breeding as the foundation for 21st century crop improvement. Plant Physiol 2008;147:969–977.

Morton BR, Bi IV, Mcmullen MD, Gaut BS. Variation in mutation dynamics across the maize genome as a function of regional and flanking base composition. Genetics 2006;172:569–577.

Mujica A, Jacobsen S-E. Genetic resources and breeding of the Andean grain crop quinoa (Chenopodium quinoa Willd). PGR Newsl 2002;130:54–61.

Ochoa J, Frinking HD, Jacobs T. Postulation of virulence groups and resistance factors in the quinoa/downy mildew pathosystem using material from Ecuador. Plant Pathol 1999;48:425–430.

Ortiz R, Ruiz-Tapia EN, Mujica-Sanchez A. Sampling strategy for a core collection of Peruvian quinoa germplasm. Theor Appl Genet 1998;96:475–483.

Ossowski S, Schneeberger K, Clark RM, Lanz C, Warthmann N, Weigel D. Sequencing of natural strains of *Arabidopsis thaliana* with short reads. Genome Res 2008;18:2024–2033.

Palomino G, Hernandez LT, Torres ED. Nuclear genome size and chromosome analysis in *Chenopodium quinoa* and *C. berlandieri* subsp. *nuttalliae*. Euphytica 2008;164:221–230.

Powell W, Morgante M, Andre C, Hanafey M, Vogel J, Tingey S, Rafalski A. The comparison of RFLP, RAPD, AFLP, and SSR (microsatellite) markers for germplasm analysis. Mol Breeding 1996;2:225–238.

Rana TS, Narzary D, Ohri D. Genetic diversity and relationships among some wild and cultivated species of *Chenopodium* L. (Amaranthaceae) using RAPD and DAMD methods. Curr Sci 2010;98:840–846.

Risi JC, Galwey NW. The pattern of genetic diversity in the Andean grain crop quinoa (*Chenopodium quinoa* Willd.) I. Associations between characteristics. Euphytica 1989a;41:147–162.

Risi JC, Galwey NW. The pattern of genetic diversity in the Andean grain crop quinoa (*Chenopodium quinoa* Willd.) II. Multivariate methods. Euphytica 1989b;41:135–145.

Roa NK. Plant genetic resources: advancing conservation and use through biotechnology. African J Biotech 2004;3:136–145.

Rojas W, Barriga P, Figueroa H. Multivariate analysis of the genetic diversity of Bolivian quinua germplasm. Plant Genet Res Newsl 2000;122:16–23.

Rojas W. Multivariate analysis of genetic diversity of Bolivian quinoa germplasm. Food Rev Int 2003;19:9–23.

Ruas PM, Bonifacio A, Ruas CF, Fairbanks DJ, Andersen WR. Genetic relationship among 19 accessions of six species of *Chenopodium* L., by random amplified polymorphic DNA fragments (RAPD). Euphytica 1999;105:25–32.

Russell J, Booth A, Fuller J, Harrower B, Hedley P, Machray G, Powell W. A comparison of sequence-based polymorphism and haplotype content in transcribed and anonymous regions of the barley genome. Genome 2004;47:389–398.

Shen R, Fan JB, Campbell D, Chang WH, Chen J, Doucet D, Yeakley J, Bibikova M, Garcia EW, Mcbride C, et al. High-throughput SNP genotyping on universal bead arrays. Mutation Res-Fundamental Mol Mech Mutagenesis 2005;573:70–82.

Shi H, Ishitani M, Kim C, Zhu J-K. The *Arabidopsis thaliana* salt tolerance gene *SOS1* encodes a putative Na^+/H^+ antiporter. Proc Natl Acad Sci U S A 2000;97:6896–6901.

Smith BD, Yarnell RA. Initial formation of an indigenous crop complex in eastern North America at 3800 B.P. Proc Natl Acad Sci U S A 2009;106:6561–6566.

Stevens MR, Coleman CE, Parkinson SE, Maughan PJ, Zhang HB, Balzotti MR, Kooyman DL, Arumuganathan K, Bonifacio A, Fairbanks DJ, Jellen EN, Stevens JJ. Construction of a quinoa (*Chenopodium quinoa* Willd.) BAC library and its use in identifying genes encoding seed storage proteins. Theor Appl Genet 2006;112:1593–1600.

Tapia ME, Mujica SA, Canahua A. Orígen, distribución geográfica, y sistemas de producción en quinua. In: Primera reunion sobre genetica y fitomejoramiento de la quinua. Puno: Universidad Nacional Técnica del Altiplano (UNTA), Instituto Boliviano de Technologia Agropecuaria (IBTA), Instituto Interamericana de Ciencias Agricolas (IICA), Centro de Investigación Internacional para el Desarollo; 1980. p A1–A8.

Tautz D. Hypervariability of simple sequences as a general source for polymorphic DNA markers. Nucleic Acids Res 1989;17:6463–6471.

Van K, Hwang EY, Kim MY, Park HJ, Lee SH, Cregan PB. Discovery of SNPs in soybean genotypes frequently used as the parents of mapping populations in the United States and Korea. J Hered 2005;96:529–535.

Walsh BM, Adhikary D, Maughan PJ, Emshwiller E, Jellen EN. *Chenopodium* (Amaranthaceae) polyploidy inferences from SOS1 data. Manuscript in preparation.

Wang J, Lin M, Crenshaw A, Hutchinson A, Hicks B, Yeager M, Berndt S, Huang WY, Hayes RB, Chanock SJ, et al. 2009. High-throughput single nucleotide polymorphism genotyping using nanofluidic dynamic arrays. BMC Genomics 10:561. doi:10.1186/1471-2164-10-561. Available from http://www.biomedcentral.com/content/pdf/1471-2164-10-561.pdf

Weber J, May PE. Abundant class of human DNA polymorphisms which can be typed using the polymerase chain reaction. Am J Hum Genet 1989;44:388–396.

Wilson HD. Domesticated *Chenopodium* of the Ozark Bluff dwellers. Econ Bot 1980;35:233–239.

Wilson HD. Genetic variation among tetraploid Chenopodium populations of southern South America (sect. *Chenopodium* subsect. *Cellulata*). Syst Bot 1981;6:380–398.

Wilson HD. Allozyme variation and morphological relationships of *Chenopodium hircinum* (s.l.). Syst Bot 1988a;13: 215–228.

Wilson HD. Quinoa biosystematics I: domesticated populations. Econ Bot 1988b;42:461–477.

Wilson HD, Manhart J. Crop/weed gene flow: *Chenopodium quinoa* Willd. and *C. berlandieri* Moq. Theor Appl Genet 1993;86:642–648.

Windhausen VS, Atlin GN, Hickey JM, Crossa J, Jannink JL, Sorrells ME, Raman B, Cairns JE, Tarekegne A, Semagn K, et al. Effectiveness of genomic prediction of maize hybrid performance in different breeding populations and environments. G3 (Bethesda) 2012;2:1427–1436.

Zhang F, Zhao Z. The influence of neighboring-nucleotide composition on single nucleotide polymorphisms (SNPs) in the mouse genome and its comparison with human SNPs. Genomics 2004;84:785.

第8章　藜麦的迁地保护——来自玻利维亚的经验

Wilfredo Rojas and Milton Pinto

PROINPA Foundation, Av. Elias Meneces km 4, El Paso, Cochabamba, Bolivia

8.1　引　　言

在过去的 40 年间，由于全球对食品和农业植物遗传资源库（PGRFA）做出的努力，迁地种质资源收集在数量和规模上都有所增加。这些资源收集是在不同条件下进行的，依国家或国际水平策略、机构环境、专业知识掌握、设备预算，以及国家和国际间合作程度而定（Engels and Visser，2003）。根据食品和农业植物遗传资源库（PGRFA）技术现状的第二次报道（FAO，2010），全球迁地储存的样本总数自 1996 年以来增长了大约 20%（140 万），总样本数量达到 740 万。种质资源样本数量和多样性的大量增长，需要按照资源保护的高标准来对收集的种质资源进行管理。

基因库对于各国食品安全和国家主权是必不可少的，是一个国家祖先和文化传承的一部分，其本身应该承担社会和国家赋予的责任。为了达到这一目标，遗传资源的保护需要得到机构支持，包括持续的资金、经过专业知识培训的员工，以及用于保证种质资源收集和保存的必要设备。

然而，从全球 PGRFA 技术现状的第一次和第二次报道来看，一个国家的植物遗传资源保护，仅通过创建基因库是无法保证的（FAO，1996，2010）。由于种质资源保存和再生的成本越来越高，更多的注意力逐渐集中在怎样和何时从资源收集转为资源再生（Engels and Visser，2003）。一些基因库由于管理不当，最终可能会导致遗传冲刷。基因库管理和运行的经济问题隐含在所有的资源保护工作中，不仅是将预算分配到各资源库的具体运营中，而是与机构支出的内部决策相关。这些决策是非常重要的，因为那些最初支持基因库启动的人会持续要求其改进运作模式。

如果没有一个良好的规划，基因库管理可以向很多方向发展和演变。此外，本地种质资源状态变化很大，需要多种管理途径和多元化的经验。在发展中国家，资源保护问题和技术发展并不总是被优先考虑，相关决策通常来自于政治观点。这已成为玻利维亚藜麦种质资源收集的现实问题，这里的条件并不总是一帆风顺。

玻利维亚藜麦种质资源多样性是全世界最丰富的，特别是与安第斯山地区的其他国家相比。藜麦不仅是“安第斯山作物”，与这一地区的其他作物相比，藜麦蕴含了更多的玻利维亚文化。它深深扎根在本土的风俗、消费和生产中。玻利维亚不仅拥有最丰富的藜麦遗传多样性，同时也有着世界上最大的藜麦种植面积，从而成为藜麦的第一出口国。这些方面都确定了藜麦对于玻利维亚的战略性意义。

本章将讨论藜麦的起源与多样性中心，以及玻利维亚种质资源收集的开端，整理了自第一批藜麦种质材料收集以来 45 年里的运行和管理过程，也讨论了资源收集的重要时期，同时提供了一个安第斯山产品推广和研究基金会（PROINPA）在代表玻利维亚负责基因库管理和资源保护期间的工作概要，直至基因库得到了国家和国际水平的认可。

8.2　藜麦的起源和多样性中心

俄国科学家瓦维洛夫认为，栽培植物的起源中心是拥有该栽培植物和其野生祖先植物多样性最丰富的地区。安第斯山区是全世界八大植物起源中心之一（Vavilov，1951），同时也被誉为美洲文明最重要的中心之一（Gandarillas et al.，2001）。所有进行过形态、遗传和系统研究的学者都认为，藜麦起源于秘鲁和玻利维亚的安第斯山地区（Gandarillas，1979）。无论在自然条件下还是田间地头，安第斯山区野生和栽培藜麦的遗传多样性是最丰富的。考虑到藜麦物种发展的农业生态条件，确定了多样性的次中心。在这些多样性次中心里，藜麦生态型得到了发展和适应，导致了其在植物学、农艺学和物种形成等方面的变化。

根据遗传变异、适应性和几种可遗传形态特征，安第斯山区主要有 5 种藜麦生态型（Lescano，1989；Tapia，1990）。藜麦的这 5 种主要生态型或组的其中 4 种在玻利维亚都有分布（安第斯山谷、高地、盐滩和高温湿润气候带）。只有一种海平面分布的藜麦生态型未在玻利维亚分布，而是生长在智利。以下对这 5 种生态型具体描述。

（1）安第斯山谷生态型藜麦，已适应了 2500～3500 m 的海拔，植株高度可达 2.5 m 或以上，分枝较多，花序松散，能抵抗霜霉病（*Peronospora farinosa*）。该生态型通常采用 5～6 行间作玉米，边缘种植其他作物，或将玉米随机分散种植在藜麦田里。

（2）高地生态型藜麦，可生长在海拔 3600～3800 m 的秘鲁和玻利维亚高原，作为纯粹或独特的文化分布范围更广，植株高度 0.5～1.5 m，主要在茎顶端着生一圆锥花序，花序紧凑，有报道显示，这一高原区域作物的变异性最大。该生态型包括的改良品种数最多，在高湿度生长环境下容易感染霜病。

（3）盐滩生态型藜麦，生长在玻利维亚高原南部的盐滩地区，这是安第斯山区最干燥的区域，年降雨量为 200～300 mm，通常情况下为单株种植，间距为 1 m×1 m，以更好地利用低湿度。该生态型藜麦具有籽粒大（直径> 2.2 mm）、果皮厚和皂苷含量高等特征，被誉为“皇家藜麦”。

（4）高温湿润气候带或雨林边缘生态型藜麦，由一小组藜麦组成，适应高温湿热气候带或玻利维亚雨林边缘条件，主要生长在科恰班巴（玻利维亚中西部城市）的河谷，海拔在 1500～2200 m，植株为绿色，在盛花期整体转为耀眼的橙色。

（5）海平面生态型藜麦，在利纳雷斯和康塞普西翁，从智利到 36°S 地区有分布，植株较粗壮，高 1.0～1.4 m，具分枝，奶油色，具有明显的 Chullpi 型纹理。该生态型藜麦与在 20°S 墨西哥隔离生长的 *Chenopodium nuttalliae* 具有很多的相似性。

藜麦的遗传多样性受到安第斯山区不同国家的保护，现有藜麦资源被划分为 5 个组。玻利维亚的藜麦分布在安第斯山谷、高地、盐滩和高温湿润气候带，哥伦比亚和厄瓜多尔的藜麦分布在安第斯山谷，秘鲁的藜麦分布在安第斯山谷和高地，智利的藜麦被划分在盐滩地和海平面的藜麦生态型（图 8.1）。

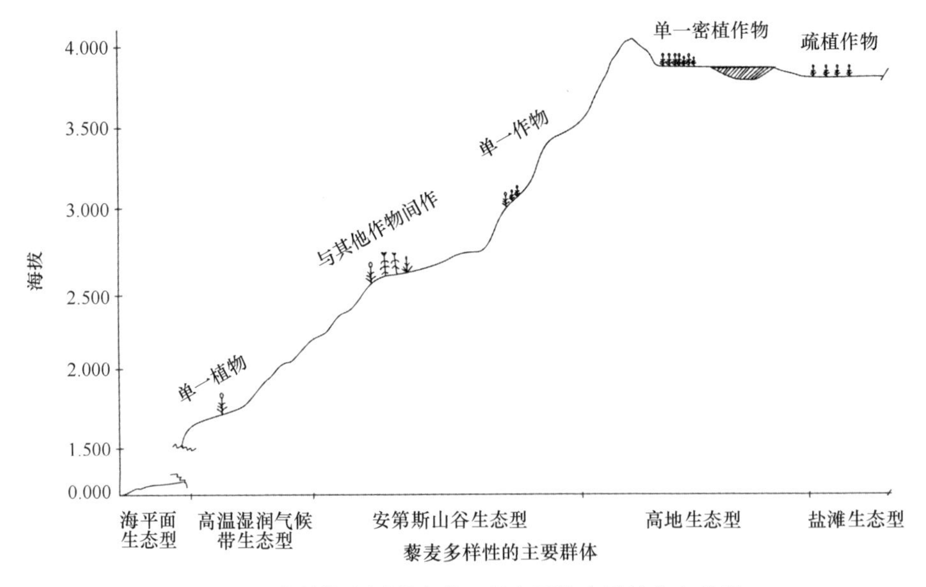

图 8.1　安第斯山区藜麦的 5 种主要生态型的分布轮廓

Rojas（2003）对玻利维亚的种质资源收集的遗传多样性进行了研究，确定了玻利维亚的 7 个多样性次中心：在波托西和奥鲁罗的盐滩地、拉巴斯和奥鲁罗中部的高原、盐滩和高原的过渡地带分别有 1 个次中心，在拉巴斯北部高原，以及科恰班巴、丘基萨卡和波托西的安第斯山谷分别分布着 2 个次中心。这些次中心的作物遗传多样性很高，表现为植株、花序和种子颜色的变异，花序类型、栽培周期持续时间、营养和农产品价值的变化，叶片中皂苷和花青素含量的不同，等等。这些特征的多样性，使得藜麦能适应不同的盐度或酸性、降雨量、温度、海拔、霜冻和干旱等生态和土壤条件。

8.3　藜麦的地理分布

藜麦起源中心的分布较广，被认为是少中心物种。安第斯山区是藜麦的多样性中心，并有着多条变异路线（Mujica，1992）。藜麦生长在广阔的安第斯山区，这里曾经是印加人的管辖地（Lescano，1994）。从哥伦比亚的帕斯托到阿根廷北部的胡胡伊和萨尔塔，再到智利的安托法加斯塔和康塞普西翁，都有藜麦的分布。分布范围从哥伦比亚南部 5°N 延伸到智利的第十区 43°S，海拔从智利的海平面到秘鲁和玻利维亚的高原 4000 m，因此有分布在沿海、河谷、安第斯山内河谷、盐滩和高原的藜麦（图 8.2），藜麦的遗传多样性中有相当比例与其地理分布有关（Rojas，2003）。

在哥伦比亚，藜麦生长在纳里尼奥、伊皮亚莱斯、孔塔德罗、科尔多瓦、圣胡安、莫孔的诺和帕斯托各省，省是按照行政划分的，每个省有政府和议会，哥伦比亚有 32 个省。在厄瓜多尔，藜麦生长在卡尔奇、因巴布拉、皮钦查、科托帕希、钦博拉索、洛哈、拉塔昆加、安巴托和昆卡市。在秘鲁，藜麦生长在卡哈马卡、卡列洪德瓦伊拉斯、曼塔罗山谷、安达韦拉斯、库斯科和普诺（高原）各省，占藜麦种植面积的 75%。在玻利维亚，藜麦种植在拉巴斯、奥鲁罗和波托西高原，以及科恰班巴、丘基萨卡，波托西和塔里哈的安第斯河谷（Rojas et al.，2010b）。在智利，藜麦的生长区域在智利高原的伊斯卢加和伊基克，以及康塞普西翁，第九区和第十区也有藜麦种植的报道（Barriga et al.，1994）。在阿根廷，藜麦种植在相对隔离的胡胡伊萨尔塔高地，也扩展到了图库曼的卡尔查基山谷（Gallardo and Gonzalez，1992）。

8.4　安第斯山区的基因库

为了保护安第斯山区藜麦表现型和基因型的多样性，这一地区的几个国家自 20 世纪 60 年代起就建立了基因库。这些基因库与阿根廷、玻利维亚、哥伦比亚、智利、厄瓜多尔和秘鲁的农业部门及大学合作，并负责管理和资源保护。

根据 Rojas 等（2013）报道，全球共保存有超过 16 422 份种质材料，有 14 502 份保存在安第斯山区的基因库中，其中玻利维亚和秘鲁收集和管理的种质资源材料数量最多（图 8.3）。玻利维亚共有 6 个基因库，保存着 6721 份藜麦种质材料，这些基因库分别位于玻利维亚国家农林创新研究所（INIAF）Torolapa 中心、圣安德烈斯大学

图 8.2　藜麦在安第斯山区的地理分布（注意不同颜色所代表的区域）（彩图请扫描封底二维码）

（UMSA）的 Choquenaira 试验站、奥鲁罗科技大学（UTO）的生物技术与植物遗传资源研究中心、El Alto 公立大学（UPEA）的 Kallutaca 实验中心，以及社区研究与推广中心。种质材料保存数量最多的是 INIAF 基因库，有 3178 份，是玻利维亚著名的国家藜麦种质资源收集中心。其次是 UTO 和 UMSA，分别收集有 1780 份和 1370 份种质材料（Rojas et al.，2010a，2013）。

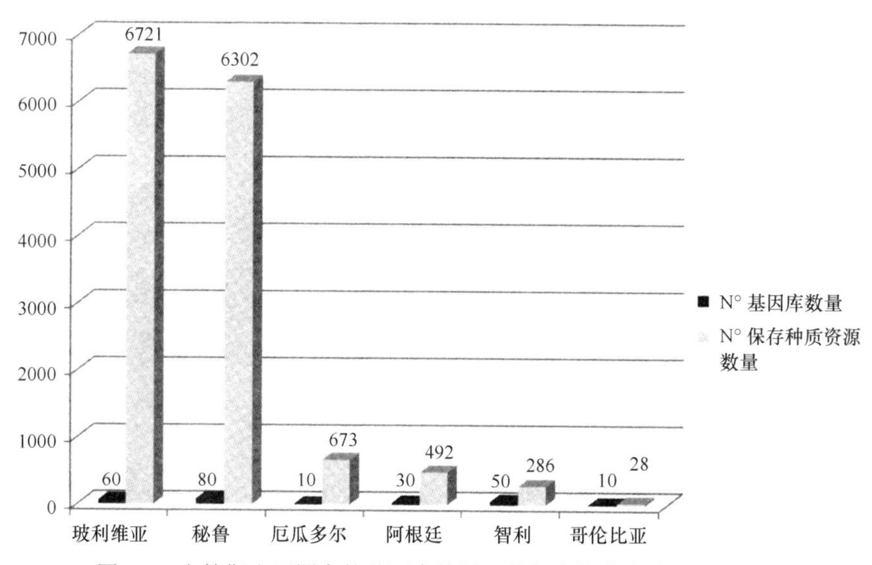

图 8.3　安第斯山区国家的基因库数量及其保存的藜麦种质资源数量

秘鲁有 8 个基因库，保存着 6302 份种质材料，基因库位于艾尔帕（普诺）、安第斯（库斯科）、迦南（阿亚库乔）、圣安娜（万卡约）和巴诺斯（卡哈马卡）的 INIA 实验基地。以下几所大学也保存有藜麦种质资源：利马的阿哥日拉莫利纳大学、库斯科的圣安东尼阿巴德国立大学、普诺国立高原大学（Mujica，1992；Bonifacio et al.，2004；Bravo and Catacora，2010；Gomez and Eguiluz，2011）。藜麦最重要的种质资源收集在阿哥日拉莫利纳大学、普诺国立高原大学和 INIA 试验基地，分别保存着 2089 份、1910 份和 1029 份种质材料。

阿根廷国家种子基因库的网络里记录着总共有 492 份藜麦种质材料，保存在国家农业技术局的基础基因库中（INTA）。这些种质材料的一部分备份在阿根廷西北部的活跃基因库和“马尔白克”基因库中，这 492 份种质材料是布宜诺斯艾利斯大学农学系和 INTA 共同努力的成果（Rojas et al.，2013）。

智利有 286 份种质材料，其中 203 份保存在智利国家农业研究局的维库那实验中心基因库，其余保存在 UACH 农业科学系、卡瑞安卡区域研究中心的活跃种子库、阿图罗普拉特大学（UNAP）和巴尔种子库。厄瓜多尔有 673 份藜麦种质资源，保存在圣卡塔琳娜州试验站的生物技术和遗传资源国家部门及国家农业和畜牧产业研究所（INIAP）。哥伦比亚农业研究公司的基因库保存有 28 份种质材料（Rojas et al.，2013）。

8.5 玻利维亚的藜麦种质资源收集

8.5.1 藜麦种质资源的历史和管理

据 Rojas 等（2010a）综述报道，人们第一次尝试开启藜麦和其他安第斯山区作物的种质资源收集始于 20 世纪 60 年代早期。当时，Humberto Gandarillas 开始在玻利维亚的高地、盐滩和安第斯山谷地区收集资源。Gandarillas 收集的材料用于建立了第一个藜麦基因库。刚开始，基因库由帕塔卡马亚试验基地管理，后来归属在玻利维亚农业技术局（IBTA）的国家藜麦项目，该技术局一直维持到 1998 年。

玻利维亚农业技术局解散后的 20 世纪 90 年代后期，帕塔卡马亚试验基地归属于拉巴斯辖区，收集的藜麦种质资源面临着丢失的危险。拉巴斯辖区新成立了农业服务部门（SEDAG），即拉巴斯部，藜麦的种质资源收集也由该部门接手负责。遗憾的是，在此期间，种质资源收集没有得到经费支持，也没有一个针对资源收集的明确政策，资源保护和管理未能持续。

自玻利维亚普罗林帕（PROINPA）基金会设立了藜麦研究和管理基金，所有努力都集中在维持安第斯山区播种在高原北部的藜麦种质资源耐受抗性项目（PREDUZA）。1997～1998 作物年期间，安第斯山区耐受抗性项目全面开展，项目组成员来自于之前的 IBTA 国家藜麦项目。种质材料被种在提提喀喀湖沿岸，主要是便于管理。此外，高原北部的环境条件也有助于评估霜霉病抗性。种质资源被分成两部分，一半放在奥马苏约斯省的贝伦试验基地进行评估，另一半在因加维省的 Choquenaira 试验基地，用于收种，加倍资源收集量，两个试验站均由 UMSA 农学院管理。

在这样的环境下，农业、畜牧业和农村发展的相关部门（MAGDER），即之后的农村发展、农业和环境部门（MDRAyMA），现在称为农村发展和土地部门（MDRyT），通过 PDTA-2216-BO-C 第 418/98 号信件让玻利维亚普罗林帕基金会（PROINPA）接管了藜麦基因库的资源保护，PROINPA 被授权在玻利维亚法律框架内管理和运行藜麦资源收集的保护。为了履行职责，PROINPA 自发筹集资金，并接受了以下几个机构的支持，包括丹麦合作与发展机构（DANIDA），国际植物遗传资源协会（IPGRI）即现在的国际生物多样性研究中心，联合国发展项目的小额捐款计划（PPD/PNUD），国际农业发展基金（FIDA），以及麦克奈特基金会。这标志着玻利维亚植物遗传资源保护有了一个新的开始，PROINPA 基金会接管藜麦基因库管理和保护工作已 10 年有余。

藜麦基因库于 2001 年 2 月得到了玻利维亚国家政府的资金支持，并由 MAGDER、农业服务项目合作部（UCPSA）和 PROINPA 三方签订了协议。2003

年，玻利维亚国家食物与农业遗传资源系统（SINARGEAA）成立，之后 6 个国家基因库开始运作，MDRAyMA 批准 PROINPA 为分管安第斯山区国家谷物基因库的实体单位，包括对藜麦种质资源的收集和管理。直到 2008 年 11 月，PROINPA 在国家食物与农业遗传资源系统（SINARGEAA）框架下管理和保护着这些遗传资源，并受到未重视和非充分利用物种项目（UNS）和联合国环境项目/全球环境框架（UNEP/GEF）的支持。随后，2008 年通过一项国家法令创建的机构 INIAF，被指定为玻利维亚国家遗传资源的主管部门，为 SINARGEAA 过渡计划启动了资金（2009～2010 年）。在这样的框架下，INIAF 和 PROINPA 签订了跨部门合作协议，通过此协议建立了遗传材料和相关仪器转移到新主管部门的合作与互动机制。

8.5.2　藜麦种质资源的现状

2010年作物年，藜麦种质资源收集和高海拔安第斯谷物基因库由INIAF接管。管理权于 2010 年 7 月 23 日移交完成并公证，详细记录了每份材料的保存状况、相关资料（数据库、出版物和其他实验报告）及资源保护的设备和材料基础。管理权移交前两家机构共同工作了至少 18 个月，完成了人员培训和能力建设，以便能够立即开展基因库的管理工作。

这一时刻使 PROINPA 对安第斯谷物国家基因库的管理进入了一个非常重要的阶段，至此玻利维亚的藜麦种质资源收集和管理经历了 12 年。这一阶段的工作对增加种质资源收集数量，提高资源保护质量，充实资源收集文献，并对形成可用于从遗传改良到农业综合企业等不同领域的知识数据库作出了贡献。通过补充计划，以上所有这些都成为可能，补充计划包括将基因库与不同用户联系在一起，从学者、研究人员和技术人员到从事本地资源保护工作的团体。这一工作和所作出的贡献，得到了国家和国际的认可，而且资源保护农户、政府机构、玻利维亚的国际合作机构，以及国外的实体单位，都肯定了基因库，赞誉其保护资源的高质量和保存材料的独特性（Rojas et al.，2010a）。

如今，玻利维亚的藜麦种质资源收集是安第斯谷类国家基因库的一部分，保存在 INIAF Torolapa 中心。其所收集的资源有着很高的遗传多样性，总共有 3178 份栽培和野生材料，采自拉巴斯、奥鲁罗、波托西、科恰班巴、丘基萨卡和塔里哈地区的高海拔群落、盐滩、安第斯山谷和雨林边缘，此外，还包括秘鲁、厄瓜多尔、哥伦比亚、阿根廷、智利、墨西哥、美国、英国、荷兰和丹麦的材料。

8.6　迁地藜麦管理和保护步骤

迁地资源保护被认为是本地资源保护的补充，因为本地资源保护无法保护所有易地或外地的物种。迁地资源保护包括一系列针对植物遗传资源管理的行动，需要通过建立基因库和种质资源收集来实施，涉及一系列的步骤和程序，所以要求经过培训的工作人员具体实施。

种子资源库是藜麦种质资源迁地保护的另外一种选择，这些种子资源库的条件是利用最小生理活动促成最大储存时间，并尽量避免种子活性和萌发率的损失。藜麦种子根据其储存状态，被划分为“常规型”（Ellis et al.，1988）。对于“常规型”种子，人们可以通过管理湿度和温度来保持更长时间的种子活性，然而“顽抗型”种子就不可能这样。由于藜麦的种子属于“常规型”，其活性可以通过可控方式来保持，因此在一定环境条件范围内，应降低温度和种子水分。

根据藜麦种子在储存期的“常规型”表现，可以形成一套种子资源库的管理策略。在 PROINPA 管理期间，玻利维亚藜麦种子资源收集方案的制定和实现，将在这一节详细叙述。几位植物遗传资源专家在拉丁美洲制定了一份有效的迁地管理协议（Jaramillo and Baena，2000），这份协议适用于藜麦种质资源，包括收集、初步增殖、储存、特征描述和种质资源评估，同时还包括种质资源的再生和增殖，再加上参考资料和利用。

8.6.1 藜麦种质资源的收集

“种质资源收集”是获得代表野生植物居群或栽培种变种的种子样品的过程。收集种质资源是为了保护物种多样性，获得可用于繁殖的种质，或是为了寻找基因库中之前未采集到的新居群（Sevilla and Holle，2004）。在被认为是起源和多样性中心的区域，种质资源收集是必要且有充分理由的，因为同时存在和发展的栽培变种和野生近缘种可在这些区域中找到。种质资源收集是迁地保护管理策略实施的第一步，在技术和逻辑计划，以及工作实施中需要绝对谨慎和小心。举例来说，种子样品的收集需要切实可行，以保证这些种子可以在可比较的环境中萌发并生长成与其母本相似的植物。

自 1964 年起，当藜麦种质资源收集在玻利维亚展开时，采用的是集中收集的方式，这种方法是以科学家和研究人员结队工作为基础，他们到高地、盐滩、安第斯山谷和栽培区等不同地点进行采集，资源队收集的种子组成藜麦的主要种质资源。虽然藜麦的种质资源收集保持着可观的数量，但储存的变异性并不能代表玻利维亚所有的藜麦多样性。因此，在之前没有采集的代表区域进行了藜麦种质资源的收集。2002 年起，玻利维亚采用分散收集的方式进行藜麦种质资源收集，这种方式需要与当地实体或团队合作，如推广机构、农民组织、NGO 和大学等。以样品的巡回收集为基础，由科学家组成的队伍在不同的生态区域采集，这种收集方式还需要本地专家的合作，并成为替代集中收集的方法。本地专家对当地的生态地理和文化知识都非常了解，这些本地专家还知道怎样选择最佳的采集时机，在果熟期间和成熟后期进行采集（Guarino et al.，1995）。

8.6.2　藜麦种质资源收集的技术步骤

无论是集中收集还是分散采集，关键是技术和后勤计划需要同步，以保证藜麦种质资源收集活动的顺利进行。技术计划要明确采集目标，并确定采集原因、地点、方式和时间。另外一方面，后勤计划即组织团队，需要为有效贯彻技术计划作出安排，如组成采集团队、计划路线行程、安排交通、获得许可，以及配备工具、设备和食物等必要的采集装备（Guarino et al.，1995）。

关于藜麦种质资源的报告已经形成规范，能够适用于集中收集和分散采集两种方式，符合种质资源采集工作的最低要求，其中的部分要点将在接下来的小节里详细叙述。

1. 采集表格

采集表格（附表 8.1）适用于藜麦种质资源采集，是以国际植物基因资源协会或 IPGRI 出版的种质资源采集表（Jaramillo and Baena，2000）为蓝本，为记录形态和民族植物学信息，以便在描述特征和评估藜麦材料时用来做定性特征对比，表格做了适当调整（Rojas，2002b）。

2. 采集来源

采集来源即获得种质资源样品的地点，农田和储存库是藜麦资源收集的主要来源地，因为这里可以获得更为均匀的种子样品。此外，采集表格所填信息必须可靠，通常由农民直接提供。然而，乡下集市、市场和其他售卖地也被考虑为收集的来源，取决于可获得的信息和样品来源，以便记录在采集表中。最后，虽然藜麦的野生居群在农田也能找到，但野外栖息地也被纳入到采集来源，作为野生居群的代表。

3. 取样策略

野外采集的目的是将可代表一个类群遗传多样性的样品收集到一起，这就需要对目标物种和其所在区域有足够的了解。因此，必须收集所采集区域的地形、地质、土壤、气候和植被等信息。另外，还需收集目标物种的分布、物候学、繁殖生物学、遗传多样性、储存特性，以及人类植物学（物种的应用）等信息（Guarino et al.，1995）。

在一个地理区域内需采集的样本数量，取决于这一区域内存在的遗传变异数量，每一居群的样本采集个数依据群内的形态特征而定，通常建议藜麦居群中每50株个体采集一粒种子样本。植株应该在均匀的小范围内随机选择（随机取样），在可变位点进行小间隔选择（分层取样）（Genebank Standards，1994）。对于野生物种，采样不能破坏植物居群的自然保护（Querol，1998）。

每株植物，建议选取达到主穗平均高度的果穗，从穗基部剪切。材料收集至少50株个体便能获得足够的种子数量，种子重可能在20～100 g，取决于植物的结构。对于藜麦而言，3 g种子大约平均有1000粒。因此，藜麦的种子收集数量应该超过自花授粉和异花传粉居群的建议最小数量 1500～2000 粒（Genebank Standards，1994；Hawkes，1980）。所以，从一份材料上收集的种子可以被认为是具代表性的样本。

4. 采样原则和文献记录

应尽可能地收集健康、可育、新鲜的种子样本。应选取成熟的植株以保证种子脱水后仍不失活性。种子样本的含水量应控制在 10%～12%。但如果是在雨后立即采集的样本，在考察采集途中应进行干燥或暴晒处理。

每份藜麦种质资源样本，必须填写附表 8.1 的采集记录表，采集地、地形特征和用途等信息通常是通过非正式走访从农民处获得，采集到的种子和采集记录表都应装在纸质信封里，并注明考察队名称和样本编号，以便区分。

8.6.3 藜麦种质资源收集的历史和发展

Rojas 等（2001）发表了一份编目概览，记录了玻利维亚的藜麦种质资源收集，并概述了藜麦收集的历史进程。藜麦和安第斯山区作物的第一次种质资源收集是1966年在帕塔卡马亚研究站由 Humberto Gandarillas 倡议组织的，他在玻利维亚高地和安第斯山谷进行种质收集，先后获得了玻利维亚乐施会-粮农组织项目和玻利维亚农业部安第斯作物研究所的经费支持（Tapia，1977）。

后来，由于奥鲁罗科技大学（56份材料）和泛美农业合作研究所（来自秘鲁的239份材料）的捐赠，种质资源收集增加到1375份材料。帕塔卡马亚研究站评估了收集到的遗传材料，发现并描述了17个藜麦地方品种（Gandarillas，1968）。20世纪60年代后期和70年代早期，秘鲁捐赠和交换了446份材料，包括131份从普诺国立高原大学筛选的材料。在同一阶段，收到了来自玻利维亚中部高原（拉巴斯和奥鲁罗）的159份栽培和野生材料，以及美洲国家组织收集的65份材料，这部分材料没有登记采集数据。

到20世纪70年代中期，藜麦和安第斯作物材料数量达到了2045份，除去遗传材料的损失和马铃薯等其他作物材料，收集的藜麦材料数量为1458份。随后，

Waldo Telleria 在奥鲁罗地区进行了采集，使得种质资源增加到 1472 份。到了 1978 年，通过阿根廷北部的捐赠，资源收集数量扩大到 1487 份。同年，Humberto Gandarillas 收集了高原和安第斯山谷的材料，还有 3 份来自墨西哥，种质资源材料数增加到 1516 份。1981 年，Humberto Gandarillas、Gualberto Espindola 和 Florencio Zambrana 三人在玻利维亚展开了不同路线的资源收集，种质资源数达到了 1752 份。1982 年，又增加了来自厄瓜多尔（INIAP）和智利北部的 9 份材料。

1983～1985 年，Humberto Gandarillas、Gualberto Espindola、Raul Saravia、Alejandro Bonifacio、Emigdio Ballon、German Nina 和 Estanislao Quispe 在玻利维亚进行了几次资源收集，将资源材料数扩展到 1985 份。同一时期，来自秘鲁、厄瓜多尔、智利和墨西哥的藜麦变种也被收集在种质资源里。1987 年，又增加了一份阿根廷北部的材料。1989 年，Guillermo Prieto、Raul Saravia 和 Alejandro Bonifacio 在台地中部收集到 15 份种质资源材料，资源材料总数达到 2001 份。

至 1992 年，基因库中的种质资源材料记录有 2012 份。同年，Gualberto Espindola、Genaro Aroni 和 Juan Tupa 在台地南部和中部采集到 20 份材料。1993 年非政府组织 Winay Siway、综合服务合作社普纳塔、埃斯佩兰萨和阿尔安迪亚捐献了采自科恰班巴的 54 份材料，加上捐自厄瓜多尔农业研究所的 4 份，总共有 2090 份材料。同年，波托西的马尼卡变电站通过 Severino Bartolome 收集到 147 份栽培和野生材料。此外，来自玻利维亚国家藜麦项目栽培区的 182 份材料也被收入，种质资源材料增加到 2419 份。

1994 年，Wilfredo Rojas、Nicholas Monasteries 和 Gualberto Espindola 收集到台地南部和拉巴斯的帕卡亥斯省的各 9 份材料，与 Caquiaviri 技术学院交换得到 65 份种质材料，秘鲁国家农业研究协会捐赠了 9 份种质材料，总数达到 2511 份。1995 年，有 24 份材料被收入，多数是变种和栽培材料。IBTA 解散时，帕塔卡马亚试验基地管理的种质资源总数有 2535 份。

PROINPA 基金会展开了资源收集的补充计划，1998 年收集的栽培材料分成了 12 条进化支，并由 Alejandro Bonifacio 在台地南部收集了 56 份材料，收入种质资源库。1999 年收入了采自秘鲁、厄瓜多尔、英国、荷兰和丹麦的全球藜麦考察队的 13 份材料，以及 85 份采自台地北部、中部和南部地区的材料。截至 1999 年，藜麦资源收集总数为 2701 份（Rojas et al.，1999）。

2000～2002 年，通过分散采集，共收入 135 份材料，总数为 2836 份（Rojas，2002b）。2002～2003 年，收入 113 份材料，藜麦资源材料数量达 2949 份（Rojas et al.，2003a）。2003～2004 年，收入 172 份材料，总数为 3121 份（Rojas and Pinto，2004）。最后，通过补充采集，收入 57 份材料，资源材料总数达 3178 份。表 8.1 显示了玻利维亚收集的藜麦种质资源的采集地和材料数量。

表 8.1 玻利维亚 INIAF 基因库中保存的藜麦种质资源材料采集地及数量

国家	地区	材料数量	小计
玻利维亚	拉巴斯	1006	2357
	奥鲁罗	630	
	波托西	470	
	科恰班巴	124	
	丘基萨卡	108	
	塔里哈	19	
秘鲁	安卡什	5	675
	胡宁	18	
	阿亚库乔	40	
	库斯科	36	
	普诺	567	
	伊卡	9	
厄瓜多尔	北部	11	28
	中部	17	
智利	北部	1	18
	苏尔	17	
阿根廷	胡胡伊	16	16
墨西哥	北部	3	6
	中部	3	
美国	新墨西哥州	1	1
丹麦		2	2
荷兰		2	2
英国		2	2
美洲国家组织		60	60
采集地不明		11	11
总计			3178

资料来源：Rojas 等，2010a，2013

8.6.4 藜麦种质资源分布

根据对玻利维亚藜麦种质资源收集的分布研究（Rojas，2002a；Rojas et al.，2009），藜麦的分布从拉巴斯地区 15°42′S 到波托西地区 21°57′S。此外，从丘基萨卡地区的托米纳省 64°19′W 到拉巴斯地区的曼乔喀巴克 69°09′W。海拔分布范围为 2400～4200 m（图 8.4）。

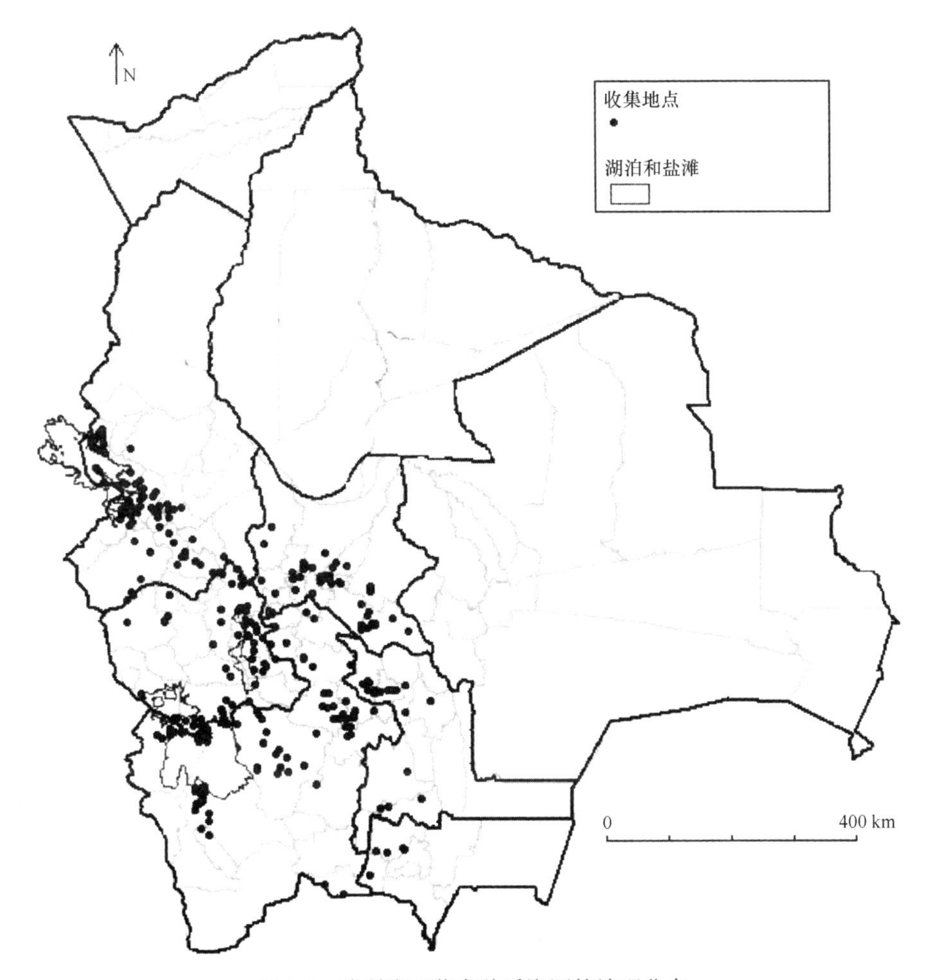

图 8.4　玻利维亚藜麦种质资源的地理分布

图 8.4 展示了藜麦更广的分布区，沿高地（台地），主要从提提喀喀湖向外延伸的附近区域，经过拉巴斯、奥鲁罗、查亚帕塔、塞瓦鲁约，以及乌尤尼、萨利纳斯-德加尔西门多萨、丹尼尔坎波斯和利佩斯。同样重要的分布区还有科恰班巴的安第斯山谷、丘基萨卡波托西和塔里哈。

8.6.5　藜麦种质资源的初步加倍

藜麦种质资源管理的最初阶段，需要验证是否符合最低标准，以保证种子样本达到储存和保护的最优数量和质量。当样本无法满足这些条件时，就必须开展种质资源的初步加倍。初步加倍是在最佳培养条件下增加种质资源样本数量，以确保有足够能自行生长发育并保持其原有遗传特性的样本（Jaramillo and Baena，2000）。

藜麦种质资源样本初步倍增需要考虑两个参数：

（1）每份样本的种子数量。根据基因库标准（1994），每份样本要求的最低种子数量为 1500～2000 粒，平均重量 4.5～6 g。但在短期储存时至少应有 60 g 藜麦种子，以满足同期田间研究试验或 70m^2 播种面积的最低需要（Rojas and Bonifacio，2001）。

（2）初始样品的萌发。藜麦样本应该达到基因库（1994）对萌发水平的要求，即栽培样本最低萌发率 85%，野生样本最低萌发率 65%。储存时萌发率越高，越有利于长期保存，因为萌发率会随时间增加而降低。

若藜麦种质资源样本未能满足以上一个或两个参数，就必须进行初步增倍，包括在最佳生长条件下满足目标参数（这将在“再生与倍增”小节里详细叙述）。另外一方面，如果样本达到了最优的种子数量和萌发率，就会被短期储存。在这一过程中，样本的储存编号是永久的，在种质资源采集中获得的样本信息也要登记入册。

8.6.6 藜麦种质资源的储存和保护

这一管理阶段的目的是保持藜麦种子的活性和代表其居群的遗传特性，这就要求在适宜条件下储存。Jaramillo 和 Baena（2000）建议采取 3 个步骤，储存条件调节，样本打包，样本储存。

（1）储存条件调节。这一步是为了得到干净的藜麦种子，去除杂质，如残留的花被、种柄、穗茎，以及破碎、感染或其他物种的种子。条件调节过程还包括样本水分含量的初始计量，以保证长期储存，水分含量可直接或间接测量。

（2）样本打包。调节了储存条件之后，就是对样本进行打包和储存，不同形状和材质的各式各样的容器只要能密封，使种质资源与空气隔绝，并避免水分吸收和污染，都可以用来打包样本。

（3）样本储存。储存条件必须使藜麦种子保持活性，包装的利用和储存的位置，根据保存目的和预计储存时间而定。

8.6.7 短中期储存（1～20 年）

短中期储存可以保持 1～20 年，适用于立即使用或采集后几年内使用的藜麦种质资源。玻利维亚高地的平均气温 10℃，平均相对湿度 45%，海拔范围 3700～

3900 m，其气候条件很适合这类储存。自从玻利维亚藜麦种质资源收集库建立以来，大多数样本都采取的是短中期储存，短中期储存的关键是利用一套简单的通风系统将样本保存在黑暗环境中。玻利维亚种质资源收集库使用的容器是 0.4～2 mm 厚，有两层盖，容积 1000 g 的塑料瓶。这种容器非常适合温度为 8～20℃、相对湿度为 15%～60%的短中期储存（IPGRI，1996）。在这种条件下，根据样本的遗传因素，可储存 1～20 年。

8.6.8　长期储存（80～100 年）

种子在该条件下能保存 80～100 年，根据基因库（1994）的标准，在温度为 –20～–10℃、种子含水量为 3%～7%、萌芽率不低于 85%的条件下，大多数物种的种子可永久保存。为了实现藜麦资源长期储存，人们尝试利用硅胶和硼砂作为种子干燥剂。但这些干燥剂并不有效，湿度水平无法达到基因库的标准要求（Rojas and Camargo，2002）。之后，Rojas 和 Camargo（2003）建立了一套藜麦种质资源长期储存的科学方法，如下所述。

1. 长期储存的科学方法

（1）发芽分析。ISTA（1993）建立的方法非常适用以分析藜麦种子的萌发率，达到储存的持续时间、种子数量、干燥水平和培养温度等标准。计算发芽率的公式为

G%=发芽种子数/种子总数×100

（2）最初种子湿度。最初种子湿度可以直接或间接测量，电子分析仪（湿度计量器）可直接测量种子湿度，基因库的人工种子技术描述方法可间接用于测量种子湿度（Ellis et al.，1988），利用种子初始重量（湿重）和种子最终重量（干重）之间的差异计算种子初始湿度，计算公式为

H%=（湿重–干重）/湿重×100

（3）降低种子水分含量。为了降低种子的初始水分含量，减湿器使用标准程序，减湿器调至 20℃时，24.5 h 后种子含水量可下降到 3%～7%（Leon et al.，2007），达到基因库管理标准的要求（表 8.2）。

（4）种子打包。种子的含水量一旦达到要求的水平（基因库管理标准，1994），就必须立即用 3 层铝制真空包装进行打包，这些密封包装在温度 8～20℃和相对湿度 10%～20%的条件下很适合长期储存（IPGRI，1996）。

（5）储存。根据基因库的标准（FAO/IPGRI，1994），铝制包装应该存放在 –20℃的冷藏库中。

（6）储存样本的发芽监测。监测储存样本的发芽率，有以下几个建议步骤：

①打开包装，取出种子，并迅速将剩下的种子真空密封；②将种子在沸水中煮 50～60 min，进行再水化；③依照 ISTA（1993）制定的程序进行发芽测试。

表 8.2 在 20℃下经过 24.5h 减湿后 14 份藜麦种子样本的含水量变化

序号	藜麦样本编号	初始含水量（%）	最终含水量（%）
1	2350	12.40	4.90
2	2511	11.05	4.90
3	2857	11.10	3.65
4	2417	10.90	3.55
5	2401	12.00	4.30
6	1608	12.55	5.30
7	2840	12.40	5.10
8	1600	11.80	3.70
9	1462	10.90	4.65
10	1289	11.00	4.20
11	0550	10.40	4.55
12	0577	11.20	4.20
13	2237	9.70	4.75
14	2374	10.05	4.85

2003 年，247 份藜麦“核心收集”的种质资源材料按照以上步骤长期保存，这是玻利维亚藜麦种质资源的第一次长期保存。5 年后，即 2008 年，第一次对这 247 份长期保存的材料进行了活力监测，结果让人欣慰，发芽率保持在 90%～98%。

8.6.9 藜麦种质资源的鉴定和评价

种质资源的特征描述和评估是补充性环节，涉及种质材料的定性和定量特性描述。实施这些环节是为了区分种质，评估它们的有用性、结构、遗传变异和亲缘关系，找到对藜麦生产和繁殖有价值的基因（Jaramillo and Baena，2000）。因为有了玻利维亚藜麦种质资源收集的尝试，种质资源保护与利用齐头并进，但这需要了解种质材料的特征、属性和利用潜能。种质资源和其有用性的信息来自于在种质资源样本管理中不同环节的数据分析，但主要还是来自特征描述和评估环节。

理论上讲，可用于特征描述和评估的数据量是极大的，然而好的有价值的植物特征描述不在于所使用的变量数，而在于其实用性和准确性（Querol，1988）。因此，在描述一份种质材料前，登记的数据必须明确，并且这也取决于描述目的和（或）处理步骤。

8.6.10　种质资源鉴定评价的不同阶段

种质资源的特征描述和评估涉及的步骤十分重要，这些步骤以数据记录为基础，是互补并能够同时进行的，这些步骤为修正鉴定、特征描述、初步评估、价值评估。

（1）修正鉴定。在描述一份种质资源材料之前，样本必须经过准确的植物学鉴定，因为接下来的工作是在使用分类系统后的种内水平差异上进行的。此外，种质数据的符合度必须得到验证，有一个程序专门用于识别引入基因库的种质材料是否重复（Valls，1992）。

（2）特征描述。严格说来，这一环节需要利用一系列可遗传和持续的性状特征对种质材料进行系统描述，像生长习性、分枝、植株颜色和形态等特征除了能帮助描述外，还有助于区分种质材料。

（3）初步评估。这一环节是对种质材料在特定环境（空间或时间）下的农业性状的描述，所使用的描述符通常为受环境影响的数量特征，如生物或非生物因素影响下的产量和耐受性等，初步评估建议在对种质资源收集的整体评估或大量的材料评估中使用。

（4）价值评估。对种质资源的进一步评估包括在尽可能多的（空间或时间）环境下对农学或其他价值特征的描述，这些特征通常是受环境影响的数量特征，如在生物或非生物因素影响下的产量和耐受性等。价值评估环节在初步评估之后，适用于需要进一步评估的种质材料，以确定它们的实用性。不同于初步评估阶段，价值评估环节类似于研究试验，并利用统计学试验设计来展开。

藜麦种质资源的特征描述和初步评估可以同时进行。可利用种质资源的代表样本，以及一些作物描述符和必要的信息记录工具。遗传材料必须种植在有正确标识的地块里，并尽可能统一管理，根据种质材料的数量，从播种到成熟期间需要每周 3～5 个工作日记录数据，数据的记录应系统持续地进行，以便于接下来的统计分析。

记录每个变量之后在“作物描述”中当进行藜麦种质资源的初步特征描述和评估时，有几个重点需要考虑：必须选择与藜麦种质材料采集地相似的生态地点；播种日期在考虑种质材料采集地情况的同时，必须与藜麦作物播种的自然周期配合；为了获得代表居群，每份藜麦种质材料应种植 4 或 6 行，记录信息时应从中间的栽种行获取；定性变量和物候期记录工作的开展需要根据种质材料长出的植株总数而定；对于定量变量的记录，在圆锥花序形成时期进行，从中间的栽培行中随机选择 10 株；此外，还建议记录整个作物生长周期的信息。

在过去的 40 年里，玻利维亚藜麦种质资源的特征描述和评估集中在农业性状信息。玻利维亚藜麦种质资源收集的第一份编录发表于 2001 年（Rojas et al.,

2001），这份编录利用 59 个定性和定量变量描述了 2701 份藜麦种质材料的遗传变异。虽然信息记录是以“藜麦描述符”为基础（IBPGR，1981），但编目中包含的变量更多地是用了 20 世纪 80 年代以来不同的特征描述和评估方法来确定的。之后，拟定了一套“藜麦描述符”新版本，并很快得到厄瓜多尔、秘鲁和玻利维亚学者们的认同（Rojas et al.，2003b）。以这一版本为基础，国际生物多样性和 PROINPA 牵头，发表了“藜麦及其野生近源物种的描述符”的新列表（Bioversity International et al.，2013）。

藜麦种质营养价值的评估开始于 2001 年，工农业变量评估始于 2006 年。有 555 份藜麦种质的信息被记录，用于引导种质资源在生产发展中的利用。此外，大多数藜麦种质材料得到了分子水平的特征描述。

8.6.11 农业性状变量

从 20 世纪 80 年代开始，就开展了几项对玻利维亚藜麦种质资源的特征描述和评估工作，在藜麦种质生长周期中观察到的遗传、形态和农学变量成为研究对象，这些变量信息被公布在种质资源目录中，之后又有一些有趣的变量参数被报道（Rojas et al.，2001，2009；Rojas，2003；Aroni et al.，2003；Rojas and Pinto，2003）。

（1）生长习性。虽然分枝和生长习性受栽植密度影响，但在藜麦种质资源收集中仍然分出了 4 种明显不同的生长习性（图 8.5）。

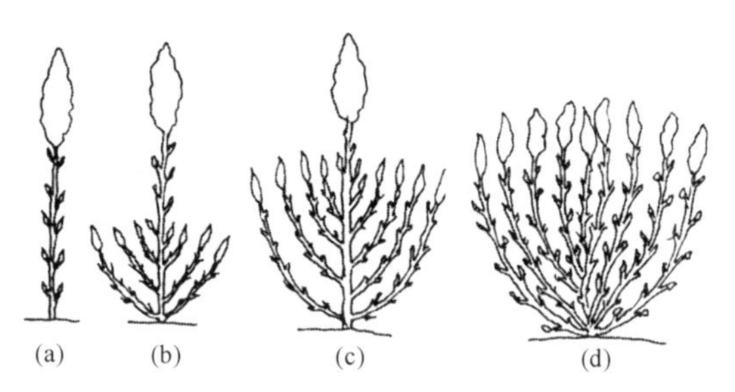

图 8.5 藜麦生长习性：（a）单枝；（b）基部第三节分枝；（c）基部第二个三节分枝；（d）无主穗分枝

（2）植株颜色。在“圆锥花序形成”和“第一朵花”两个阶段之间，藜麦植株显示有 4 种颜色，绿色、紫色、红色和混合色。当结果和达到成熟时，藜麦植株变成不同颜色和颜色组合，包括白色、奶油色、黄色、橙色、粉红色、红色、紫色、褐色、灰色、黑色、墨绿色和混合色。

（3）圆锥花序的形状和密度。圆锥花序的形状可分为 3 种：“苋菜型”圆锥花序是小球状小花直接嵌在二级穗轴上，形成长条形穗；“团伞型”圆锥花序，小球状小花聚集在团伞状轴上，形成球形；“中间型”圆锥花序综合呈现出“苋菜型”和“团伞型”花序的特征（图 8.6）。此外，藜麦的圆锥花序从花序紧密度上可分为两种——松弛和紧密，圆锥花序的紧密度取决于二级轴和花梗的长度，两者短，则花序紧密。

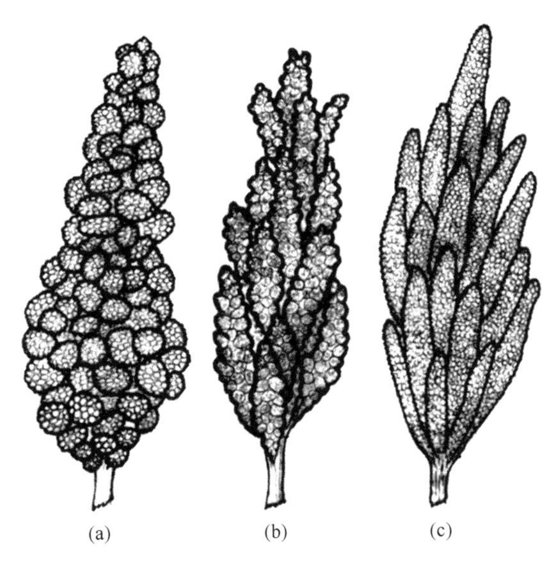

图 8.6　圆锥花序性状：（a）团伞型；（b）中间型；（c）苋菜型

（4）籽粒颜色和性状。当藜麦籽粒成熟时，颜色有多种，白色、奶油色、黄色、橙色、粉红色、红色、紫色、褐色、深褐色、茶绿色和黑色。藜麦的种质资源中，区分出了 66 种籽粒颜色（Cayoja，1996）。种质资源中籽粒形状也有 4 种（图 8.7）。

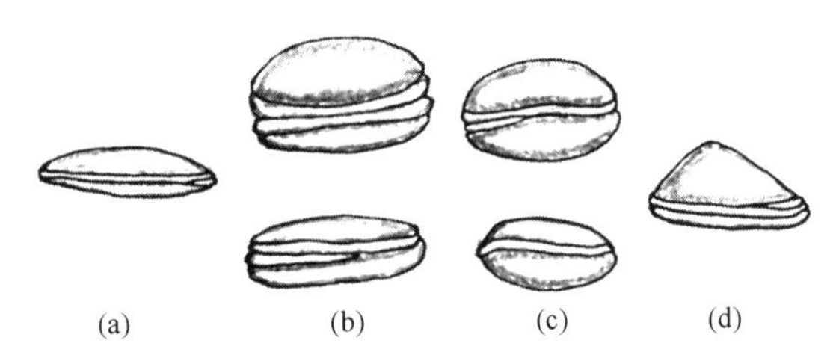

图 8.7　藜麦籽粒形状：（a）扁豆状；（b）圆筒状；（c）椭圆球状；（d）圆锥状

（5）籽粒直径。籽粒直径在 1.36～2.66 mm，品质极好的“皇家藜麦”直径也在此范围，大籽粒（2.20～2.66 mm）在国际市场颇受欢迎。另外一方面，百颗籽粒重在 0.12～0.60 g，其变化与籽粒大小相关。

（6）生长周期。所收集的种质资源中有可能有 110 天成熟的材料，也有 220 天成熟的材料，这与其基因型紧密相关，采自安第斯河谷的藜麦晚熟于采自台地高原的藜麦。大范围的生长周期变化有望适应气候变异和气候变化，并能在藜麦育种计划中得到进一步利用。

（7）每株籽粒产量。根据记录，每株产量在 48～250 g，产量和基因型与产量构成变量紧密相关，产量构成变量包括茎直径、植株高度、花序长和直径、籽粒直径等。

8.6.12 农产品和营养价值的变量

表 8.3 概括了藜麦种质的每种营养和农产品价值特征（以干重计）（Rojas and Pinto，2006，2008；Rojas et al.，2007）。被评估的 555 份种质材料的大多数特征都表现出很大的变异性，是藜麦种质资源遗传潜质的另外一种表现。

表 8.3 来自玻利维亚的 555 份藜麦种质资源材料的营养和农业食品特征及统计参数

成分	最小含量	最大含量	平均含量	标准偏差
蛋白质（%）	10.21	18.39	14.33	1.69
脂肪（%）	2.05	10.88	6.46	1.05
纤维（%）	3.46	9.68	7.01	1.19
灰分（%）	2.12	5.21	3.63	0.50
碳水化合物（%）	52.31	72.98	58.96	3.40
能量（kcal①/100g）	312.92	401.27	353.36	13.11
淀粉颗粒（μm）	1.00	28.00	4.47	3.25
转化糖（%）	10.00	35.00	16.89	3.69
含水量（%）	16.00	66.00	28.92	7.34

注：1cal=4.1868J

如表 8.3 所示，蛋白质含量在 10.21%～18.39%。这一含量范围大于 Jacobsen 和 Sherwood（2002）引用的由 βo（1991）和 Moron（1999）所报道的 11.6%～14.96%。蛋白质含量是营养价值的一个基本方面，同时蛋白质的质量也十分重要，取决于必需氨基酸的含量，藜麦蛋白质的质量高于其他谷物类。图 8.8 显示了 555 份种质材料中蛋白质含量的变化和分布，可以看到大部分种质材料的蛋白质含量在 12%～16.9%，有 42 份材料的蛋白质含量稍高，为 17%～18.9%，这 42 份种质材料构成了提高产物蛋白质含量的重要基因来源。

脂肪含量在 2.05%～10.88%，平均含量 6.46%（表 8.3）。这一结果比 βo（1991）和 Morón（1999）所报道的 1.8%～9.3%要高（Jacobsen and Sherwood，2002）。藜麦籽粒中高含量的脂肪多为不饱和脂肪酸，可用于生产高品质的化妆品和食用植物油。

藜麦淀粉颗粒大小为 1～28 μm（表 8.3），淀粉颗粒小非常重要，便于加工和喷雾，因为淀粉颗粒之间的间隙能允许更多空气进入，进行空气交换并形成气泡

（Rojas et al.，2007）。淀粉粒的大小是构成藜麦功能特点的重要变量，是一个与谷类和豆类不同的混合组分。

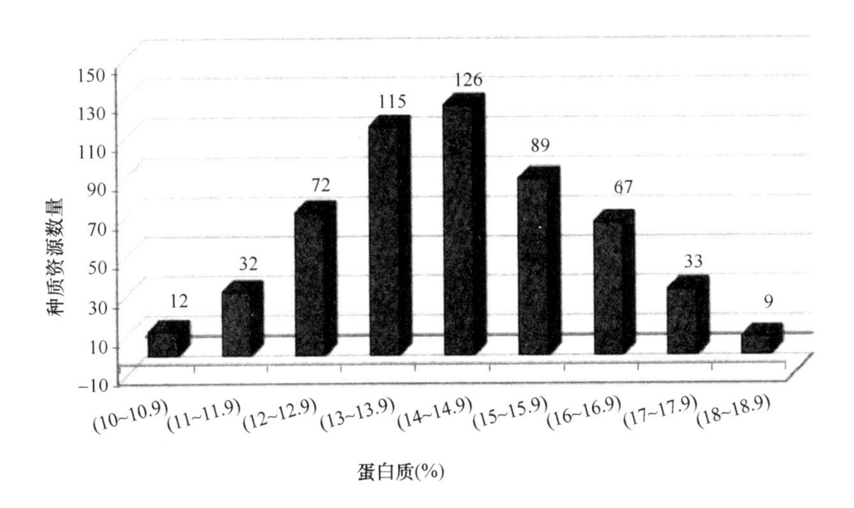

图 8.8　555 份藜麦种质资源材料的蛋白质含量变化

转化糖含量为 10%～35%，这一变量表示的是通过分离或转化开始发酵的糖量，是用来确定碳水化合物质量的参数。另外，通过这一重要参数，藜麦被划为适合糖尿病患者食用的食品。

转化糖含量所占最佳比例≥25%，糖含量达到最佳比例的藜麦种质材料可以混合在面粉中，用于面包、谷物食品和其他以面粉为基础的产品中。只要将籽粒外层的皂苷移除，混合有藜麦的面粉就会有良好口感。

含水量变化范围为 16%～66%，该变量测量的是面食和糕点制作时淀粉的吸水能力，这一参数的工艺利用理想值是≥50%。在所收集的藜麦资源中，达到理想参数值的种质可作为开发这类产品的重要基因资源。

玻利维亚收集的藜麦种质资源有着丰富的多样性，由农业食品和营养变量测定所反映。当将藜麦融合到加工食品中，藜麦的基因潜能得到适当利用的时候，这些多样性的价值就得以体现。可以选择蛋白质含量高的品种，获得受消费者欢迎的产品，淀粉颗粒小（≤3 μm）的变种可用于高效而均匀的发酵，直链淀粉和支链淀粉比例稳定的品种可用来制作布丁、婴儿糊状食品、速溶粉和面条等。将藜麦用于加工食品中，与遗传多样性保护的目的相一致。

8.6.13　分子特性

玻利维亚收集的 86%的藜麦种质资源（2701 份）的分子特性是用 SSR 和 ISSR

两种标记测定的，这两种标记揭示了 3～13 对多态性等位基因，为每份藜麦种质材料生成了一个遗传指纹图谱。此外，利用得到的遗传信息，可将种质材料从分子水平分组。藜麦的 DNA 提取方法也被标准化。

8.6.14 藜麦种质资源的增殖和再生

虽然藜麦种质资源是在最佳环境下储存的，但随着时间推移，其数量（由于利用和分配）和萌芽率都会降低。据 Jaramillo 和 Baena（2000）报道，样本数量达到理想值的任务称为“增殖”，为恢复最初发芽率称为“再生”或“复壮”。任何情况下，通过增殖或再生过程获得的样本必须有活性、健康和适宜大小，并与原始样本的基因相同。

8.6.15 种子质量和萌发率检测

当藜麦种子可以发芽和一定数量能发芽时，种子样品处于最优条件。当种子不能满足以上任何条件，则需要繁殖或者重新获得，这主要根据种子大小和生活力的监测结果决定，检测的规则和方法由基因库 Genebanks 标准决定（FAO/IPGRI，1994）。

1. 样品大小检测

用于存储玻利维亚收集的藜麦的存储罐容量是 1000 g，最好将容器内的种子达到最大存储量。但是，随着科研活动的开展，如对藜麦种质的使用、作物育种、引种或者再引种、收到来自基因库对种子的需求分配要求等，会使库存种子量减少。因此，检测种子样品大小应该是连续性的，以防止种子量低于 60 g。目前已知种子量 60 g 是最低可接受水平，应保证足量的种子以利用于试验检测和 70 m^2 小区实验（Rojas and Bonifacio，2001）。

检测过程应该记录种质的使用与分布、藜麦种质管理数据产生的信息，一旦藜麦样品量低于 60 g 的水平，须增加样本量，与通过适当培养条件增加种子量一致。

2. 样品萌发的检测

根据基因库 Genebanks 的标准（FAO/IPGRI，1994），种质检测的时间间隔取决于品种和存储条件。存储于短期和中期条件下的种子，每 5 年进行一次萌发检查即可。另外一个重要方面是考虑种质资源收集导致的种子数量的增加，如果藜麦增加了 100～200 份材料，最好进行年度萌发检测。但是，样本增加量巨大时，尽管这依赖于遗传材料的本身特性，仍推荐每 3～5 年进行萌发控制测试。

对于萌发控制测试试验，种子样本应符合 ISTA（1993）准则中的萌发测试要求。获得的测试结果应与在“最初增殖”过程的同一样本的最初萌发率进行比较。如果萌发率低于 85%，样本应该再增殖。是否再增殖或者繁殖样本不是取决于样本的总数量，而在于其是否接近最小允许样本量。萌发率较种子量占据优先权，对于萌发率低的样本繁殖，比样本量少的样本繁殖应该更加迫切。但是，由于巨额花费以及样本污染对种质资源遗传完整性造成了危害，因此再繁殖过程不能经常实施（Jaramillo and Baena，2000）。

8.6.16　样本增殖或者繁殖方法

一旦样本增殖或者繁殖工作的需求被确立，藜麦种质需要在大田试验、温室以及人控最适环境下进行生长发育，以保证获得的藜麦样本是可发育的、健康的、足量的、与原来样本遗传一致的。

1. 大田/温室试验

大田试验取决于藜麦的原始地以及增殖或者繁殖的预定环境，建议这项活动在大田条件下进行，因为藜麦可以在自然环境下表达遗传潜力。大田试验中，每份材料需要种植 6 行，开沟长度 5 m。藜麦达到生理性成熟时，需要收获中央 4 行，并离开每个小区两头 50 cm。如果可用耕地较少，每份材料种植 4 行即可。对于设施管理，行与行间距应该统一，管理措施应及时地实施。但是，如果材料种子量少或发芽率低，需要花费更多精力增殖或者繁殖。样品需要种植在温室或者人为控制条件下时，这些地方有足够的物质条件为播种做准备，可以通过适当的灌溉进行土壤湿度控制，通过简易的通风装置调节温度。

2. 防止花粉交换

藜麦是常异化授粉作物（10%～15%），异化授粉会造成基因的流动和污染，要防止两种藜麦材料异化授粉需要花费巨大精力。为克服这个难题，短物候期材料可以与长物候期材料交替种植，以使得花期不遇。在藜麦进入花期之前，应该立刻使用纸信封将圆锥花絮套袋。降低异花授粉以及防止污染的另外一种方法是在藜麦行中间种植其他作物，尤其是有相同高度和结构的作物。防止机械混杂也十分重要，机械混杂在处理藜麦种质资源时十分常见，尤其是在脱粒和晾晒阶段。从大田鉴定到收获，以及收获后的操作中，针对每份材料都应该认真和小心鉴别。

最后，一旦藜麦种质资源样本被增殖或繁殖，应该重新进行萌发测试。按照 Genebanks 的标准（FAO/IPGRI，1994）和藜麦种质确立的方法完成检测后，样本需要放置在相应的存储期条件下。萌发率及种子量是下一个检测循环的参考性关键点。

8.6.17 繁殖日程安排

当收集的种质资源达到上千种，如在玻利维亚藜麦种质资源收集中，基因库管理需要对技术指标进行适当的考虑。由于材料的广泛遗传性变异，进行萌发率评价时，期望发现不同的生长特性以及适应性。

为了调节所收集种质资源的繁殖日程，从 2004 年开始在藜麦栽培种和野生种的不同组别，连续多年实施了“萌发反应检测”。这项工作从具有相似萌发率的 9 组藜麦栽培种和 5 组野生种的信息开始，每组收集了代表性材料，同时考虑了农艺学变异及材料的种质基本资料。

图 8.9 展示了 2004～2010 年 4 组藜麦栽培种（Q-1，Q-2，Q-3，Q-4）和 2 组野生种（QS-1，QS-2）存储于短期和中期条件下的半年研究结果。结果如预期一样，种子萌发水平上有一定的变异，研究期间萌发率平均下降 8%～40%。从这些研究发现，萌发水分低于 Genebanks 要求的标准（FAO/IPGRI，1994），Q-1 种子在存储两年后就需要繁殖，Q-2 种子在存储 4 年后需要繁殖，Q-3 种子在存储 6 年后需要繁殖。

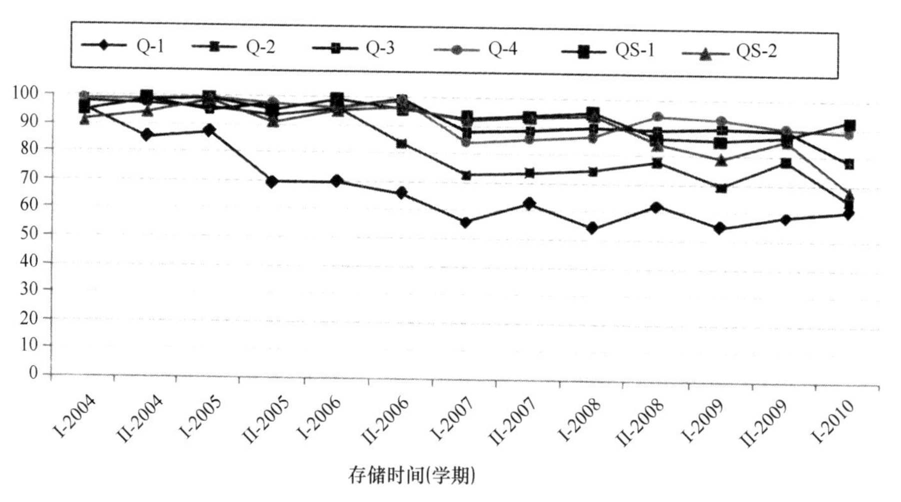

图 8.9 4 组栽培藜麦和 2 组野生藜麦的发芽表现

Q-1、Q-2、Q-3 和 Q-4 为栽培藜麦，QS-1 和 QS-2 为野生藜麦

当然，藜麦种质的这种繁殖日程仍在发展，这就清楚地表明，在种质资源的收集管理中，种质资源不能被概论化，尤其在种子繁殖的时期。毫无疑问，藜麦种质资源收集存在广泛的遗传性变异，与存储条件有关，主要取决于种子内部水分含量、种子脂肪含量及其他。

8.6.18　藜麦种质资源文件和信息

不同阶段的藜麦种质资源的管理和保存包含一系列活动，以满足信息需求和获得信息来源。记录、管理、分析数据包含了种子资源管理的所有“文件”阶段，“文件”是种质资源探索、分类和管理做决定时的基础工作，好的“文件”意义重大（Jaramillo and Baena，2000）。藜麦材料增加，要保证能获得其有用的特性和遗传潜力信息。在没有确切的信息之前，藜麦材料不可在生产中使用，因此需要系统化地准备文件信息，细节越多越好。

玻利维亚藜麦种质资源信息是通过人工和电子文件系统管理的，人工“文件”包含了大田或记录书籍信息，在种质资源收集过程中收集信息的实施要具有可实现性，这些人工文件信息通过 Excel、pcGRIN 和 SIRGEN 数据库可以转化为电子文件系统（表 8.4）。

表 8.4　藜麦种质资源信息记录的人工和电子系统

系统	
人工记录	采集表格
	身份编码记录本
	形态特征与价值评估数据记录本
	野外工作记录本
	种子搬运日志
	植物标本
电子记录	藜麦 pcGRIN
	身份编码、形态特征和价值评估
	营养数据和食品价值
	储藏温度和湿度数据记录
	种子数量和样本发芽率

种质资源收集的信息形成 3 套数据资料系统，基本收集资料、分类和评价资料及管理资料。基本收集资料在收集和（或）接收藜麦材料时包含了 31 份不同记录。在人工系统中，藜麦种质资源的书是基本资料，文件夹是收集的信息。31 份不同记录中越来越多的信息呈现在附表 8.1。

对于分类和评价资料，在人工和电子系统中，农艺学信息被归纳为 59 种定性和定量变量（Rojas et al.，2001；Pinto et al.，2009）。藜麦的营养学和农业食物价值信息归纳为七大营养变量（蛋白质、脂肪、灰分、粗纤维、碳水化合物、水分、能量）和三大农业食物变量（淀粉颗粒大小、转化糖比例、水分含量）。分子信息被归纳在电子信息系统，包含了 SSR 和 ISSR 分子标记揭示的不同大小 DNA 片段

（碱基对）。

藜麦种质管理资料，与储藏室和种子分布的萌发率、样品大小、种子最初水分、繁殖或增殖数量、温度和湿度检测产生的数据等相对应。产生信息的分析及文件，在决策过程中有助于提高和优化藜麦种质资源管理系统。此外，利用基因库信息，创建文件信息，并宣传玻利维亚藜麦种质资源利用，随之产生以下出版物：安第斯谷物的国家性基因库管理策略、种质资源分类、技术丛书、手册、小册子、一览表、标语、生物学第二教育读物（包含藜麦遗传资源-基因库）、本科和研究生论文、科研著作、新闻出版物等。

8.6.19　藜麦种质资源利用

随着人口的增加和农业可利用土地的减少，增加食物产量和获得合理食物分配的形势更加严峻（FAO，1996）。要实现这些目标，需要明智地利用植物遗传资源（Cadima et al.，2009）。对藜麦种质资源的利用首先要知道其来源、特性及益处，并且数量要有保障和可以随时利用（Jaramillo and Baena，2000）。由 PROINPA 提出的关于植物遗传资源管理策略包含三步：直接利用、间接利用和社会利用。

1. 直接利用

种质资源的直接利用包括鉴定有发展前景的藜麦材料，要具有期望的特性，能够从原产地引种或再引种到其他地区或社区环境。在玻利维亚藜麦基因库中，种质资源的直接利用起始于农艺性状的分类和评价。此后，含有预期性状的藜麦材料（高产、大籽粒、株型好、原产地）被鉴定后，发放给农民直接种植。农民和传统食物制造者在基因库的直接利用中，也发展了不同藜麦食品烹制过程的教学课程。

1）申请参与藜麦评价技术的方法

“参与评价技术”是一项允许农民就一项或少数技术参与做决策的过程，这些技术可应用于藜麦材料，所填表格需要藜麦产地的农民直接参与工作完成（Pinto et al.，2010），参与评价在开花期和收获期进行。

“参与评价技术”由第一接触者到种子运输参与者完成。首先，根据收集的种质资源特性和评价基础，分析结果鉴定藜麦材料，然后鉴定材料生长的区域，再鉴定传统生产区域及最大潜力生产地，在鉴定过程中农民参与此项过程的动机和兴趣水平也要考虑在内。此后，考虑每个地方的习性，在选择生产地和种植前，先接触当地权威和农民，随着农民参与性的提高，开展大田评价试验，种植藜麦材料。

在藜麦整个生长期内，农民和技术人员实施农事活动，如耕种、除草、施肥、除杂和病虫害防治。在藜麦开花期，通过 10 位农民（包含男和女）的“绝对评价”（每个选项有确定或绝对的答案）实施参与性评价。当地农民要帮助收获藜麦材料和脱粒，每个单独材料收获后放置在同样大小的袋子中，以便进行数量比较。根据包含不同选项比较的喜爱程度顺序，进行籽粒的参与性评价，选 10 名对藜麦熟悉和参与性高的农民（包含男和女）来参与此项活动。藜麦食品的参与性评价决定材料的烹饪潜力，通过不同烹饪方法的喜爱程度指标进行评价。最后，深受农民喜爱并被选择的藜麦材料的种子，在技术人员和当局权威的见证下分配给农民。

2）藜麦种质资源材料的参与性

在农事年的 2002～2003 年和 2007～2008 年，有 29 个种质资源材料和 4 个当地品种（Local、Wila Jupha、Wila Cayuni 和 Acujuira）在玻利维亚中部和 Altiplano 北部的 22 个地区参与了该项活动（表 8.5）。

表 8.5　通过合作联盟 6 年（2002～2008 年）的田间栽培评估藜麦样本

栽培年份	合作团体	藜麦样本和本地栽培种编号
2002～2003 年	Jalsuri	0533
	San Pedro-San Pablo	0547
	Kalla Arriba	1750
	Chahuira Chico	1667
	Vitu Calacachi	2031
	Pomposillo	2390
	Tacaca	2394
		2411
		2522
		2516
		2527
		L-26
2003～2004 年	Salviani	1667
		2031
		2390
		2394
		2516
		2522
		2529
		3130
		Local
2004～2005 年	Antarani	0027
	Patarani	0575
	Rosapata	1641
	Erbenkalla	1655

续表

栽培年份	合作团体	藜麦样本和本地栽培种编号
2004～2005 年	Coromata Media	1659
		1667
		1927
		2031
		2390
		2394
		2516
		2522
		2527
		2529
		2561
		3130
		Local
2005～2006 年	Cachilaya Cutusuma Cutusuma alta Titijoni Cariquina grande Jutilaya Huancarama Llanga	1713
		0027
		1667
		2031
		2394
		2511
		2516
		2527
		2857
		2943
		3130
		Wila jupa
		Wila coyuni
2006～2007 年	Patarani Cariquina Grande	1474
		1560
		1641
		2390
		2401
		2516
		2527
		2857
		L320
		Acujuira
2007～2008 年	Santiago de Okola	1474
		2511
		2689
		2857
		2943
		Local

有两项参与性评价指标：花期“绝对评价指标”和籽粒收获期喜爱度评价指标。藜麦最常用选择指标是植株高、穗大、抗霜冻、籽粒大、籽粒白、产量高、成熟快。14 种材料命名为 2527、3130、2522、2529、2394、L320、2943、2031、2857、1667、2516、1560、1470、2401，由农民（60%男和 40%女）进行选择。被选择的材料种子分配给农民，每个地区的农民能够终止这些材料在其土地上种植，或者在下一年将其引种到他们的传统种植体系中。

农民参与该过程的贡献折射在藜麦种质资源在其地区的引种和再引种上，材料的遗传流加强了作物多样性和地区利用的原位保存，农民对现存玻利维亚藜麦收集意识的增加以及种子存储在基因库中的角色加重也同样重要。

3）藜麦不同用途培训课

2005～2006 年，基于藜麦种质材料的食品准备培训课程，在提提喀喀湖周围的区域进行。课程设置是为了促进藜麦的多用途发展，培训课使用了材料 2943、2367、0081、0381、1667 和 2511，通过农民的参与确定了这些藜麦材料烹饪食物的可能性，改进了以下食品准备过程：藜麦蛋糕、藜麦饼干、藜麦和苹果混合汁、蒸煮藜麦瓦伦西亚（valencia）风格、藜麦面包、藜麦煎炸点心、藜麦粽子、藜麦馅饼。喜爱度评价指标确定了材料 1667 和 2943 适宜做藜麦和苹果混合汁，材料 2511 和 0027 适宜做藜麦面包和蛋糕。

培训课在藜麦种植地区实施了参与性评价，目的是为了提高藜麦原材料在选择分配区域的食品利用效率。La Paz 部门下 5 个省份 8 个地区共实施了 18 次课程，397 名农民（包含男和女）进行了参与。由于女性在家庭食物准备的角色，培训课中女士多于男士（表 8.6）。

表 8.6 参与藜麦食品培训课程的团体、自愿者和培训课程的数量

栽培年份	序号	团体	省份	课程数	志愿者人数
2005～2006 年	1	Antarani	Pacajes	1	15
	2	Cariquina Grande	Camacho	1	23
	3	Titijoni	Ingavi	1	39
	4	Cachilaya Zone A	Los Andes	1	62
	5	Jutilaya	Camacho	1	37
	6	Cachilaya Zone B	Los Andes	1	48
	7	Cutusuma	Los Andes	1	47
	8	Coromata Media	Omasuyos	1	40
2006～2007 年	1	Titijoni	Ingavi	2	27
	2	Cachilaya	Los Andes	2	22

续表

栽培年份	序号	团体	省份	课程数	志愿者人数
2006～2007 年	3	Cariquina Grande	Camacho	2	37
2007～2008 年	1	Titijoni	Ingavi	1	11
	2	Cachilaya	Los Andes	2	34
	3	Cariquina Grande	Camacho	1	11
合计				18	453

2. 间接利用

藜麦种质资源的间接利用与育种相关。与任何作物改良项目一样，藜麦的育种目标，一是通过产量、农艺性状及抗虫性和抗病性提高产量，二是通过营养和商业特性，如籽粒性状、籽粒颜色和存储特性来提高产品质量。

20 世纪 60 年代早期，藜麦育种工作开始于玻利维亚的 Patacamaya 试验站，最初归属在农业部管理，后来是在 IBTA 管理下的安第斯作物研究中心。在这段时期，玻利维亚巩固了藜麦育种项目，在安第斯地区处于领先地位。不仅发展了藜麦品种，也发展了相关技术方法。晚些时候，PROINPA 继续进行藜麦育种工作，通过杂交和筛选得到了藜麦新品种。

在玻利维亚，藜麦育种的最初重心是获得高表现性的品种，包括籽粒大、颜色白、无皂苷。在这期间，藜麦市场和气候规律的改变导致作物改良优选项调整，而且也不能忽略生产力的变化。在 20 世纪 90 年代后期，在国际市场以“红色藜麦”和“黑色藜麦”闻名的棕色和黑色藜麦籽粒被囊括在育种中。90 年代末期，为克服迟来的降雨，育种过程也考虑了早期性状，考虑了在短生长季节（从 11 月到收获）种植藜麦的可能性。在玻利维亚，通过杂交和选择获得了 24 种藜麦品种（表 8.7）。同样最少有 54 种较优复合种取名为“Royal 藜麦”（Bonifacio et al., 2012），其中占据出口市场主体的品种有 Real Blanca、Toledo、Pandela、K’ellu 及 Black Pisankalla。

表 8.7　玻利维亚培育出的藜麦品种

序号	品种	亲本材料		年份
1	Sajama	0547	0599	1967
2	Samaranti	Individual selection		1982
3	Huaranga	Selection S-67		1982
4	Kamiri	S-67	0005	1986
5	Chucapaca	0086	0005	1986
6	Sayana	Sajama	1513	1992
7	Ratuqui	1489	Kamiri	1993

续表

序号	品种	亲本材料		年份
8	Robura	Individual selection		1994
9	Jiskitu	Individual selection		1994
10	Amilda	Individual selection		1994
11	Santa Maria	1489	Huaranga	1996
12	Intinayra	Kamiri	F4（28）×H	1996
13	Surumi	Sajama	Chiara	1996
14	Jilata	L-350	1493	1996
15	Jumataqui	Kallcha	26（85）	1996
16	Patacamaya	Samaranti	Kaslala	1996
17	Maniquena	Selection 1489		1999
18	Caraquimena	Selection DC		2003
19	Jacha Grano	1489	Huaranga	2003
20	Kosuna	1489	L-349	2005
21	Kurmi	1489	Marangani	2005
22	Horizontes	1489	L-349	2007
23	Aynoqa	Selection L-118		2007
24	Blanquita	Selection L-320		2007

1）藜麦核心种质收集

当收集的种质材料量很大时，如玻利维亚藜麦种质资源，核心种质收集对于管理以及敦促藜麦种质利用十分必要。核心收集是完整收集的子集，代表 10%～15%的材料，在种质收集中具有较高的遗传变异性（70%～80%）。强调核心收集的重要性并不代表代替所有收集资源，但可以作为保持和提高利用收集种质的有效方法（Rojas，2010）。

藜麦核心资源收集利用 2514 份材料，通过 18 种数量变异的数据分析筛选，收集的核心材料包含 267 份，代表分析材料的 10.6%（Rojas，2010）。藜麦核心收集可作为作物育种项目的指导性工作，可帮助筛选藜麦种质祖先。包括收集的核心种质材料目前应用于杂交、生物或非生物耐性及抗性品种的筛选中。

3. 社会利用

遗传资源是人类生存的基本。在发展中国家，要利用现有和未来区域优势，遗传资源至关重要。因此，提高人类尤其是青少年一代对遗传资源保存的重要性及合理利用的整体认识意义重大。基于 PROINPA 试验，藜麦的社会利用价值在于显著支持、渲染传播、参与正式和非正式教育、授权当地人和当局等（Cadima et al.，2009）。

1）推广和宣传

作为支持遗传资源保存的关键元素，推广和宣传的目的主要是促进消费及对本土物种与作物的利用。从这个意义上讲，藜麦种质资源收集获得的遗传材料信息可作为保护和宣传的基础。

基因库的关键推广活动是参与多样性食物制作，通过大众媒体进行宣传。为推广藜麦的益处，基因库参与城镇和乡村的展示，展示包含有藜麦种质资源迁地保护的横幅，同样展示种质样品，以及展示藜麦饼干和蛋糕，以强调藜麦多样性的特点（表 8.8）。关于藜麦种质资源管理和保存方面的出版物，同样应发放给展位参观者。有关藜麦的大量遗传信息和丰富的营养价值的信息，应当通过 *La Prensa*、*Nuestros Pueblos* 等报纸，与基因库活动一致，进行推广和传播。种质资源收集，通过大众媒体如具有城镇和乡村拓展服务的 San Gabriel 无线电台进行宣传。28 个广播的脚本可围绕“藜麦种质库”、“农民第一眼”、“藜麦食品利用的多样化”、“参与性评价”、“藜麦种子流”、“多样性竞争”、“多样性竞争证明”、“多样性事物”、“藜麦种植”、“藜麦病虫害防控”、“藜麦收获”、“藜麦药用价值”、“藜麦营养价值”、“藜麦文化价值”和“多样性竞争”等话题展开。

表 8.8　通过城乡集市贸易和大众媒体对藜麦种质资源的宣传和推广

区域	推广	2003～2004 年	2004～2005 年	2005～2006 年	2006～2007 年	2007～2008 年
城镇	博览会	第四届生态博览会和可持续发展	第一届博览会暨安第斯山的农作物与农业辩论，秘鲁-玻利维亚两国项目	2006 年第三届世界食品日藜麦展销会	2007 年第四届世界食品日藜麦展销会	2008 年第五届世界食品日藜麦展销会
	报刊报道		2004 年第二届世界食品日普韦布洛展销会	拉梅萨	拉梅萨	拉梅萨
	广播节目 电视栏目			圣盖博电台	圣盖博电台 玻利维亚电视台	圣盖博电台 玻利维亚电视台
乡村	博览会		Chachacomani Guaqui	Palcoco Batallas Desaguadero	第一届 Guaqui 文化与生产博览会 第一届 Batallas 产销博览会	第二届 Batallsa 产销博览会 第一届 Carabuco 观光农业博览会
	广播节目			圣盖博电台	圣盖博电台	圣盖博电台

2）正式和非正式教育

针对农民，高中、学院、私立和公立大学的师生，献身于安第斯地区的各研究机构的技术人员和科研人员开展了超过 30 场的讲座和讲演，根据受众目标，讲座内容有：藜麦的起源和分布，藜麦的营养、经济、药用和适应性重要性，藜麦种质资源库培训，遗传材料的保存条件，迁地保护，原位保护，遗传材料和营养价值利用（表 8.9）。

表 8.9　关于藜麦种质资源收集所展开的论坛、演讲和座谈

区域	推广	2004～2005 年	2005～2006 年	2006～2007 年	2007～2008 年
城镇	中小学、大学和科研院所开展的论坛	Villamil 中学 Sandy Calixto 中学 UMSA（梅德韦河大学）营养系 IBNORCA 336 委员会	Tambo Quirquincho 国家科学研究院（世界食品日）	Loyola 大学 UPEA 公立大学 玻利维亚-德国联合老年中心（CISBA）	Loyola 大学 UPEA 公立大学 军事工程学院（EMI） 世界地球日（领事馆）
乡村	针对农民的演讲和座谈中小学和大学		学校联盟 Marcelo Quiroga Santa Cruz 和农民（Cachilaya） 人类技术学院 Rene Barrientos 和农民（Coromata Media）	教育联盟与农民（Titijoni） 学校联盟 Marcelo Quiroga Santa Cruz 和农民（Cachilaya）	Don Bosco 学校与农民（Santiago de Okola）

在会议和讲座中，藜麦种质资源收集的种子样本用于籽粒的性状、大小、颜色变异的展示，穗和植株用于穗形状、穗颜色、植株构型及其他农艺性状差异的展示，在演讲中期和后期主要让观众参与藜麦产品如饼干、果汁、馅饼、牛扎糖的品尝和鉴赏。

8.7　结　　论

植物遗传资源对食品安全和全人类具有重要作用，并可为人类的基本需求提供物质。这些植物遗传资源是不同国家远古和传统的文化遗产，植物遗传资源的保护和利用是对政府和国家管理下的社会的一种责任。以研究机构和组织机构为主管理植物遗传资源的责任时代已经结束。现在，由于它切身关系到每位公民，玻利维亚社会的所有部门必须共同承担责任。需要认识到我们进行植物遗传保护的价值，意识到我们传统文化的独特性，以及遗传多样性的自豪感，我们要教育儿童认识进行植物遗传资源保护对社会益处的价值和角色。

植物遗传资源的保存需要机构有明确的政策保护和政府的领导，国家部门需要提高经费安排以进行重要的保护活动。根据研究报道，每个种质资源样品的保存每年需要花费 5～10 美元。由于有价值的资源应当从一代传递到下一代以保存资源，因此进行年度预算时不需要花费精力。当保护工作稳定时，政府应该在专业人员培训中起重要的领导作用，同时政府应当确立机制满足最低仪器条件需求以管理和保护种质资源收集。

玻利维亚藜麦种质资源的管理，允许在不同社会和经济条件下采用不同技术。工作的使命和责任是确保玻利维亚藜麦基因库成为世界最大藜麦基因库的关键元素，拥有最大的多样性及材料样本量（FAO，2010）。尤其是在玻利维亚这样的发展中国家，更需要加大力度保护遗传资源和技术优势。我们已经从种质资源收集管理过程中学到了许多有价值东西，但仍然存在着需要完成的目标，我们应该继续认识藜麦和其他植物物种，如 canahua、amaranth 和 lupine，这些物种具有独特的特性，可以作为食物种植在极端环境和气候条件下，这些植物物种的利用对世界来说应该处于优先地位。

附表 8.1　藜麦种质资源收集表格

<table>
<tr><td colspan="2">路线：</td></tr>
<tr><td colspan="2">1. 收集者姓名：</td></tr>
<tr><td colspan="2">2. 种植者姓名：</td></tr>
<tr><td>3. 样本编号：</td><td>4. 样本序列编号：</td></tr>
<tr><td>5. 收集日期（日/月/年）：</td><td>6. 记录日期：</td></tr>
<tr><td colspan="2">7. 属：</td></tr>
<tr><td colspan="2">8. 种：</td></tr>
<tr><td colspan="2">9. 当地名：</td></tr>
<tr><td colspan="2">10. 被调查者：</td></tr>
<tr><td>11. 国家：</td><td>12.州：</td></tr>
<tr><td>13. 省：</td><td>14. 市：</td></tr>
<tr><td>15. 区：</td><td>16. 社区：</td></tr>
<tr><td colspan="2">17. 位置：（距离、方位）</td></tr>
<tr><td colspan="2">18. 经度：　　北/南　19. 纬度：　　东/西　20. 海拔：</td></tr>
<tr><td colspan="2">21. 样本类型
1. 野生　2. 未发育成熟　3. 原生作物
4. 品系　5. 品种　6. 其他</td></tr>
<tr><td colspan="2">22. 资源收集地点
1. 栖息地：野外、牧场、沙漠、盐滩
2. 农场：庄稼地、菜园、农田、间作、储藏
3. 超市/集市：城市、城镇、社区
4. 研究机构
5. 其他</td></tr>
<tr><td colspan="2">23. 采集植物用途和部位
1. 食品：谷粒、叶、茎、根
2. 药用：谷粒、叶、茎、根
3. 饮料：谷粒、叶、茎、根</td></tr>
</table>

4. 手工艺：谷粒 叶 茎 根 5. 肥料：谷粒 叶 茎 根 6. 装饰：谷粒 叶 茎 根 7. 其他	
24. 花序颜色（圆锥花序）：	25. 茎颜色：
26. 花序类型（圆锥花序）： 1. 密集成簇　2. 苋菜型　3. 中间型	
27. 生长形态 1. 一般　2. 节间短　3. 节间长　4. 非典型圆锥	
28. 居群：1. 单一居群　2. 混合居群	
29. 植物样本份数：	
30. 是否拍照？　Yes　No	照片张数：
31. 观察记录：	

参 考 文 献

Aroni JC, Aroni G, Quispe R, Bonifacio A. 2003. Catálogo de Quinua Real. Cochabamba, Bolivia: Fundación PROINPA, 51p.

Barriga P, Pessot R, Scaff R. 1994. Análisis de la diversidad genética en el germoplasma de quinua (*Chenopodium quinoa* Willd.) recolectado en el sur de Chile. Agro Sur 22 (No. Esp.): 4.

Bioversity International, FAO, PROINPA, INIAF, FIDA. 2013. Descriptores para quinua (*Chenopodium quinoa Willd.*) y sus parientes silvestres. Bioversity International, Roma, Italia; Organización de las Naciones Unidas para la Agricultura y la Alimentación, Roma, Italia; Fundación PROINPA, La Paz, Bolivia; Instituto Nacional de Innovación Agropecuaria y Forestal, La Paz, Bolivia; Fondo Internacional de Desarrollo Agrícola, Roma, Italia.

Bonifacio A, Mujica A, Alvarez A, Roca W. 2004. Mejoramiento genético, germoplasma y producción de semilla. Mujica A, Jacobsen S, Izquierdo J, Marathee JP, Quinua: ancestral cultivo andino, alimento del presente y futuro. FAO, UNA, CIP: Santiago, Chile. 125–187.

Bonifacio A, Rojas W, Saravia R, Aroni G, Gandarillas A. 2006. PROINPA consolida un programa de mejoramiento genético y difusión de semilla de quinua. Informe Compendio 2005–2006. Cochabamba, Bolivia: Fundación PROINPA. 65–70.

Bonifacio A, Aroni G, Villca M. 2012. Catálogo etnobotánico de la Quinua Real. Cochabamba, Bolivia: Fundación PROINPA. 1–123.

Bravo R, Catacora P. 2010. Situación actual de los bancos nacionales de germoplasma. Bravo R, Valdivia R, Andrade K, Padulosi S, Jagger M. Granos Andinos: avances, logros y experiencias desarrolladas en quinua, cañihua y kiwicha en Perú. Roma, Italia: Bioversity International. 15–18.

Cadima X, Gabriel J, Terrazas F, Rojas W. 2009. MODULO 3: Usos de los recursos genéticos. En: Cursos semipresencial sobre "Recursos Fitogenéticos, Riqueza Estratégica para el Desarrollo del País". COSUDE – DANIDA, Bioversity International, INIAF, Fundación PROINPA, pp. 1–35.

Cayoja MR. 1996. Caracterización de variables contínuas y discretas del grano de quinua (*Chenopodium quinoa* Willd.) del banco de germoplasma de la Estación Experimental Patacamaya. Tesis de Lic. en Agronomía. Oruro, Bolivia, Universidad Técnica Oruro, Facultad de Agronomía, pp. 1–129.

Ellis RH, Hong TD, Roberts EH. 1988. A low-moisture-content limit to logarithmic relations between seed moisture content and longevity. Ann Botany 61: 405–408.

Engels JMM, Visser L 2003. A guide to effective management of germplasm collections. IPGRI Handbooks for Genebanks. 6. IPGRI, Rome, Italy.

Espindola G, Bonifacio A. 1996. Catálogo de variedades mejoradas de quinua y recomendaciones para producción y uso de semilla certificada. Publicación conjunta IBTA/DNS: Boletín No. 2, La Paz, Bolivia, 1–76.

[FAO/IPGRI] Food and Agriculture Organization of the United Nations/International Plant Genetic Resources Institute. 1994. Genebanks standards. United Nations Food and Agriculture Organization & International Plant Genetic Resources Institute, Rome, 1–13.

[FAO]Food and Agriculture Organization of the United Nations. 1996. Informe sobre el estado de los recursos fitogenéticos en el mundo. Organización de las Naciones Unidas para la Agricultura y la Alimentación, Italia. 1–75.

[FAO] Food and Agriculture Organization of the United Nations. 2010. The second report on the state of the world's plant genetic resources for food and agriculture. FAO, Rome, Italy. 1–370.

Gallardo MG, Gonzalez JA. 1992. Efecto de algunos factores ambientales sobre la germinación de Chenopodium quinoa

W. y sus posibilidades de cultivo en algunas zonas de la Provincia de Tucumán (Argentina). LILLOA XXXVIII. 55–64.

Gandarillas H. 1968. Razas de quinua. Bolivia, Ministerio de Agricultura. División de Investigaciones Agrícolas. Boletín Experimental No. 4, 1–53.

Gandarillas H. 1979. Genética y origen. Tapia M. Quinua y kañiwa, cultivos andinos. Bogotá, Colombia: CIID, Oficina Regional para América Latina, 45–64.

Gandarillas H, Gandarillas C, Gandarillas A. 2001. Humberto Gandarillas. Historia de la investigación para el desarrollo agropecuario en Bolivia. Memorias de un investigador. Cochabamba, Bolivia. 139–142.

Genebank Standards. 1994. United Nations Food and Agriculture Organization and International Plant Genetic Resources Institute [FAO/IPGRI], Rome, 1–13.

Guarino L, Ramanatha Rao V, Reid R. 1995. Collecting plant genetic diversity. Technical Guidelines. CAB International, Wallingford, Reino Unido, a nombre del Instituto Internacional de Recursos Fitogenéticos (IPGRI) y en colaboración con la Organización de las Naciones Unidas para la Agricultura y la Alimentación (FAO), la Unión para la Conservación Mundial (IUCN) y el Programa de las Naciones Unidas para el Medio Ambiente (PNUMA). Unidad 8.1.1 – Introducción a la colecta de germoplasma y Unidad 8.2.1 – Planificación de una colecta de germoplasma.

Gómez L, Eguiluz A. 2011. Catálogo del banco de germoplasma de quinua (*Chenopodium quinoa* Willd.). Universidad Nacional Agraria La Molina, Lima, Peru. 183.

Hawkes JG. 1980. Crop genetic resources field collection manual. IBPGR and EUCARPIA. University of Birmingham. Birmingham, England.

[IBPGR]International Board for Plant Genetic Resources. 1981. Descriptores de Quinua. Roma, Italy: IBPGR. 1–18.

[IPGRI]International Plant Genetic Resources Institute. 1996. Evaluation of seed storage containers used in genebanks. Report of a survey. Roma, Italia: IPGRI. 1–25.

[ISTA]International Seed Testing Association. 1993. International rules for seed testing. Seed Sci Technol, 21(Supplement. Suiza: ISTA): 1–288.

Jacobsen SE, Sherwood S. 2002. Cultivo de granos Andinos en Ecuador. Informe sobre los rubros quinua, chocho y amaranto. Organización de las Naciones Unidas para la Agricultura y la Alimentación (FAO), Centro Internacional de la Papa (CIP) y Catholic Relief Services (CRS). Quito, Ecuador. 1–89.

Jaramillo S, Baena M. 2000. Material de apoyo a la capacitación en conservación ex situ de recursos fitogenéticos. Instituto Internacional de Recursos Fitogenéticos, Cali, Colombia. 1–210.

Leon R, Pinto M, Rojas W. 2007. Evaluación de parámetros de temperatura y humedad para la conservación de largo plazo de quinua. Rojas W. Manejo, conservación y uso sostenible de los recursos genéticos de granos altoandinos, en el marco del SINARGEAA. Informe Anual 2006/2007. Proyecto SIBTA-SINARGEAA. MDRAMA - Fundación PROINPA, pp. 42–51.

Lescano JL. 1989. Avances sobre los recursos fitogenéticos altoandinos. En: Curso: cultivos altoandinos. Potosí, Bolivia. 17–21 de abril de 1989, pp. 19–35.

Lescano JL. 1994. Genética y mejoramiento de cultivos altoandinos: quinua, kañihua, tarwi, kiwicha, papa amarga, olluco, mashua y oca. Programa Interinstitucional de Waru Waru, Convenio INADE/PELT - COTESU. Puno, Perú, pp. 1–459.

Mujica A. 1992. Granos y leguminosas andinas. Hernandez J, Bermejo J, Leon J. Cultivos marginados: otra perspectiva de 1492. Organización de la Naciones Unidas para la Agricultura y la Alimentación. Roma: FAO. 129–146.

Pinto M, Poma S, Aroni G, Rojas W. 2009. Sistematización de la información de manejo de la colección de quinua y cañahua para su actualización en el SIRGEN. Pinto M. Proyecto manejo, conservación y uso sostenible de los recursos genéticos de granos Altoandinos, en el marco del SINARGEAA. Informe Final 2008–2009. La Paz, Bolivia: Fundación PROINPA. 30–36.

Pinto M, Polar V, Soto JL, Rojas W. 2010. Cerrando la brecha entre las prioridades de los productores y la de los investigadores: selección participativa de granos andinos. Rojas W, Pinto M, Soto JL, Jagger M, Padulosi S. Granos Andinos: avances, logros y experiencias desarrolladas en quinua, cañahua y amaranto en Bolivia. Roma, Italia: Bioversity International. 94–111.

Querol D. 1988. Recursos genéticos, nuestro tesoro olvidado: aproximación técnica y socio-económica. Lima, Perú: Industrial Gráfica S. A. 1–218.

Rojas W, Bonifacio A, Aroni G, Aroni JC. 1999. Recolección de nuevas accesiones de quinua y otras Chenopodiaceas. Informe Anual 1998–99. Fundación PROINPA, pp. 1–5.

Rojas W, Bonifacio A. 2001. Multiplicación de accesiones tardías de quinua bajo condiciones de invernadero. Informe Anual 2000/2001. Fundación PROINPA, pp.. 1–4.

Rojas W, Cayoja M, Espindola G. 2001. Catálogo de colección de quinua conservada en el Banco Nacional de Granos Altoandinos. La Paz, Bolivia: Fundación PROINPA, MAGDER, PPD-PNUD, SIBTA-UCEPSA, IPGRI, IFAD. 1–129.

Rojas W. 2002a. Distribución geográfica de la colección de germoplasma de quinua. Informe Anual 2001/2002. Proyecto Mcknight. Fundación PROINPA, pp. 1–5.

Rojas W. 2002b. Recolección de germoplasma de cañahua y quinua. Informe Técnico Anual 2001–2002. Año 1. Proyecto "Elevar la contribución que hacen las especies olvidadas y subutilizadas a la seguridad alimentaria y a los ingresos de la población rural de escasos recursos". IPGRI – IFAD. La Paz, Bolivia: Fundación PROINPA, pp. 13–21.

Rojas W, Camargo A. 2002. Reducción de la humedad del grano de quinua para almacenamiento a largo plazo. Informe anual 2001–2002 Proyecto Mcknight. Fundación PROINPA, pp. 1–6.

Rojas W. 2003. Multivariate analysis of genetic diversity of Bolivian quinoa germplasm. Food Reviews International 19:9–23.

Rojas W, Camargo A. 2003. Establecimiento de un método de reducción del contenido de la humedad del grano de quinua. Informe Anual 2002/2003. Proyecto Mcknight. Fundación PROINPA, pp. 1–4.

Rojas W, Pinto M, Camargo A. 2003a. Recolección descentralizada de germoplasma de cañahua y quinua. Informe Técnico Anual 2002–2003. Año 2. Proyecto IPGRI - IFAD "Elevar la contribución que hacen las especies olvidadas y subutilizadas a la seguridad alimentaria y a los ingresos de la población rural de escasos recursos." La Paz, Bolivia: Fundación PROINPA. 9–18.

Rojas W, Pinto M, Camargo A. 2003b. Estandarización de listas de descriptores de quinua y cañahua. En: Informe Técnico Anual 2002–2003. Año 2. Proyecto IPGRI-FAD "Elevar la contribución que hacen las especies olvidadas y subutilizadas a la seguridad alimentaria y a los ingresos de la población rural de escasos recursos." La Paz, Bolivia: Fundación PROINPA. 59–94.

Rojas W, Pinto M. 2004. Colecta descentralizada de quinua y cañahua. Informe Anual 2003/2004. Proyecto SIBTA-SINARGEAA "Manejo, conservación y uso sostenible de los recursos genéticos de granos altoandinos, en el marco del SINARGEAA." Fundación PROINPA, pp. 11–19.

Rojas W, Pinto M. 2006. Evaluación del valor nutritivo y agroindustrial de accesiones de quinua y cañahua. Rojas W. Proyecto manejo, conservación y uso sostenible de los recursos genéticos de granos Altoandinos, en el marco del SINARGEAA. Informe Final 2005–2006. La Paz, Bolivia: Fundación PROINPA. 32–42.

Rojas W, Pinto M, Alcocer E. 2007. Diversidad genética del valor nutritivo y agroindustrial del germoplasma de quinua. Revista de Agricultura – Año 59 Nro. 41. Cochabamba, diciembre de 2007, pp. 33–37.

Rojas W, Pinto M. 2008. Evaluación del valor nutritivo de accesiones de quinua y cañahua silvestre. Pinto M. Proyecto implementation of the UNEP-GEF project, "In situ conservation of crop wild relatives through enhanced information management and field application." Informe de Fase 2005–2008. La Paz, Bolivia: Fundación PROINPA. 54–60.

Rojas W, Pinto M, Mamani E. 2009. Logros e impactos del Subsistema Granos Altoandinos, periodo 2003 – 2008. En Encuentro Nacional de Innovación Tecnológica, Agropecuaria y Forestal. INIAF. Cochabamba, 29 y 30 de junio de 2009, pp. 58–65.

Rojas W. 2010. Colección núcleo de granos Andinos. Rojas W, Pinto M, Soto JL, Jagger M, Padulosi S, Granos Andinos: avances, logros y experiencias desarrolladas en quinua, cañahua y amaranto en Bolivia. Roma, Italia: Bioversity International. 54–72.

Rojas W, Pinto M, Bonifacio A, Gandarillas A. 2010a. Banco de germoplasma de granos Andinos. Rojas W, Pinto M, Soto JL, Jagger M, Padulosi S, Granos Andinos: avances, logros y experiencias desarrolladas en quinua, cañahua y amaranto en Bolivia. Roma, Italia: Bioversity International. 24–38.

Rojas W, Pinto M, Soto JL. 2010b. Distribución geográfica y variabilidad genética de los granos andinos. Rojas W, Pinto M, Soto JL, Jagger M, Padulosi S, Granos Andinos: avances, logros y experiencias desarrolladas en quinua, cañahua y amaranto en Bolivia. Roma, Italia: Bioversity International. p.11- 23.

Rojas W, Pinto M. 2013. La diversidad genética de quinua de Bolivia. Vargas M. Congreso Científico de la Quinua (Memorias). Ministerio de Desarrollo Rural y Tierras - MDRyT, Viceministerio de Desarrollo Rural y Agropecuario - VDRA, Instituto Nacional de Innovación Agropecuaria y Forestal - INIAF, Instituto Interamericano de Cooperación para la Agricultura - IICA 14 y 15 de junio de 2013. La Paz, Bolivia. 77–92.

Rojas W, Pinto M, Alanoca C, Gómez L, León-Lobos P, Alercia A, Diulguerof S, Padulosi S. (2013). Estado de la conservación ex situ de los recursos genéticos de quinua. Bazile D, Bertero HD, Nieto C. Estado del arte de la quinua en el mundo en 2013. Santiago, Chile: Publicación FAO-RLC/Montpellier, Francia: CIRAD.

Rojas-Beltran J, Bonifacio A, Botani G, Maugham PJ. 2010. Obtención de nuevas variedades de quinua frente a los efectos del cambio climático. Informe Compendio 2007–2010. Cochabamba, Bolivia: Fundación PROINPA. 67–69.

Sevilla R, Holle M. 2004. Recursos genéticos vegetales. Luis León Asociados S.R.L. Editores, Lima, Perú. 445 p.

Tapia M. 1977. Investigaciones en el banco de germoplasma de quinua. En: Universidad Nacional Técnica del Altiplano. Curso de Quinua. Fondo Simón Bolívar. Puno, Perú: IICA - UNTA. 66–70.

Tapia M. 1990. Cultivos Andinos subexplotados y su aporte a la alimentación. Instituto Nacional de Investigación Agraria y Agroindustrial INIAA – FAO, Oficina para América Latina y l Caribe, Santiago de Chile.

Valls JFM. 1992. Caracterización morfológica, reproductiva y bioquímica del germoplasma vegetal. Capelo W. Memorias del curso internacional sobre recolección y evaluación de germoplasma forrajero andinodictado en. Riobambadel, 13al–23 de agosto de 1990. REPAAN. Riobamba, Ecuador. pp. 105–122.

Vavilov NI. 1951. Phytogeographic basis of plant breeding. The origin, variation, immunity and breeding of cultivated plants. Chronica Bot 13:1–316.

第 9 章 非洲藜麦育种——历史、目标及发展

Moses F. A. Maliro[1] and Veronica Guwela[2]

[1] *Department of Crop and Soil Sciences, Bunda College Campus, Lilongwe University of Agriculture*
[2] *International Crops Research Institute for the Semi-Arid Tropics, P.O Box 1098, Lilongwe, Malawi*

9.1 引　　言

9.1.1 藜麦起源

藜麦（*Chenopodium quinoa* Willd.），属藜科（Chenopodiaceae），为安第斯地区作物。藜麦具有谷物类的高营养价值，是南美（包括从哥伦比亚到厄瓜多尔的前哥伦比亚安第斯农业地区）一直以来的主食（Wilson，1990；Schlich and Bubenheim，1993；Bhargava et al.，2007）。藜麦是安第斯地区许多国家的当地作物，包括哥伦比亚到阿根廷北部及智利北部。历史研究表明，藜麦在拉美地区已种植至少 5000 年，是印加帝国（Inca empire）许多国家的主要粮食作物（Schlich and Bubenheim，1993）。在 16 世纪初期，西班牙殖民者禁止南美种植藜麦（Cusack，1984），因此藜麦成为次要作物，仅小范围种植在边远地区的玻利维亚、秘鲁和哥伦比亚等国，为当地所消费（Jacobsen and Stolen，1993）。

目前，藜麦主要生产国包括玻利维亚、秘鲁及美国。藜麦现在已超越大陆界限，在法国、英格兰、瑞典、丹麦、荷兰及意大利等国都有种植。在美国，藜麦主要种植在科罗拉达州（colarada）和太平洋西北部（Pacific Northwest），在加拿大，藜麦主要种植在萨斯喀彻温省（Saskatchewan）。藜麦在肯尼亚（Kenya）种植表现出高产优势，并在喜马拉雅（Himalayas）和印度北部的平原地区成功种植（Jacobsen et al.，2003a，2003b）。

9.1.2 非洲的藜麦引进

1. 非洲粮食安全

近年来，通过与其他作物比较，藜麦营养优势突显（Jacobsen et al.，2003a），随着发达国家对健康饮食的重视，藜麦需求量剧增。藜麦的流行促进了相关研究和育种工作，以提高藜麦产量，满足日益增加的市场需求。在发展中国家，尤其

是非洲，藜麦在膳食中的引入具有促进粮食和营养安全的巨大潜力。

在少数非洲国家粮食不安全导致了政治的不稳定性以及内战，但多数非洲国家的粮食不安全主要由自然灾害引起。近年来，干旱和变化无常的降雨模式恶化，主要是气候变化效应导致的。虽然食品产量充足，但大量儿童和成人仍然营养不良，这主要是由于玉米在非洲日常饮食中长期占据主要地位，玉米也是其饮食的主要能量来源。而高蛋白作物类，如菜豆和豌豆，只是在被少数作物占据农业主导地位的非洲小范围种植。因此，营养不良是 5 岁以下儿童死亡和成年人矮小的主要原因（表 9.1）（FAO，2012a；Babatunde et al.，2011）。

表 9.1　非洲国家与全球营养不良患病率比较（FAO，2012a）

国家	营养不良患病率占总人口比例（%）					
	1990～1992 年	1999～2001 年	2004～2006 年	2007～2009 年	2010～2012 年	变化值
世界水平	18.6	15.0	13.8	12.9	12.5	–32.8
发达国家	1.9	1.6	1.2	1.3	1.4	NA
发展中国家	23.2	18.0	16.8	15.5	14.9	–35.8
摩洛哥	7.1	6.2	5.2	5.2	5.5	–22.5
安哥拉	63.9	47.5	35.1	30.7	27.4	–57.1
贝宁	22.4	16.4	13.1	10.8	8.1	–63.8
布隆迪	49.0	63.0	67.9	72.4	73.4	49.8
喀麦隆	38.7	29.1	19.5	15.6	15.7	–59.4
埃塞俄比亚	68.0	55.3	47.7	43.8	40.2	–40.9
肯尼亚	35.6	32.8	32.9	32.4	30.4	–14.6
马达加斯加	24.8	32.4	28.1	29.1	33.4	34.7
马拉维	44.8	26.8	24.7	23.0	23.1	–48.4
马里	25.3	21.5	14.7	9.5	7.9	–68.8
莫桑比克	57.1	45.3	40.3	39.9	39.2	–31.3
纳米比亚	37.5	24.9	26.8	32.7	33.9	–9.6
南非	<5	<5	<5	<5	<5	NA
多哥	32.8	25.2	20.4	19.8	16.5	–49.7
赞比亚	34.3	43.9	48.3	47.5	47.4	38.2
津巴布韦	44.1	43.1	38.2	33.9	32.8	–25.6

2. 营养不良现象普遍

藜麦在非洲的生产具有显著改善营养不良的巨大潜力，而营养不良问题长期存在于马拉维（Malawi）及其他非洲国家的农村和城镇。2010 年马拉维人口统计与健康调研的三大人体测量数据显示，营养不良仍然在 5 岁以下儿童中常见。按年龄统计的相对身高，与小孩生长和营养状况呈线性关系。与参考中按年龄计的相对身高有–2 标准偏差的小孩，被认为是相对于其年龄身高矮化或者矮小。身高矮小是长期营养不良累积效应的反映。2010 年，身高矮小儿童比例（–2SD）占 47%，边远地区有 48%的儿童身高矮小，城镇地区比例为 41%。

另外一项营养不良指标是体重/身高，当儿童的该项指标与参考比例的标准偏差为–2 时，表明相对其身高来说太瘦或者"耗竭"，即营养严重不足或近期缺乏。2010 年 NSO 研究表明，4%的儿童营养耗尽且一半以上的这些儿童是严重耗竭。在边远地区，4%的儿童营养耗竭，城镇地区比例为 2%。

体重/年龄是人口营养健康的总指标，非洲儿童总体有 13%的体重不足，而其中 3%体重严重不足。在边远地区，13%的儿童体重不足，城镇地区比例为 10%。此外，断奶的影响主要是反映在年纪较小的儿童中，三大指标的数据表明，在 6 个月儿童中断奶后的营养状况影响更为恶劣。营养不良是非洲的普遍现象（表 9.1）（FAO，2012a）。

营养不良会破坏人体免疫力，致使儿童、孕妇及哺乳中的母亲，以及老年人和体弱者产生疾病。营养不良造成非洲人口死亡率较高，尤其是儿童的死亡率。因此，非洲藜麦生产与消费的引入和推广，即将成为解决营养不良这一危机的重要举措。

3. 藜麦的营养价值

藜麦籽粒有均衡的油类、脂类以及蛋白质含量，且含有独一无二的氨基酸成分。藜麦蛋白质中含有人类生长及发育所需的 8 种必需氨基酸，赖氨酸、胱氨酸和甲硫氨酸含量很高，而这些氨基酸在禾谷类中含量很低（Schlich and Bubenheim，1993）。这些营养价值特性，使得藜麦可以替代人们日常饮食中的谷物，价格也相对便宜，还可丰富食物品种。藜麦磨成粉可用于制作饼干和蛋糕，也可直接添加到汤中，或者与小米一起发酵做成饮料（Schlich and Bubenheim，1993）。藜麦籽粒还可做成有发展前途的牛奶蛋白有效成分及其他天然着色剂。藜麦的新鲜叶片和嫩茎秆，可作为非洲人餐桌上的色拉原材料以及作为可烹煮和食用的蔬菜。

4. 藜麦在马拉维可作为替代作物

藜麦生长可适应的气候条件较广，在世界大多数地区均有生长潜力。据研究报道，部分藜麦品种可极度耐盐至海水中盐分含量的水平，此时的电导率（EC）40 dS，达到 400 mmol/L NaCl 时的耐盐性（Jacobsen et al.，2001，2003a；Koyro and Eisa，2008；Hariadi et al.，2011；Adolf et al.，2012）。藜麦也可生长在极端干旱环境下，在年降雨量低至 200 mm 的沙漠地带可以生长，具有成为非洲干旱地区替代作物的潜力。在寒冷地区，藜麦可在夜晚霜冻下生存（–8℃生存 2～4 h）（Jacobsen et al.，2007）。随着藜麦在美国和欧洲、亚洲的需求增加，藜麦可作为许多非洲国家如马拉维的潜在出口作物。多年来，烟草是马拉维的主要外汇来源，但是近年来，由于烟草进口国的禁烟游行，烟草的国际需求下降。因此，马拉维急需新的出口替代作物，藜麦正好可以作为替代作物。

5. 加强对藜麦的认识

由于对藜麦营养成分和高度适应性的认识，FAO 将藜麦选为下个世纪稳定粮食安全、具发展潜力的多种作物之一（Jacobsen et al.，2003）。由于安第斯土著对藜麦的维护、保卫和珍视并使其为今后世代提供食物这种强烈的意识，FAO 和美国将 2013 年作为藜麦年（FAO，2012b；UN，2012）。由于 FAO 和美国对藜麦的重视，越来越多的非洲农业和营养学科学家意识到藜麦在缓解非洲粮食危机中将扮演重要角色。

9.1.3 藜麦的生态适应性

藜麦的高营养价值及均衡营养价值，加之其对不良环境的耐受性，激发了将藜麦这一作物引种到世界其他地区种植的热情。据 Jacobsen 等（2003b）报道，藜麦在与安第斯地区环境条件相似的地区具有巨大发展前景，尤其是在南欧，美国，非洲及亚洲。藜麦在非洲的适应性试验也取得了理想结果（Geerts et al.，2008；Jacobsen et al.，1996；Jacobsen et al.，1997；Jacobsen，1997，2003），如在丹麦及欧洲部分地区，藜麦已被考虑作为未来的食物和饲料作物（Sigsgaard et al.，2008），藜麦在加拿大也有较大发展（AAFRD，2005）。因此，非洲可利用世界对藜麦需求的增长生产藜麦以出口，此外还可以对非洲粮食安全作出贡献。由于藜麦可适应与其起源地安第斯地区相似的生态圈，在非洲农业系统中藜麦引种的前景广阔。藜麦在不利土壤环境和气候条件下均能生产籽粒（Garcia et al.，2003）。由于藜麦对干旱环境的耐受性大，将成为易干旱地区受喜爱的作物。因此，藜麦种植扩展到了肯尼亚、印度、北美和欧洲。大多数藜麦生产者是少部分农民，藜麦生产能确保年收入提高。全球藜麦市场需求带来的价格上涨，已使得安第斯部分贫穷的农业地区受益不少。

9.2 非洲藜麦育种目标

20 世纪 90 年代末期，藜麦首先被引种到肯尼亚，2012 年被引种到马拉维。来自安第斯地区及美国、加拿大、丹麦育成的藜麦品种均由国际马铃薯中心（CIP）和华盛顿州立大学（WSU）提供以完成适应性研究，最初育种专家的目标是为了鉴别藜麦在非洲部落能否正常生长，以及是否能够成为生产和消费的藜麦粮食的品种或品系，这些研究为减少非洲营养不良问题作出了巨大努力。从育种研究发现，藜麦品种可以在本土及外国市场推广和发展，藜麦可作为替代经济作物，尤其是在非洲小范围的农业地区。育种试验的实施主要是在评价藜麦品种的引种上，特别是对非洲当地尤其是对马拉维和肯尼亚的气候和环境条件的适应性进行了研究。

9.2.1 马拉维的藜麦研究

1. 品种引种

2012 年马拉维引种了来自南美国家的 13 个藜麦品种及在美国和丹麦自然环境下育成的品种（表 9.2），以及华盛顿州立大学提供的种子。来自不同地方的品种测试，增加了选择适宜当地环境且表现优异品种的可能性。

表 9.2 2012 马拉维引种藜麦检测与背景资料

NO.	品种	起源	背景资料
1	Ecuadorian	厄瓜多尔	未提供
2	Black-seeded	科罗拉多州，美国	由 *Chenopodium quinoa* 与 *Chenopodium berlandieri* 杂交后代，高植株品种（>2 m）
3	Inca Red（a.k.a. Pasankalla）	玻利维亚	萨拉热窝藜麦生态型成员之一
4	Bright Brilliant Rainbow	俄勒冈州，美国	未提供
5	Bio-bio	智利	未提供
6	Cherry Vanilla	俄勒冈州，美国	未提供
7	Muiti-Hued	智利	未提供
8	Red Head	俄勒冈州，美国	未提供
9	QQ74	智利	智利地方品种
10	Puno	丹麦	Sven-Erik Jacobsen 培育
11	Titicaca	丹麦	Sven-Erik Jacobsen 培育
12	QQ065	智利	来源于智利南部极端降雨区（年降雨量超过 2500 mm）；观察到最矮品种（不高于 0.8 m），在马拉维品种测试中表现出对穗发芽有极高的抗耐性
13	Rosa Junin	秘鲁	未提供

2. 气候条件

马拉维具有多样化的气候环境，从凉爽的高地到温暖的低洼地带。马拉维属亚热带气候，具有相对较干旱和季节性气候。温暖雨季从 11 月一直持续到第二年 4 月，年降雨量的 95%发生在这一季节。年降雨量 725～2500 mm，中部地区的利隆圭（Lilongwe）平均降雨量为 900 mm，南部地区的布兰太尔（Blantyre）平均降雨量为 1127 mm，北部地区的姆祖祖（Mzuzu）平均降雨量为 1289 mm，东部地区的松巴（Zomba）平均降雨量为 1433 mm。

冷凉干旱季节为 5～8 月，平均气温 17～27℃，低温为 4～10℃，偏僻地区霜冻发生在 6 月和 7 月。温暖干旱季节为 9 月和 10 月，温度 25～37℃。相对湿度为 50%（相对较干旱的 9 月和 10 月）～87%（雨季的 1 月和 2 月）。

马拉维具有多样化的地形特征，全境分为高地、大裂谷、高原、海岸低洼地带以及希雷河谷（Shire Vally）低洼区。高地包括孤立山脉海拔 1320～3000 m，如 NyikaViphya，以及 Mulanje，而 Dedza 和 Zomba 的海拔在 960～1600 m。大裂谷是高地和山区周围的区域。高原是海拔 750～1300 m。海岸低洼地带海拔 465～600 m，是马拉维湖由北向南的冲积平原地区。低洼地带地势最低是希雷河谷（Shire vally）位于马拉维最南端，海拔 180 m。马拉维多样性的地形特征赋予了其独特的气候地域性，马拉维拥有从冷到暖再到热，从降雨丰富到干旱的多样气候条件（图 9.1）。

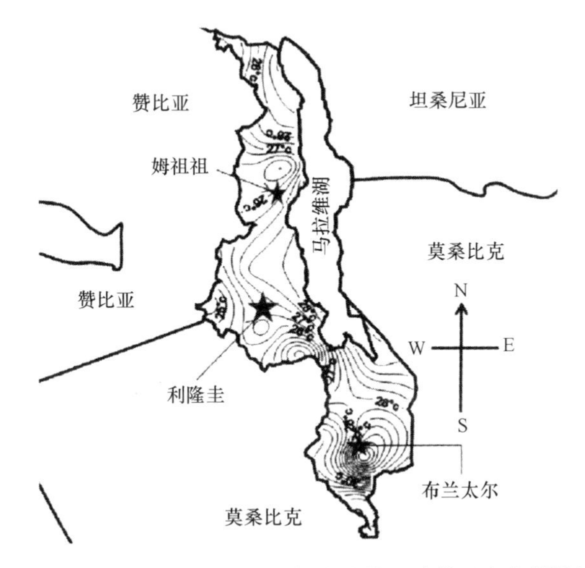

图 9.1　马拉维全国及受山地、低洼地带影响的温度多样性地图

3. 作物生长的表现

马拉维气候区域、降雨和温度的多样性，使很多作物种类能够在马拉维正常生长，在马拉维藜麦也能很好生长。例如，玉米作为马拉维的主要粮食作物，有多个品种可以适应特异的气候地带且生长良好。不同藜麦品种试验以及从不同气候资源收集的基因型适应性试验，应当形成马拉维不同气候带的特异品种信息。

通过植株生长、开花和产量的观测，对两大气候区域的 11 个品种/品系进行了适应性评价。第一试验点位于利隆圭（Lilongwe）的 Bunda（海拔 1200 m），代表中海拔的气候区域，第二试验点位于 Dedza 的 Bembeke（海拔 1560 m），代表较高海拔的气候区域。试验于温暖的 8 月、9 月和 10 月在灌溉条件下实施，Bunda 试验点在 2012 年 12 月到 2013 年 4 月的雨季对这些品种进行了种植评价。

在 Bunda 和 Bembeke 的试验结果表明，马拉维可引种种植藜麦。在中海拔试验点（Bunda），所有品种在播种后 21 天生长缓慢，而当气温在 8 月中旬开始上升时，所有品种生长加快。在 Bembeke 的高地试验点，在播种后的前两个月，藜麦生长极其缓慢，这可能与较长的冷凉期有关，当温度开始升高时，植株接近生理性成熟。因此，藜麦在高地试验点的生长较矮，植株高度为 50 cm 左右，而在中海拔试验点，这 11 个藜麦品种的平均株高为 90～100 cm。株高显著影响了穗的长度，因此也影响了开花数，最终影响产量。因此，高地区域的冬季环境会严重降低藜麦产量。同时研究强调，在马拉维应当继续评价季节过渡期特异气候区域的藜麦基因型的适应性。低温导致的植株生长缓慢，同样会影响成熟期。在中海拔或者温暖试验点，植株在整个生育期的第 30 天开花率为 100%，而在高地或较冷试验点，在整个生育期的第 51 天开花率达到 100%。在更冷的试验点（Bembeke），不同藜麦需要较长时间才能成熟（112～119 天），而在温暖试验点（Bunda）由于开花较早达到成熟需要的时间较短（90 天）。

4. 基因型表现

不同基因型藜麦在收获时表现出的株高、收获天数（成熟期）、穗长、产量（kg/hm^2）和收获指数（HI）等方面有差异（图 9.2）。高产的藜麦品种和基因型，如加拿大英属哥伦比亚育成的 Brightest Brilliant 和 Multi-Hued，丹麦育成的 Titicaca 及智利的 QQ74 能保证产量达到或近 3 t/hm^2，这些有前景的藜麦品种被推荐为马拉维气候环境下可适宜种植的经济作物。在马拉维，藜麦产量（3 t/hm^2）高于雨养农业条件下小范围种植玉米的产量（2 t/hm^2），或者与之持平。此外，马拉维的藜麦产量与世界上其他区域报道的产量没有显著差别（Bertero et al.，2004），这意味着如果农民用部分种植玉米的土地种植藜麦，他们将会收获相同或者更高产量的藜麦籽粒，同时获得比玉米有更高营养价值的益处。

9.2.2 肯尼亚的藜麦研究

1. 试验点和气候条件

肯尼亚育种工作首先开展了多气候性试验，在 1999～2000 年的灌溉条件下，对 14 个试验点的 24 个品种进行了多样化试验（Bertero et al.，2004；Oyoo et al.，2010），另有其他 13 个试验点在秘鲁、巴西、玻利维亚和越南。在肯尼亚，所有藜麦品种种植在内罗毕大学（Nairobi university）Kabete 实验站，以研究适应性和产量表现。试验点位于海拔 1820 m，温度 13～23℃，年均降雨量为 970 mm 且呈双峰分布。土壤

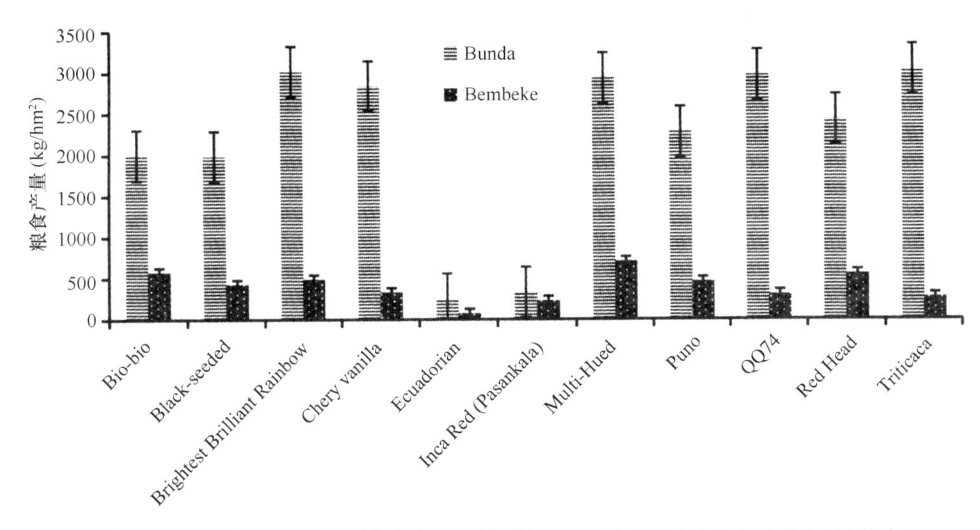

图 9.2　2012 年 7～12 月灌溉条件下马拉维 Bunda 和 Bembeke 试验点 11 种藜麦基因型或品种产量（kg/hm^2）对比图

pH 在 5.0～6.8，被界定为腐殖土（Siderius and Muchena，1977）。在 1999 年的长雨季（3～6 月），以及 1999～2000 年的短雨季还增加了对藜麦评价研究。

2. 作物生长与产量

肯尼亚的品种试验表明，不同品种间的植株生长和产量差异显著。与安第斯气候条件生长的藜麦（生育期为 110～190 天）相比，肯尼亚种植的所有品种在 1999 年生长季的生育期变短，成熟期天数在 65～98 天，而 2000 年生长季的生育期为 72～123 天（Jacobsen and Stolen，1993；Bertero et al.，2004）。肯尼亚较早的成熟期是由于低海拔引起的温度效应（与藜麦起源的安第斯山 3000 m 海拔相比，肯尼亚海拔较低为 1820 m）。

参与评价的所有品种的产量（1.583～2.097 t/hm^2），与安第斯和世界其他地区的产量具有可比性，有些品种的产量更高。在 Nairobi 试验点，部分基因型的产量甚至高达 4 t/hm^2，表明藜麦高产品种可通过全球引种研究获得（Jacobsen，2003）。这些研究结果都表明了在肯尼亚进行藜麦生产的可能性，但由于作物生长和产量受多种气候影响，这些结果还不能普及到肯尼亚全国。

纬度是影响作物引种的重要因素之一，纬度决定白昼长度，对于长日照或短日照敏感的作物至关重要。藜麦种子灌浆期的光周期敏感性在其适应新环境中起着重要作用（Bertero et al.，2004），当光周期变短时促进籽粒灌浆，这一特性限制了藜麦对高纬度的适应，智利南部的藜麦品种以灌浆期对光周期敏感性低而著名。因此，灌浆期光敏感性缺乏或低是高纬度藜麦适应品种筛选的选择指标。

由于受年际间温度和降雨的影响，即使同一生长季相同藜麦品种的表现都有差异。品种间的生长期虽大致一样，但实际生长周期（长或者短）、生长速率（快或者慢）多取决于生长季的实际条件，包括寒冷、温暖、潮湿和干燥。

非洲藜麦引种研究还应包括昼长（光周期敏感性变化和遗传背景）数据分析，以及昼长如何影响不同来源藜麦品种的生长表现。通过对目前基因库中种质资源大量样品的筛选和评价，在不同试验点和生长季进行藜麦生长和产量适应性的研究非常有必要。在肯尼亚研究表明，与 1999 年相比，2000 年所有基因型藜麦产量下降，其原因主要与 2000 年的低降雨量有关。与生物量和产量密切相关的株高、穗长及收获指数（HI）等参数，不同品种的表现不同，受生长季的影响显著。最初的试验表明，有 3 种藜麦品种在产量方面表现优秀，在肯尼亚有经济种植潜力，这 3 个品种为 Narino（来自哥伦比亚，适宜于高原）、CICA-127（来自秘鲁，适宜于峡谷地带）和 ECU-420（来自厄瓜多尔，适宜于峡谷地带）。

在选择高产基因型藜麦时，收获指数（HI）非常重要。高产品种的生产能力用 HI 衡量，1999 年生长季的 HI 为 0.24～0.47，2000 年生长季的 HI 为 0.15～0.49。这些藜麦的收获指数表明，被测试的基因型或品种在肯尼亚的表现与其他藜麦传统种植区域一样具有生产价值（Bertero et al.，2004；Oyoo et al.，2010）。但是，具有高 HI 的基因型不一定就具有单位面积的高产量（kg/hm^2）。例如，1999 年生长季，HI 最低的品种为 Canchones（HI 为 0.24）和 Narino（HI 为 0.25），而在 2000 年生长季，HI 最低的品种为 Real（HI 为 0.15）、Narino（HI 为 0.17）和 Kamiri（HI 为 0.17）。另外一方面，1999 年生长季，HI 最高的品种为 ILPA（HI 为 0.47）、RM-072（HI 为 0.41）及 HUA（HI 为 0.41），而在 2000 年生长季，HI 最高的品种为 EDK-4（HI 为 0.49）和 BB-079（HI 为 0.48）（表 9.3）。因此，当选择适宜的商业推广的藜麦品种时，收获指数 HI 和单位面积藜麦产量均应考虑。在非洲，藜麦新鲜叶片被认为是可口的蔬菜，可做沙拉和烹煮，同时兼顾绿叶类蔬菜和产量时，低收获指数（HI）的品种为较佳选择，而以产量为主时，高收获指数（HI）的品种为较佳选择（Rojas et al.，2000）。

表 9.3　1999 年国际藜麦区试中 24 种藜麦在肯尼亚 Nairobi 表现

地点	纬度	海拔（m）	平均气温（℃）	平均光照时间（h）	降雪期	成熟期天数	籽粒产量（g/m^2）	籽粒大小（mm）	地上部生物重（g/m^2）	收获指数
Nairobi L	1°15′S	1819	18.9	12.4	10 月	77.1	209.7	2.1	698.7	0.31
Nairobi S	1°15′S	1819	18.2	11.7	3 月	84.5	158.3	2.0	806.5	0.25

国际藜麦试验包括 14 个试验点（肯尼亚在内）穿越 3 个大陆，以研究基因型（G）×环境（E）间的互作效应，通过遗传改良提高低纬度地区藜麦产量及籽粒大小。该研究从产量、生理成熟期、地上部生物量、HI 及籽粒大小方面，检测

了 G 和 G×E 方差成分的相对大小，并根据其对测试环境的相对响应将藜麦品种分类。研究结果表明，产量、产量生理构成因素间存在着强烈的品种和环境变异。两大产量决定因素 HI 和生物量的结果均表明，G×E 互作与 G 间存在着显著差异。研究者根据籽粒产量将试验点环境划分为四大类，肯尼亚属于较温暖、低海拔环境类，肯尼亚试验点被报道为最短作物生育期区域。在品种表现方面，峡谷地带的所有峡谷品种均表现出最佳效应，在肯尼亚试验点的平均产量高于 Atiplano 试验点，但低于其他环境下的平均产量。这些结果表明，这些品种能够很好地适应温暖、低海拔地区的气候，因此藜麦可以在非洲多数热带地区生存。

3. 病虫害

马拉维品种测试时藜麦没有发生严重的病虫害侵袭。试验期间发现的害虫是吮吸式昆虫类，如蚜虫、盾虫和臭虫等，但危害程度低不足以施用化学控制剂。在干旱环境下，与其他作物一样，藜麦蚜虫容易盛行，虫害较少不足以带来新一波蚜虫侵袭。在马拉维目前认为藜麦不易感染严重的虫、病害还为时尚早，有待进行多气候地带和多生长季的适应性研究。

9.3　未来研究的机遇和建议

9.3.1　倒伏

马拉维灌溉试验和雨养试验表明，大多数藜麦品种易倒伏，甚至减产。非洲气候具有发生强雷雨天气的特征，导致藜麦倒伏发生更为严重；因此，筛选和培育抗倒伏品种是非洲藜麦育种的主要目标之一。

9.3.2　可接受性

藜麦在非洲饮食中被接受是藜麦成功引种的关键因素。几个世纪以来，玉米一直作为马拉维人的主要粮食，他们仅食用以玉米为基础的食物，其他作物的食物产品仅作为点心。饮食态度反映了全国饮食水平，当玉米收获减少时，尽管其他可食用作物可以利用，但马拉维仍将会出现食物短缺。近年来，城镇人口正在改变他们的饮食习惯，慢慢接受以马铃薯、水稻及小麦食物作为主食。马拉维人对待藜麦的态度正如他们对待其他作物的态度一样；因此，藜麦的综合适应性研究，将涉及藜麦与马拉维和非洲饮食的接受性及结合性方面，应当开发藜麦食谱及以藜麦为基础的食品，以促进非洲藜麦的消费。

多数非洲农民是以小规模的玉米为主要粮食作物，他们将其大部分土地资源分配给玉米种植。当第一次降雨来临时，农民以种植玉米为先，烟草仅作为经济作物种植。在雨养环境条件下，首先种植玉米和其他经济作物，然后是花生、大豆及小米等其他作物，没有市场价值的作物最后才考虑种植。但是，缺少化学肥料的施用，当季晚播作物与初雨早播作物相比，往往不能快速生长。如果要在晚播作物中施用化肥，必须确保新的作物具有增加农民收入的潜力，而且要在饮食中具有价值。

9.3.3 农业实践

非洲农业系统主要是小规模的农民占据主导地位，一般他们持有的土地少于 2 hm^2，不使用机械且投入资源少（Jayne et al.，2003）。藜麦作为新作物的成功推广需要新的适应小规模农业环境的技术。例如，多数农事操作需要人工，播种密度大，株距 10 cm 左右，十分耗时。农民利用撒播技术以节约时间，但由于藜麦种子非常小，这种播种方法不可行。应当研究适宜的藜麦播种量，并推荐给农民。禾本科作物提高产量需要施用肥料，但多数小规模农民难以承担化学肥料成本。农民将绝大部分肥料会留给主食作物如玉米施用，要提高藜麦生产中的土壤肥力可通过其他替代方法，如施用动物肥和绿肥，但仍需要进一步研究。

9.3.4 雨养农业与灌溉系统比较

小规模农民的农业生产是在雨养条件下，而非洲的降水仅为几个月，且有的区域只在其中一个生长季有降雨，所以藜麦应该在灌溉条件下种植。目前的试验结果表明，在马拉维雨季后种植的藜麦，在灌溉条件下生长周期短且产量高于雨养条件下。但是，多数农民是以喷壶进行灌溉。灌溉技术可以保持土壤水分（如覆膜），可使藜麦生产变得可行和可承受少雨环境。

9.4 结　　论

马拉维和肯尼亚的前期试验结果表明，藜麦可在多种气候环境下生长良好，包括从温暖区域到较冷凉区域。但是，很多安第斯地区的基因型以及其他地区培育的藜麦品种，需要在非洲不同气候区域和不同季节进行适应性评价。通过评价研究，选择了很多适宜非洲特殊生态环境和生长季节的品种。研究表明，南美品种及北美育成的品种在马拉维和肯尼亚种植的产量与其原有传统生长环境持平或更高，这些品种能引种到非洲，且有助于解决非洲多数国家的食品危机问题。

为确保藜麦在非洲的引种和应用，应该针对小规模农场占据非洲农业主导地位这一特征，进行相应的种植技术研究。除农业因素外，也应当考虑影响新作物适应性的社会因素。例如，尽管藜麦产量高、营养好，人民对新作物的接受性可能会受到籽粒颜色、味道以及当地饮食进化缓慢的影响。非洲饮食对藜麦的接受性和适应性的变化仍需要进一步研究。作物育种家、农艺学家应该和农民、推广部门、营养学家、政府部门及利益相关者紧密联合进行非洲藜麦的引种，在将新作物引种到非洲人的土地和心里时，不仅要考虑农业上面临的挑战，也要考虑到社会、市场、政治方面的挑战。

参考文献

[AAFRD]Alberta Agriculture, Food and Rural Development. 2005. Quinoa – the next cinderella crop for Alberta? A report by Alberta Agriculture Food and Rural Development (AAFRD). Available from: http://www1.agric.gov.ab.ca/$department/deptdocs.nsf/all/afu9961

[FAO]Food and Agriculture Organization of the United Nations. 2012a. Economic growth is necessary but not sufficient to accelerate reduction of hunger and malnutrition. Rome: FAO.

[FAO]Food and Agriculture Organization of the United Nations. 2012b. Master plan for the International Year of Quinoa – a future sown thousands of years ago. Available from http://www.fao.org/fileadmin/templates/aiq2013/res/en/master_plan.pdf

[MoNREE]Ministry of Natural Resources, Energy and Environment. 2013. Climate of Malawi. Department of Climate Change and Meteorological Services (DCCMS) of the Ministry of Natural Resources, Energy and Environment (MoNREE). Accessed from http://www.metmalawi.com/climate/climate.php

[NSO]National Statistical Office. 2010. Malawi Demographic and Health Survey 2010. National Statistical Office Zomba, Malawi and MEASURE DHS, ICF Macro Calverton, Maryland, USA, pp. 1–51.

[UN]United Nations. 2012. United Nations Resolution on the declaration of the IYQ2013. A resolution adopted by General Assembly – A/RES/66/221 in March 2012. Accessed from http://www.un-ngls.org/IMG/pdf/IYQ.pdf

Adolf VI, Shabala S, Andersen MN, Razzaghi F and Jacobsen SE. 2012. Varietal differences of quinoa's tolerance to saline conditions. Plant Soil 357:117–129.

Babatunde RO, Olungunju IF, Sola O. 2011. Prevalence and determinants of malnutrition among under five children of farming households in Kwara State, Nigeria. 10.5539/jas.v3n3p173

Bertero HD, de la Vega AJ, Correa G, Jacobsen SE, Mujica A. 2004. Genotype and genotype-by-environment interaction effects for grain yield and grain size of quinoa (*Chenopodium quinoa* Willd.) as revealed by pattern analysis of international multi-environment trials. Field Crops Res 89:299–318.

Bhargava A, Shukla S, Rajan S, Ohri D. 2007. Genetic diversity for morphological and quality traits in quinoa (*Chenopodium quinoa* Willd.) germplasm. Genet Res Crop Evol 54:167–173. 10.1007/s10722-005-3011-0

Cusack DF. 1984. Quinoa: grain of the Incas. Ecologist 14:21–23.

Garcia M, Raes D, Jacobsen SE. 2003. Evapotranspiration analysis and irrigation requirements of quinoa (*Chenopodium quinoa*) in the Bolivian highlands. Agr Water Manage 60: 119–134.

Geerts S, Dirk Raes D, Garcia M, Vacher J, Mamani R, Mendoza J, Huanca R, Morales B, Miranda R, Cusicanqui J, Taboada C. 2008. Introducing deficit irrigation to stabilize yields of quinoa (*Chenopodium quinoa* Willd.). Eur J Agron 28:427–436.

Hariadi Y, Marandon K, Tian Y, Jacobsen SE, Shabala S. 2011. Ionic and osmotic relations in quinoa (*Chenopodium quinoa* Willd.) plants grown at various salinity levels. J Exp Bot 62:185–193.

Jacobsen SE. 1997. Adaptation of quinoa (*Chenopodium quinoa*) to Northern European agriculture: studies on developmental pattern. Euphytica 96: 41–48.

Jacobsen SE. 2003. The worldwide potential for quinoa (*Chenopodium quinoa* Willd.). Food Rev Int 19:167–177.

Jacobsen SE, Stølen O. 1993. Quinoa morphology, phenology and prospects for its production as a new crop in Europe. Eur J Agron 2:19–29.

Jacobsen SE, Hill J, Stølen O. 1996. Stability of quantitative traits in quinoa (*Chenopodium quinoa*). Theor Appl Genet 93:110–116.

Jacobsen SE, Quispe H, Mujica A. 2001. Quinoa: an alternative crop for saline soils in the Andes. In: CIP Program Report 1999–2000. Lima, Peru: CIP. 403–408.

Jacobsen SE, Mujica A, Jensen CR. 2003a. The resistance of quinoa (*Chenopodium quinoa* Willd.) to adverse abiotic factors. Food Rev Int 19:99–109.

Jacobsen SE, Mujica A, Ortiz R. 2003b. The global potential for quinoa and other Andean crops. Food Rev Int 19:139–148.

Jacobsen SE, Monteros C, Corcuera LJ, Bravo LA, Christiansen JL, Mujica A. 2007. Frost resistance mechanisms in quinoa (*Chenopodium quinoa* Willd.). Eur J Agron 26:471–475.

Jayne TS, Yamano T, Weber MT, Tschirley D, Benfica R, Antony Chapoto A. 2003. Smallholder income and land distribution in Africa: implications for poverty reduction strategies. 10.1016/S0306-9192(03)00046-0

Koyro HW, Eisa SS. 2008. Effect of salinity on composition, viability and germination of seeds of *Chenopodium quinoa* Willd. Plant Soil 302:79–90.

Maurice OE. 2001. Adaptability of some quinoa genotypes to Kenian highland conditions with special reference to Kiambu district. MSc Thesis. Faculty of Agronomy, University of Nairobi, Kenia, pp. 1–79.

Oyoo ME, Githiri SM, Ayiecho PO. 2010. Performance of some quinoa (*Chenopodium quinoa* Willd.) genotypes in Kenya. S Afr J Plant Soil 27:2.

Rojas W, Barriga P, Figueroa H. 2000. Multivariate analysis of the genetic diversity of Bolivian quinoa germplasm. PGR Newsl 122:16–23.

Schlick G, Bubenheim DL. 1993. Quinoa: an emerging “new” crop with potential for CELSS. NASA Technical Paper 3422. 1–12.

Siderius W, Muchena FN. 1977. Soils and environmental conditions of agricultural research stations in Kenya. Miscellaneous Soil Paper M5. Kenya Soil Survey. National Agricultural Research Laboratory, Nairobi.

Sigsgaard L, Jacobsen SE, Christiansen JL. 2008. Quinoa, *Chenopodium quinoa*, provides a new host for native herbivores in Northern Europe: case studies of the moth, *Scrobipalpa atriplicella*, and the Tortoise Beetle, *Cassida nebulosa*. J Insect Sci 8: 1–4.

Wilson HD. 1990. Quinoa and relatives (*Chenopodium* sect. *chenopodium* subsect. *cellulata*) Econ Bot 44Supplement 3:92–110.

第10章　北美温带地区藜麦栽培——注意事项和区域调查

Adam J. Peterson and Kevin M. Murphy

Department of Crop and Soil Sciences, Washington State University, Pullman, WA, USA

10.1　引　　言

藜麦在南美洲的商业化种植历史相对较短。第一次正式商业化种植始于1983年，由科罗拉多州立大学和布兰卡联合公司合作，专注于科罗拉多州高海拔地区的藜麦种植（Johnson，1990）。此外，John Marcille和Emigdio Ballón也开始在华盛顿州北部和新墨西哥州北部试种南美洲藜麦品种（Ballón，1990；Wilson and Manhart，1993）。藜麦产业从科罗拉多州扩张到怀俄明州和新墨西哥州北部（Ward，1994）。到19世纪80年代末，加拿大的藜麦种植也开始起步（National Research Council，1989；Tewari and Boyetchko，1990；Small，1999）。

北美地区种植的藜麦主要集中在科罗拉多州的圣路易斯山谷和加拿大草原北部，藜麦公司总部设在萨斯喀彻温省的萨斯卡通。尽管北美和世界其他地区开始尝试引种种植藜麦，但全球绝大多数藜麦的种植仍集中在南美。近年来，藜麦供给与日益增长的需求之间差距增大，导致价格提高，同时引发了藜麦主产国对社会和环境影响的担忧（Jacobsen，2011；Romero and Shahriari，2011）。随着许多地区拟将藜麦作为区域食品和用来改善粮食安全，世界各个地区都在试图引种种植藜麦（Jacobsen，2003）。

10.2　对非生物胁迫的抗性

10.2.1　耐热性

一直以来北美地区藜麦的生产局限在夏天比较凉爽，最高温度不超过35℃（95°F）的区域。在科罗拉多州的试验初步表明，藜麦在海拔低于2100 m（7000 ft）的地区试种失败，主要是由于高温引起了植物休眠和花粉不育（Johnson and Croissant，1985；Johnson，1990）。

有多个报告表明，高温对藜麦在北美地区的生产构成约束，如明尼苏达州（Oelke et al.，1992）、纽约州（Dyck，2012）、弗吉尼亚州（Bhardwaj et al.，1996）和亚伯达省（AAFRO，2005）。Oelke 等（1992）认为，热敏感性制约藜麦在加利福尼亚州中部沿海地区、华盛顿中部和北部高海拔地区及加拿大部分大草原的种植。在北美以外的地区，高温已经被证实对藜麦产量和种子灌浆有不利影响，如摩洛哥（Benlhabib et al.，2004）、智利（Fuentes and Bhargava，2011）、希腊（Iliadis et al.，2001）和意大利（Pulvento et al.，2010）。

与急性的热胁迫相比，慢性的热胁迫也会影响藜麦，且通常发生在野外条件下。在早期研究中，Aguilar（1968）发现与适宜温度条件相比，藜麦持续处于 32℃（90°F）下，植株高度、生物量和种子产量会大大降低。随着温度升高，测试藜麦品种的生育期缩短，茎秆变得更红。

华盛顿州立大学发现，夏季最高温度是限制藜麦种子形成的一个主要因素。在 2011 年的田间试验中，虽然开花期间的温度没有超过 35℃（95°F），但种子灌浆期的高温可能造成显著减产。许多花序缺乏种子或者含有空种子（Peterson，2013）。尽管 2011 年的产量大幅下降，但 Colorado 407D、QQ74 和 Kaslaea 这几个品种表现出比其他品种更强的耐热性。

智利高原品种在炎热干燥条件下的适应变化试验，在智利北部阿塔卡玛沙漠进行（Fuentes and Bhargava，2011）。Bonifacio（1995）详细描述了热胁迫对藜麦的影响，他指出热胁迫可能导致胚乳的再吸收，这种现象被玻利维亚农民称为“高山病”。因为藜麦种子的胚乳小，而外胚乳和胚是种子最大的两个组织（Prego et al.，1998），这种再吸收可能延伸到种子胚乳以外的组织。1993 年，Bonifacio 通过犹他州普罗沃户外种植藜麦也发现高温抑制藜麦花药裂开，并发现品种间具有耐热性的差异。

对于藜麦栽培来说，灌溉可能是改善热胁迫影响的一个重要措施。华盛顿州立大学的灌溉试验结果初步表明，在华盛顿州东部的热胁迫条件下，灌溉能大幅增加产量（Hannah Walters，personal communication，2013）。还需要进一步研究藜麦热胁迫的作用和水分的可利用性，以及这些因素的相互作用。

北美大部分温带地区的夏季气温超过藜麦的容忍阈限（NCDC，2011），耐高温品种的选育可以极大地扩大藜麦生产适宜区域和增加遭受破坏性热浪地区的收获指数。尽管藜麦的热易感性与栖息在北美部分地区的土荆芥种虫害密切相关（Jellen et al.，2011），有考古证据显示在北美东部史前农业时期存在一种驯化的藜科植物，类似于藜麦（Smith，1985），这意味着在北美以外高海拔或沿海地区选育耐热藜科植物是可能的。

10.2.2 耐旱性

藜麦被认为是具有显著耐旱性的植物，据报道藜麦能在年降水量为 200 mm

的沙地上生长（Aguilar and Jacobsen，2003）。灌溉量在 50 mm 的智利北部阿塔卡玛沙漠，有报道藜麦的产量超过 1000 kg/hm^2（890 磅/英亩[①]），在干旱地区灌溉能大幅度提高产量（Martínez et al.，2009）。在科罗拉多州的最初研究发现，在砂质壤土上种植藜麦，当灌溉量为 208 mm 并结合降雨时藜麦产量最高（Flynn，1990）。后来建议种植者在圣路易斯山谷的灌溉量为 25～38 cm 并与降雨相结合（Johnson and Croissant，1985）。另外，添加有机物质已被证明能有效地提高藜麦在干旱地区的产量（Martínez et al.，2009）。

干旱对产量的影响取决于植物的生育阶段，Geerts 等（2008）发现，藜麦在萌发、开花和灌浆阶段有充足的水供应时水分利用率会提高，即使干旱发生在营养生长阶段对产量影响也不大。相比之下，当干旱发生在开花和灌浆阶段时，对产量会有严重的负面影响。Jensen 等（2000）发现，在开花和灌浆阶段人工模拟的干旱条件会造成藜麦产量减少。而与对照组相比，当干旱发生在早期营养阶段时产量增加。

在寒冷地区，藜麦生长发育后期对干旱的敏感性可能是造成减产的主要原因。在瑞典进行的藜麦试验结果表明，由于当年 7 月几乎没有降雨，藜麦种植彻底失败（Ohlsson，2000）。而上一年的降雨均匀分布，藜麦生长表现良好（Ohlsson and Oahlstedt，1999）。2013 年在华盛顿州西部凉爽的沿海试验点，种植的一些来自智利低海拔的品种未能获得种子，这些试验点虽具有温和的地中海海洋气候特点，但季节性的夏季干旱与藜麦后期生长阶段相遇，干旱对藜麦种子的影响及智利低海拔藜麦品种的耐旱性变异值得进一步调查。

相比之下，一些报告显示藜麦在生育阶段后期耐旱性更强。Jacobsen 和 Stølen（1993）指出，在丹麦，营养阶段的干旱对藜麦的影响最大。同样，Oarwinkel 和 Stølen（1997）报道，在生育阶段后期藜麦的耐旱性更强。Razzaghi 等（2012）发现在种子灌浆阶段，模拟干旱处理的藜麦，产量没有显著减少。

10.2.3　抗冻性

低温是限制北美许多地区种植藜麦的一个重要因素，霜冻的发生影响春天种植藜麦的播种期，同时成熟期长短也是一个特别重要的问题，在高海拔地区，虽然无霜生长期短，但较低的温度有利于藜麦种植。低温会限制栽培藜麦晚熟品种，以及生育敏感期的藜麦有遭受早期霜冻的风险（Johnson and Croissant，1985）。

有一个未经测试的可能，藜麦可作为美国最南部的冬季作物，虽然热量相对于凉爽的冬天来说不是问题，但这些地区的许多地方有发生破坏性霜冻的可能，这可能会限制许多地区藜麦的种植，如具有热带气候的佛罗里达州南部地区。

① 1 英亩=4046.86 m^2。

关于大田条件下藜麦的抗冻性有许多不同的报道，Risi 和 Galwey（1984）通过一些资源调查表明，藜麦很少或不具有抗冻性，反对有人所报道的藜麦具有很高的抗冻性，也有报道藜麦在南美地区具有抗冻性。Jacobsen 等（2007）在控制条件下评估了 1 个高原藜麦品种和 1 个山谷藜麦品种的抗冻性，当暴露在较冷的温度下时，藜麦的抗冻性与藜麦产生可溶性糖和脯氨酸的能力有关。成长阶段也影响藜麦对霜冻的耐受性，在开花期遭受的霜冻比发育早期遭受的霜冻更具破坏性，当开花期的藜麦遭受–4℃的低温时产量减少 66%，而当二叶期的藜麦同样遭受–4℃的低温时产量只减少 9%。湿度与霜冻对藜麦有互作影响，在干燥条件下霜冻会导致藜麦植株的存活率降低（Jacobsen et al.，2005）。

在智利低海拔藜麦品种中，有一些品种具有抗冻性。在英国，Risi 和 Galwey（1984）发现几个智利品种能在春天忍受霜冻，其中 1 个品种能忍受–5℃的低温。在科罗拉多州，有报告显示藜麦能够承受–1～0℃的轻微霜冻。Jacobsen 和 Croissant（1985）发现，开花期间遭受–4℃的强霜冻，造成的减产超过 70%。Oelke 等（1992）研究表明，开花期间温度低于–2℃会造成重大损失。然而，一旦种子进入蜡熟阶段，植物抗寒性增加，据报道，植株承受温度会降至–7℃。Darwinkel 和 Stølen（1997）报道，藜麦的抗冻性有品种差异性，临界值是–3℃。

10.2.4 耐盐性

土壤盐碱化是北美大部分温带地区的一个重大农业问题。美国有 220 万 hm^2 的盐碱农业用地，还有 30.8 hm^2 的农业土地面临着盐渍化威胁（USDA，2011），这些盐渍化土壤大多数在西部的干旱和半干旱地区（USDA，1989）。在加拿大，盐碱化是草原省份阿尔伯塔、萨斯喀彻温和曼尼托巴的一个重要问题，估计有 2.19 hm^2 受影响（ARD，2004）。

藜麦被普遍认为是最耐盐碱的作物之一（Jacobsen，2007）。在本土范围内，藜麦种植在高盐碱土壤的地区，如盐滩类型品种种植在玻利维亚南部盐沼（Risis and Galwey，1984）。

藜麦在受控条件下已表现出很强的耐盐碱特性，Koyro 和 Eisa（2007）及 Hariadi 等（2011）已证明藜麦能在 500 mmol/L NaCl 同等于海水盐浓度的条件下生长和繁殖。Jacobsen 等（2003）发现 Kanckolla 品种的种子能够在 57 mS/cm 超过海水盐浓度的条件下发芽。

藜麦的耐盐性在不同生态型之间有显著变化，在秘鲁藜麦种质的分析中，Gómez-Pando 等（2010）发现藜麦在幼苗和成熟阶段的耐盐性有很大变化，幼苗期的耐盐性不一定与成熟期的耐盐性一致（Jacobsen et al.，1999b）。

Adolf 等（2012）调查了丹麦、玻利维亚和秘鲁品种的耐盐性，指出不同浓度盐分下藜麦植株的生理反应和相对耐盐碱的范围，耐盐碱的表现虽比较复杂，但在智利低海拔条件下丹麦品种的耐盐性随着相对高度和生物量的降低而下降，而来源于玻利维亚南部的 Real 类型的藜麦品种却与之相反。

智利低海拔种质耐盐碱性的调查表明，藜麦作为一种耐盐碱作物有重要意义。这些耐盐碱品种非常适应北美受盐碱化影响的土壤条件。北美西部许多盐碱化地区的夏季气温高，属于大陆性气候，藜麦对高温的敏感性会阻碍其在这些地方栽培，因此选育耐热性更好的品种是非常必要的。对于这些地区来说，智利低海拔品种具有较好耐热性，再提高其耐盐碱水平对于藜麦发展成一种盐生作物极其重要。

有两个关于智利种质资源萌发的研究，为藜麦耐盐碱的地理趋势提供了一个重要证据（Delatorre-Herrera and Pinto，2009；Ruiz-Carrasco et al.，2011）。Delatorre-Herrera 和 Pinto（2009）发现，智利高海拔品种比低海拔品种的耐盐碱性更好。Ruiz-Carrasco 等（2011）对来自智利低海拔生态型范围内的品种和智利中部的品种，以及来自智利南部的一个品种进行了测试，发现这些品种在生长特性、脯氨酸积累、聚胺反应和钠转运蛋白基因 *CqSOSl* 和 *CqNHX1* 的表达水平方面存在显著差异，这些差异表明来自智利南部的藜麦品种的耐盐碱性最差，与在智利从北到南的品种中减少处理盐度和增加降水梯度的试验结果一致。

最近的一项研究分析了来自智利低海拔地区的 4 个藜麦品种的耐盐碱性（Peterson，2013）。与 NaCl 相比，所有 4 个品种对 Na_2SO_4 耐受性很好，与对照处理比较，当盐度在 32 dS/m 时产量下降。在 32 dS/m NaCl 条件下，4 个藜麦品种产量下降 43.7%～65.4%；在 32 dS/m Na_2SO_4 条件下，产量下降 10.8%～51.9%。特别有意义的是，根据先前的研究结果，这些差异似乎与品种在智利产地的纬度有关。就产量而言，最北部品种 UDEC-1 的耐盐碱性最好，而最南部品种 QQ065 对盐碱最敏感（Peterson，2013）。

通过进一步调查确认智利低海拔地区耐盐碱品种的地理梯度，对鉴定耐盐碱的智利低海拔种质是宝贵的。此外，考虑到智利北部和低纬度地区的温度增加（Climatologia；Ruiz-Carrasco et al.，2011），可能发现强耐热性与耐盐碱相结合的藜麦品种。

在意大利南部进行的一个产量研究发现，与淡水对照组相比，当用 22 dS/m 的盐水及混合近似 1∶1 的海水和淡水灌溉时，丹麦藜麦品种 Titicaca 的产量没有出现显著差异（Pulvento et al.，2012）。相比之下，被认为是耐盐碱谷物的大麦的盐度阈值为 8 dS/m（Maas，1986）。在希腊，当藜麦生长在 6.5 dS/m 的盐碱土时，幼苗长势不好，可能是盐碱土的高 pH、高 Na^+和土壤贫瘠导致的。不同品种相对于生长在非盐土壤上的反应不同，表明品种间的耐盐性存在差异。总体而言，在盐碱土条件下产量大幅降低，表现最好的品种的产量为 1.27 t/hm^2，而在非盐碱情况下表现最好品种产量为 2.30 t/hm^2（Karyotis，2003）。与 Pulvento 等（2012）的试验结果相比，盐土中增加了碱性的影响，解释了为何产量出现显著差异。土壤表层板结会影响藜麦出土，碱性土壤容易形成表土板结，这可能是藜麦在这些土壤中生长的潜在障碍。与盐土相比碱性土的影响较大，这与 Torres（1955）早期进行的盐土、盐碱土和碱土条件下藜麦生长反应的试验结果一致。与盐土相比，碱土更不利于藜麦生产，尽管在调查时发现 2 个品种间存在耐盐性差异。

10.3 生 产 方 面

10.3.1 品种选育

藜麦传统上分为 5 个主要类群：山谷型（valley），生长于秘鲁中部向北海拔 2000～4000 m；阿尔蒂普拉诺高原型（Altiplano），生长在海拔 4000 m 提提喀喀湖周围；萨拉雷斯型（salar），生长在玻利维亚南部海拔 4000 m 的盐沼；亚热带型（subtropical），生长在玻利维亚荣加斯地区；海平面型（Sea level），生长于智利南部温带地区（Tapia et al.，1980；Risi and Galwey，1984）。海平面型，也称为智利低海拔类型，被认为是最适应夏季高温的温带地区品种类型。经过初步试验后，智利品种选育的基础研究，开始是在欧洲和美洲科罗拉多州进行（Johnson，1990；Jacobsen，1999）。在最初的试验中，智利低海拔品种适合种植在华盛顿州，只有智利和玻利维亚南部的品种适合种植在科罗拉多州（Johnson，1990）。Bertero（2003）得出结论，智利的低海拔和高原品种的特点是光周期敏感性低和基本生育期短，最适合种植在冷凉地区。

然而有报道称，非智利品种在欧洲高纬度地区种植获得高产，许多秘鲁和玻利维亚的品种在芬兰 60°N 以上的两个试验点进行了田间试验（Carmen，1984）。同样，山谷型和阿尔蒂普拉诺高原型品种在英国，玻利维亚和秘鲁品种在丹麦都获得了高产。然而，非智利品种通常需要很长时间才能成熟（Risi and Galwey，1991b；Jacobsen and Stølen，1993；Jacobsen，1997）。Christiansen 等（2010）发现 1 个受 18 h 长光周期诱导的“常绿”玻利维亚品种 Real。

总体而言，非智利品种在华盛顿州的田间试验是失败的，Bertero（2003）也指出这些品种在阿根廷种植不能成熟。

在一个使用阿尔蒂普拉诺高原型品种 Kanckolla 为材料的试验中发现，长日照和高温会导致减产，两个因素单独的影响虽小但很重要。然而在 16 h 日照和 28 ℃条件下，种子大小下降了 73%（Bertero et al.，1999）。温度高于适宜阈值，加上长日照的负面影响，大多数非智利品种不适宜在北美的温带地区种植。

10.3.2　施肥

基于早期的试验结果，对科罗拉多州的藜麦来说，施 135 kg N/hm^2 的肥料最合适（Johnson and Croissant，1985）。然而，经过更广泛领域的研究后，建议施肥量增加到 170～200 kg N/hm^2。施氮量过高有不良影响，会导致倒伏和贪青晚熟（Oelke et al.，1992）。在丹麦种植的藜麦，与施肥量 40 kg N/hm^2、80 kg N/hm^2、120 kg N/hm^2 比较，施肥量 160 kg N/hm^2 产量最高，但在较高施肥水平下产量增幅小。施肥量在 40 kg N/hm^2 时，产量比 160 kg N/hm^2 条件下低 24.1%（Oacobsen et al.，1994）。丹麦和荷兰试验表明，尽管一般建议施肥量为 100～150 kg N/hm^2，但不同位置和年份的施氮效果不同。施肥量为 50 kg N/hm^2 时产量较低，但施肥量超过 150 kg N/hm^2 时增产的效果不明显（Darwinkel and Stølen，1997）。

Schulte auf'm Erley 等（2005）在德国南部的一项研究发现，增施氮肥对藜麦增产非常有效。不施肥情况下，藜麦产量为 1790 kg/hm^2，施肥量为 120 kg N/hm^2 时，产量翻番达到 3495 kg/hm^2。虽然两个品种测试时有显著差异，但在增加施肥量时氮利用率并没有改变。

在温室条件下的试验则表明，氮利用率随着含氮量增加而显著降低，这与 Schulte auf'm Erley 等（2005）的研究结果相反。这种差异在品种间是显著的，“Faro”在试验中很常见，是由于环境导致了氮动力学的不同。品种间的氮利用率有显著差异，但这次在氮吸收效率上没有发现（Thanapornpoonpong，2004）。

不同地域氮动力学的巨大变化，以及品种间氮利用率的显著差异，给增加氮利用率的育种带来了挑战和机遇。藜麦在边缘地域有很长的发展历史，在低含氮量土壤上适应性好的品种可能对低投入农业有价值。藜麦在秘鲁高原的传统种植通常不施肥，一般轮作栽培时，藜麦在收获马铃薯后种植，吸收土壤中剩余的养分（Aguilar and Jacobsen，2003）。

有机藜麦满足了大部分的藜麦需求，占 2013 年美国藜麦进口总量的 69%（Arcode Nuez，2014）。调查藜麦品种在有机条件下对施肥和管理的反应极其重要，目前世界上还缺乏这一领域的研究数据。然而，Bilalis 等（2012）报道，与不施肥相比，施用普通堆肥和牛粪堆肥的产量分别提高 6%和 10%。

种子的营养成分与施肥有关，Bilalis 等（2012）的研究表明，与不施肥相比，施用有机肥时藜麦籽粒中的皂苷含量增加，Johnson 和 Ward（1993）发现，硝酸铵的施用量每增加 1 kg，藜麦籽粒中蛋白质的含量增加 0.1%。

土壤质地对氮吸收和氮利用效率有很大影响，当施肥量为 120 kg N/hm^2 时，砂质黏壤土的氮吸收是 134 kg N/hm^2，而砂质土壤的氮吸收只有 77 kg N/hm^2，两种土壤上产量不同，分别是 3300 kg/hm^2 和 2300 kg/hm^2（Razzaghi et al.，2012）。

在大多数研究中，氮肥都是一次性施用，也有一些研究在播种和生长后期之间施用氮肥（Aguilar and Jacobsen，2003；Schulte auf'm Erley et al.，2005；Pulvento et al.，2010）。Darwinkel 和 Stølen（1997）建议，当施肥超过 150 kg N/hm^2 时应分期施用，以防止过度盐胁迫。然而，目前还没有关于肥料分期施用对藜麦氮吸收影响的研究报告。

关于磷肥对藜麦的影响有不同报道。在智利，施氮肥的同时，高水平的磷肥（100 kg N/hm^2 和 200 kg N/hm^2）有利于产量增加（Delatorre-Herrera，2003）。在南美洲，氮肥和磷肥施用量分别为 80 kg N/hm^2 和 80 kg P/hm^2 时藜麦产量最高（Mujica 1977 cited in Aguilar and Jacobsen，2003）。然而，Gandarillas（1993）发现磷肥和钾肥的施用对产量没有影响。在科罗拉多州，34 kg P_2O_5/hm^2 的磷肥施用量对产量没有影响（Oelke et al.，1992）。Darwinkel 和 Stølen（1997）报道称，在藜麦籽粒灌浆之前需要 70 kg P_2O_5/hm^2 的磷肥施用量，并指出现有许多农业土壤中的磷含量很可能足够用。他们还指出，藜麦对钾肥的需求也相当大，需要吸收 500 kg K_2O/hm^2，推荐施用量为 100～200 kg K/hm^2。关于藜麦对微量元素需求的研究数据几乎没有，但 Darwinkel 和 Stølen（1997）报道，锰对于藜麦是重要的微量元素。

10.3.3 播种/间距

不同藜麦品种的播种行距差异很大。在南美洲，人们使用不同的种植方式，当藜麦种植成行时，间距范围为 0.4～0.8 m。最佳播种密度的株距范围也已有报道（Tapia et al.，1980；Risi and Galwey，1984）。

科罗拉多州的适宜种植密度是 320 000 株/hm^2，播种量是 0.6～0.8 kg/hm^2。在这里没有确定的最适行距，尽管行距大于 36 cm 是有益的（Johnson and Croissant，1985）。在英国的试验中，当行距为 20 cm，播种量为 20 kg/hm^2 时，智利品种 Baer 的产量最高。种植密度的增加会造成植株分枝减少和早熟（Risi and Galwey，1991a）。

Jacobsen 等（1994）调查发现，当行距为 12.5 cm、25 cm、50 cm 时，它们之间的产量并没有显著差异。50 cm 的行距结合机械除草控制田间杂草，藜麦植株在这种条件下长势最好，而行距为 25 cm 和 12.5 cm 时，能有效抑制杂草生长。藜麦的最佳种植密度是（327±220）株/m^2，在一定种植密度范围内产量保持稳定。在丹麦和荷兰的试验基础上，Darwinkel 和 Stølen（1997）证实了行距 12.5～75 cm，种植密度 30～250 株/m^2，藜麦产量保持稳定。在收获注意事项和杂草竞争的基础上，建议在欧洲北部的藜麦播种量为 6 kg/hm^2，种植密度为 100～150 株/m^2。

在这些研究中发现，种植密度、行距和播种量与地势、杂草和品种特性一样，对产量有很大影响。鉴于北美温带范围广阔，有必要研究新地理位置适当的间距和播种量。

对于藜麦来说，种植深度也是取决于土壤类型和条件的可变因素。Oelke 等（1992）建议，在科罗拉多州的种植深度为 1.3～2.5 cm，播种过深会由于水涝而导致出苗差，而播种太浅种子易受土壤干旱的影响。在欧洲，高萌发率需要种子与土壤充分接触和合适的土壤湿度（Darwinkel and Stølen，1997）。Aufhammer 等（1994）发现，土壤板结对出苗率极具破坏力，强调轻质苗床对于成功发芽很重要。据报道，当播种深度大于 2 cm 时，藜麦种子的出苗率急剧下降。较浅的播种深度，砂质土壤比肥沃黏土的出苗率更好。

来自欧洲的报告证实了质地好的土壤和苗床的重要性，同样表明强黏性土壤会对根系统的早期生长造成不良影响。推荐播种深度为 1～2 cm（Darwinkel and Stølen，1997）。

温度对藜麦种子萌发率有显著影响，但不同报告的发芽最适温度不一致。在丹麦，通常播种的土壤温度是 7～8℃，但对一个源于智利低海拔类型的丹麦品种测试发现，15～20℃条件下的发芽率最高。然而，藜麦种子的萌发率在较大温度范围内都比较高，包括最低的测试温度 8℃（Johnson and Croissant，1985）。在科罗拉多州，适宜的土壤播种温度是 7～10℃（Galwey，1989）。在英国，有报告表明在春天土壤温度为 5～8℃时适宜播种藜麦（Galwey，1989）。Darwinkel 和 Stølen（1997）建议的播种土壤温度在 10℃以上，并指出低温会抑制萌发和生长。

在丹麦品种 Olav 的萌发试验中，6℃抑制发芽，导致发芽率只有 20℃时的 25%（Jacobsen et al.，1999a）。研究还表明，在低温下，收获日期对萌发来说是一个重要的因素，早期收获的种子发芽率为 0%。晚期收获的种子发芽率最多可增加到 45%。

Christiansen 等（1999）调查了 5 个秘鲁藜麦品系在低温下的发芽能力，与 Jacobsen 的报告结果相比，在温度低至 2℃时萌发率较高，表明藜麦在适应低温发芽方面存在变异。

对于北美一些地区来说，足够高的土壤温度可能是播种期的决定因素。Jacobsen 等（1999）的发芽温度研究，只调查了一个智利低海拔类型品种。通过在低温下萌发的能力来进一步筛选智利低海拔品种，可以选出适合提前种植的品种。提前种植可能意味着提前生长，增强与杂草的竞争力，并且可以提前收获。在低温条件下的萌发，也需要结合幼苗的活力和适当的生长。例如，在欧洲西北部条件下的提前播种发现，不仅出苗率差，之后的长势也差（Darwinkel and Stølen，1997）。

10.3.4　成熟和收获

成熟时间对于藜麦的成功栽培来说，是一个重要且高度可变的因素。在科罗拉多州，成熟时间的范围是 90～125 天（Johnson and Croissant，1985），而生长在华盛顿州东部的不同品种的成熟时间范围是 100～130 天。成熟时间的变化极大程度取决于田间环境的变化，与丹麦报道的 110～180 天相比，希腊的藜麦成熟时间在 110～116 天（Jacobsen，2003），即使在相同的地理位置，每年的成熟时间相差也很大（Gesinksi，2000；Jacobsen，1998）。

藜麦可以通过使用联合收割机来进行机械收获，但种子大小和茎秆粗细需要调整。在科罗拉多州，藜麦的收获类似于高粱，联合收割机不会生产出一个完全清洁的产品，需要进一步处理。建议使用风选机和重力分选机（Oelke et al.，1992），Darwinkel 和 Støen（1997）也证实收割后清洗的必要性，尽管他们指出如果联合收割机做出适当调整并且田间条件适宜，麦壳的含量可以控制在 5%以下。

Jacobsen 等（1994）将人工割晒与联合收割机的效果进行比较发现，这两种方法在它们各自最佳收获时间收获时的产量没有显著差异。人工割晒的收获时间可以比联合收割机提前，此时植物仍有些绿色。在需要提前收获时，人工割晒比较有利，特别是当种子已经形成但植株还没有完全开始衰老还不能用联合收割机时。夏末和初秋的季节性降雨会导致穗发芽，这个问题在俄勒冈州和华盛顿州西部一直存在。

在科罗拉多州，有报道过 3 年的藜麦产量稳定在 1340 kg/hm^2（Johnson and Croissant，1990）。然而，如果管理适当，产量可以增加到 2000 kg/hm^2 以上（Oelke et al.，1992）。萨斯喀彻温省的平均产量在 840～1400 kg/hm^2，但也有产量超过 2200 kg/hm^2 的报道。另外，也有发生过绝收的情况（AAFRD，2005）。

据报道，欧洲的藜麦产量比科罗拉多州高，丹麦的产量通常在 2000～3000 kg/hm^2（Jacobsen et al.，2010）。在英国的两个田间试验，品种 Baer 的产量达到了 5140 kg/hm^2（Risi and Galwey，1991b）。在意大利南部，品种 Regalona Baer 两年的产量分别为 3420 kg/hm^2 和 3000 kg/hm^2（Pulvento et al.，2010）。在智利，Baer 田间条件下的产量为 3000 kg/hm^2，试验条件下的产量为 6500 kg/ hm^2（Delatorre-Herrera，2003）。

产量的大幅度变化表明，地理位置和品种对藜麦的表现有巨大影响。目前，只从两个位置获取了北美温带地区的产量数据，进一步的品种测试能帮助确定藜麦在新地区的产量潜力。

10.4 藜麦生产面临的挑战

在北美，藜麦作为相对较新的作物，虽然它在不同的生长环境下进行过测试，但仍然面临着各种各样的挑战，这些挑战中最大的限制是夏季高温，这极大地限制了藜麦的种植范围。

在藜麦种子形成不受高温威胁的地区，自然界的生物和非生物因素都存在或潜在着对藜麦正常生长的威胁。

10.4.1　涝害和穗发芽

藜麦种植的原产地包括具有高降水量特征的地区。例如，有一个藜麦品种原产于智利的奇洛埃岛，该岛屿常年降水量高（2500～3000 mm）（Vera，2006）。然而，当种子成熟恰逢降雨时，就会发生穗发芽并导致敏感品种减产。在 2010 年华盛顿州举办奥林匹克运动会时，当地的藜麦试验就出现了穗发芽，在这次试验中，因为夏末的一场罕见暴雨导致 44 个测试品种出现大量穗发芽。然而，一些品种被证明比较抗穗发芽，包括起源于奇洛埃岛的 PI614880（unpublished data，2010），这个品种通过种子休眠来阻止穗发芽（Ceccato et al.，2011）。2013 年在华盛顿州西部两个地点进行的品种试验，9 月初也受到降雨影响，造成许多品种穗发芽（图 10.1），同时在品种测试中也发现了抗穗发芽的品种。

图 10.1　穗发芽

穗发芽对荷兰藜麦育种来说也是一种挑战（Mastebroek and Limburg，1997）。在瓦格宁根的 CPRO-DLO 藜麦项目中，通过测试成熟种子的相对休眠度，成功筛选出了抗穗发芽品种，还得到了抗穗发芽的变异。

在温室试验中，González 等（2009）指出涝害造成植株总干重和叶面积减少，这种负面影响比干旱胁迫更严重。过多的灌溉会导致幼苗发育不良和立枯病，并且有报告称生长后期的灌溉会促进藜麦的营养生长但并不提高产量（Oelke et al.，1992）。在英国的一个试验发现，涝害会对发芽阶段的藜麦有不良影响，并且品种间具有耐涝的差异性（Risi and Galwey，1989）。

10.4.2 病害

由于地理隔离，在北美生长的藜麦免受了许多原产地的病害。然而，至少有一种主要的藜麦病原体 *Peronospora variabilis*，会造成藜麦霜霉病，在加拿大生长的藜麦经常发生霜霉病（Tewari and Boyetchko，1990）。在华盛顿州和宾夕法尼亚州的田间试验也观察到霜霉病的发生（Testen et al.，2012）。Testen 等（2014）发现北美的藜麦普遍会感染霜霉病。经分子筛查确认，加拿大、美国俄勒冈州和科罗拉多州的藜麦商品中也感染过 *P. variabilis*，但北美藜麦感染的 *P. variabilis* 菌株的基因不同于南美藜麦感染的 *P. variabilis* 菌株的基因。

霜霉病的病原体感染藜麦与感染灰菜的菌株密切相关（Choi et al.，2010），灰菜可能是藜麦霜霉病的潜在培养基。Testen 等（2014）使用 PCR 技术从灰菜和一种源自厄瓜多尔的不知名的藜属植物中发现了 *P. variabilis*。Choi 等（2010）证实，霜霉病具有高度的宿主专一性。霜霉病不会对菠菜、甜菜等相关作物构成威胁，因为这些菌株属于 *Peronospora forinosa*，是 *P. variabilis* 的一种单独物种。

藜麦种质中存在抗霜霉病的变异，智利低海拔品种比其他类型的品种更抗霜霉病（Fuentes et al.，2008）。然而，来自丹麦关于 *P. variabilis* 感染荷兰和丹麦藜麦品种的报道表明，有的智利低海拔品种对 *P. variabilis* 也具敏感性（Danielsen et al.，2002）。

藜麦的近缘植物 *C. berlandieri* 对霜霉病具有很高的抗性（Jellen et al.，2011）。通过驯化的 *C. berlandieri* subsp. *nuttalliae* 与藜麦杂交，把霜霉病抗性基因导入藜麦（Bonifacio，2004）。在印度的一项筛选藜麦品种和 *Chenopodium* spp.抗霜霉病的田间试验中发现，*C. berlandieri* subsp. *nuttalliae* 和北美物种 *C. bushianum* 对霜霉病免疫（Kuma et al.，2006）。并通过观察藜麦品种对霜霉病从不感病到高敏感的不同反应，认为存在多种霜霉病致病型。CPRO-DLO 育种项目的报告表明，抗霜霉病的性状是可遗传的（Mastebroek and van Loo，2000）。

有许多报道称，抗霜霉病品种的选育是可行的，*C. berlandieri* subsp. *nuttalliae* 和 *C. bushianum* 与藜麦的杂交已经成功，这些物种是霜霉病抗性的其他来源（Wilson，1980）。

Danielsen 和 Munk（2004）开发了一种标准化方法，称之为“三叶技术”，来确定因霜霉病感染产量减少的严重程度，并指出霜霉病真菌喜欢凉爽潮湿的条件，还发现盐滩类型品种 Utusaya 对霜霉病高度敏感，但由于 Utusaya 的种植区域气候干燥，所以免于感染霜霉病。在夏季干燥的美国西部地区，种植的藜麦也可能不会感染霜霉病，这个观点是正确的，因为在欧洲夏季干燥条件下，藜麦感染霜霉病比潮湿条件下少（Oacobsen，1999）。在华盛顿州东部半干旱条件下，早期的春雨过后幼苗会出现霜霉病，但在夏季季节性干旱时感染停止。对于藜麦生长季节多雨和湿度大的地区来说，霜霉病可能是一个更重要的问题。已经发现霜霉病可以以合子形式附着在藜麦种子果皮上通过种子传播，因此新地区引种藜麦时必须注意防止带入病原体（Danielsen et al.，2004）。

其他的霜霉属病菌也可能对藜麦造成威胁，Testen 等（2014）报道厄瓜多尔藜麦感染一种未鉴定的霜霉属病菌，在植株全身会产生独特的症状。

在北美，藜麦感染其他真菌病原体也被报道过。在加利福尼亚州南部的藜麦品种试验中，立枯病导致了藜麦幼苗和种子腐烂（Beckman，1980）。最近，有两个新的病原体 *Passalora dubia* 和 *Ascochyta* sp.在宾夕法尼亚州的藜麦上发现（Testen et al.，2013a，2013b）。这些病原体对藜麦种植的潜在影响目前还不知道，并且也没有这些病原体研究背景之外的报道。

10.4.3　虫害

在藜麦的原产地南美，已经报道了很多藜麦害虫，其中危害最严重的是藜麦蛾（*Eurysacca melanocampta* 和 *Eurysacca quinoae*）（Rasmussen et al.，2003）。目前害虫从南美传到北美的可能性还不清楚，这需要更深入的研究，尤其是当一些农户想要在北美种植藜麦时，就为藜麦种子害虫的传入提供了一种可能的渠道，同时也为藜属植物相关的害虫提供了传播途径。

现有的害虫报道表明，从科罗拉多州到南美的害虫种类基本不同（Cranshaw et al.，1990；Rasmussen et al.，2003）。秘鲁和玻利维亚报道的两种害虫（*Macrosiphum euphorbiae* 和 *Helicoverpa zea*）在科罗拉多州也有发现，这些害虫起源于北美。后来在华盛顿州和缅因州发现的害虫与 Rasmussen 等（2003）报道的并不相同。因此，就现存的证据表明，从南美洲到北美温带地区的害虫传播并没有发生。

目前藜麦在北美洲的种植不断进行，当地害虫很有可能会扩大它们的寄主范围，危害藜麦，这种情况已经在欧洲发生，两种原本以 *C. album*、*Scrobzþalpa atriplicella* 和 *Cassida nebulosa* 为食的害虫，已经开始侵害藜麦（Sigsgaard et al.，2008）。

Oelke 等（1992）报道，在科罗拉多州，害虫并不是影响藜麦种植的决定因素。然而，科罗拉多州的虫害研究表明，在藜麦引入科罗拉多州之后的几年内已经发现了几种害虫，其中一些害虫同时也是灰菜和甜菜的害虫。侵害籽粒的害虫主要是 *Melanotrichus coagulatus*、false cinch bug、*Nysius raphanus* Howard. Beet armyworm 和 *Spodoptera exigua*（Hübner），在科罗拉多州的克雷斯通附近造成了大范围的落叶。另外一种食叶害虫是瘿蚜 *Hayhurstia atriplicis*（L.）。盲蝽影响藜麦种子，甜菜根蚜造成产量下降（Cranshaw et al.，1990）。Oelke 等（1992）报道甜菜根蚜是一种危害严重的藜麦害虫，它侵害的地方是根裂缝处。此外，跳甲和蚜虫在明尼苏达州种植的藜麦上被发现。在缅因州的藜麦试验中发现了一种物种未确定的小菜蛾侵害植物（Conant，2002）。

Darwinkel 和 Stølen（1997）指出，欧洲的甜菜和藜麦有一些共同害虫，甜菜跳甲（*Chaetocnema concinna* 和 *Chaetocnema tibialis*）和甜菜腐尸甲虫（*Aclypea opaca*）会取食种植在沙土上的藜麦，但还没有数据来显示这些害虫的危害程度。黑豆甲虫（*Aphis jàbae*）也被报道可能造成藜麦减产。

从 2010 年的试验开始，蚜虫和盲蝽成为华盛顿州藜麦的主要害虫，被蚜虫侵染过的植株，藜麦种子与蜜汁颗粒混合，而且这种颗粒难以除掉。盲蝽喜欢躲进紧凑的花序中避难（unpublished data，2010）。2013 年，鼠李蚜虫（*Aphis nasturtii*）、黄色条纹黏虫（*Spodoptera ornithogalli*）和麦根茎草螟（*Crambus* sp.）被确认为是藜麦田间害虫。

在南美洲，各种控制藜麦害虫的方法一直被推荐应用，尽管合适的 IPM 策略的开发工作还有待完成，同样适用于北美条件的害虫防治策略是轮作、间作和生物防治剂的使用。另外，发现有抗藜麦蛾的变异藜麦品种（Rasmussen et al.，2003）。

害虫的防治压力随着藜麦在北美的生产扩大而增大，因此害虫的防治策略同样需要改进。Cranshaw 等（1990）指出，食蚜蝇幼虫（*Diaeretiella rapae*）和斑长足瓢虫（*Hippodamia convergens*）是藜科植物蚜虫的天敌。各网点之间的蚜虫灾害变化也可以被观察到。前面提到的蚜虫天敌和其他蚜虫的寄生性天敌，应该被作为潜在的生物防治剂来研究。此外，确定蚜虫病害的严重程度的因素也需要进一步研究。

藜麦和其他藜属植物有共同的害虫，因此研究能转移寄生的潜在藜属植物害虫是有必要的，与藜麦亲缘关系相近的作物如甜菜应该被仔细观察，以确保共同的害虫不会传播。

10.4.4 杂草防除

藜麦发芽后生长缓慢使杂草管理特别烦琐，主要的杂草压力来自于藜属类植物，是由于它们在早期与藜麦的生长习性和外观非常相似。在科罗拉多州南部，常见的野菠菜连同猪草、地麦和向日葵，一起被认为是主要杂草（Oelke et al.，1992）。在科罗拉多州，建议种植者在播种早期进行杂草管理，或者在杂草少的地区种植藜麦（Johnson and Croissant，1985）。在灌溉后进行翻耕种植是有效的，特别是在控制藜属杂草方面（Oelke et al.，1992）。由于草害严重导致在英国晚播的藜麦绝产（Risi and Galwey，1991a），这证明了藜麦早期播种的重要性。

杂草会造成藜麦产量显著降低，Johnson 和 Ward（1993）发现，由于杂草的竞争，藜麦的产量从 1822 kg/hm^2 降低至 640 kg/hm^2。

Jacobsen 等（2010）在丹麦比较了行间锄地和耙地对杂草防治的影响，研究发现当行距为 50 cm 时，行间锄地对减少杂草最有效。在藜麦试验站两年的研究中，这两种方法都能明显减少田间杂草，使藜麦产量显著增加。灰菜是主要杂草种类，这些方法能有效控制藜属类杂草。

Risi 和 Galwey（1991b）的一项研究显示，在英国生长的 10 个藜麦品种，对杂草的负面影响在株高上表现出明显差异，一些藜麦品种可能比杂草更具有竞争力。

在华盛顿州北部的一个农场发现 *C. quinoa* 能和 *C. berlandieri* 进行异花授粉（Wilson and Manhart，1993）。Oelke 等（1992）在科罗拉多州曾报道关于藜麦和常见野菠菜的杂交。这种授粉可能会对保持藜麦品种纯度造成影响，因此，控制 *C. berlandieri* 对防止不必要的异花授粉有重要作用。

10.4.5 皂苷

许多藜麦品种种子的果皮中含有皂苷，皂苷给藜麦带来苦味，使其不受欢迎。此外，皂苷对健康有潜在的负面影响，对大鼠肠膜具有破坏性（Gee et al.，1993）。为了使藜麦适于销售，皂苷在种子收获后必须清除。通常是通过打磨或清洗来除去种子上的皂苷（Johnson and Ward，1993），刷洗也是一种除皂苷的方法（Oarwinkel and Stølen，1997），但打磨除皂苷会导致矿物质（如钙）的损失（Konishi et al.，2004）。

另外，有人提出藜麦皂苷的工业用途（Jacobsen，2003）。目前，皂苷的存在主要造成收获后的困难而不是经济价值，对于小范围藜麦种植户来说，去除皂苷所需要的设备仍然是一种困难，科罗拉多州是在有了去除皂苷的设备之后才开始藜麦商业化生产的（Johnson，1990）。

尽管在原始的智利低海拔种质中没有发现 saponin-free 的藜麦品种，但它确实存在。CPRO-OLO 藜麦育种项目成功将 saponin-free 性状导入改良品种（Mastebroek and Marvin，1999）。皂苷含量既是质量性状又是数量性状，其含量是由单个位点的两个等位基因控制，高皂苷含量是显性性状，纯合隐性植物的种子中没有皂苷，当显性性状表达时，皂苷含量属于数量控制，但由于缺乏足够的选择，低皂苷品种选育没有成功（Ward，2000）。 未来，saponin-free 品种的选育可能会依赖于其隐性纯合子的特征，但需要面对的潜在问题是其他含有皂苷的品种会通过异花授粉使 saponin-free 品种的后代含有皂苷，为防止交叉授粉，有必要将 saponin-free 品种与有皂苷品种分开种植。

但是，除去皂苷对于藜麦生产来说也有问题，不含皂苷的藜麦品种存在诸多缺点。根据南美和欧洲的报道，由于鸟类的取食导致不含皂苷的品种产量严重降低（Risi and Galwey，1991b；Rasmussen et al.，2003；Oarwinkel and Stølen，1997）。

但是，有些含皂苷的藜麦品种也会因为鸟类的取食而造成产量下降，因为雨水可以冲掉一部分皂苷（Oelke et al.，1992）。这种情况在华盛顿州的城市小区试验中被发现，在夏末季节经过雨水冲刷后的藜麦，鸟类取食的危害会比较严重（unpublished data，2013）。

干旱和盐可以显著影响皂苷含量，用含盐水灌溉藜麦可以比淡水灌溉增加皂苷含量 30%，与充分灌溉相比，最低灌溉水平可减少皂苷含量 42%。

10.5 藜麦的替代应用

10.5.1 饲料

除了全世界范围对藜麦种子的热衷，藜麦作为饲料作物同样引起了人们的兴趣。Carlsson 等（1984）研究了瑞典南部的藜麦，发现其有望成为产生绿色浓缩蛋白的作物，高水平的施肥（470 kg N/hm^2）能增加干物质产量。

开花期收获的藜麦含有大量粗蛋白和很少纤维素，在生产成本上可以与苜蓿草相媲美，青贮饲料是长期储存藜麦的可行办法，藜麦青贮饲料可以作为氮肥使用。藜麦增施氮肥的适宜方法是播种时增加 100 kg N/hm^2，5 周后再增加 200 kg N/hm^2（Darwinkel and Stølen，1997）。然而，在荷兰的研究发现，藜麦作为青贮饲料与青草和三叶草相比效果并不理想（van Schooten and Pinxterhuis，2003）。

10.5.2 食用

藜麦种子中氨基酸含量均衡，使其可以作为很好的动物食物，但是目前藜麦供人类消费的价值远超供动物食用的价值。低品质的藜麦不适合用作饲料而富含蛋白质的高品质藜麦成本太高不能作为饲料中玉米大豆的替代品。

Carlson 等（2012）检测了添加藜麦壳的猪饲料，其中含有富皂苷的果壳。南美的藜麦壳饲料有添加藜麦壳 100 mg/kg、300 mg/kg 和 500 mg/kg 3 种，丹麦有添加 300 mg/kg；与不含藜麦壳的对照相比，动物对食物的摄取和利用，以及生长速度都没有受到影响，虽然南美藜麦壳饲料对肠道上皮细胞的生理学作用是在体外进行检测的。

关于藜麦作为家禽饲料的作用已有很多研究，但是结论并不相同。Improta 和 Kellems（2001）研究了生藜麦、磨粉藜麦以及清洗藜麦作为饲料对肉鸡的影响。以生藜麦为食物的肉鸡生存和生长率都受到严重影响，并且这种作用导致了抗营养因素；对于磨粉藜麦饲料，这些副作用大幅度减弱；对于清洗藜麦饲料，与小麦豆子混合饲料的对照组的作用相当。对于粗蛋白含量高的饲料来说所起的作用是正面的，这可能与增加饲料中豆子的含量从而降低了藜麦的含量有关。

Jacobsen 等（1997）发现，在肉鸡混合饲料中加未处理和去壳藜麦，都能减缓肉鸡的生长。相反，之前的研究表明，在饲料中减少去壳藜麦含量会影响雏鸡的生长可能是由于除了藜麦壳中苦的皂苷以外，还有其他一些生长抑制因子会影响鸡的生长。他们建议添加在肉鸡饲料中藜麦的量，最好不要超过 150 g/kg（也就是总量的 15%）。在一项调查两种饲料的实验发现，其中一种不含皂苷的饲料对肉鸡生长没有抑制作用（Horsted and Hermansen，2007）。

10.6　结　　论

在北美温带地区藜麦种植存在很大的机遇和挑战，尽管主要的困难是热敏感，利用种内多样性的育种工作会形成耐热的多样性品种，藜麦第二种质库的北美藜属有望带来耐热基因。现存基因的多样性能够确保农民和科研人员克服霜霉病、皂苷及收获前萌芽等各种挑战。藜麦在北美种植有许多因素还不知道，尤其是病虫害问题，因为藜麦种属在北美相对新颖，在本地种植其害虫存在生殖隔离。藜麦高水平的非生物胁迫耐性，使其在边际种植农田有很大优势，尤其是在盐碱地上优势更加明显。家庭种植藜麦的兴趣和需要也很高，因此在北美扩大藜麦种植有很大希望。

10.7　致　　谢

特别感谢 Ivan Milosavljevic 对昆虫的鉴定，以及 Hannah Walters 提供的初步研究结果，感谢为藜麦在北美种植奠定基础作出贡献的所有人。最后，我们想对那些与藜麦关系密切的南美洲土著居民表达我们诚挚的感谢和尊重，因为数千年来是他们一直种植和发展了这个原生态作物。

参考文献

Adolf VI, Shabala S, Andersen MN, Razzaghi F, Jacobsen SE. Varietal differences of quinoa's tolerance to saline conditions. Plant Soil 2012;357(1–2):1–13.

Aguilar TN. 1968. Growth responses of *Chenopodium quinoa* Willd. to changes in temperature and oxygen tension. Master's Thesis, University of Illinois, Chicago, Illinois, pp. 1–51.

Aguilar PC, Jacobsen SE. Cultivation of quinoa on the Peruvian Altiplano. Food Rev Int 2003;19(1–2):31–41.

[AAFRD] Alberta Agriculture, Food and Rural Development. Quinoa: the next cinderella crop for Alberta? Edmonton, AB: Alberta Agriculture, Food and Rural Development; 2005.

[ARD] Alberta - Agriculture and Rural Development. [Internet]. 2004. Salinity classification, mapping and management in Alberta. Edmonton, AB: Alberta Agriculture and Rural Development (cited 2013 Jan 15). Available from http://www1.agric.gov.ab.ca/$department/deptdocs.nsf/all/sag3267#prairies

Arco de Nuñez S. 2014. Note: I don't know the details of the current book to fill in the rest of the citation. Could you please complete this citation for me? Thanks!

Aufhammer W, Kaul H, Kruse M, Lee J, Schwesig D. Effects of sowing depth and soil conditions on seedling emergence of amaranth and quinoa. Eur J Agron 1994;3(3):205–210.

Ballón E. Low-input agriculture in the Southwestern United States. Fort Collins, CO: Rocky Mountain Forest and Range Experiment Station. General Technical Report RM-GTR-198. pp.; 1990. p 116–119.

Beckman PM. Seed rot and damping-off of *Chenopodium quinoa* caused by *Sclerotium rolfsii*. Plant Dis 1980;64(5):497.

Benlhabib O, Atifi M, Jellen EN, Jacobsen S. The introduction of a new Peruvian crop "quinoa" to a rural community in Morocco. In: Jacobsen SE, Jensen CR, Porter JR, editors. VIII ESA congress: European agriculture in a global context; 2004 July 11–15. Copenhagen, Denmark: Samfundslitteratur; 2004. p 881–884.

Bertero HD. Response of developmental processes to temperature and photoperiod in quinoa (*Chenopodium quinoa* Willd.). Food Rev Int 2003;19(1–2):87–97.

Bertero HD, King RW, Hall AJ. Photoperiod-sensitive development phases in quinoa (*Chenopodium quinoa* Willd.). Field Crop Res 1999;60(3):231–243.

Bhardwaj HL, Hankins A, Mebrahtu T, Mullins J, Rangappa M, Abaye O, Welbaum GE. Alternative crops research in Virginia. In: Janick J, editor. Progress in new crops. Alexandria, VA: ASHS Press; 1996. p 87–96.

Bilalis D, Kakabouki I, Karkanis A, Travlos I, Triantafyllidis V, Hela D. Seed and saponin production of organic quinoa (*Chenopodium quinoa* Willd.) for different tillage and fertilization. Not Bot Horti Agrobo 2012;40(1):42–46.

Bonifacio A. 1995. Interspecific and intergeneric hybridization in Chenopod species. Master's Thesis, Brigham Young University, Provo, Utah.

Bonifacio A. 2004. Genetic variation in cultivated and wild Chenopodium species for quinoa breeding. Ph.D. Dissertation, Brigham Young University, Provo, Utah.

Carlson D, Fernandez JA, Poulsen HD, Nielsen B, Jacobsen SE. Effects of quinoa hull meal on piglet performance and intestinal epithelial physiology. J Anim Physiol An N 2012;96(2):198–205.

Carlsson R, Hanczakowski P, Kaptur T. The quality of the green fraction of leaf protein concentrate from *Chenopodium quinoa* Willd. grown at different levels of fertilizer nitrogen. Anim Feed Sci Tech 1984;11(4):239–245.

Carmen ML. Acclimatization of quinoa (*Chenopodium quinoa* Willd.) and canihua (*Chenopodium pallidicaule* Allen) to Finland. Ann Agr Fenn 1984;23:135–144.

Ceccato DV, Bertero DH, Batlla D. Environmental control of dormancy in quinoa (*Chenopodium quinoa*) seeds: two potential genetic resources for pre-harvest sprouting tolerance. Seed Sci Res 2011;21(2):133.

Choi YJ, Danielsen S, Lübeck M, Hong SB, Delhey R, Shin HD. Morphological and molecular characterization of the causal agent of downy mildew on quinoa (*Chenopodium quinoa*). Mycopathologia 2010;169(5):403–412.

Christiansen JL, Jacobsen SE, Jørgensen ST. Photoperiodic effect on flowering and seed development in quinoa (*Chenopodium quinoa* Willd.). Acta Agr Scand B-S P 2010;60(6):539–544.

Christiansen JL, Ruiz-Tapia EN, Jornsgard B, Jacobsen SE. 1999. Fast seed germination of quinoa (*Chenopodium quinoa*) at low temperature. In: Mela T, Christiansen J, Kontturi M, Pahkala K, Partala A, Sahramaa M, Sankari H, Topi-Hulmi M, Pithan K. Proceedings of COST 814-workshop: alternative crops for sustainable agriculture; 1999 June 13–15; Turku, Finland. Luxembourg: Office of Official Publications of the European Communities. 220–225.

Climatología [Internet]. date unknown. Santiago, Chile: Dirección Meteorológica de Chile (cited 2013 Mar 23). Available from http://164.77.222.61/climatologia/php/menuAnuarios.php

Conant N. Quinoa introduction in the River Valley, farmer/grower grant final report. College Park, MD: SARE; 2002. ; Project FNE02-406.

Cranshaw WS, Kondratieff BC, Qian T. Insects associated with quinoa, *Chenopodium quinoa*, in Colorado. J Kans Entomol Soc 1990;63(1):195–199.

Danielsen S, Jacobsen SE, Hockenhull J. First report of downy mildew of quinoa caused by *Peronospora farinosa* f. sp. *chenopodii* in Denmark. Plant Dis 2002;86:1175.

Danielsen S, Mercado VH, Ames T, Munk L. Seed transmission of downy mildew (*Peronospora farinosa* f.sp. *chenopodii*) in quinoa and effect of relative humidity on seedling infection. Seed Sci Technol 2004;32(1):91–98.

Danielsen S, Munk L. Evaluation of disease assessment methods in quinoa for their ability to predict yield loss caused by downy mildew. Crop Prot 2004;23(3):219–228.

Darwinkel A, Stølen O. Understanding the quinoa crop: guidelines for growing in temperate regions of N.W. Europe. Brussels: European Commission; 1997.

Delatorre-Herrera J. Current use of quinoa in Chile. Food Rev Int 2003;19(1–2):155–165.

Delatorre-Herrera J, Pinto M. Importance of ionic and osmotic components of salt stress on the germination of four quinua (*Chenopodium quinoa* Willd.) selections. Chil J Agric Res 2009;69(4):477–485.

Dyck E. 2012. Quinoa trial for Northeast upland farms [Internet]. Report No.: FNE12-760. SARE, College Park, MD. Available from: http://mysare.sare.org/mySARE/ProjectReport.aspx?do=viewRept&pn=FNE12-760&y=2012&t=0

Flynn RP. 1990. Growth characteristics of quinoa (*Chenopodium quinoa* Willd.) and yield response to increasing soil water deficit. Master's Thesis, Colorado State University, Fort Collins, Colorado, pp. 69p.

Fuentes F, Bhargava A. Morphological analysis of quinoa germplasm grown under lowland desert conditions. J Agron Crop Sci 2011;197(2):124–134.

Fuentes FF, Martinez EA, Hinrichsen PV, Jellen EN, Maughan PJ. Assessment of genetic diversity patterns in Chilean quinoa (*Chenopodium quinoa* Willd.) germplasm using multiplex fluorescent microsatellite markers. Conserv Genet 2008;10(2):369–377.

Galwey NW. Exploited plants - quinoa. Biologist 1989;36(5): 267–274.

Gandarillas H. 1982. Quinoa production. IBTA-CIID (Trans Sierra-Blanca Assoc, Denver, CO. 1985).

Gee JM, Price KR, Ridout CL, Wortley GM, Hurrell RF, Johnson IT. Saponins of quinoa (*Chenopodium quinoa*): effects of processing on their abundance in quinoa products and their biological effects on intestinal mucosal tissue. J Sci Food Agric 1993;63(2):201–209.

Geerts S, Raes D, Garcia M, Vacher J, Mamani R, Mendoza J, Huanca R, Morales B, Miranda R, Cusicanqui J, Taboada C. Introducing deficit irrigation to stabilize yields of quinoa (*Chenopodium quinoa* Willd.). Eur J Agron 2008;28(3):427–436.

Gesinksi K. Potential for *Chenopodium quinoa* acclimatisation in Poland. In: Parente G, Frame J, editors. Abstracts/Proceedings of COST 814 conference, crop development for cool and wet regions of Europe; 2000 May 10–13; Pordenone, Italy. Luxembourg: Office of Official Publications of the European Communities; 2000. p 547–552.

Gómez-Caravaca AM, Iafelice G, Lavini A, Pulvento C, Caboni MF, Marconi E. Phenolic compounds and saponins in quinoa samples (*Chenopodium quinoa* Willd.) grown under different saline and nonsaline irrigation regimens. J Agric Food Chem 2012;60(18):4620–4627.

Gómez-Pando LR, Álvarez-Castro R, Eguiluz-de la Barra A. SHORT COMMUNICATION: effect of salt stress on Peruvian germplasm of *Chenopodium quinoa* Willd.: a promising crop. J Agron Crop Sci 2010;196(5):391–396.

González JA, Gallardo M, Hilal M, Rosa M, Prado FE. Physiological responses of quinoa (*Chenopodium quinoa* Willd.) to drought and waterlogging stresses: dry matter partitioning. Bot Stud 2009;50(1):35–42.

Hariadi Y, Marandon K, Tian Y, Jacobsen SE, Shabala S. Ionic and osmotic relations in quinoa (*Chenopodium quinoa* Willd.) plants grown at various salinity levels. J Exp Bot 2011;62(1):185–193.

Horsted K, Hermansen JE. Whole wheat versus mixed layer diet as supplementary feed to layers foraging a sequence of different forage crops. Animal 2007;1:575–585.

Iliadis C, Karyotis T, Jacobsen SE. Adaptation of quinoa under xerothermic conditions and cultivation for biomass and fibre production. In: Jacobsen SE, Portillo Z, editors. International Potato Center (CIP) memorias, primer taller internacional sobre quinua – recursos geneticos y sistemas de producción; 1999 May 10–14. Lima: UNALM; 2001. p 371–378.

Improta F, Kellems RO. Comparison of raw, washed and polished quinoa (*Chenopodium quinoa* Willd.) to wheat, sorghum or maize based diets on growth and survival of broiler chicks. Livest Res Rural Dev 2001;13:1–10.

Jacobsen SE. Adaptation of quinoa (*Chenopodium quinoa*) to Northern European agriculture: studies on developmental pattern. Euphytica 1997;96(1):41–48.

Jacobsen SE. Developmental stability of quinoa under European conditions. Ind Crops Prod 1998;7:169–174.

Jacobsen SE. Potential for quinoa (*Chenopodium quinoa* Willd.) for cool and wet regions of Europe. In: Mela T, Christiansen J, Kontturi M, Pahkala K, Partala A, Sahramaa M, Sankari H, Topi-Hulmi M, Pithan K, editors. Proceedings of COST 814-workshop: alternative crops for sustainable agriculture; 1999 June 13–15; Turku, Finland. Luxembourg: Office of Official Publications of the European Communities; 1999. p 87–99.

Jacobsen SE. The worldwide potential for quinoa (*Chenopodium quinoa* Willd.). Food Rev Int 2003;19(1–2):167–177.

Jacobsen SE. Quinoa's world potential. In: Ochatt S, Jain SM, editors. Breeding of neglected and under-utilized crops, spices and herbs. Enfield, New Hampshire: Science Publishers; 2007. p 109–122.

Jacobsen SE. The situation for quinoa and its production in southern Bolivia: from economic success to environmental disaster. J Agron Crop Sci 2011;197(5):390–399.

Jacobsen SE, Bach AP. The influence of temperature on seed germination rate in quinoa (*Chenopodium quinoa* Willd.). Seed Sci Technol 1998;26(2):515–524.

Jacobsen SE, Christiansen JL, Rasmussen J. Weed harrowing and inter-row hoeing in organic grown quinoa (*Chenopodium quinoa* Willd.). Outlook Agr 2010;39(3):223–227.

Jacobsen SE, Jørgensen I, Stølen O. Cultivation of quinoa (*Chenopodium quinoa*) under temperate climatic conditions in Denmark. J Agri Sci 1994;122(1):47.

Jacobsen SE, Jørnsgård B, Christiansen JL, Stølen O. Effect of harvest time, drying technique, temperature and light on the germination of quinoa (*Chenopodium quinoa*). Seed Sci Technol 1999a;27:937–944.

Jacobsen SE, Monteros C, Christiansen JL, Bravo LA, Corcuera LJ, Mujica A. Plant responses of quinoa (*Chenopodium quinoa* Willd.) to frost at various phenological stages. Eur J Agron 2005;22(2):131–139.

Jacobsen SE, Monteros C, Corcuera LJ, Bravo LA, Christiansen JL, Mujica A. Frost resistance mechanisms in quinoa (*Chenopodium quinoa* Willd.). Eur J Agron 2007;26(4):471–475.

Jacobsen SE, Mujica A, Jensen CR. The resistance of quinoa (*Chenopodium quinoa* Willd.) to adverse abiotic factors. Food Rev Int 2003;19(1–2):99–109.

Jacobsen EE, Skadhauge B, Jacobsen SE. Effect of dietary inclusion of quinoa on broiler growth performance. Anim Feed Sci Tech 1997;65:5–14.

Jacobsen SE, Stølen O. Quinoa – morphology, phenology and prospects for its production as a new crop in Europe. Eur J Agron 1993;2:19–29.

Jacobsen SE, Quispe H, Mujica A. 1999b. Quinoa: an alternative crop for saline soils in the Andes. In: Scientists and farmer–partners in research for the 21st century. CIP Program Report 1999–2000, pp. 403–408.

Jellen EN, Kolano BA, Sederberg MC, Bonifacio A, Maughan PJ. Wild crop relatives: genomic and breeding resources. In: Kole C, editor. Chenopodium. Berlin: Springer; 2011. p 35–61.

Jensen CR, Jacobsen SE, Andersen MN, Núñez N, Andersen SD, Rasmussen L, Mogensen VO. Leaf gas exchange and water relation characteristics of field quinoa *Chenopodium quinoa* Willd.) during soil drying. Eur J Agron 2000;13(1):11–25.

Johnson DL. New grains and pseudograins. In: Janick J, Simon JE, editors. Advances in new crops. Portland, Oregon: Timber Press; 1990. p 122–127.

Johnson DL, Croissant RL. Quinoa production in Colorado. Fort Collins, Colorado: Colorado State University Cooperative Extension; Service-In-Action Sheet: No.112; 1985.

Johnson DL, Croissant RL. Alternate crop production and marketing in Colorado. Fort Collins, Colorado: Colorado State University Cooperative Extension; 1990. ; Technical Bulletin LTB90-3.

Johnson DL, Ward S. Quinoa. In: Janick J, Simon JE, editors. New crops. New York, NY: Wiley; 1993. p 219–221.

Karyotis TH, Iliadis C, Noulas CH, Mitsibonas TH. Preliminary research on seed production and nutrient content for certain quinoa varieties in a saline–sodic soil. J Agron Crop Sci 2003;189(6):402–408.

Konishi Y, Hirano S, Tsuboi H, Wada M. Distribution of minerals in quinoa (*Chenopodium quinoa* Willd.) seeds. Biosci Biotechnol Biochem 2004;68(1):231–234.

Koyro HW, Eisa SS. Effect of salinity on composition, viability and germination of seeds of *Chenopodium quinoa* Willd. Plant Soil 2007;302:79–90.

Kumar A, Bhargava A, Shukla S, Singh HB, Ohri D. Screening of exotic *Chenopodium quinoa* accessions for downy mildew resistance under mid-eastern conditions of India. Crop Prot 2006;25(8):879–889.

Maas EV. Salt tolerance of plants. Appl Agric Res 1986;1(1):12–26.

Martínez EA, Veas E, Jorquera C, San Martín R, Jara P. Re-introduction of quinoa into arid Chile: cultivation of two lowland races under extremely low irrigation. J Agron Crop Sci 2009;195(1):1–10.

Mastebroek HD, Limburg H. Breeding harvest security in

Chenopodium quinoa. In: Stølen O, Bruhn K, Pithan K, Hill J, editors. Proceedings of the COST 814 workshop on small grain cereals and pseudo-cereals; 1996 Feb 22–24; Copenhagen, Denmark. Luxembourg: Office of Official Publications of the European Communities; 1997. p 79–86.

Mastebroek HD, Marvin H. 1999. Progress in breeding of sweet quinoa. Mela T, Christiansen J, Kontturi M, Pahkala K, Partala A, Sahramaa M, Sankari H, Topi-Hulmi M, Pithan K. Proceedings of COST 814-workshop: alternative crops for sustainable agriculture; 1999 June 13–15; Turku, Finland. Luxembourg: Office of Official Publications of the European Communities. 100–107.

Mastebroek HD, van Loo R. 2000. Breeding of quinoa – state of the art. Parente G, Frame J. Abstracts/Proceedings of COST 814 conference, crop development for cool and wet regions of Europe; 2000 May 10–13; Pordenone, Italy. Luxembourg: Office of Official Publications of the European Communities. 491–496.

Mujica A. Tecnología del cultivo de la quinua. Fondo Simón Bolivar. Ministerio de Alimentación. Zona Agraria XII. Puno: IICA, UNTA; 1977.

National Research Council. Lost crops of the Incas: little-known plants of the Andes with promise for worldwide cultivation. Washington, DC: National Academy Press; 1989. p 1–415.

NCDC. 2011. Annual mean extreme maximum temperature [Internet]. Asheville, NC: NCDC (cited 2013 March 23). Available from http://hurricane.ncdc.noaa.gov/climaps/tmp13a13.pdf

Oelke EA, Putnam DH, Teynor TM, Oplinger ES. 1992. Quinoa. Alternative field crops manual. University of Wisconsin Cooperative Extension Service, University of Minnesota Extension Service, Center for Alternative Plant & Animal Products.

Ohlsson I. During late development stages the quinoa crop is not always successful. In: Parente G, Frame J, editors. Abstracts/Proceedings of COST 814 conference, crop development for cool and wet regions of Europe; 2000 May 10–13; Pordenone, Italy. Luxembourg: Office of Official Publications of the European Communities; 2000. p 497–499.

Ohlsson I, Dahlstedt L. Quinoa - potential in Sweden. In: Mela T, Christiansen J, Kontturi M, Pahkala K, Partala A, Sahramaa M, Sankari H, Topi-Hulmi M, Pithan K, editors. Proceedings of COST 814-workshop: alternative crops for sustainable agriculture; 1999 June 13–15; Turku, Finland. Luxembourg: Office of Official Publications of the European Communities; 1999. p 139–145.

Peterson A. 2013. Salinity tolerance and nitrogen use efficiency of quinoa for expanded production in temperate North America. Master's Thesis, Washington State University, Pullman, Washington, DC, pp. 1–189.

Prego I, Maldonado S, Otegui M. Seed structure and localization of reserves in *Chenopodium quinoa*. Ann Bot 1998;82:481–488.

Pulvento C, Riccardi M, Lavini A, d' Andria R, Iafelice G, Marconi E. Field trial evaluation of two *Chenopodium quinoa* genotypes grown under rain-fed conditions in a typical Mediterranean environment in South Italy. J Agron Crop Sci 2010;196(6):407–411.

Pulvento C, Riccardi M, Lavini A, Iafelice G, Marconi E, d' Andria R. Yield and quality characteristics of quinoa grown in open field under different saline and non-saline irrigation regimes. J Agron Crop Sci 2012;198(4):254–263.

Rasmussen C, Lagnaoui A, Esbjerg P. Advances in the knowledge of quinoa pests. Food Rev Int 2003;19(1–2):61–75.

Razzaghi F, Plauborg F, Jacobsen SE, Jensen CR, Andersen MN. Effect of nitrogen and water availability of three soil types on yield, radiation use efficiency and evapotranspiration in field-grown quinoa. Agr Water Manage 2012;109:20–29.

Risi JC, Galwey NW. The Chenopodium grains of the Andes – Inca crops for modern agriculture. Adv Appl Biol 1984;10:145–216.

Risi JC, Galwey NW. The pattern of genetic diversity in the Andean grain crop quinoa (*Chenopodium quinoa* Willd). I. Associations between characteristics. Euphytica 1989;41(1):147–162.

Risi JC, Galwey NW. Effects of sowing date and sowing rate on plant development and grain yield of quinoa (*Chenopodium quinoa*) in a temperate environment. J Agr Sci 1991a;117(03):325.

Risi JC, Galwey NW. Genotype x environment interaction in the Andean grain crop quinoa (*Chenopodium quinoa*) in temperate environments. Plant Breed 1991b;107(2):141–147.

Robinson RG. Amaranth, quinoa, ragi, tef, and niger: tiny seeds of ancient and modern interest. St. Paul, MN: Agricultural Experiment Station, University of Minnesota; 1986. ; Station Bulletin AD-SB-2949.

Romero S, Shahriari S. A food's global success creates a quandary at home. The New York Times 2011, March 20, Sect A:6.

Ruiz-Carrasco K, Antognoni F, Coulibaly AK, Lizardi S, Covarrubias A, Martínez EA, Molina-Montenegro MA, Biondi S, Zurita-Silva A. Variation in salinity tolerance of four lowland genotypes of quinoa (*Chenopodium quinoa* Willd.) as assessed by growth, physiological traits, and sodium transporter gene expression. Plant Physiol Biochem 2011;49(11): 1333–1341.

van Schooten HA, Pinxterhuis JB. 2003. Quinoa as an alternative forage crop in organic dairy farming. Kirilov A, Todorov N, Katerov I. Optimal forage systems for animal production and the environment: proceedings of the 12th symposium of the European Grassland Federation; 2003 May 26–28; Pleven, Bulgaria pp. 445–448.

Schulte auf'm Erley G, Kaul HP, Kruse M, Aufhammer W. Yield and nitrogen utilization efficiency of the pseudocereals amaranth, quinoa, and buckwheat under differing nitrogen fertilization. Eur J Agron 2005;22(1):95–100.

Sigsgaard L, Jacobsen SE, Christiansen JL. Quinoa, *Chenopodium quinoa*, provides a new host for native herbivores in Northern Europe: case studies of the moth, *Scrobipalpa atriplicella*, and the Tortoise Beetle, *Cassida nebulosa*. J Insect Sci 2008;8(50):1–4.

Small E. New crops for Canadian agriculture. In: Janick J, editor. Perspectives on new crops and new uses. Alexandria, VA: ASHS Press; 1999. p 15–52.

Smith BD. *Chenopodium berlandieri* ssp. *jonesianum*: evidence for a Hopewellian domesticate from Ash Cave, Ohio. SE Archaeology 1985;4(2):107–133.

Swenson EM. 2006. Genetic diversity of Bolivian *Peronospora farinosa* f. sp. *chenopodii* (downy mildew) and quinoa's resistance response. Master's Thesis, Brigham Young University, Provo, Utah.

Tapia ME, Mujica S, Canahua A. Origen distribución geográfica y sistemas de producción en quinua. Primera Reunion sobre Genética y Fitomejoramiento de la Quinua. Puno: Proyecto PISCA/UNTA/IBTA/IICA/CIID; 1980. p A1–A8.

Testen AL, del Mar Jiménez-Gasco M, Ochoa JB, Backman

PA. Molecular detection of *Peronospora variabilis* in quinoa seed and phylogeny of the quinoa downy mildew pathogen in South America and in the United States. Phytopathology 2014;104(4):379–386.

Testen AL, McKemy JM, Backman PA. First report of quinoa downy mildew caused by *Peronospora* variabilis in the United States. Plant Dis 2012;96(1):146.

Testen AL, McKemy JM, Backman PA. First report of Passalora leaf spot of quinoa caused by *Passalora dubia* in the United States. Plant Dis 2013a;97(1):139.

Testen AL, McKemy JM, Backman PA. First report of Ascochyta leaf spot of quinoa caused by *Ascochyta* sp. in the United States. Plant Dis 2013b;97(6):844.

Tewari JP, Boyetchko SM. Occurrence of *Peronospora farinosa* f. sp. *chenopodii* on quinoa in Canada. Can Plant Dis Surv 1990;70(2):127–128.

Thanapornpoonpong S. 2004. Effect of nitrogen fertilizer on nitrogen assimilation and seed quality of amaranth (*Amaranthus* spp.) and quinoa (*Chenopodium quinoa* Willd.). Ph.D. Dissertation, Georg-August University of Göttingen, Göttingen, Germany.

Torres JD. 1955. Comparative study of resistance of alfalfa, brome grass and quinoa seedlings to synthetic saline soils, saline alkali and alkali soils. Master's Thesis. Cornell University, Ithaca, NY.

USDA. The second RCA appraisal: soil, water, and related resources on nonfederal land in the United States. Washington, DC: U.S. Government Printing Office; 1989.

USDA. 2011 RCA appraisal. Washington, DC: USDA; 2011.

Vera RR. [Internet]. 2006. Chile. Rome: FAO (cited 2013 Mar 11). Available from: http://www.fao.org/ag/AGP/AGPC/doc/Counprof/Chile/cile.htm

Ward SM. 1994. Developing improved quinoa varieties for Colorado. Ph.D. Dissertation, Colorado State University, Fort Collins, CO.

Ward SM. Response to selection for reduced grain saponin content in quinoa (*Chenopodium quinoa* Willd.). Field Crop Res 2000;68(2):157–163.

Ward SM. A recessive allele inhibiting saponin synthesis in two lines of Bolivian quinoa (*Chenopodium quinoa* Willd.). J Hered 2001;92(1):83–86.

Wilson HD. *Chenopodium quinoa* Willd.: variation and relationships in southern South America. Natl Geogr Res Rep 1978;19:711–721.

Wilson HD. Artificial hybridization among species of *Chenopodium* sect. *Chenopodium*. Syst Bot 1980;5(3):253–263.

Wilson HD, Manhart J. Crop/weed gene flow: *Chenopodium quinoa* Willd. and *C. berlandieri* Moq. Theor Appl Genet 1993;86(5):642–648.

第 11 章　藜麦的营养特性

Geyang Wu

School of Food Science, Washington State University, Pullman, WA, USA

11.1 引　　言

由于藜麦营养价值高（表 11.1），故有“全营养食物”之称，在安第斯山脉更被称为“母亲粮”（Abugoch，2009；Vega-Gálvez et al.，2010）。藜麦籽粒同小米籽粒一样小，呈扁椭圆形，颜色从暗红色至淡黄色。藜麦蛋白质含量高于其他谷物，以干重计算约为 16.5%。脂类含量也高于其他谷物，约为 6.3%，碳水化合物为藜麦主要成分，约占 69%，纤维素和灰分含量与其他谷物相当，约为 3.8%。

本章将综述藜麦的化学成分及营养特性，包括蛋白质、碳水化合物、脂类、维生素、矿物质、抗营养物质和生物活性物质等含量、构成和特性。

表 11.1　藜麦和谷物的化学成分比较（Jancurová et al.，2009）

	藜麦	大麦	玉米	水稻	小麦	燕麦	黑麦
蛋白质	16.5	10.8	10.22	7.6	14.3	11.6	13.4
脂肪	6.3	1.9	4.7	2.2	2.3	5.2	1.8
纤维	3.8	4.4	2.3	6.4	2.8	10.4	2.6
灰分	3.8	2.2	11.7	3.4	2.2	2.9	2.1
碳水化合物	69	80.7	81.1	80.4	78.4	69.8	80.1
能量（kcal/100g）	399	383	408	372	392	372	390

11.2 蛋　白　质

藜麦籽粒之所以被认为是全营养食物（Abugoch，2009），主要是由于其较高的蛋白质含量和质量，及其氨基酸的均衡比例。藜麦的净蛋白利用率（NPU）是 68，消化率（TD）是 95，生物值（BV）是 71，这些指标都表明藜麦蛋白质的高质量特性（Ruales et al.，2002）。

不同品种的藜麦蛋白质含量从 8%～22%不等（Valencia-Chamorro，2003），高于小麦（9%～14%）（Khan and Shewry，2009；Jancurová et al.，2009）、大麦（8%～14%）（Cai et al.，2013）和水稻（6%～15%）（Juliano，1985）等谷物，但低于大豆（28%～36%）（表 11.1）。藜麦不同品种间的蛋白质含量差异较高，其原因尚不清楚，但目前已知基因型和生长环境会影响其蛋白质含量。

藜麦籽粒的蛋白质约有 57%存在于胚，39%存在于外胚乳，4%存在于麸皮（包括种皮和果皮）（Ando et al.，2002）（表 11.2）。Prego 等（1998）研究了藜麦籽粒蛋白质的结构形态。图 11.1 显示了藜麦子叶海绵组织及在胚乳细胞中蛋白体（PB_S）的形态。子叶和胚乳中蛋白体的直径范围分别为 0.3～3 μm 和 1～3 μm。这些蛋白质中包含一个或多个储存矿物质硼、钾和镁的球状晶体。

表 11.2　藜麦籽粒的蛋白质含量（Andoet al.，2002）

	全谷物	磨粒	麸皮	外胚乳	胚
蛋白质含量	12.9	13.3	6.1	7.23	23.5
所占比例（%）	100	96	4	39	57

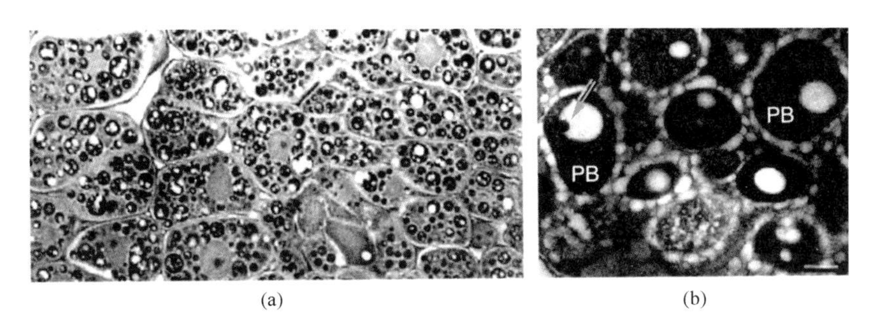

(a)　(b)

图 11.1　藜麦子叶的海绵组织结构（a）和胚乳细胞中的蛋白体（PBs）（b），其蛋白质含有球状晶体（灰色箭头所示）（Prego et al.，1998）

藜麦与大豆蛋白、酪蛋白和小麦相比，其氨基酸含量相当均衡（表 11.3）（Wang et al.，1999；USDA，2011，2005；Tang et al.，2006；Abugoch et al.，2008）。与小麦相比，藜麦籽粒富含精氨酸、甘氨酸、赖氨酸、甲硫氨酸、苏氨酸和色氨酸。藜麦的谷氨酸和半胱氨酸含量低于小麦，而组氨酸、异亮氨酸、苯丙氨酸、丝氨酸和缬氨酸含量与小麦相当。大豆蛋白和酪蛋白被认为是营养均衡的高品质蛋白（Tang et al.，2006），藜麦与酪蛋白的氨基酸含量相当，但具有更好的氨基酸和更高的蛋白质量。

由于藜麦籽粒含有所有必需氨基酸，因此是氨基酸的良好来源（表 11.4）（Friedman and Brandon，2001；Abugoch et al.，2008）。此外，藜麦中所有必需氨基酸的含量均高于联合国粮食及农业组织/世界卫生组织的建议摄取量。

表 11.3　藜麦、大豆蛋白、酪蛋白和小麦氨基酸组成和含量（mg/g）

氨基酸	藜麦[a]	大豆蛋白[b]	酪蛋白[c]	小麦[d]
精氨酸	99.7	41.0	37.0	43
天冬氨酸	80.1	118.1	63.0	51
甘氨酸	53.8	38.6	16.0	37
谷氨酸	163.6	212.9	190.0	322
组氨酸	25.8	29	27.0	22
异亮氨酸	43.3	44.8	49.0	40
亮氨酸	73.6	70.0	84.0	68
赖氨酸	52.5	53.9	71.0	26
甲硫氨酸	21.8	9.3	26.0	13
胱氨酸	5.5	0.6	0.4	23
苯丙氨酸	44.9	53.0	45.0	48
酪氨酸	35.4	37.1	55.0	-
丝氨酸	52.1	54.8	46.0	45
苏氨酸	43.9	41.0	37.0	28
色氨酸	38.5	-	14.0	18
缬氨酸	50.6	44.1	60.0	43
丙氨酸	38.2	38.3	27.0	36

a. Abugoch 等（2008）;
b. FAO/WHO（世界粮食及农业组织/世界卫生组织）提出的要求（Friedman and Brandon，2001）;
c. USDA（美国农业部）（2011，2005）;
d. Tang 等（2006）

表 11.4　藜麦蛋白质的必需氨基酸和 FAO/WHO 推荐摄入量比较（mg/g 蛋白）

主要氨基酸	藜麦蛋白[a]	FAO/WHO 推荐摄入量[b]
组氨酸	25.8	18
异亮氨酸	43.3	25
亮氨酸	73.6	55
赖氨酸	52.5	51
甲硫氨酸和胱氨酸	27.3	25
苯丙氨酸和酪氨酸	80.3	47
苏氨酸	43.9	27
色氨酸	38.5	7
缬氨酸	50.6	32

a. Abugoch 等（2008）;
b. FAO/WHO（世界粮食及农业组织/世界卫生组织）提出的要求（Friedman and Brandon，2001）

谷物蛋白可分为 4 类，即清蛋白、球蛋白、醇溶蛋白和谷蛋白。清蛋白和球蛋白是藜麦的主要蛋白（所占比例为 76.6%），谷蛋白和醇溶蛋白的含量较低，约为 12.7%和 7.2%（表 11.5）。麸质是通过如小麦中的麦醇溶蛋白和麦谷蛋白，或其他谷物中谷蛋白和醇溶蛋白相互连接而形成的蛋白质复合物（Koziol，1992）。麸质对面团弹性、面包形状、耐嚼质地和最终产品等都有至关重要的作用。

表 11.5　藜麦、玉米、水稻和小麦的各种蛋白质含量（以总蛋白的%计算）

	清蛋白+球蛋白	谷蛋白	醇溶蛋白
藜麦	76.6	12.7	7.2
玉米	38.3	37.2	24.5
水稻	19.2	71.9	8.9
小麦	17.1	54.4	28.5

然而，西方国家相当比例的人口患有麸质不耐症与乳糜泻。乳糜泻是遗传性不耐受麸质，如小麦的麦醇溶蛋白、黑麦和大麦的醇溶蛋白所引起的慢性小肠炎症性疾病（Gallagher et al.，2004）。乳糜泻患病率过去在流行病学调查中显著被低估（Hovdenak et al.，1999；Fasano and Catassi，2001）。Sabatino 和 Corazza（2009）建立了通过测定血清中 IgA 的抗麦胶抗体的方法，从而能更精确地评估乳糜泻的患病率。应用该方法的研究表明，英国、美国成年人的患病率分别为 1∶8（West et al.，2003）和 1∶105（Fasano et al.，2003）。白种人患病率比非洲人和亚洲人更高（Hoffenberg et al.，2003；di Sabatino and Corazza，2009）。乳糜泻是终身疾病，唯一有效的应对方法是食用无麸质食品（Gallagher et al.，2004）。在西方市场，无麸质食品正在快速出现，且需求量不断增加。藜麦中只有少量的醇溶谷蛋白能参与麸质形成，因此被认为是无麸质的（Alvarez-Jubete et al.，2010a），且具有生产无麸质产品和饮食的潜在成分。

蛋白质的质量和功能受提取和加工过程中 pH 和温度的影响。Abugoch 等（2008）在 pH 9 和 pH 11 的碱性环境下分离得到藜麦蛋白，继而研究和比较了两种藜麦蛋白的理化和功能特性。这两种不同 pH 下提取的蛋白质，在十二烷基硫酸钠聚丙烯酰胺凝胶电泳（SDS-PAGE）和扫描电子显微镜（SEM）下呈现了相同的结构。在 pH 11 条件下分离得到的蛋白质，色氨酸荧光强度较低。pH 9 条件下分离得到的蛋白，热变性温度为 98.1℃，变性焓为 12.7 J/g（Abugoch et al.，2008），而 pH 11 条件下分离得到的蛋白质无热变性温度。Abugoch 等（2009）还研究了储存过程中藜麦面粉蛋白质的稳定性，即藜麦蛋白在不同储存条件下的溶解度和吸水性，研究结果表明，藜麦面粉可以在温度为 20～300℃的双层牛皮纸袋中储存 2 个月，而且不发生显著的功能性质变化。

藜麦蛋白质具有生物活性。Takao 等（2005）研究表明，在膳食中添加藜麦蛋白（5%），可以控制试验老鼠血浆及肝脏中总胆固醇含量。饮食中添加藜麦，可以抑制催化胆固醇合成和促进胆固醇羟化的酶活性。此外，藜麦蛋白水解得到的低分子肽，具有使自由基清除活性增加和抑制血管紧张素转换酶的作用，后者是导致高血压的一个重要因素（Kim et al.，2001；Wu and Ding，2001；A1uko and Monu，2003）。

藜麦蛋白对其功能特性有重要作用。食品成分的功能特性是指在加工过程中的技术特性，包括溶解度、乳化活性指数和发泡性质。这些性质在食品的生产制造中对于食品味道和口感有至关重要的影响。酶法水解是一种常见的提高食品功能性质的方法，Aluko 和 Monu（2003）利用碱性蛋白酶水解藜麦蛋白，利用相对分子质量为 10 000 和 5000 的超滤膜对水解产物进行截流分离，并对藜麦蛋白浓度、蛋白水解性和膜渗透性进行了研究，结果表明藜麦水解蛋白和膜过滤产物表现出较高的溶解性和较低的乳化能力，水解肽具有低起泡性。

11.3 碳水化合物

11.3.1 淀粉

淀粉是谷物籽粒中主要组成部分和主要能源储备，提供人 70%～80%的饮食热量（Oamodaran et al.，2008）。在人类饮食中淀粉的主要来源有两种，一种是谷物籽粒，如玉米、水稻和小麦等，另一种是植物根茎，如马铃薯和木薯等。藜麦籽粒中淀粉含量约为 55%（Lindeboom et al.，2005）。

淀粉以颗粒的形式存在于自然界中，这些小颗粒直径可以小于 1 μm，也可以超过 100 μm（Lindeboom et al.，2004）。一般淀粉颗粒按直径可分为 3 类：大颗粒（>15 μm）、中颗粒（5～15 μm）和小颗粒（<5 μm）（Wi1son et al.，2006）。藜麦籽粒中的淀粉颗粒为多边形，直径在 0.08～2.0 μm（Ando et al.，2002），其直径比谷物（小麦、水稻）和苋菜的籽粒都小（表 11.6）（Tang et al.，1998）。Chen 等（2003）研究表明，淀粉颗粒大小显著影响面条的加工特性和质量，淀粉颗粒越小其所制成的面条质量越好，这可能跟小颗粒淀粉具有较高的颗粒表面积有关。

表 11.6 藜麦淀粉颗粒大小与其他谷物的比较（Lindeboom et al.，2004）

品种	直径（μm）
藜麦	0.6～2
苋菜	1～2
水稻	2～10
燕麦	2～14
荞麦	2～14
小麦	<10，1～35
黑麦	2～3，22～36
大麦	2～3，12～32

藜麦淀粉颗粒绝大多数存在于其外胚乳细胞中（图 11.2 和图 11.3）（Prego et al.，1998；Ando et al.，2002）。果皮和种皮覆盖整个籽粒（图 11.2），胚乳包含两个子叶和一个下胚根胚轴。外胚乳是籽粒的中间部分，占籽粒总重量的 58.8%（Ando et al.，2002），淀粉聚合成颗粒被包裹于外胚乳细胞中（Ando et al.，2002）。

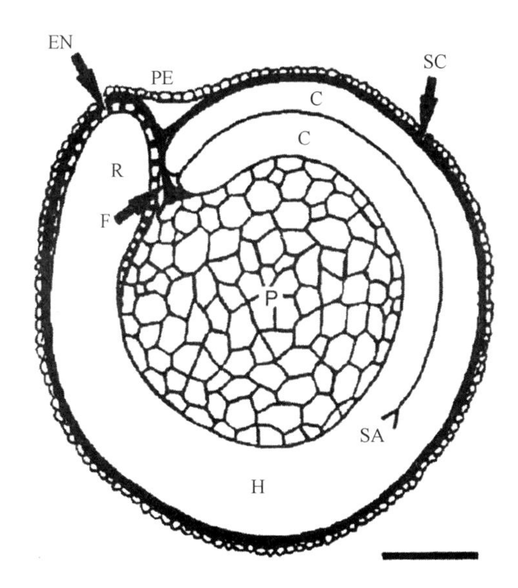

图 11.2 藜麦种子结构（Prego et al.，1998）

PE. 果皮；SC. 种皮；C. 子叶；SA. 苗端；H. 下胚轴-胚根；R. 胚根；F. 种脐；EN. 胚乳；P. 外胚乳

淀粉颗粒包含两种类型，一种是直链淀粉，是线性的，另一种是支链淀粉，高度支化。组成直链淀粉的是线性多糖，是（1→4）连接的 α-*D*-葡萄糖，其平均分子质量为 106（Oamodaran et al.，2008）。支链淀粉作为自然界中存在的分子质量最大的分子结构之一，其分子质量为 107，由 4%～5%的 α-*D*（1→6）分支点的支多糖构成。大多数谷物淀粉由大约 25%的直链淀粉和 75%的支链淀粉构成。藜麦中所含的直链淀粉含量为 3%～20%（Lindeboom et al.，2005），其含量低于小麦、玉米和马铃薯（Oamodaran et al.，2008）。直链淀粉和支链淀粉的比例对淀粉的性质有显著影响，包括凝胶、糊化和老化特性等，低直链淀粉更易让食物产生黏性。

X 射线衍射将淀粉图形分为 3 种类型，A 类型存在于谷物淀粉，B 类型存在于马铃薯、根茎类植物及抗性淀粉，C 类型存在于豆类淀粉、玉米和马铃薯淀粉的混合物。藜麦淀粉的 X 射线衍射模式类型为 A 类型，大多数谷物都属于这一类型（表 11.7）（Ando et al.，2002）。

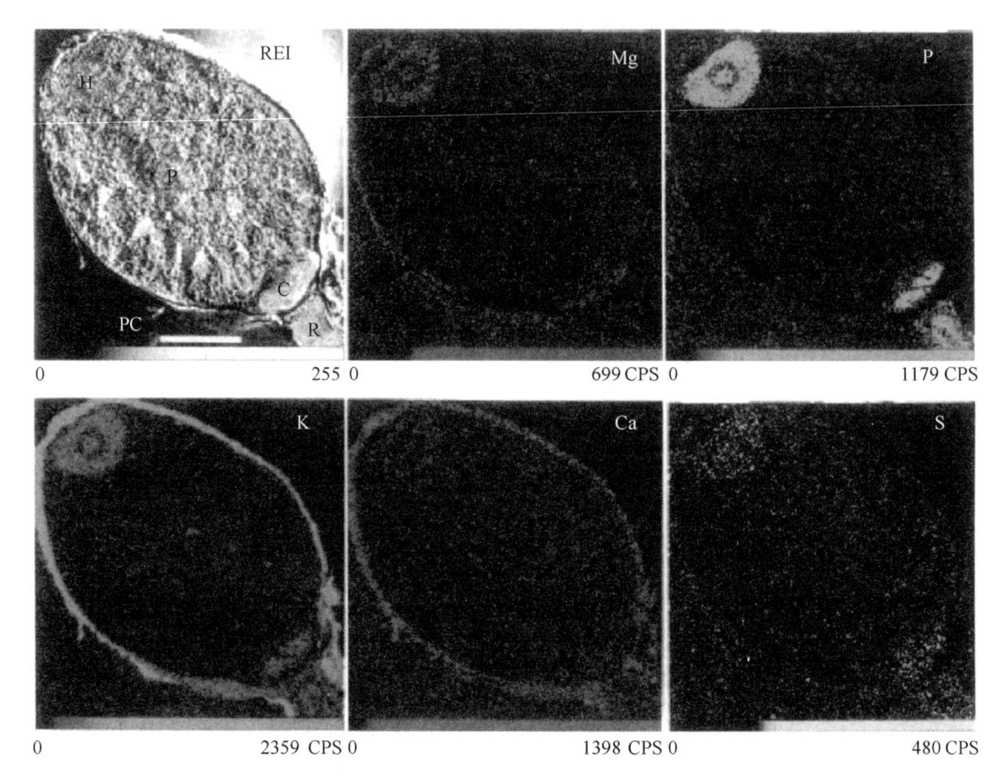

图 11.3 藜麦种子的折射电子图像（REI）和元素的映射（Konishi et al.，2004）

P. 外胚乳；PC. 果皮；C. 子叶；R. 胚根；H. 下胚轴-胚根；Mg. 镁；P. 磷；K. 钾；Ca. 钙；S. 硫

表 11.7 藜麦的淀粉特性（Ando et al.，2002）

特征值	范围
X 射线衍射模式	A 类型
糊化温度（℃）	
To	54.0
Tp	62.2
Tc	71.0
焓值，ΔH（J/g）	11.0

糊化温度是指淀粉吸收水分并开始膨胀的温度，它反映了谷物烹饪所需的时间，糊化温度可使用差示扫描量热法（OSC）测定。藜麦淀粉的糊化温度（To）为 54.0℃，峰值温度（Tp）为 62.2℃，两者均低于大麦和小麦淀粉的温度（Tang，2004；Tang et al.，2005），糊化退火温度（Tc）为 71.0℃，焓值 ΔH 为 11.0 J/g。

淀粉的膨胀力是反映最终产品质量，如是面条质量的一个重要指标（Khan and Shewry，2009），通过计算残渣物与样品重量的比例而得出（Ahamed et al.，1996）。藜麦淀粉的膨胀力在 95℃时为 8.54 g 水/g 样品，低于同温度下玉米淀粉的膨胀力

(21.0 g 水/g 样品)。这可能是由于藜麦中脂类含量高，脂类与直链淀粉形成复合物，从而抑制了淀粉的流动性。藜麦淀粉的冻融稳定性高于小麦和大麦淀粉(Watanabe et al.，2007)，宽范围的冻融性意味着藜麦可被用于新食品的制作。

基于这些特性，藜麦淀粉已被提取并在新食品中利用。Araujo-Farro 等(2010)利用藜麦淀粉制作薄膜，表现出低溶解性和高屏障性的良好力学性能，藜麦淀粉膜可食用、可回收，因此可以广泛应用于食品包装。

11.3.2 糖

Ogungbenle(2003)测定了藜麦面粉中的糖含量(表 11.8)。葡萄糖和果糖可显著提高人体血清的葡萄糖水平。藜麦的这两种糖含量很低，分别为 19 mg/100 g 和 19.6 mg/100 g。藜麦的麦芽糖含量高达 101.00 mg/100 g，这意味着藜麦可被用于制作麦芽糖饮料和面包。麦芽糖是一个有甜度的二糖，以蔗糖为标准的麦芽糖的甜度为 46%，由于藜麦具有较高的麦芽糖含量，可应用于断奶食品中(Ogungbenle，2003)。

表 11.8 藜麦的糖种类(mg/100 g 样品)(Ogungbenle，2003)

糖种类	含量
葡萄糖	19.00
果糖	19.60
D-核糖	72.00
D-半乳糖	61.00
麦芽糖	101.00
D-木糖	120.00

11.3.3 膳食纤维

膳食纤维是指植物中不能被人体小肠消化，但可以被大肠中的微生物群部分代谢的一类碳水化合物。膳食纤维分为两种类型：①溶解在水中的纤维，包括果胶、树胶、黏液和一些半纤维素；②不溶性纤维，不溶于水，主要包括纤维素、木质素和大多数半纤维素。

可溶性纤维具有较高的持水能力，可产生黏性溶液。纤维素能够延迟胃排空，减缓消化，增强了餐后饱腹感以及小肠转运时间。因此，高纤维的饮食有助于控制体重。

纤维可以与脂类和胆固醇相结合，从而减少脂类吸收，并降低血清中胆固醇含量，从而有助于防止高血糖和高脂血症。摄入高纤维可增加粪便体积，控制便秘等胃肠疾病及过敏性肠综合征和胆结石形成。纤维可在大肠分解和发酵，这个特性使得纤维素能改善黏膜细胞性质，维持肠道微生物平衡，防止结肠癌发生。

谷物、蔬菜和水果是纤维素的主要来源，藜麦中纤维素含量为 8.8%～10.3%（Wright et al.，2002），比小麦膳食纤维含量（12.2%）低。美国农业部推荐的每日纤维素摄入量为 25 g，藜麦作为高纤维食物，其纤维素含量为每日推荐量的 35.2%～41.2%。

11.4 脂　　质

藜麦籽粒含脂质约 6.9%，高于其他谷物（表 11.9）（Ogungbenle，2003）。碘值为 54%，接近于不饱和脂肪酸的数值，藜麦油脂的不饱和脂肪酸比例高，较饱和脂肪酸对健康更有利。酸值是 0.5%，过氧化值是 2.44%，表明藜麦脂质相对稳定，加热或与氧接触后不容易发生氧化。分子质量或脂肪酸链的长度可以用皂化值表示，皂化值是指在特定条件下皂化 1 g 试样油脂所需氢氧化钾的毫克数。藜麦油脂的皂化值是 192%，低于黄油的皂化值（241%），与大豆油脂皂化值接近（194%）（Ogungbenle，2003）。

表 11.9　藜麦脂质属性（%）（Ogungbenle，2003）

组分	含量
酸值	0.50
碘值	54.0
过氧化值	2.44
皂化值	192.0

藜麦的脂质组成见表 11.10，棕榈酸是主要饱和脂肪酸，占总脂肪酸含量的 10%，不饱和脂肪酸约占总脂肪酸含量的 87%，不饱和脂肪酸包括油酸（C18:1）、亚油酸（C18:2）和亚麻酸（C18:3），亚油酸（C18:2）为主要成分，占总脂肪酸含量的 52.5%。藜麦籽粒中胚的脂肪酸含量（10.2%）比外胚乳、果皮和种皮的含量高。

表 11.10　藜麦的脂肪酸组成（干基%）（Ando et al.，2002）

脂肪酸组成	碎粒	外胚乳	胚	全谷物
总脂肪酸	6.7	5.0	10.2	6.5
肉豆蔻酸（C14:0）	0.2	0.1	0.2	0.2
棕榈酸（C16:0）	10.3	10.8	9.5	10.2
硬脂酸（C18:0）	0.8	0.7	0.9	0.8
油酸（C18:1）	25.6	29.5	19.7	24.9
亚油酸（C18:2）	52.0	49.0	56.4	52.5
亚麻酸（C18:3）	9.8	8.7	11.7	10.1
其他	1.3	1.2	1.6	1.4

藜麦的总脂肪酸含量为 6.5%，高于玉米油（4%），低于小麦胚芽油（11%）（表 11.11）（Ando et al.，2002）。其他商业化油的总脂肪酸含量更高，橄榄油总脂肪酸含量为 20%，核桃油为 60%。藜麦中饱和脂肪酸占总脂肪酸的 11%，其中包括棕榈酸 10.2%和硬脂酸 0.8%。

表 11.11　藜麦与其他作物的脂肪酸含量的比较

脂肪酸	藜麦	玉米油	小麦胚芽油	橄榄油	菜籽油	亚麻籽油	椰子油	核桃油
总脂肪酸	6.5	4	11	20	30	35	35	60
饱和脂肪酸	11.0	17	18	16	7	9	91	16
棕榈酸（C16:0）	10.2	—	0	—	—	5	91	11
硬脂酸（C18:0）	0.8	17	18	16	7	4	0	5
不饱和脂肪酸	87.5	83	80	83	91	91	9	84
单不饱和脂肪酸								
油酸（C18:1）	24.9	24	25	75	54	19	6	28
多不饱和脂肪酸	62.6	59	55	8	37	72	3	56
亚油酸（C18:2）	52.5	59	50	8	30	14	3	51
亚麻酸（C18:3）	10.1	—	5	—	7	58	0	5

饱和脂肪酸的大量摄入，会导致出现人类健康问题，如肥胖（van Dijk et al.，2009）、心血管疾病（CVD）（Sacks and Katan，2002）和Ⅱ型糖尿病（Hunnicutt et al.，1994）。据报道，硬脂酸能够降低高密度脂蛋白（HDL）水平，是可防止心血管疾病的优质脂肪酸（Hunnicutt et al.，1994）。藜麦的饱和脂肪酸比例，低于除菜籽油和亚麻籽油以外的其他油脂，藜麦的硬脂酸含量仅为 0.8%，远低于已知的其他油脂。

不饱和脂肪酸分为两类，单不饱和脂肪酸（MUFA）和多不饱和脂肪酸（PUFA）。单不饱和脂肪酸脂肪链中只有一个碳碳双键，如油酸（C18:1），多不饱和脂肪酸含有两个或两个以上碳碳双键，如亚油酸（C18:2）。有报道指出，多不饱和脂肪酸与总死亡率和心血管疾病死亡率呈负相关（Jacobs et al.，1992）。橄榄油作为地中海饮食中脂肪的主要来源，富含多不饱和脂肪酸（75%）。因此，地中海人群心脏病死亡率非常低，可解释为是摄入多不饱和脂肪酸饮食的结果（Chait et al.，1993）。藜麦的多不饱和脂肪酸含量接近 25%，仅低于橄榄油和菜籽油，与其他油脂中多不饱和脂肪酸的含量相当。

健康的多不饱和脂肪酸，通常指 n-6 多饱和脂肪酸亚油酸（C18:2）和 n-3 多不饱和脂肪酸亚油酸（C18:2）。代谢研究表明，增加摄入亚油酸可以改善血脂，降低胆固醇（Chait et al.，1993），提高胰岛素敏感性（Lovejoy and DiGirolamo，1992；Lovejoy，1999）。食用亚油酸不仅可以减少患冠心病的风险（Chait et al.，

1993)，大大降低Ⅱ型糖尿病的发病率（Salmeron et al.，2001），还可以减少患心律失常的风险（Abeywardena et al.，1991）。藜麦中亚油酸含量（52.5%）可与玉米油（59%）、小麦胚芽油（55%）和核桃油（51%）媲美，且远高于橄榄油、菜籽油、亚麻籽油和椰子油。

n-3 脂肪酸 α-亚油酸（C18:2）（ALA）是另外一种从消费者到食品行业所关注的功能食品成分，对婴儿和儿童尤为重要，因为它对大脑和神经发育均有重要作用（Cun nane 和 Thompson，1995）。α-亚麻酸可通过去饱和链延伸途径，生成长链 n-3 脂肪酸，如二十二碳六烯（DHA）和二十碳五烯（EPA）（Cunnane and Thompson，1995）。α-亚麻酸的这种效果非常重要，因为 DHA 和 EPA 能起到增强大脑功能、促进免疫系统的作用。α-亚麻酸还能抑制亚油酸到花生四烯酸的变化（C20:4，n-6），控制人体的炎症（Renaud and Nordøy，1983）。过度的炎症会导致肥胖症（Wymann and Solinas，2013）、Ⅱ型糖尿病（Oliver et al.，2010）、心血管疾病（Crumpacker，2010）和胃肠道疾病（Ohman and Simrén，2010）。流行病学研究提供了令人信服的证据，证明 α-亚麻酸对心血管疾病和心律失常有改善作用（Hu et al.，1999）。虽然藜麦的 α-亚麻酸含量（10.1%）低于亚麻籽油含量（58%），但与相比其他油脂，其 α-亚麻酸含量也比较丰富，如小麦胚芽油（5 %）、菜籽油（7%）、椰子油（0%）和核桃油（5%）（表 11.11）。

亚油酸会和 α-亚麻酸竞争去饱和链延伸途径（Garg et al.，1989；Cunnane and Thompson，1995）；因此，亚油酸和 α-亚麻酸之间的平衡对人体健康至关重要（Chan et al.，1993）。α-亚麻酸：亚麻油酸在（1：10）～（1：5），有助于控制冠心病（Hu et al.，1999），藜麦的 α-亚麻酸：亚油酸的值接近 1：5。

藜麦油脂组成平衡，有利于人体健康。藜麦油脂的饱和脂肪酸含量低、多不饱和脂肪酸含量高，与其他商业化的功能性油脂相比，藜麦被认为是有潜力的油料作物。

11.5 维 生 素

谷物是复合维生素 B 的主要来源之一，谷物食品，如面包、即食谷物和大米等，提供每日所需硫胺素、核黄素、烟酸、维生素 B_6 和叶酸的所占比例分别为 45%、30%、28%、14%和 19%（Khan and Shewry，2009）。维生素 B 为人体提供重要功能，叶酸对神经系统的健康有重要作用。在美国推广叶酸强化谷物产品后，神经缺陷的发生率下降（Yang et al.，2010）。研究表明，补充维生素 B_6 和叶酸可以降低心脏病（Rimm et al.，1998）、男性高同型半胱氨酸血症（Ubbink et al.，1993）、阿尔茨海默病（Rieder and Fricke，2001）和抑郁症（Skarupski et al.，2010）的发病率。

藜麦的核黄素（B_2）和叶酸（B_9）含量分别为 0.30～0.39 mg/100 g 和 0.781 mg/100 g，显著高于小麦、水稻和大麦（表 11.12）。藜麦的吡哆醇（维生素 B_6）含量为 0.487 mg/100 g，可与小麦相媲美，占膳食营养素参考摄入量的近 25%，这表明藜麦是很好的吡哆醇（维生素 B_6）来源。叶酸又称为维生素 B_9，在胚胎发育和血细胞的生成中有着重要作用，人体不能合成叶酸，必须从饮食中摄取。藜麦中叶酸含量为 0.781 mg/100 g，高于小麦，甚至高于膳食营养素参考摄入量。因此，藜麦可作为叶酸的良好来源，并推荐给孕妇食用。

表 11.12　藜麦与小麦、大米和大麦维生素含量比较（mg/100 g）

	藜麦 [a~d]	RDI	小麦 [e]	大米 [f]	大麦 [f]
维生素 B_1	0.29～0.38	1.5	0.48	0.47	0.49
维生素 B_2	0.30～0.39	1.7	0.12	0.10	0.20
维生素 B_3	1.06～1.52	20	3.6	5.98	5.44
维生素 B_6	0.487	2.0	0.43	NR	NR
维生素 B_9	0.781	0.4	0.054	NR	NR
维生素 C	4.0	60	0	0	0
维生素 E	5.37	30	1.0	0.18	0.35
β-胡萝卜素	0.39	NR	0.02	NR	0.01

a. Koziol（1992）；
b. Ruales 等（2002）；
c. Ranhotra 等（1993）；
d. USDA（2011，2005）；
e. Khan 和 Shewry（2009）；
f. Jancurová 等（2009）

维生素 E 又称为“生育酚”，包括 α-生育酚、β-生育酚、γ-生育酚及 δ-生育酚，以及 α-生育三烯酚，β-生育三烯酚，γ-生育三烯酚和 δ-生育三烯酚是去酰基脂质（Khan and Shewry，2009）。维生素 E 的相对活性通过以 α-生育酚为等价物的生育酚含量计算（Eitenmiller and Landen，1999）。维生素 E 是抗氧化剂，可以保护人体免受自由基氧化（Maxwell and Lip，1997），从而减少心血管疾病（CVD）（Pryor，2000；Trumbo，2005）和癌症（Papas and Vos，2001；Kline et al.，2007）的发生。藜麦中所含维生素 E 还具有防止脂质氧化的作用，维生素 E 的存在使得不饱和脂肪酸比例增高，藜麦籽油在加工和存储中品质能够保持稳定。

11.6　矿　物　质

在典型的西方饮食中，大约有 50%的铁和锰、30%的铜和镁及 20%的锌和磷来自谷物和谷物产品（Cotton et al.，2004）。藜麦富含矿物质（表 11.13）（Ando et al.，2002）。根据美国农业部推荐每日摄入量计算，藜麦全谷物中钾、镁、磷、铁、镁和铜含量相对较高，但锌元素缺乏。藜麦中大多数矿物质含量高于小麦，铁、铜、锰和锌元素除外。

表 11.13 藜麦矿物组分含量［mg/mg（%）］（Ando et al.，2002）

矿物组成	藜麦全谷物	RID	研磨谷物	麸皮	外胚乳	胚
K	825.7	NR	639.3	2908.5（29%）	387.9（28%）	1125.4（43%）
Mg	452.6	400	415.2	958.3（17%）	215.2（29%）	750.2（54%）
Ca	121.3	1000	91.8	481.3（30%）	71.8（34%）	139.7（36%）
P	359.5	1000	360.2	350.8（8%）	286.6（50%）	482.6（42%）
Fe	9.5	18	9.2	14.3（13%）	7.2（48%）	11.3（39%）
Mn	3.7	NR	3.4	10.8（19%）	2.4（38%）	5.1（43%）
Cu	0.7	2	0.6	1.4（19%）	0.5（44%）	0.8（3788%）
Zn	0.8	15	0.8	0.7（9%）	0.6（48%）	1.1（43%）
Na	1.3	NR	1.2	3.2（21%）	0.5（31%）	1.5（48%）

Konishi 等（2004）通过能量色散 X 射线显微分析装置（EDX）和扫描电子显微镜，研究了藜麦籽粒中矿物质的分布（图 11.3）。磷、钾和镁位于胚中，这有助于形成植酸和植酸盐球体。钙主要存在于种皮，与果胶形成厚的细胞壁，因此藜麦脱壳将会导致钙含量降低。

11.7 抗营养因子

藜麦中存在抗营养因子，包括皂苷（含量 0.1%～5%），植酸（含量 1.05%～1.35%）和蛋白酶抑制剂（＜50 ppm[①]）（Jancurova et al.，2009；Vega-Gálvez et al.，2010）。这些因素可能对藜麦产品的营养、感官和质量有负面作用，如植酸可以结合矿物质并影响其代谢及功能。藜麦中也包含少量的胰蛋白酶抑制剂，不过其含量与其他谷物相比低得多（Vega-Galvez et al.，2010）。

皂苷存在于藜麦籽粒种皮中，是藜麦的主要抗营养物质（Vega-Galvez et al.，2010）。皂苷是植物苷类，有些苦涩，可与矿物质形成不溶性复合物，从而影响矿物质吸收。由于皂苷存在于籽粒种皮，因此很容易通过机械研磨去除，在冷碱水中清洗也有助于去除皂苷（Jancurova et al.，2009）。

皂苷是糖化次生代谢物，由一个亲水性碳水化合物链和一个亲脂性三萜烯糖苷基团组成（Wink，2004）。藜麦皂苷由碳水化合物链通过糖苷链连接到疏水性糖苷配基而形成。藜麦皂苷碳水化合物链通常包括阿拉伯糖、葡萄糖、半乳糖、

① 1ppm=10^{-6}。

葡萄糖醛酸、木糖和鼠李糖（Kuljanabhagavad and Wink，2009）。皂苷分为两类：①仅有一条碳水化合物链的单皂苷，②有两条碳水化合物链的双皂苷（Kuljanabhagavad and Wink，2009），单皂苷是乳化剂，可在水中形成稳定的泡沫，比双皂苷毒性更强。

虽然皂苷被认为是抗营养物质，但也具有有益作用，包括镇痛、抗炎、抗菌和抗氧化，抗病毒、抗细胞毒性和溶血活性，以及免疫刺激性影响和神经保护作用。皂苷还可增加肠道黏膜渗透性，并减少脂肪吸收（Abugoch，2009）。

近年来，科学家对皂苷的生物活性和健康作用越来越感兴趣，皂苷活性受到不同位置糖苷配基官能团骨架的影响（表 11.14）（Kuljanabhagavad and Wink，2009）。单糖皂苷可以影响细胞膜的流动性和通透性（Kuljanab-hagavad and Wink，2009），高浓度的单糖皂苷有毒，可以溶解和分解动物细胞。然而，适量的皂苷通过溶解细菌和真菌细胞，具有抗真菌和抗细菌活性，如白色念珠菌（Woldemichael and Wink，2001）。皂苷的抗真菌活性取决于糖苷配基官能团的骨架，Stuardo 和 San Martín（2008）指出，碳水化合物链连接在 C3 上对抗菌性能至关重要。在巴西南部，使用基于皂苷的灭螺剂来控制福寿螺的研究结果表明，在不污染灌溉水的前提下，可以控制稻田福寿螺（San Martín et al.，2008）。

表 11.14　藜麦化学基团的组成结构

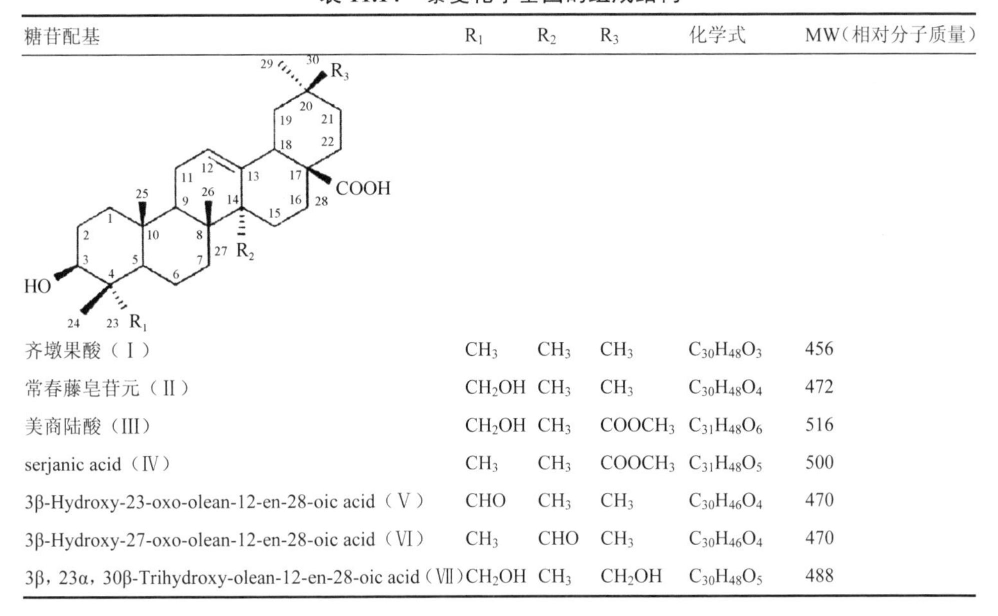

糖苷配基	R_1	R_2	R_3	化学式	MW（相对分子质量）
齐墩果酸（Ⅰ）	CH_3	CH_3	CH_3	$C_{30}H_{48}O_3$	456
常春藤皂苷元（Ⅱ）	CH_2OH	CH_3	CH_3	$C_{30}H_{48}O_4$	472
美商陆酸（Ⅲ）	CH_2OH	CH_3	$COOCH_3$	$C_{31}H_{48}O_6$	516
serjanic acid（Ⅳ）	CH_3	CH_3	$COOCH_3$	$C_{31}H_{48}O_5$	500
3β-Hydroxy-23-oxo-olean-12-en-28-oic acid（Ⅴ）	CHO	CH_3	CH_3	$C_{30}H_{46}O_4$	470
3β-Hydroxy-27-oxo-olean-12-en-28-oic acid（Ⅵ）	CH_3	CHO	CH_3	$C_{30}H_{46}O_4$	470
3β，23α，30β-Trihydroxy-olean-12-en-28-oic acid（Ⅶ）	CH_2OH	CH_3	CH_2OH	$C_{30}H_{48}O_5$	488

炎症是机体由于病原体、细胞受损、刺激物和伴随血流量增加的现象，血管舒张释放可溶性介质，是受伤处的非免疫性反应（Ferrero-Miliani et al.，2007），一般炎症对身体健康有重要防御作用。然而，炎症也可能导致慢性疾病，如心血

管疾病（Myasoedova et al.，2011）、Ⅱ型糖尿病（Donath and Shoelson，2011）、眼疾（Donoso et al.，2006）、胃肠疾病（Camilleri et al.，2011）、肥胖（Matieu et al.，2010；Sun 和 Karin，2012）、癌症（Kozlov，2009）和神经退行性疾病，如阿尔茨海默病和帕金森疾病（Jones，2001；Cameron and Landreth，2010；Przedborski，2010）。Ghosh 等（1983）和 Mujica（1994）的研究表明，皂苷具有抗炎症活性，可以解释在传统医学中为什么使用植物皂苷作为抗炎药物（Song and Hu，2009；Keller et al.，2011；Raju and Rao，2012）。藜麦中单糖皂苷 3-*O*-β-*D*-glucopyranosyl oleanolic acid 有抑制炎症的作用（Ma et al.，1989），3-*O*-β-*D*-glucopyranosyl hederagenin 具有抗氧化活性（Ilhami et al.，2006）。

11.8 生物活性化合物

11.8.1 酚类化合物

酚类化合物包含至少一个酚环，是谷物中的主要植物化学成分，主要位于谷物的外层（Gross，1980）。酚类化合物依据酚环数量分为简单酚类和多酚。简单酚是包含 1 个芳香环与 1 个或多个羟基的酚酸，多酚包括酚酸二聚体、黄酮类和木脂素类，是包含 3 个或多个苯酚环的单宁类（Khan and Shewry，2009）。近期的研究表明，酚酸具有较强抗氧化活性（Djordjevic et al.，2011；Min et al.，2012；Guo and Beta，2013），这是由两种方法：DPPH（2,2-diphenyl-1-picrythydrazyl）清除自由基实验和三价铁还原抗氧化能力（FRAP）实验（Karadag et al.，2009）测定得出的。

总酚含量可以表示为没食子酸当量（GAE）。藜麦籽粒的总酚类化合物含量为 71.7 mg GAE/100 g，高于小麦（53.1 mg GAE/100 g）和苋菜（21.2 mg GAE/100 g）（Alvarez-Jubete et al.，2010b）。红色藜麦籽粒与黄色藜麦籽粒相比，总酚含量多 50%，总类黄酮多 90%，三价铁还原抗氧化能力高 150%（Brend，2012）。

11.8.2 酚酸

酚酸是一类具有单酚环的酚类化合物，主要与组成细胞结构的成分相结合，通过酯、醚和乙酰基与纤维素、蛋白质、木质素及类黄酮相连（Dervilly-Pinel et al.，2001；Yuan et al.，2005），只有一少部分酚酸是自由酚酸。酚酸为植物提供了多种功能，如营养吸收、保护酶活性、微生物寄居、保护不受病原体侵袭（Ikegawa et al.，1996；Kroon and Williamson，1999）。没食子酸和迷迭香酸具有很强的抗氧化活性（Soobrattee et al.，2005）。阿魏酸作为谷物的主要酚酸化合物，不仅表现出较高的抗氧化活性，并且可与木聚糖交联形成细胞壁和不溶性膳食纤维（Faulds et al.，2004；Zhou et al.，2005；Yadav et al.，2007）。

高效液相色谱定性定量分析藜麦中酚酸的含量（Mattila et al., 2005），表 11.15 显示了藜麦和其他谷物中酚酸的类型和含量。藜麦中的阿魏酸含量低于全麦，与玉米相当，高于大米，没食子酸是藜麦中的主要酚酸，羟基苯甲酸、香草酸和肉桂酸含量显著高于全麦、玉米和水稻。

表 11.15　藜麦与其他谷物的酚酸含量比较（μg/g wb）

	藜麦	整粒小麦	玉米	大米
阿魏酸	440	890	380	240
咖啡酸	40	37	26	ND
香草酸	43.4	15	4.6	7.8
没食子酸	320	ND	ND	ND
肉桂酸	10	ND	ND	ND
p-香豆酸	ND	37	31	76
p-羟基苯甲酸	76.8	7.4	5.7	15
丁香酸	ND	13	7.8	ND

11.8.3　黄酮类

黄酮类是一类具有 2-苯基-1,4-苯并吡喃酮骨架的酚酸化合物，可分为黄酮、异黄酮、黄烷、原花青素和花青素。黄酮类化合物如槲皮素和表儿茶素，具有抗氧化活性（Leopoldini et al., 2006；Yin et al., 2012；Giménez et al., 2013），与患冠心病的风险（Kris-Etherton and Keen, 2002；McCullough et al., 2012）和 II 型糖尿病的发生率呈负相关（Wedick et al., 2012）。黄酮类化合物对急性和慢性的认知行为能力有帮助（Lamport et al., 2012）。研究表明，黄酮类化合物对降低宫颈癌（Ju et al., 2012）、肺癌（Khan et al., 2012）、白血病（Spagnuolo et al., 2012）、乳腺癌（Zamora-Ros et al., 2013a）、结肠癌（Zamora-Ros et al., 2013b）和前列腺癌（Adhami et al., 2012）发病率有作用。

藜麦的黄酮类化合物包括槲皮素苷（43.4 μmol/100 g dw）和山柰酚苷（36.7～43.4 μmol/100 g dw），含量高于荞麦。荞麦的槲皮素苷含量为 30.1 μmol/100 g dw，未检测到山柰酚苷（Alvarez-Jubete et al., 2010b）。加工温度和时间会造成谷物中类黄酮损失（Sensoy et al., 2006），但用 100%藜麦面粉制成的面包保留了大部分的类黄酮物质（Sensoy et al., 2006）。

异黄酮是一类黄酮类化合物，在动物和人体中可作为植物雌激素，也刺激骨保护素分泌，改善骨骼健康，减少动脉阻力，且具有较强抗氧化能力（Hsu et al., 2001；Teede et al., 2003；Li et al., 2013）。藜麦籽粒含有异黄酮，主要是大豆黄素和染料木素（Vega-Galvez et al., 2010）。

花青素是一组类黄酮化合物，为植物呈现了明亮的红橙色到蓝紫色。流行病学研究表明，花青素的摄入可减少心血管疾病的发生（Mink et al.，2007），花青素对心血管疾病的作用与氧化应激保护作用相关（Wallace，2011）。花青素对 DNA 裂解有保护作用，具有雌激素活性、酶抑制活性和细胞因子增加活性，可降低毛细血管通透性和敏感性，以及膜强化作用（Ramirez-Tortosa，2001；Acquaviva et al.，2003；Lazze et al.，2003；Rossi et al.，2003；Lefevre et al.，2008）。低剂量摄入花青素，可以减少缺血，降低血压和血脂水平，降低心血管疾病患者的炎症。藜麦中花青素含量为 102.4 mg CGE/100 g DW（Pasko et al.，2009），高于茉莉花、水稻、苋菜、大豆（Gorinstein et al.，2007）和高粱（Awika et al.，2005）。

11.8.4 类胡萝卜素

类胡萝卜素是抗氧化剂，维生素 A 的前体、着色剂和植物必需成分（Dini et al.，2010 年）。类胡萝卜素可猝灭单线态氧，这是一个光氧化产生的重要活性氧。据报道，类胡萝卜素可防止年龄相关性黄斑变性（AMD），有益于眼睛健康（Alves-Rodrigues and Shao，2004），可以降低患冠心病风险，防止缺血性中风，以及保护皮肤免受紫外线伤害（Alves-Rodrigues and Shao，2004）。甜藜的类胡萝卜素含量为 0.4 mg/10 g，大于小麦（0.1 mg/10 g）（Hidalgo and Brandolini，2008）和玉米（0.07 mg/10 g）（Scot and Eldridge，2005）。苦藜麦的类胡萝卜素含量为 0.08 mg/10 g。

11.9 总　结

藜麦被称为“全营养食物”有以下几个原因。第一，藜麦的蛋白质含量和质量都很高，它包含所有必需氨基酸，而其他作物或多或少地会缺乏一些氨基酸，因此藜麦是完美的蛋白质补充物，尤其是对于素食者而言；第二，藜麦的脂质有很大部分是不饱和脂肪酸，比饱和脂肪酸对健康更有益处；第三，藜麦富含维生素 B 复合物、维生素 E 和矿物质，对人体健康至关重要；第四，藜麦的酚类化合物、类黄酮和类胡萝卜素等生物活性化合物是饮食中关键的抗氧化剂，对健康大有益处。

参考文献

Abeywardena MY, McLennan PL, Charnock JS. 1991. Differential effects of dietary fish oil on myocardial prostaglandin I2 and thromboxane A2 production. Am J Physiol - Heart Circ Physiol 260(2):379–385.
Abugoch LEJ. 2009. Chapter 1: Quinoa (*Chenopodium quinoa* Willd.). Adv Food Nutr Res 58:1–31.
Abugoch LE, Castro E, Tapia C, Añón MC, Gajardo P, Villarroel A. 2009. Stability of quinoa flour proteins (*Chenopodium quinoa* Willd.) during storage. Int J Food Sci Tech 44(10):2013–2020.
Abugoch LE, Romero N, Tapia CA, Silva J, Rivera M. 2008. Study of some physicochemical and functional properties of quinoa (*Chenopodium quinoa* Willd) protein isolates. J Agric Food Chem 56(12):4745–4750.

Acquaviva R, Russo A, Galvano F, Galvano G, Barcellona ML, Li VG, Vanella A. 2003. Cyanidin and cyanidin 3-O-beta-D-glucoside as DNA cleavage protectors and antioxidants. Cell Biol Toxicol 19(4):243–252.

Adhami VM, Syed DN, Khan N, Mukhtar H. 2012. Dietary flavonoid fisetin: a novel dual inhibitor of Pi3k/Akt and Mtor for prostate cancer management. Biochem Pharmacol 84(10):1277–1281.

Ahamed NT, Singhal RS, Kulkami PR, Palb M. 1996. Physicochemical and functional properties of *Chenopodium orcinoa* starch. Carbohyd Polym 31:99–103.

Aluko RE, Monu E. 2003. Functional and bioactive properties of quinoa seed protein hydrolysates. J Food Sci 68(4):1254–1258.

Alvarez-Jubete L, Arendt EK, Gallagher E. 2010a. Nutritive value of pseudocereals and their increasing use as functional gluten-free ingredients. Trends Food Sci Tech 21(2):106–113.

Alvarez-Jubete L, Wijngaard H, Arendt EK, Gallagher E. 2010b. Polyphenol composition and *in vitro* antioxidant activity of amaranth, quinoa, buckwheat and wheat as affected by sprouting and baking. Food Chem 119(2):770–778.

Alves-Rodrigues A, Shao A. 2004. The science behind lutein. Toxicol Lett 150(1):57–83.

Ando H, Chen YC, Tang H, Shimizu M, Watanabe K, Mitsunaga T. 2002. Food components in fractions of quinoa seed. Food Sci Technol 8(1):80–84.

Araujo-Farro PC, Podadera G, Sobral GAP, Menegalli FC. 2010. Development of films based on quinoa (*Chenopodium quinoa* Willd.) starch. Carbohyd Polym 81(4):839–848.

Awika JM, Rooney LW, Waniska RD. 2005. Anthocyanins from black sorghum and their antioxidant properties. Food Chem 90(2):293–301.

Brend Y. 2012. Total phenolic content and antioxidant activity of red and yellow quinoa (*Chenopodium quinoa* Willd.) seeds as affected by baking and cooking conditions. Food Nutr Sci 3(08):1150–1155.

Cai S, Yu G, Chen X, Huang Y, Jiang X, Zhang G, Jin X. 2013. Grain protein content variation and its association analysis in barley. BMC Plant Biol 13:35.

Cameron B, Landreth GE. 2010. Inflammation, microglia, and Alzheimer's Disease. Neurobiol Dis 37(3):503–509.

Camilleri M, Carlson P, McKinzie S, Zucchelli M, D'Amato M, Busciglio I, Burton D, Zinsmeister AR. 2011. Genetic susceptibility to inflammation and colonic transit in lower functional gastrointestinal disorders: preliminary analysis. Neurohastroenterol Motil: Off J Eur Gastrointest Motil Soc 23(10):e935–e938.

Chait A, Brunzell JD, Denke MA, Eisenberg D, Ernst ND, Franklin FA, Ginsberg H. 1993. Rationale of the diet-heart statement of the American Heart Association. Report of Nutrition Committee. Circulation 88(6):3008–3029.

Chan JK, McDonald BE, Gerrard JM, Bruce VM, Weaver BJ, Holub BJ. 1993. Effect of dietary alpha-linolenic acid and its ratio to linoleic acid on platelet and plasma fatty acids and thrombogenesis. Lipids 28(9):811–817.

Chen Z, Schols HA, Voragen AGJ. 2003. Starch granule size strongly determines starch noodle processing and noodle quality. Food Chem Toxicol 68(5):1584–1589.

Cotton PA, Subar AF, Friday JE, Cook A. 2004. Dietary sources of nutrients among us adults, 1994 to 1996. J Am Diet Assoc 104(6):921–930.

Crumpacker CS. 2010. Invited commentary: human cytomegalovirus, inflammation, cardiovascular disease, and mortality. Am J Epidem 172(4):372–374.

Cunnane SC, Thompson LU. 1995. Flaxseed in human nutrition. In: Chamberlain JG, Nelson GJ, editors. The effect of dietary alpha-linolenic acid on blood lipids and lipoproteins in humans. Champaign, IL: AOAC Press. 1–458.

Damodaran S, Parkin KL, Fennema OR. 2008. Fennema's food chemistry. Boca Raton, FL: CRC Press. 1–1160.

Dervilly-Pinel G, Rimsten L, Saulnier L, Andersson R, Åman P. 2001. Water-extractable arabinoxylan from pearled flours of wheat, barley, rye and triticale. Evidence for the presence of ferulic acid dimers and their involvement in gel formation. J Cereal Sci 34(2):207–214.

van Dijk SJ, Feskens EJ, Bos MB, Hoelen DW, Heijligenberg R, Bromhaar MG, de Groot LC, de Vries JH, Müller M, Afman LA. 2009. A saturated fatty acid-rich diet induces an obesity-linked proinflammatory gene expression profile in adipose tissue of subjects at risk of metabolic syndrome. Am J Clin Nutr 90(6):1656–1664.

Dini I, Tenore GC, Dini A. 2010. Antioxidant compound contents and antioxidant activity before and after cooking in sweet and bitter *Chenopodium quinoa* seeds. LWT - Food Sci Technol 43(3):447–451.

Di Sabatino A, Corazza GR. 2009. Coeliac disease. Lancet 373: 1480–1493.

Djordjevic TM, Šiler-Marinkovic SS, Dimitrijevic-Brankovic SI. 2011. Antioxidant activity and total phenolic content in some cereals and legumes. Int J Food Prop 14(1):175–184.

Donath MY, Shoelson SE. 2011. Type 2 diabetes as an inflammatory disease. Nature Rev Immunol 11(2):98–107.

Donoso LA, Kim D, Frost A, Callahan A, Hageman G. 2006. The role of inflammation in the pathogenesis of age-related macular degeneration. Surv Ophthalmol 51(2):137–152.

Eitenmiller RR, Landen WO. 1999. Vitamin analysis for the health and food Sciences. Boca Raton, FL: CRC Press. 1–518.

Fasano A, Berti I, Gerarduzzi T, Tarcisio Not, Colletti RB, Drago S, Elitsur Y, Green PHR, Guandalini S, Hill ID, Pietzak M, Ventura A, Thorpe M, Kryszak D, Fornaroli F, Wasserman SS, Murray JA, Horvath K. 2003. Prevalence of celiac disease in at-risk and not-at-risk groups in the United States: a large multicenter study. Arch Intern Med 163(3):286–292.

Fasano A, Catassi C. 2001. Current approaches to diagnosis and treatment of celiac disease: an evolving spectrum. Gastroenterology 120(3):636–651.

Faulds CB, Mandalari G, LoCurto R, Bisignano G, Waldron KW. 2004. Arabinoxylan and mono-and dimeric ferulic acid release from brewer's grain and wheat bran by feruloyl esterases and glycosyl hydrolases from *Humicola insolens*. App Microbiol Biotechnol 64(5):644–650.

Ferrero-Miliani L, Nielsen OH, Andersen PS, Girardin SE. 2007. Chronic inflammation: importance of Nod2 and Nalp3 in interleukin-1& beta generation. Clini Exp Immunol 147(2):227–235.

Friedman M, Brandon DL. 2001. Nutritional and health benefits of soy proteins. J Agric Food Chem 49(3):1069–1086.

Gallagher E, Gormley TR, Arendt EK. 2004. Recent advances in the formulation of gluten-free cereal-based products. Trends Food Sci Technol 15(3–4):143–152.

Garg ML, Wierzbicki AA, Thomson AB, Clandinin MT. 1989. Dietary saturated fat level alters the competition between alpha-linolenic and linoleic acid. Lipids 24(4):334–339.

Ghosh D, Thejomoorthy P, Veluchamy P 1983. Anti-inflammatory and analgesic activities of oleanolic acid 3-/3-glucoside (Rdg-1) from *Randia dumetorum* (Rubiaceae). Indian J Pharmacol 15(4):331–342.

Giménez B, Moreno S, López-Caballero ME, Montero P, Gómez-Guillén MC. 2013. Antioxidant properties of green tea extract incorporated to fish gelatin films after simulated gastrointestinal enzymatic digestion. LWT - Food Sci Technol 53(2):445–451.

Gorinstein S, Vargas OJM, Jaramillo NO, Salas IA, Ayala ALM, Arancibia-Avila P, Toledo F, Katrich E, Trakhtenberg S. 2007. The total polyphenols and the antioxidant potentials of some selected cereals and pseudocereals. Eur Food Res Technol 225(3–4):321–328.

Gross GG. 1980. Phenolic acids. In: Stumpf PK, Conn Eric E, editors. The biochemistry of plants: a comprehensive treatise. New York, NY: Academic Press. 707 p.

Guo WW, Beta T. 2013. Phenolic acid composition and antioxidant potential of insoluble and soluble dietary fibre extracts derived from select whole-grain cereals. Food Res Int 51(2):518–525.

Hidalgo A, Brandolini A. 2008. Protein, ash, lutein and tocols distribution in einkorn (*Triticum monococcum* L. subsp. *monococcum*) seed fractions. Food Chem 107(1):444–448.

Hoffenberg EJ, MacKenzie T, Barriga KJ, Eisenbarth GS, Bao F, Haas JE, Erlich H, Bugawan TL, Sokol RJ, Taki I, Norris JM, Rewers M. 2003. A prospective study of the incidence of childhood celiac disease. J Pediatr 143(3):308–314.

Hovdenak N, Hovlid E, Aksnes L, Fluge G, Erichsen MM, Eide J. 1999. High prevalence of asymptomatic coeliac disease in Norway. Eur J Gastroenterol Hepatol 11(2):185–188.

Hsu CS, Shen WW, Hsueh YM, Yeh SL. 2001. Soy isoflavone supplementation in postmenopausal women. Effects on plasma lipids, antioxidant enzyme activities and bone density. J Reprod Med 46(3):221–226.

Hu FB, Manson JE, Willett WC. 2001. Types of dietary fat and risk of coronary heart disease: a critical review. J Am Coll Nutr 20(1):5–19.

Hu FB, Stampfer MJ, Manson JE, Rimm EB, Wolk A, Colditz GA, Hennekens CH, Willett WC. 1999. Dietary intake of a-linolenic acid and risk of fatal ischemic heart disease among women. Am J Clin Nutr 69(5):890–897.

Hunnicutt JW, Hardy RW, Williford J, McDonald JM. 1994. Saturated fatty acid-induced insulin resistance in rat adipocytes. Diabetes 43(4):540–545.

Ikegawa T, Mayama S, Nakayashiki H, Kato H. 1996. Accumulation of diferulic acid during the hypersensitive response of oat leaves *Topuccinia coronata* f.sp. *avenae* and its role in the resistance of oat tissues to cell wall degrading enzymes. Physiol Mol Plant Pathol 48(4):245–256.

Ilhami AU, Mshvildadze V, Gepdiremen A, Elias R. 2006. The antioxidant activity of a triterpenoid glycoside isolated from the berries of *Hedera colchica*: 3-O-(B-D-Glucopyranosyl)-Hederagenin. Phytother Res 20(2):130–134.

Jacobs D, Blackburn H, Higgins M, Reed D, Iso H, McMillan G, Neaton J, Potter J, Rifkind B. 1992. Report of the conference on low blood cholesterol: mortality associations. Circulation 86(3):1046–1060.

Jancurová M, Minarovicova L, Dandar A. 2009. Quinoa – a review. Czech J Food Sci 27(2):71–79.

Jones RW. 2001. Inflammation and Alzheimer's disease. Lancet 358(9280):436–437.

Ju HK, Lee HW, Chung KS, Choi JH, Cho JG, Baek NI, Chung HG, Lee TK. 2012. Standardized flavonoid-rich fraction of *Artemisia princeps* Pampanini cv. Sajabal induces apoptosis via mitochondrial pathway in human cervical cancer Hela cells. J Ethnopharmacol 141(1):460–468.

Juliano BO. 1985. Rice: chemistry and technology. Saint Paul, MN: American Association of Cereal Chemists. 774 p.

Karadag A, Ozcelik B, Saner S. 2009. Review of methods to determine antioxidant capacities. Food Anal Methods 2(1):41–60.

Keller AC, Ma J, Kavalier A, He K, Brillantes AM, Kennelly EJ. 2011. Saponins from the traditional medicinal plant *Momordica charantia* stimulate insulin secretion *in vitro*. Phytomed 19(1):32–37.

Khan N, Afaq F, Khusro FH, Mustafa Adhami V, Suh Y, Mukhtar H. 2012. Dual inhibition of phosphatidylinositol 3-kinase/Akt and mammalian target of rapamycin signaling in human non-small cell lung cancer cells by a dietary flavonoid fisetin. Int J Cancer 130(7):1695–1705.

Khan K, Shewry PR. 2009. Wheat: chemistry and technology. Saint Paul, MN: AACC International. 1–476.

Kim SK, Byun HG, Park PJ, Shahidi F. 2001. Angiotensin I converting enzyme inhibitory peptides purified from bovine skin gelatin hydrolysate. J Agric Food Chem 49(6):2992–2997.

Kline K, Lawson KA, Yu W, Sanders BG. 2007. Vitamin E and cancer. Vitam Horm 76:435–461.

Konishi Y, Hirano S, Tsuboi H, Wada M. 2004. Distribution of minerals in quinoa (*Chenopodium quinoa* Willd.) seeds. Biosci Biotechnol Biochem 68(1):231–234.

Koziol MJ. 1992. Chemical composition and nutritional evaluation of quinoa (*Chenopodium quinoa* Willd.). J Food Comp Anal 5:35–68.

Kozlov SV. 2009. Inflammation and cancer methods and protocols. [Internet] New York, NY: Humana Press. Available from: 10.1007/978-1-60327-530-9

Kris-Etherton PM, Keen CL. 2002. Evidence that the antioxidant flavonoids in tea and cocoa are beneficial for cardiovascular health. Curr Op Lipidol 13(1):41–49.

Kroon PA, Williamson G. 1999. Hydroxycinnamates in plants and food: current and future perspectives. J Sci Food Agric 79(3):355.

Kuljanabhagavad T, Wink M. 2009. Biological activities and chemistry of saponins from *Chenopodium quinoa* Willd. Phytochem Rev 8(2): 473–490.

Lamport DJ, Dye L, Wightman JD, Lawton CL. 2012. The effects of flavonoid and other polyphenol consumption on .cognitive performance: a systematic research review of human experimental and epidemiological studies. Nutr Aging 1(1):5–25.

Lazze MC, Pizzala R, Savio M, Stivala LA, Prosperi E, Bianchi L. 2003. Anthocyanins protect against DNA damage induced by tert-butyl-hydroperoxide in rat smooth muscle and hepatoma cells. Mutat Res Genet Toxicol Environ Mutagen 535(1):103–115.

Lefevre M, Wiles JE, Zhang X, Howard LR, Gupta S, Smith AA, Ju ZY, DeLany JP. 2008. Gene expression microarray analysis of the effects of grape anthocyanins in mice: a test of a hypothesis-generating paradigm. Metabolism 57:S52-S57.

Leopoldini M, Russo N, Chiodo S, Toscano M. 2006. Iron chelation by the powerful antioxidant flavonoid quercetin. J Agric Food Chem 54(17):6343–6351.

Li Y, Kong D, Ahmad A, Bao B, Sarkar FH. 2013. Antioxidant function of isoflavone and 3,3-diindolylmethane: are they important for cancer prevention and therapy? Antioxid Redox Signaling 19 (2):139–150.

Lindeboom N, Chang PR, Falk KC, Tyler RT. 2005. Characteristics of starch from eight quinoa lines. Cereal Chem 82(2):216–222.

Lindeboom N, Chang PR, Tyler RT. 2004. Analytical, biochemical and physicochemical aspects of starch granule size, with emphasis on small granule starches: a review. Starch - Stärke 56(34):89–99.

Lovejoy JC. 1999. Dietary fatty acids and insulin resistance. Curr Atheroscler Rep 1(3):215–220.

Lovejoy JC, DiGirolamo M. 1992. Habitual dietary intake and insulin sensitivity in lean and obese adults. Am J Clin Nutr 55(6):1174–1179.

Ma WW, Heinstein PF, McLaughlin JL. 1989. Additional toxic, bitter saponins from the seeds of *Chenopodium quinoa*. J Nat Prod 52(5):1132–1135.

Mathieu P, Lemieux I, Després JP. 2010. Obesity, inflammation, and cardiovascular risk. Clin Pharmacol Ther 87(4):407–416.

Mattila P, Pihlava JM, Hellström J. 2005. Contents of phenolic acids, alkyl- and alkenylresorcinols, and avenanthramides in commercial grain products. J Agric Food Chem 53(21):8290–8295.

Maxwell SRJ, Lip GYH. 1997. Free radicals and antioxidants in cardiovascular disease. Br J Clin Pharmacol 44(4):307.

McCullough ML, Peterson JJ, Patel R, Jacques PF, Shah R, Dwyer JT. 2012. Flavonoid intake and cardiovascular disease mortality in a prospective cohort of us adults. Am J Clin Nutr 95(2):454–464.

Min B, Gu LW, McClung AM, Bergman CJ, Chen MH. 2012. Free and bound total phenolic concentrations, antioxidant capacities, and profiles of proanthocyanidins and anthocyanins in whole grain rice (*Oryza sativa* L.) of different bran colours. Food Chem 133(3):715–722.

Mink PJ, Scrafford CG, Barraj LM, Harnack L, Hong CP, Nettleton JA, Jacobs DR. 2007. Flavonoid intake and cardiovascular disease mortality: a prospective study in postmenopausal women. Am J Clin Nutr 85(3):895–909.

Mujica A. 1994. Andean grains and legumes. Leon J, Bermejo JEH. Neglected crops: 1492 from a different perspective. Rome: FAO, Plant Production and Protection. 1–341.

Myasoedova E, Crowson CS, Kremers HM, Roger VL, Fitz-Gibbon PD, Therneau TM, Gabriel SE. 2011. Lipid paradox in rheumatoid arthritis: the impact of serum lipid measures and systemic inflammation on the risk of cardiovascular disease. Ann Rheum Dis 70(3):482–487.

Ng SC, Anderson A, Coker J, Ondrus M. 2007. Characterization of lipid oxidation products in quinoa (*Chenopodium quinoa*). Food Chem 101(1):185–192.

Ogungbenle HN. 2003. Nutritional evaluation and functional properties of quinoa (*Chenopodium quinoa*) flour. Int J Food Sci Nutr 54(2):153–158.

Ohman L, Simrén M. 2010. Pathogenesis of Ibs: role of inflammation, immunity and neuroimmune interactions. Nature Reviews. Gastroenterol Hepatol 7(3):163–173.

Oliver E, McGillicuddy F, Phillips C, Toomey S, Roche HM. 2010. Postgraduate symposium: the role of inflammation and macrophage accumulation in the development of obesity-induced Type 2 Diabetes mellitus and the possible therapeutic effects of long-chain N-3. Proc Nutr Soc 69(2):232–243.

Papas A, Vos E. 2001. Vitamin E, cancer, and apoptosis. Am J Clin Nutr 73(5):1113–1114.

Paśko P, Bartoń H, Zagrodzki P, Gorinstein S, Fołta M, Zachwieja Z. 2009. Anthocyanins, total polyphenols and antioxidant activity in amaranth and quinoa seeds and sprouts during their growth. Food Chem 115(3):994–998.

Paśko P, Sajewicz M, Gorinstein S, Zachwieja Z. 2008. Analysis of selected phenolic acids and flavonoids in *Amaranthus cruentus* and *Chenopodium quinoa* seeds and sprouts by HPLC. Acta Chromatogr 20(4):661–672.

Prego I, Maldonado S, Otegui M. 1998. Seed structure and localization of reserves in *Chenopodium quinoa*. Ann Bot 82:481–488.

Pryor WA. 2000. Vitamin E and heart disease: basic science to clinical intervention trials. Free Radic Biol Med 28(1):141–164.

Przedborski S. 2010. Inflammation and Parkinson's Disease pathogenesis. Mov Disord 25(1):55–57.

Raju J, Rao CV. 2012. Diosgenin, a steroid saponin constituent of yams and fenugreek: emerging evidence for applications in medicine. [Internet]. INTECH Open Access Publisher. Available from: http://www.intechopen.com/articles/show/title/diosgenin-a-steroid-saponin-constituent-of-yams-and-fenugreek-emerging-evidence-for-applications-in-

Ramirez-Tortosa C. 2001. Anthocyanin-rich extract decreases indices of lipid peroxidation and DNA damage in vitamin E-depleted rats. Free Radic Biol Med 31(9):1033–1037.

Ranhotra GS, Gelroth JA, Glaser BK, Lorenz KJ, Johnson DL. 1993. Composition and protein nutritional quality of quinoa. Cereal Chem 70(3):303–305.

Renaud S, Nordøy A. 1983. Small is beautiful: alpha-linolenic acid and eicosapentaenoic acid in man. Lancet 1(8334):1169.

Rieder CR, Fricke D. 2001. Vitamin B12 and folate in relation to the development of Alzheimer's Disease. Neurology 57(9):1742–1743.

Rimm EB, Willett WC, Hu FB, Sampson L, Colditz GA, Manson JE, Hennekens C, Stampfer MJ. 1998. Folate and vitamin B6 from diet and supplements in relation to risk of coronary heart disease among women. JAMA: J Am Med Assoc 279(5):359–364.

Rossi A, Serraino I, Dugo P, Di Paola R, Mondello L, Genovese T, Morabito D, Dugo G, Sautebin L, Caputi AP, Cuzzocrea S. 2003. Protective effects of anthocyanins from blackberry in a rat model of acute lung inflammation. Free Radic Res 37(8):891–900.

Ruales J, de Grijalva Y, Lopez-Jaramillo P, Nair BM. 2002. The nutritional quality of an infant food from quinoa and its effect on the plasma level of insulin-like growth factor-1 (Igf-1) in undernourished children. Int J Food Sci Nutr 53(2):143–154.

Sacks FM, Katan M. 2002. Randomized clinical trials on the effects of dietary fat and carbohydrate on plasma lipoproteins and cardiovascular disease. Am J Med 113(9B):13–24.

Salmerón J, Hu FB, Manson JE, Stampfer MJ, Colditz GA, Rimm EB, Willett WC. 2001. Dietary fat intake and risk of Type 2 diabetes in women. Am J Clin Nutr 73:1019–1026.

San Martin R, Ndjoko K, Hostettmann K. 2008. Novel molluscicide against *Pomacea canaliculata* based on quinoa (*Chenopodium quinoa*) saponins. Crop Prot 27(3–5):310–319.

Scot CE, Eldridge AL. 2005. Comparison of carotenoid content in fresh, frozen and canned corn. J Food Comp Anal 18(6):551–559.

Sensoy I, Rosen RT, Ho CT, Mukund VK. 2006. Effect of processing on buckwheat phenolics and antioxidant activity. Food Chem 99(2):388–393.

Skarupski KA, Tangney C, Li H, Ouyang B, Evans DA, Morris MC. 2010. Longitudinal association of vitamin B-6, folate, and vitamin B-12 with depressive symptoms among older adults over time. Am J Clin Nutr 92(2):330–335.

Song XM, Hu SH. 2009. Adjuvant activities of saponins from traditional Chinese medicinal herbs. Vaccine 27(36):4883–4890.

Soobrattee MA, Neergheen VS, Luximon-Ramma A, Aruoma OI, Bahorun T. 2005. Phenolics as potential antioxidant therapeutic agents: mechanism and actions. Mutat Res Fund Mol Mech Mut 579(1–2):200–213.

Spagnuolo C, Russo M, Bilotto S, Tedesco I, Laratta B, Russo GL. 2012. Dietary polyphenols in cancer prevention: the example of the flavonoid quercetin in leukemia. Ann NY Acad Sci 1259(1):95–103.

Stuardo M, San Martín R. 2008. Antifungal properties of quinoa (*Chenopodium quinoa* Willd.) alkali treated saponins against *Botrytis cinerea*. Ind Crop Prod 27(3):296–302.

Sun B, Karin M. 2012. Obesity, inflammation and liver cancer. J Hepatol 56(3):704–713.

Takao T, Watanabe N, Yuhara K, Itoh S, Suda S, Tsuruoka Y, Nakatsugawa K, Konishi Y. 2005. Hypocholesterolemic effect of protein isolated from quinoa (*Chenopodium quinoa* Willd.) seeds. Food Sci Technol Res 11(2):161–167.

Tang H. 2004. Relationship between functionality and structure in barley starches. Carbohydr Polym 57(2):145–152.

Tang H, Mitsunaga T, Kawamura Y. 2005. Functionality of starch granules in milling fractions of normal wheat grain. Carbohydr Polym 59(1):11–17.

Tang CH, Ten Z, Wang XS, Yang XQ. 2006. Physicochemical and functional properties of hemp (*Cannabis sativa* L.) protein isolate. J Agric Food Chem 54(23):8945–8950.

Tang H, Yoshida T, Watanabe K, Mitsunaga T. 1998. Some properties of starch granules in various plants. Kinki Daigaku Nougaku Sougou Kenkyusho Houkoku 6:83–89 [in Japanese].

Teede HJ, McGrath BP, DeSilva L, Cehun M, Fassoulakis A, Nestel PJ. 2003. Isoflavones reduce arterial stiffness: a placebo-controlled study in men and postmenopausal women. Arterioscler Thromb Vasc Biol 23(6):1066–1071.

Trumbo PR. 2005. The level of evidence for permitting a qualified health claim: FDA's review of the evidence for selenium and cancer and Vitamin E and heart Disease. J Nutr 135(2):354–356.

Ubbink JB, Vermaak WJ, van der Merwe A, Becker PJ. 1993. Vitamin B-12, Vitamin B-6, and folate nutritional status in men with hyperhomocysteinemia. Am J Clin Nutr 57(1): 47–53.

[USDA] U.S. Department of Agriculture, Agricultural Research Service. (2011) [Internet]. USDA national nutrient database for standard reference, Release 18. Nutrient Data Laboratory Home Page. Available from: http://ndb.nal.usda.gov/.

[USDA] U.S. Department of Agriculture, Agricultural Research Service. (2005) [Internet]. Dietary reference intakes: macronutrients. National Academy of Sciences. Institute of Medicine. Food and Nutrition Board. Available from: http://www.nal.usda.gov/fnic/DRI/DRI_Energy/energy_full_report.pdf.

Valencia-Chamorro SA. 2003. Quinoa. Caballero B. Encyclopedia of food science and nutrition, 8. Amsterdam, The Netherlands: Academic Press. 4895–4902.

Vega-Gálvez A, Miranda M, Vergara J, Uribe E, Puente L, Martínez EA. 2010. Nutrition facts and functional potential of quinoa (*Chenopodium quinoa* Willd.), an ancient Andean grain: a review. J Sci Food Agric 90(15):2541–2547.

Wallace TC. 2011. Anthocyanins in cardiovascular disease. Adv Nutr 2(1):1–7.

Wang M, Hettiarachchy NS, Qi M, Burks W, Siebenmorgen T. 1999. Preparation and functional properties of rice bran protein isolate. J Agric Food Chem 47(2):411–416.

Watanabe K, Peng NL, Tang H, Misunaga T. 2007. Molecular structural characteristics of quinoa starch. Food Sci Technol Res 13(1):73–76.

Wedick NM, Pan A, Cassidy A, Rimm EB, Sampson L, Rosner B, Willett W, Hu FB, Sun Q, van Dam RM. 2012. Dietary flavonoid intakes and risk of Type 2 diabetes in US men and women. Am J Clin Nutr 95(4):925–933.

West J, Logan RFA, Hill PG, Lloyd A, Lewis S, Hubbard R, Reader R, Holmes GKT, Khaw KT. 2003. Seroprevalence, correlates, and characteristics of undetected coeliac disease in England. Gut 52(7):960–965.

Wilson JD, Bechtel DB, Todd TC, Seib PA. 2006. Measurement of wheat starch granule size distribution using image analysis and laser diffraction technology. Cereal Chem J 83(3):259–268.

Wink M. 2004. Phytochemical diversity of secondary metabolites. Encyclopedia of plant & crop science. New York, NY: Marcel Dekker. 1–1329.

Woldemichael GM, Wink M. 2001. Identification and biological activities of triterpenoid saponins from *Chenopodium quinoa*. J Agric Food Chem 49(5):2327–2332.

Woldemichael GM, Wink M. 2009. Biological activities and chemistry of saponins from *Chenopodium quinoa* Willd. Phytochem Rev 8(2):473–490.

Wright KH, Pike OA, Fairbanks DJ, Huber CS. 2002. Composition of *Atriplex hortensis*, sweet and bitter *Chenopodium quinoa* seeds. J Food Sci 67(4):1383–1385.

Wu J, Ding X. 2001. Hypotensive and physiological effect of angiotensin converting enzyme inhibitory peptides derived from soy protein on spontaneously hypertensive rats. J Agric Food Chem 49(1):501–506.

Wymann MP, Solinas G. 2013. Inhibition of phosphoinositide 3-kinase attenuates inflammation, obesity, and cardiovascular risk factors. Ann NY Acad Sci 1280(1):44–47.

Yadav MP, Moreau RA, Hicks KB. 2007. Phenolic acids, lipids, and proteins associated with purified corn fiber arabinoxylans. J Agric Food Chem 55(3):943–947.

Yang Q, Cogswell ME, Hamner HC, Carriquiry A, Bailey LB, Pfeiffer CM, Berry RJ. 2010. Folic acid source, usual intake, and folate and Vitamin B-12 status in US adults: national health and nutrition examination survey (Nhanes) 2003–2006. Am J Clin Nutr 91(1):64–72.

Yin J, Becker EM, Andersen ML, Skibsted LH. 2012. Green tea extract as food antioxidant. Synergism and antagonism with A-tocopherol in vegetable oils and their colloidal systems. Food Chem 135(4):2195–2202.

Yuan XP, Wang J, Yao H. 2005. Antioxidant activity of feruloylated oligosaccharides from wheat bran. Food Chem 90(4):759–764.

Zamora-Ros R, Ferrari P, González CA, Tjønneland A, Olsen A, Bredsdorff L, Overvad K, Touillaud M, Perquier F,

Fagherazzi G, Lukanova A, Tikk K, Aleksandrova K, Boeing H, Trichopoulou A, Trichopoulos D, Dilis V, Masala G, Sieri S, Mattiello A, Tumino R, Ricceri F, Bueno-de-Mesquita HB, Peeters PH, Weiderpass E, Skeie G, Engeset D, Menéndez V, Travier N, Molina-Montes E, Amiano P, Chirlaque MD, Barricarte A, Wallström P, Sonestedt E, Sund M, Landberg R, Khaw KT, Wareham NJ, Travis RC, Scalbert A, Ward HA, Riboli E, Romieu I. 2013a. Dietary flavonoid and lignan intake and breast cancer risk according to menopause and hormone receptor status in the European Prospective Investigation into Cancer and Nutrition (EPIC) study. Breast Cancer Res Treat 139(1):163–176.

Zamora-Ros R, Not C, Guinó E, Luján-Barroso L, García RM, Biondo S, Salazar R, Moreno V. 2013b. Association between habitual dietary flavonoid and lignan intake and colorectal cancer in a Spanish case–control study (the Bellvitge Colorectal Cancer study). Cancer Causes Control 24(3): 549–557.

Zhou K, Yin JJ, Yu LL. 2005. Phenolic acid, tocopherol and carotenoid compositions, and antioxidant functions of hard red winter wheat bran. J Agric Food Chem 53(10):3916–3922.

第 12 章　南美藜麦产业状况

Sergio Núñez de Arco

Quinoa Specialist and Co-Founder, Andean Naturals, Inc., 393 Catamaran St., Foster City, CA, USA

12.1　引　　言

2013 年 2 月 20 日，在纽约联合国大会上，藜麦作为安第斯文明主食，成为人们关注的焦点。在国际藜麦年（IYQ）启幕之际，执行主席在联合国第 64 届年会上致以下开幕词：

过去我们常听闻对不同食物益处的各种扩大宣传，但在我看来，我们确实有一种植物受得起“超级食物”的头衔，那就是藜麦。在许多方面，这种安第斯山地区的传统主食可承载联合国的诸多奋斗目标。藜麦在保证食品安全、提高营养，乃至从根本上解决贫困方面都会起到重要作用。同时，联合国也非常重视藜麦产地的相关知识与生产实践。

联合国粮食及农业组织主席 José Graziano da Silva 进一步强调了藜麦被期望承担的角色：“我们在寻求一个可解决饥饿和食品安全问题的食物——那就是藜麦。”

回顾 2013 年 12 月 31 日藜麦年的最后一天，一个玻利维亚拉巴斯小型开放市场的零售店店主投诉到，藜麦价格上升如此之快以至于其销售速度放缓，“人们投诉其价格太高，1 袋藜麦能换 3 袋米”。玻利维亚是西半球第二贫穷国家，也是世界第一大藜麦主产国，即使在这里，藜麦的价格在 2013 年也翻番达到前所未有的 4 美元/磅[①]。

美国是世界藜麦的主要客户，藜麦价格也成倍增长。由于大力宣传和零售商的推动，零售包装的藜麦从 2013 年 9 月的 4 美元/磅涨到 6～9 美元/磅（图 12.1）。藜麦迅速获得独特而昂贵的声誉：一种奢侈食品，但这恰好与联合国的初衷背道而驰。

2013 年年末，藜麦市场投机盛行，无人可预言这会对需求造成何种影响。2014 年，秘鲁和玻利维亚的藜麦种植面积预计较往年增长至少 30%，而随着其他非传统藜麦生产国的进入，藜麦市场竞争将进一步加剧。

---

① 1 磅=0.454 kg。

图 12.1　加利福尼亚州一个全食品商店货架展示的藜麦价格在 5.5～9 美元/磅（照片来源 Sergio Nuñez de Arco）

藜麦产业发展面临两难的选择。一方面，联合国期望藜麦能够价格便宜、广泛推广且大众消费得起；另一方面，还有 45 000 个安第斯小农户，最近因藜麦价格可观，贫困现状得到改善而欣喜。藜麦能否在为成千上万的小农户带来可观收入的同时，又成为万千大众消费得起的健康主食呢？

12.2　玻利维亚小农户的经济状况和国际藜麦市场的写照

2013 年 10 月 10 日凌晨 6 点，当太阳开始照射到 Miguel Huayllas 家位于玻利维亚阿尔蒂普拉诺高原以南 13 000 ft[①]的 Uyuni 盐场北部的 3 hm^2 土地上时，这里温度是–5℃（23℉）。霜冻再次袭击，但严寒未能阻止兔子到他的地里啃食掉几行藜麦叶。他们必须人工补种 tempranera 或者其他生长周期短的种子。除了这几行，地里其他藜麦都安然无恙。“寒冷使番茄、大麦等许多植物冻死，但只有藜麦能够在这寒风中继续生长。”

玻利维亚大约有 35 000 个像 Miguel 这样的小农户种植藜麦，他们平均拥有 3 hm^2 土地。Miguel 家每公顷土地的生产成本为 720 美元，包括羊驼粪便和他用信用担保得到的有机投入（表 12.1）。

表 12.1　有机藜麦生产成本（基于 Jacha Inti 在玻利维亚南部高原地区的有机种植数据）

生产成本	美元/hm^2
整地	79.14
有机投入（种子，肥料）	164.53
人力成本	
播种	71.94
除草	28.78
施肥	14.39
防虫 1	14.39

① 1ft=0.3048 m。

续表

生产成本	美元/hm^2
防虫 2	14.39
收获成本	
镰刀收割	103.6
打谷脱粒	89.93
打谷脱粒人工	14.39
风选	14.39
聚酯编织袋	10.07
运输费用	100.72
每公顷总计	720.65

Miguel 期望每 3 hm^2 地能收获 19“公担”（100 磅或 1 英担）藜麦。总体而言，Miguel 期望收获 5700 磅。2013 年为藜麦历史高价年，因为年末藜麦田间收货价格涨到 2.7 美元/磅。“我现在就能卖掉我所有的藜麦，这里的中间商每周末都会高价收购。”如同大多数玻利维亚的藜麦种植者一样，Miguel 只在 4～5 月的收获季节卖掉 1/3 的作物，然后在一年中再陆续地卖掉 1/3，以维持生活消费，剩下的 1/3 他会持有以作保险，只在翌年 1 月确定新种植的藜麦能成功收获后再卖掉。小农户决定了其存货在交易市场中的缓慢流通，这虽然保证了从事藜麦清洗/除杂（或加工）的工厂始终处于忙碌运转状态，但因这些工厂不能满足跨国食品企业对藜麦质量安全和产量的需求，也就无法获得大的销售合同。

如果藜麦价格保持在现在的流通水平，Miguel 家农场在 2014 年可获得 15 390 美元的收入。对于一个 5 口之家，3 个成人，按人头收入大约每天 13 美元，比他们在城市打工所能挣到最低工资水平 8 美元高许多。然而 Miguel 并没有稳定的收益，退休后的退休金和健康保险对他来说还是奢望。

对于藜麦种植户来说，事态在往好的方面发展，10 年间很多事情都发生了变化。回溯到 2004 年，藜麦农民们还挣扎在生存线上，生产藜麦是自给自足以及买卖交易，他们唯一希望的生活改善就是从农村搬到城市。渐渐地，普通的藜麦农户从在 1 hm^2 土地种植庄稼，变为在 3 hm^2 土地上经营农场。在过去 10 年间，藜麦价格从 60 美分/磅涨到了 2.7 美元/磅，现在的藜麦农户能够将子女送到附近城镇接受更好的教育了。

“我们不喜欢所有的不确定性，我希望价格从 2008 年增长以来，能够稳定在一定水平”，当我们准备购买 Miguel 剩余的藜麦存货时，他告诉我们，“如果价格几乎每周都在走高，那为什么我现在要卖掉？”如果类似 Miguel 这样数以千计的农户皆有此想法，那么市场上的藜麦供给将持续短缺，价格也将持续走高。尽管如此，玻利维亚的出口商仍然不得不签订销售合同。玻利维亚出口商（通常为加工厂）希望尽快在藜麦热卖中兑现，将期货合同卖给美国进口商，承诺至少几百户小农户按合同价格交货。美国进口商再把这些合同转卖给食品公司、经销商以及超市。2013年当农民以高于市场价格交付或者完全不交付藜麦产品时，就遭遇了危机，价格从2013年1月的3600美元/t，飞涨到年末的8000美元/t（清理干净的出口级白藜麦）。面对卖主的合同违约，进口商只能通过提高藜麦价格来保护他们已经售卖的产品。

2014年伊始，供应链的利益相关者们心中有很多疑问。随着玻利维亚的原料与2008年增长后的稳定价格相比又几乎翻了3倍，农民想知道到底发生了什么，想知道在价格持续走高的时候到底是谁在购买藜麦。而在市场的另一端，食品企业也想知道，价格如此反复无常，他们怎样才能够在产品中加入更多藜麦，他们也无法获得有保障的长期合同。

解决方案的一部分可能来自新的藜麦生产国，如遵循更为传统供应链模式（包括批量年度合同）的北美。在大量需求下，随着市场新的藜麦供给，藜麦正在向成为更加便宜的商品发展，其随后可能会如同联合国所期望的那样成为解决世界饥饿的关键一员。但是，Miguel Huatllas 和他的藜麦小农户朋友们，会适应这个新环境吗？

12.3　藜麦市场：供给与需求

12.3.1　玻利维亚、秘鲁和厄瓜多尔增加藜麦种植面积

值得注意的是，由于藜麦的市场数据很少，本节的大多数数据是依据联合国粮食及农业组织、玻利维亚国家统计局和海关、秘鲁国家税务总局以及美国海关的数据进行处理获得的。

12.3.2　玻利维亚藜麦种植面积的演变（图 12.7～图 12.10，图 12.3）

玻利维亚有 40 000～60 000 个种植藜麦的小规模家庭农场。

家庭农场从 2000 年前平均经营不足 1 hm^2 土地到现在的 3 hm^2，随着这一种植规模的增长，藜麦生产占据了高原为数不多的可耕作土地的 1/6（图 12.2）。

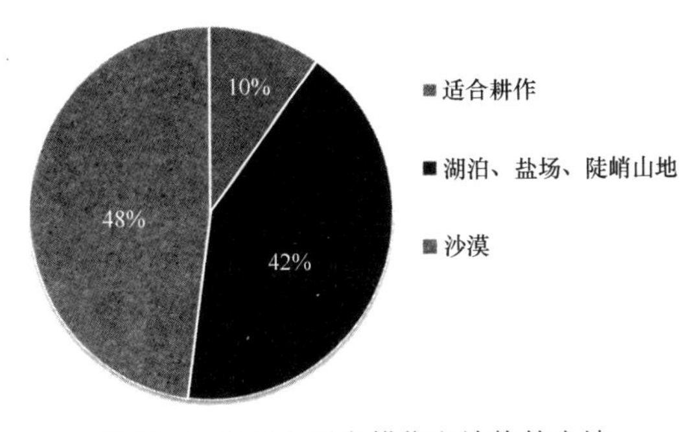

图 12.2　高原上适宜耕作和放牧的土地

1980 年之前，玻利维亚藜麦生产者们主要在受保护的山坡上平均年种植 20 000 hm^2 藜麦。藜麦人工种植在能防止霜冻的多岩石山坡上，与玉米、番茄和豆类进行轮作。

1983 年以后，受 Asociacion Nacional de Productores de Quinua（ANAPQUI）对欧美市场出口需求及秘鲁市场刺激，玻利维亚藜麦种植面积增长到年均 35 000 hm^2（图 12.3）。这种增长显示，藜麦能够以半机械化方式种植，利用拖拉机翻土和松土，先前不能够用来耕作的土地，被开发用来种植藜麦。这可能是由于全球变暖导致气候变化，平原的霜冻不再那么频繁，因而促进了藜麦田的开发。

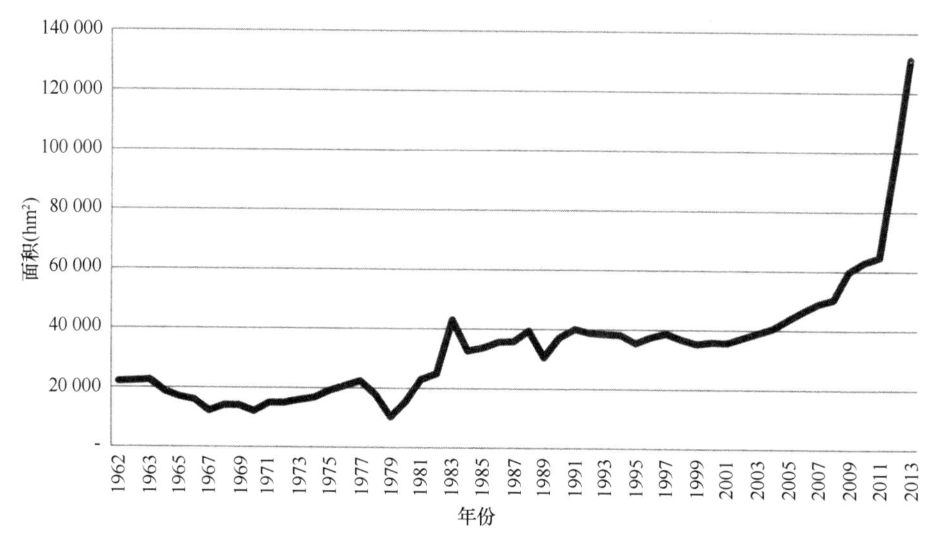

图 12.3　藜麦种植面积（公顷数）

据领导藜麦清洗和清理技术发展的非营利性组织——玻利维亚可持续发展促进中心（CPTS）的 Cesín Curi 估计，除约 150 万 hm^2 可耕作土地之外，在玻利维亚高原地区有 25 万 hm^2 土地可被用于藜麦种植。

这些边缘土地在保护区域内，如在提提喀喀湖沿岸附近。现在这些土地用来放牧及种植马铃薯、小麦、大麦、薯类和豆类等。虽然看上去仍有很多面积可以种植藜麦，但种植藜麦会导致缩小其他作物种植面积及侵占牧场面积。Cesín Curi 指出，他们要在荒地为试验田设立基金，“如果藜麦能够种植在‘不适宜耕作区域’，那么藜麦的增长潜能将是巨大的”。但是，问题是在荒漠区域种植的成本究竟有多大，这些土地沙化且营养贫瘠，藜麦在这些区域生产将会主要依赖于化学肥料。

12.3.3　美国藜麦市场及价格演变

美国是世界藜麦出口的主要市场，2013 年大约消费了藜麦总产量的 30%。藜麦出口量及藜麦对于美国的重要性，在过去的几年中都有了大幅度的增长，详见表 12.2。

表 12.2　美国藜麦年进口量及其占世界产量的比例

	2004 年	2005 年	2006 年	2007 年	2008 年	2009 年	2010 年	2011 年	2012 年	2013 年
藜麦进口量（t）	1 548	2 425	2 479	3 346	5 824	8 456	11 901	16 557	26 155	36 038
年增长率（%）		57	2	35	74	45	41	39	58	38
美国藜麦进口量占世界产量的比例（%）			4	6	10	11	15	21	26	30

12.3.4　从市场风暴看藜麦

藜麦因全谷物、有机/天然食品和无麸质食品流行而得到发展。美国藜麦市场有 3 个增长阶段。

20 世纪 80 年代中期至 2000 年。在这一初始阶段，藜麦市场达到 1000 t，包括拉美食品进口商和天然食品先驱者，如 Ancient Harvest 从玻利维亚进口藜麦，Arrowhead Mills 从秘鲁进口藜麦，以及 Inca Organics 从厄瓜多尔进口藜麦。这些公司虽然有所成长，但他们仍要克服低市场认知度、自然通道的有限及资源紧张等难题（主要有品质问题和受限于加工能力的小供货量）。

2000～2007 年。从早期到中间阶段，藜麦市场从 1000 t 增长到 3300 t（表 12.2），这个阶段有机食品产业也经历了年增长率 15%～20%的快速发展。由阿特金斯健康饮食法引导的低碳潮流渐渐褪去，对全谷物的关注日益凸显。在玻利维亚，非营利性组织为支持藜麦加工，开发了更好的清洗模式，向市场提供高产、清洗/清理藜麦，助推了藜麦产业快速发展。2007 年之前，Trader Joe’s 超市开始在全美销售藜麦，标志着藜麦从有机小区域产品向特有食品的转变。

2007 年至今。在此期间藜麦市场从 3300 t 涨到 36 000 t（表 12.2），这个上涨的阶段标志着藜麦向主流市场的发展。玻利维亚和秘鲁的大型工厂向食品企业提供更可靠和更大量的藜麦，随之进口商和商品交易商愿意承担进口大量藜麦的风险，向零售商提供长期供货合同，新的藜麦市场规则和品牌开始推出，尤其是在 Costco 和 Whole Foods 超市。2013 年 12 月之前，美国有超过 200 个合法注册的藜麦进口商从 169 个出口公司购买了藜麦。2012 年，多个跨国食品企业（Kellogg、Pepsico 和 Mars）建立了藜麦新产品生产线。2013 年，藜麦零售市场领导者 Enray（TruRoots）被 Smuckers 收购。

今天，藜麦被认为是有机和健康食品的代名词。在美国，65%以上的市售藜麦通过了有机认证（图 12.4）。这应归功于最初引领藜麦市场的品牌持有者和进口商对有机藜麦食品的承诺。作为新产品研发的一个出发点，藜麦市场的发展将显然不只是各种品牌的零售藜麦，而是要作为即食包装食品的原料组分。

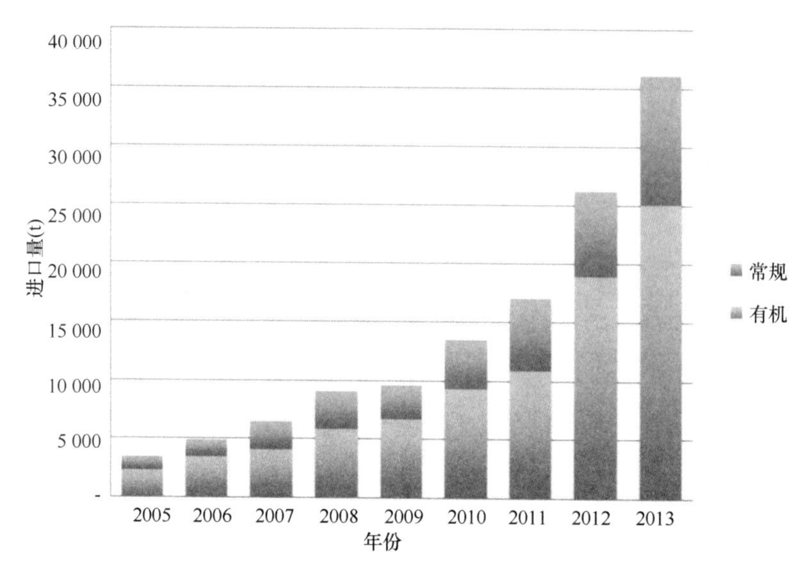

图 12.4 美国有机和非有机藜麦年进口量对比图（彩图请扫描封底二维码）

藜麦在商店和市场主要有 3 种消费形式。

一是藜麦被包装在零售袋中作为配料。Costco 和 Trader Joe's 里的全部及 Whole Foods 里 1/7 的藜麦零售品牌都是 Bolivian Organic。来自玻利维亚的藜麦籽粒大且均匀，更受消费者欢迎（图 12.5）。在 Target、Marshalls 和 Home Goods 等零售店里在售的袋装藜麦基本都来自秘鲁。

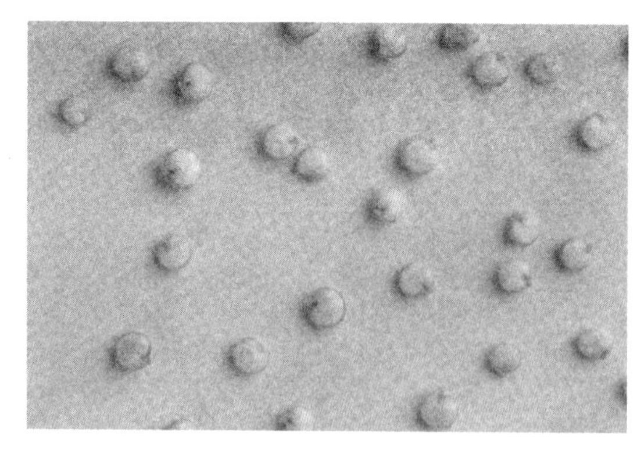

图 12.5 白藜麦种子特写（图片来源 Vitaliy Prokopets）

二是藜麦和其他谷物混合作为配料（如大米-藜麦混合谷物）。在 5 种混合产品中，只有两种有玻利维亚藜麦。在混合产品中，藜麦大小、烹饪时间以及外观通常并不那么重要，包括速冻即食藜麦，这时有机认证也不那么重要了。

三是未标明产地的藜麦产品（意面、饼干、混合面包、谷物、威士忌、伏特加和香槟）。随着藜麦市场的发展，藜麦作为原料的需求日益增长，在这些市场中，藜麦种子大小、有机认证、烹饪时间及风味与价格相比都不太重要（图 12.6）。

图 12.6　多个藜麦品种在同一土地上种植和收获（图片来源 Vitaliy Prokopets）
（彩图请扫描封底二维码）

在经历了 2009～2012 年相对稳定的价格后，2013 年的藜麦如何定价又成为一个大问题（图 12.7）。为什么会有这样的变化，与玻利维亚和秘鲁的藜麦价格差异有关。2013 年 12 月，玻利维亚有机藜麦售价为平均 8000 美元/t，而秘鲁有机藜麦只有 7000 美元/t，但曾经秘鲁藜麦只比玻利维亚藜麦低 200 美元/t。这种差异是多重因素导致的，可能与玻利维亚藜麦的高需求和籽粒优势有关（如前文所述，其大尺寸和均一性更受欢迎）。

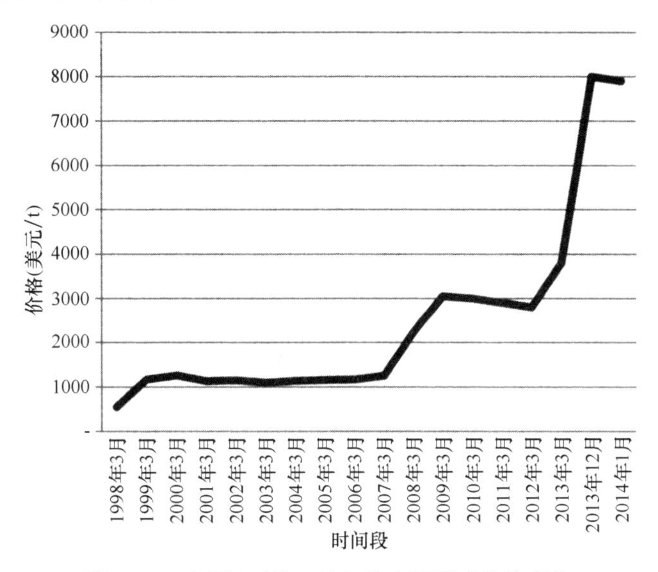

图 12.7　玻利维亚港口输入的有机藜麦价格变化

玻利维亚和秘鲁政府都很关心藜麦的高价，并采取了相关措施。两国并没有采取出口控制和产业国有化方面的强硬措施，而都采取了补贴政策，继续在如学校午餐等社会活动中提供低价藜麦，在藜麦种植和加工方面也加大投入，增加投资促进生产（为种植户提供原料、种子和劳动资金贷款）。

2014 年，玻利维亚、秘鲁和厄瓜多尔，以及非传统藜麦生产国都在扩大种植面积（图 12.8）。据玻利维亚国家统计中心（INE）统计，2014 年藜麦种植面积增加了 29%。2014 年的供给增加，整个供应链的藜麦价格有望降低（图 12.9 和图 12.10）。农民将肯定是第一个感受到供求关系的影响，很多人开始担心藜麦会重回自给自足型农业。

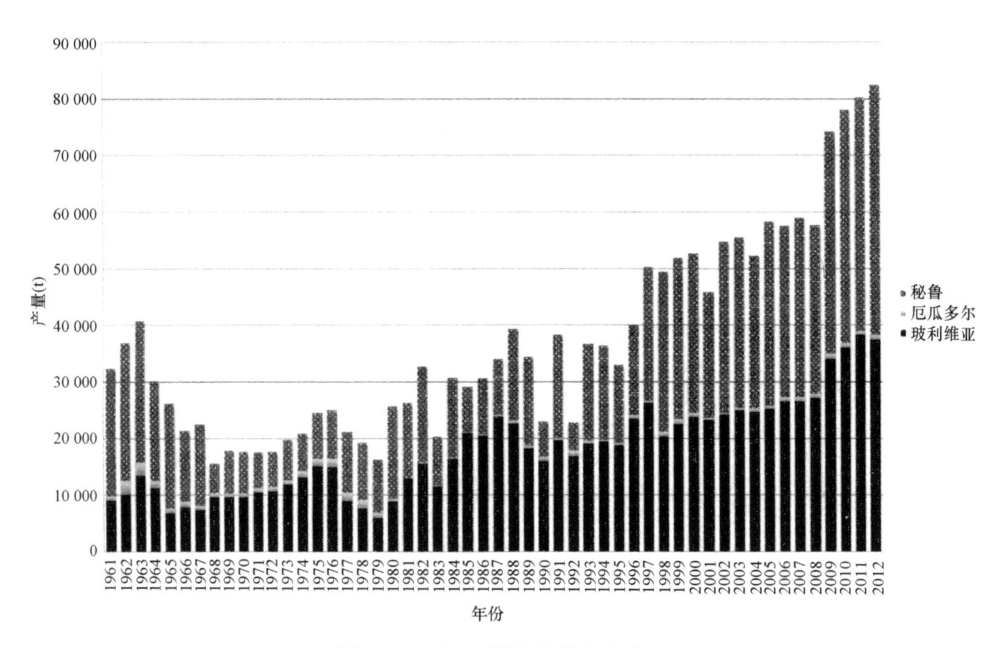

图 12.8a　各个国家的藜麦年产量

12.3.5　藜麦种植户脱贫

本部分将聚焦玻利维亚 Salt Flat 地区家庭农户的经济情况。

世界银行设置的贫困线为 1.25 美元/（天·成人），对于一个有 3 个劳动力的藜麦种植家庭，等于 112 美元/月。2012 年，藜麦农场的平均收入已经超过这个门槛，农民收入从 2007 年的 34 美元/（月·农场）增加到 2012 年的 240 美元/（月·农场）。玻利维亚藜麦农户期望，2014 年以后他们依靠扩大种植面积和提高产量，农场收入能达到 800 美元/月。

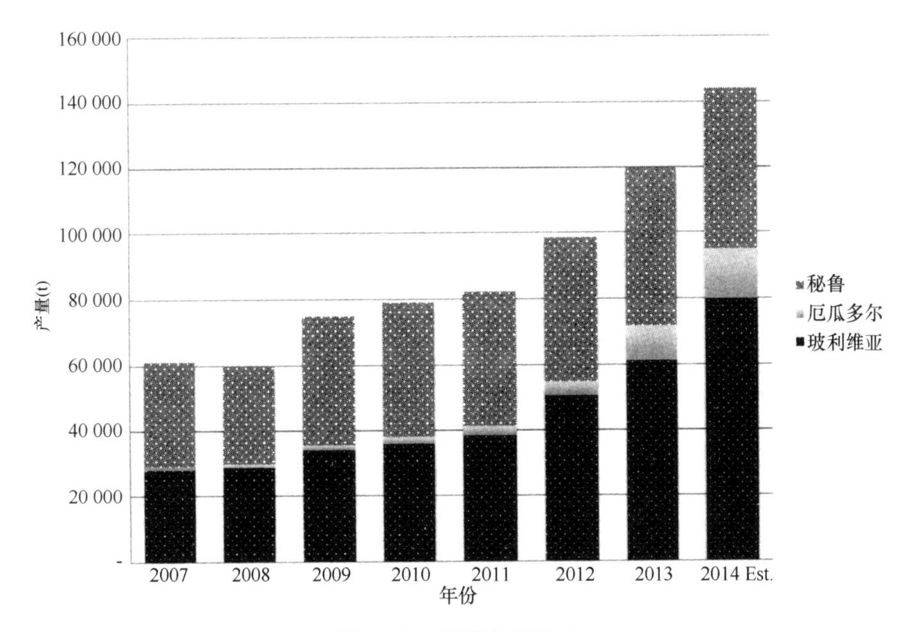

图 12.8b　藜麦的年产量

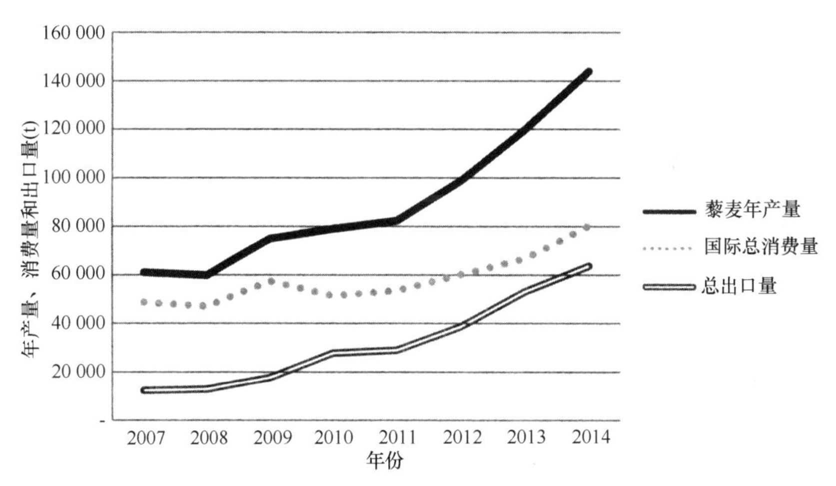

图 12.9　主要生产国的藜麦年产量、消费量和出口量

藜麦和骆驼生产协会（APQC）是由 200 个玻利维亚家庭农场的生产者组成的。该协会主席 Raúl Vera Copa（图 12.11）在 2013 年 10 月播出的 *Shared Interest* 记录的采访中分享了他的看法。以下是 Raúl 的一段采访摘录的译文。

我记得那时供给严重不足。我们小时候甚至有时没有鞋子去参加聚会或者去 Challapata（最近的镇子）。我们以前都不穿鞋子，后来情况一点点地改善了。以前，没有 Jacha Inti，没有藜麦清理加工厂，我们把藜麦以 200、300 或 400 的价格卖给中间商，加之我们在闲置地上投资种藜麦，种植时要整土地、立稻草

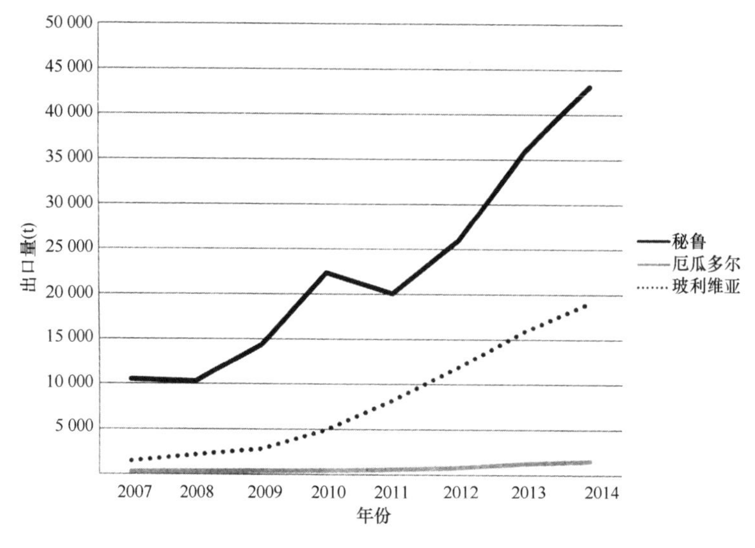

图 12.10 各国藜麦的年出口量

图 12.11 APQC（玻利维亚 200 个家庭农场的协会）主席 Raúl Vera Copa（照片来源 Matías Musa）

人等，但只能赚一点点钱。但自从市场有了藜麦需求开始，我们很高兴地看到藜麦价格高升。挣钱以后，我们不想把这些钱拿到城市消费。利用这种资源我们用上了我们想用的东西，我们想生活得更好。我们开始修缮房屋，我们也想有个浴室，有个餐厅，有个好的卧室等，那样我们的孩子就能留在这片土地上。

Raúl 提到的定价是“每公担玻利维亚货币单位”，未加工的藜麦 0.30～0.60 美元/磅。1 公担=100 磅=1 CWT，这是玻利维亚藜麦贸易的主要计量单位（图 12.13）。

事实上，对 Raul 及与其类似的 50 000 户家庭来说，藜麦生产彻底改变了他们的生活，使他们脱了贫。APQC 协会是南部高原玻利维亚藜麦生产地区的心脏，这个地区位于 Salt Flat，附近有大约 9000 个农场，是在卫星云图上都清晰可见的宽广地域。在海拔 13 000 ft，满是干旱荒芜和盐碱地的高原沙漠，每年仅 8～12 in[①]

① 1 in=2.54 m。

降雨量。缺少灌溉的贫瘠土壤以及全年的霜冻灾害，限制了受保护的边缘周围轮作作物的耕作。即使在今天，这些土地也远离主要城市，并被西班牙人认为不适宜耕作。这些土地被留给原住居民。从 La Paz 到藜麦种植区域，开车要 10 个小时，并且有一半的路程是土路（图 12.12）。与过去相比，现如今这些土地是共有的，农民可通过继承和世代居住的方式获得土地。

图 12.12　通往藜麦种植田路上未铺设路面的地段（图片来源 Vitaliy Prokopets）

玻利维亚 Salt Lake 区域的农民平均耕种 6 hm^2 土地，大多数农民拥有 1～5 hm^2 分散的土地；这些农民被认为是小规模种植者。中等规模种植者有 6～15 hm^2 土地，而大规模种植者拥有 16 hm^2 以上土地。土地为部落所有，农民有权从他们父母那里继承一定面积的土地。

截至 2008 年，玻利维亚种植藜麦的农民一直是开展自给自足的农业，产出仅能勉强满足生产成本。移民到城市是很常见的。通常一个农户可耕种 2 hm^2 土地，生产成本约为 500 美元/hm^2。藜麦的产量有 1800 磅，需要以 0.39 美元/磅的市场价格销售，这样每年每个农场的净收入可达 404 美元，大约 34 美元/月。

2008 年，高昂的藜麦价格及高需求，促使农民增加种植面积，并雇佣外来劳力及服务，主要包括拖拉机服务和有机投入。

随着世界藜麦需求的增长及随之而来的价格攀升，农民的生活方式也有所改变。APROCAY 主席 Eufraen Huayllas 在一次 *Shared Interest* 纪录片采访中说道：“生活质量提高了，因为之前，在这个社会群体中，我们只是自给自足地生存，我们有自己的绵羊、羊驼和小块土地，因为在我小的时候，藜麦并不值钱。”APROCAY 是玻利维亚一个拥有 63 个家庭农场的组织。

表 12.3 展示了过去几年中等规模藜麦农场的收入的变化，以及需求及价格的增长。

如表 12.3 中所示，藜麦价格的变化可以分为 4 个阶段：①2008 年以前，价格

表 12.3　农场藜麦生产消费和玻利维亚农民收入的变化

时期	种植面积（hm^2）	生产成本（美元/hm^2）	产量（磅/hm^2）	售价（元/磅）	年利润（美元）	等价每月净收入[a]（美元）
2008 年以前	2	500	1800	0.39	404	34
2008～2012 年	3	660	1500	1.07	2835	236
2013 年	4	720	1300	1.70	5960	497
2014 年（计划）	5	800	1900	1.00	6600	550

a. 农民等价净收入：（种植面积数×产量×市场价格）–（每英亩生产消费×种植英亩数）

相对稳定，市场需求不强，且主要由新兴秘鲁市场和欧美有机产业先驱（Primeal，Quinoa Corporation）引领。②2008 年，市场价格几乎以 3 倍快速增长，从 275 到 800 玻利维亚货币/英担（未加工的藜麦价格为 0.40～1.15 美元/磅）（图 12.13），这个增长是由北美的强烈需求引起的，主要标志就是 Costco 和 Trader Joe's 超市进入藜麦市场。③在 2009～2012 年相对稳定后，价格在 2013 年再次直线上涨，这个时段未加工藜麦的价格由 800 玻利维亚货币/100 磅推高至 1850 玻利维亚货币/100 磅（1.15～2.59 美元/磅），这个价格定位是由于高需求、供给吃紧，以及在藜麦国际年期间藜麦备受关注造成的投机决定的。④如图 12.13 所示，最近的价格攀升有望在 2014 年得到缓解，为了确定 2014 年的平均收入，未加工藜麦的定价为 700 玻利维亚货币/公担（1 美元/磅）。这个价格完全是推测的，在市场交易

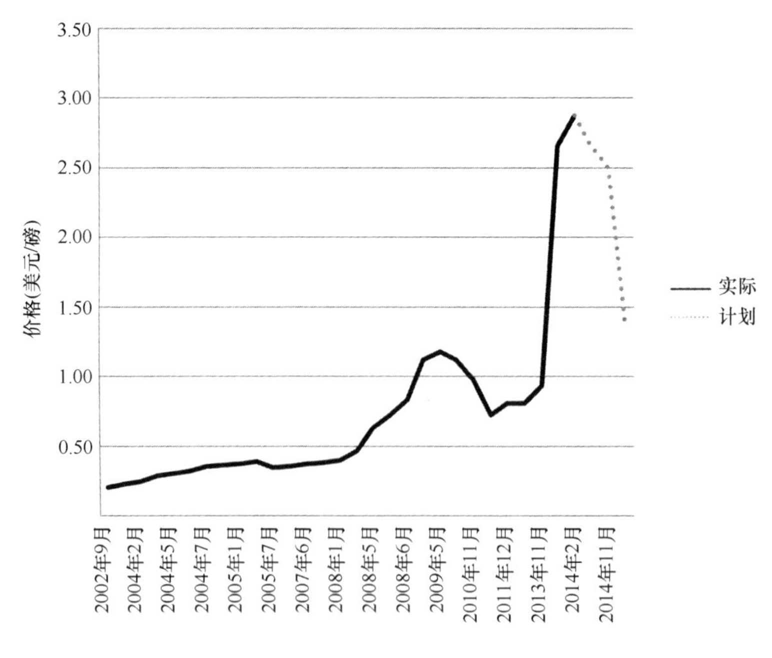

图 12.13　玻利维亚农场（未加工）藜麦价格

的瞬间才能决定价格。但是我们估计，尽管新兴市场为了与玻利维亚竞争，其未加工藜麦原料定价会低于后者，但也应该会在 1 美元/磅以上。

玻利维亚有机藜麦机械耕作的产量平均每公顷 13 公担（1300 磅），所产种子的成本耗费 0.55 美元/磅。在有其他投入和有机种植管理水平提高的情况下，产量可以提高到 20～25 公担。但低于秘鲁非有机生产的产量 33 公担/hm^2（3300 磅/ hm^2），其生产成本为 877 美元/ hm^2，所产种子成本 0.27 美元/磅。

12.4 生产实践现状、种植面积增加及可持续性的思考

Efigenia Encinas 是女性农民协会 Sumaj Camaña 的代表（图 12.14），她在接受采访中谈了自己在农场的实践经验和对可持续性发展的思考。以下是翻译的采访摘录：

图 12.14 Efigenia Encinas 和她的绵羊（图片来源 Diego nuñez de Arco）

记者：请问您有孩子么？结婚了没有？

Efigenia：没有，我还单身，因为我是家庭的长女，我一直有代表家庭和人民的使命。过去我和爷爷一起人工播种藜麦，我爷爷给我们留下了这块地，我现在掌管着。

记者：那么你是何时开始种植藜麦的？

Efigenia：从我 10 岁或 12 岁的时候，我和爷爷一起人工播种藜麦。那时这个社区很小，现在它大了很多。

记者：现在你如何种植？

Efigenia：现在我们使用机械种植，用这种人们叫做“Satiri”的拖拉机。以前我们用双手种植，也是就在这片我们生活的土地。

记者：你认为现在用拖拉机生产效率提高了么？你怎么看？

Efigenia：我认为有好处也有坏处，因为，我看到有被侵蚀、风蚀的土地。以

前，土地周边到处都有矮树丛，适合放牧。现在因为拖拉机碾压形成的凹槽，土地就会被风侵蚀，导致绿色屏障经常被破坏。而之前我们是人工种植，一穴一穴，一步一步，不会造成土地风蚀。因此，拖拉机引起的侵蚀会导致生产失败。

记者：你对提高生产效率的建议是什么？

Efigenia：我对提高生产效率的建议是保持生态屏障，发展养殖业，以获得一些天然肥料，因为以前我们就是使用羊驼和绵羊的粪肥进行种植的，用粪肥种植的东西是天然的。现在我知道了我们需要更多有机肥产品。因为之前尽管我们的经济投入很少，但藜麦可以健康茁壮成长，没有土壤退化。现在，我认为为了延续这种可持续性我们应该继续大力发展畜牧业，同时在没有生态屏障的地方建立生态屏障。

从 20 世纪 60 年代 Efigenia Encinas 和他爷爷人工种植开始，藜麦种植机械化已有了很大进步。目前，只有在陡峭的山地，以及当霜冻或者局部虫害袭击后需要补种的时候才进行人工种植（图 12.15）。

图 12.15　被兔子吃苗之后再补种的藜麦地（图片来源 Stefan Jeremiah）

藜麦种植每年从 1 月或者 2 月的最后一场降雨开始。在这之前，休耕的土地要翻土以让雨水能够流入地下，这些雨水是种子 9 月、10 月播种后发芽的基本要素。这样的话，藜麦不仅受益于 11 月到 2 月的雨水，也从之前的雨季受益。因此，每块藜麦田都能利用 2 次降雨季节的雨水（图 12.16）。

现如今，农民既遵循自然规律也依赖现代科技，如气象预报，来合理规划播种时间。如果播种过早，藜麦发芽后会迅速脱水枯萎。特定灌木和仙人掌开花，蜥蜴蝎子的存在，以及鸟在哪下蛋等，都是农民仍在沿用的霜冻或降雨预报，以及用来判断种子类型和每块地最佳种植位置的标志。

今天，多数农民雇用拖拉机来协助翻土和播种（图 12.17），这与 Efigenia 采访中提到的传统种植有显著不同。拖拉机的应用有好处也有坏处，包括高原上强风导致的土壤侵蚀。Efigenia 和玻利维亚的农学家们看到了维护生态屏障对抗风

图 12.16　第一场降雨后藜麦破土而出（图片来源 Diego nuñez de Arco）

图 12.17　拖拉机耕作整理过的藜麦地（图片来源 Diego nuñez de Arco）

蚀的重要性。这些本土的“tholas”（矮灌木），看起来和用它们饲养的羊驼一样重要。千年以来，羊驼和藜麦有共生的关系。它们得到了所有玻利维亚藜麦农民对肥料最佳选择的广泛共识，多数藜麦农民 3 年内至少会在他们的地里使用一次羊驼粪肥。

12.5　生活舒适、人口回流及文化认同

以下采访摘录表明了农民怎样看待他们的成功以及他们对“生活舒适”（Willy Choque 解释的可持续发展）的期待。

我们一直在与一些社区合作，首先确定什么是“生活舒适”的手段。例如，我们开始意识到我们的社区并没有理解可持续发展的意义，但对“生活舒适”有概念，也容易理解得多（对于种植者来说）。“生活舒适”在我们祖辈的语言 Aymara、Quechua 和 Guarani 里就有。对于一个生产者来说，明确什么是“生活舒适”，以及根据这个决定他想怎样提高生活质量更为简单。

——Willy Choque，Oruro 大学农艺师，*Shared Interrst* 纪录片采访，2013 年 10 月。

现在，你能见到“生活舒适”在这个国家的影响。我认为这一改善在所有家庭中都有体现。他们开始买摩托车，买吉普车、卡车，他们有了自己牢固的房子，舒适的家庭生活。我认为这就是地球母亲给予我们这个地区的。谢谢藜麦，我们这个地区的人们不需要迁徙。在以前有许多次迁徙，现在很多迁徙的人都回来了。所以我认为藜麦长对了地方，而且它非常重要。相比以前，这个国家消费的藜麦越来越多，这也很重要。现在再也没有歧视了，再也没有人说“我不吃藜麦”了。

——Aifredo Perez，Potosi 藜麦生产者协会主席（CADEQUIR）（图 12.18）。

图 12.18　玻利维亚 Potosi 地区普通藜麦种植户一家（图片来源 Vitaliy Prokopets）

生产者们对于现今藜麦的高价非常兴奋，他们购买了很多东西，房子和运输工具等，他们生活得更加舒适，他们的子女去了更好的学校，他们也在学习如何用钱使自己生活得更好。

——Danny Mamani，Sumaj Juira 藜麦生产者协会的农艺师兼代表。

对我来说，生活舒适不仅仅是意味着拥有机器，它也意味着有个好的房子、好的营养、好的衣服、好的教育、好的健康，这是我所理解的“生活舒适”。同时也包括可以抚养家庭和让孩子有机会学习。

——Efigenia Encinas，Sumaj Camana 女农民协会代表。

藜麦的又一重要影响是加固了社区人们联系的纽带，因为不少生产者又回到了社区。当人们离开了部落，孩子们会一点点地失去他们的文化认同，他们的语言、着装和营养等，但现在人们回到了部落，这些文化认同再次鲜活起来。部落中人丁兴旺，文化才能鲜活。

——Willy Choque，Oruro 大学农艺师，*Shared Interrst* 纪录片采访，2013 年 10 月。

藜麦生产对社会凝聚有贡献，因为人们回到了部落并接受了赋予他们的责任。他们参与到社区事务中，编织起社会这块大帆布。

——Pablo Laguna，《藜麦商品化是否如同它所被议论的那样消极？》2013 年 4 月 7 日，《La Razon 报纸》。

很显然，通过发展藜麦市场，玻利维亚藜麦种植者买到了许多以前买不起的商品。随着藜麦种植者增加种植面积、提高产量，并在传统知识与生产实践的基础上融合现代技术的过程中，他们有望买到越来越多的商品。

12.6　玻利维亚农民的机遇

2014 年 8 月 12 日在华盛顿州立大学的国际藜麦研究讨论会上，有人谈论给安第斯山藜麦建立一个特殊品牌，有点类似于赋予给其他传统食品的特殊标识，就像波尔多葡萄酒。这个品牌的藜麦将是顶级藜麦，而且消费者也可能会愿意为此多花钱，因为这是来自有千百年藜麦种植历史的土地和社区的藜麦。

——Dan Charles 在国家公共电台上的发言，《藜麦能否携手安第斯山脉走向全球？》

2014 年，来自非传统起源地的规模化量产藜麦将进入市场。藜麦已在美国（西北太平洋和科罗拉多州）、加拿大（萨斯喀彻温省）、西澳大利亚、法国和印度等地成功种植。秘鲁也在其海岸线附近扩大了种植面积，且其单产较玻利维亚小农户高 3 倍。此外，大型生产商有其显著优势：其食品供应链依赖的合同有保障。例如，将藜麦作为谷物原料的大食品制造业（在所有原料中藜麦用量可能不超过 5%），他们会提早确定一年内的收购量和收购价格。这在现今的藜麦供给链中十分难得，因为藜麦来自于成千上万不会一次清空存货的小农户，所以供给如涓涓细流流向农产品加工厂。出口藜麦的加工厂是购买合同的源头执行人，也是当前藜麦市场的供给方。这些加工厂的问题是只能从他们当前的存货量来保证价格，而存货量是由他们购买及加工藜麦库存的能力决定的。世界最大的藜麦加工厂每月可以加工 25 个集装箱（500 t）藜麦，他们的库容为 60 个集装箱（1200 t）。

藜麦供应链的贸易商在联合多个藜麦出口商的供给，以及确保 6 个月到一年的食品制造业需求方面发挥着重要作用。迄今为止，他们对藜麦市场的成长也起到了至关重要的作用。

随着藜麦市场的不断壮大，需求也将逐渐转向如同其他成熟商品供给一样可以提供长期合同的货源。眼下仍被当前供应链的低效率所困扰的贸易商，也会更倾向于选择可靠和低风险的货源。

玻利维亚农民的生活水平已有显著的提高，没有人希望他们返贫。为了保持这种局面，许多利益相关者同意为小农户建立一个贸易壁垒（图 12.18）。这个壁垒将致力于使他们的藜麦去商品化，并给予区别性的标志，如公平贸易、地理标志及有机认证。

我们正在通过我们所工作的组织获取公平贸易认证，这样今后我们就能基于有机藜麦和公平贸易这两个基准来保护我们的生产者。不久的将来，新兴藜麦生产国会和我们形成激烈竞争，但我们相信 Andean Naturals 和 Jacha Inci 会采取行动保护我们生产者的利益，因为我们将他们视为家庭成员，我们会保护他们。在危急关头，我们仍然会以公平的价格收购他们生产的藜麦，他们的辛勤劳动会得到回报。

——Yeris Peric，Jacha Inci 藜麦加工厂农艺师，2008 年 10 月。

索　引